Cadernos de Lógica e Filosofia
Volume 3

Fundamentos Axiomáticos das
Disciplinas Científicas

Volume 1
A Lógica de Apuleio. Introdução, tradução e notas ao *De Interpretatione* de Apuleio de Madauros
Paolo Alcoforado

Volume 2
Três Vezes Não: um estudo sobre as negações clássica, paraconsistente e paracompleta
Kherian Gracher

Volume 3
Fundamentos Axiomáticos das Disciplinas Científicas
Décio Krause

Coleção dirigida por
Newton C.A. da Costa,
Universidade Federal de Santa Catarina   nacosta@usp.br
Jean-Yves Beziau,
Universidade do Brasil, Rio de Janeiro   jyb@jyb-logic.org

Ambos são membros titulares da *Academia Brasileira de Filosofia*

Fundamentos Axiomáticos das Disciplinas Científicas

Décio Krause

ISBN 978-1-84890-417-0

Published by College Publications

http://www.collegepublications.co.uk

O autor é professor permanente do Programa de Pós-Graduação em Lógica e Metafísica da Universidade Federal do Rio de Janeiro e pesquisador 1A da área de Filosofia e Teologia do CNPq. É aposentado pelos Departamentos de Matemática da Universidade Federal do Paraná e do Departamento de Filosofia da Universidade Federal de Santa Catarina, ambos como professor titular. É membro da AIPS, Académie Internationale de Philosophie des Sciences e do CLE, Centro de Lógica, Epistemologia e História da Ciência da UNICAMP, além de várias outras associações e grupos de trabalho nas áreas de lógica e filosofia da ciência.

"Por um 'agregado' (*Menge*) entendemos qualquer coleção em uma totalidade (*Zusammenfassung zu einem Ganzen*) M de objetos m definíveis e separados em nossa intuição ou pensamento. Esses objetos são chamados de 'elementos' de M."

G. Cantor

"(...) (no espírito do método axiomático) entendemos por 'conjunto' nada mais do que um objeto do qual sabe-se não mais e quer-se saber não mais do que aquilo que se segue dos postulados."

J. von Neumann

"Na concepção clássica, a matemática era o estudo de números e figuras somente. Mas essa doutrina oficial (...) gradualmente tornou-se mais e mais uma restrição intolerável sob a pressão de novas ideias."

N. Bourbaki

"Axiomatizar uma teoria é definir um predicado conjuntista."

Patrick Suppes

x

Prefácio

Não sou jovem o suficiente para saber tudo.

Oscar Wilde

O PRESENTE TEXTO é uma revisão ampliada de *Introdução aos Fundamentos Axiomáticos da Ciência*, publicado pela EPU (Editora Pedagógica e Universitária), em São Paulo, 2002 [Kra02]. Na verdade, trata-se de um novo livro, porém incorporando aquele. Procuramos, nesta nova versão, deixar claras as nossas posições sobre o papel relevante que as teorias de conjuntos desempenham na fundamentação das disciplinas da ciência atual, a conjunção das quais denominamos simplesmente de 'ciência'. É claro que não seria possível tratar de *todas* as disciplinas da ciência presente, motivo pelo qual tivemos que fazer algumas escolhas; optamos por algumas teorias matemáticas relevantes e pela física quântica, além de algumas das mais relevantes teorias de conjuntos, a fim de mostrar a variedade de teorias que há e as suas diferenças. Um exemplo em biologia é também apresentado, visando alcançar algo fora da física.

A importância das teorias de conjuntos pode ser vista de vários ângulos, como teremos chance de verificar, mas destaca-se que há várias teorias de conjuntos não equivalentes e tendo propriedades incompatíveis, de modo que importa considerar qual teoria pode melhor servir para que se estabeleçam os fundamentos de alguma disciplina particular.

Assim, é dupla a finalidade deste livro. Primeiramente, visa oferecer ao leitor uma visão geral da problemática envolvendo a noção intuitiva de que um conjunto é uma coleção de *indivíduos*,[1] assim como da sua axiomatização, que como se verá dá origem a distintas (e não equivalentes) teorias. De outro lado, e talvez principalmente, espera-se destacar a relevância de se ter algum conhecimento do assunto para que se possam realizar determinadas

---

[1]Como o leitor verá se acompanhar o desenvolvimento que se segue, uma vez qualificado o que se pode entender por 'indivíduo' (com mais detalhes, página 53), nem todas as entidades com as quais lidamos podem ser assim denominadas sem qualificação; exemplos típicos de *não-indivíduos* são as entidades com as quais lida a física quântica. Isso é posto neste livro.

discussões de caráter filosófico acerca da ciência presente. Com efeito, é preciso reconhecer que a importância da teoria de conjuntos, presentemente, não se resume à matemática. Nos dias atuais, tem-se enfatizado a importância do estudo dos fundamentos da ciência, notadamente em questões acerca da axiomatização de disciplinas das ciências empíricas, questão esta que foi evidenciada como sendo de extrema relevância por David Hilbert já em 1900 em seu célebre Sexto Problema da lista de Problemas da Matemática [Hil76], que consiste em axiomatizar as teorias nas quais a matemática, como disse Hilbert, "desempenhe um papel importante" (veja-se também [Wig76]).[2]

No século XX, muito se avançou nessa questão, e a aplicação do método axiomático extrapolou a física. Nos anos 1930, John Woodger foi um pioneiro na tentativa de aplicar o método axiomático em biologia (pode-se ver [NG14] para uma reavaliação da obra filosófica de Woodger, onde há referências pertinentes), e muita coisa foi alcançada a partir de então [MK06]; à frente, falaremos mais disso. Mesmo áreas que aparentemente estariam distantes do método axiomático foram abordadas segundo essa metodologia, como a linguística e a psicologia [Sup79, Sup93].

Em linhas gerais, a axiomatização de uma teoria objetiva não somente explicitar os conceitos fundamentais (primitivos) da teoria, seus postulados e leis lógicas, mas também (como consequência) exibir a que *espécie de estruturas* a teoria pertence. Tomemos a teoria dos números reais, $\mathscr{R}$. Nela, consideramos um conjunto $\mathbb{R}$ cujos elementos são denominados de *números reais* e duas operações básicas, a adição de números reais a a sua multiplicação.[3] Essas operações são dotadas de propriedades específicas, descritas pelos axiomas da teoria. Assim, uma coisa é conhecer essa estrutura particular, que podemos denotar por $\mathscr{R} = \langle \mathbb{R}, +, \cdot \rangle$; nela podemos aprender (porque resultam dos postulados) que as operações entre reais são associativas, comutativas, admitem elemento neutro ('0' para a adição e '1' para a multiplicação, sendo $0 \neq 1$), que esta é distributiva em relação àquela, etc. Há mais, porém. A estrutura dos reais é uma das estruturas da espécie dos *corpos ordenados completos*, que podem ser caracterizados sem que se faça referência a conjuntos e operações específicas como as do exemplo, mas tratam-se de estruturas abstratas, que determinam uma *espécie de estruturas*. O fato da teoria dos números reais ser *categórica*, ou seja, todas as estruturas (modelos da teoria) são isomorfos, pouco importa aqui, tratando-se de um caso particular. Senão tomemos o exemplo dos *grupos*. Um grupo (*todos* os grupos) é uma estrutura (ou seja, é um conjunto) da 'espécie' $\mathcal{G} = \langle G, * \rangle$, ou $\mathcal{G} = \langle G, *, e, ' \rangle$, dependendo de como se deseje abordá-la (as descrições resultam equivalentes). Essa descrição puramente abstrata do que seja um grupo é o que estabelece a 'espécie' à qual o grupo particular pertence: um grupo não é um semi-grupo, assim como não é um corpo, e as estruturas que modelam os postulados de grupo (ou seja, da teoria de grupos) não são via de regra isomorfas.

---

[2]Recentemente, foi publicado um livro que trata extensivamente do assunto, [dCD22].

[3]Não devemos confundir o *conjunto* $\mathbb{R}$ dos números reais da *estrutura* $\mathscr{R}$, que é um 'corpo ordenado completo'.

Em linhas gerais, portanto, enquanto a axiomatização de um determinado domínio (ou 'teoria') consiste em se especificar seus conceitos fundamentais, leis básicas (postulados) e sua lógica subjacente, o procedimento axiomático abstrato consiste em se evidenciar a *espécie de estruturas* subjacente à teoria considerada, para empregar uma terminologia devida a Bourbaki [Bou58, Bou04a]. Um procedimento alternativo se deve a Patrick Suppes, que sustenta que axiomatizar uma teoria consiste em se apresentar um *predicado conjuntista*, ou seja, uma certa fórmula da linguagem da teoria de conjuntos que descreve os postulados da teoria. Apesar da literatura (e mesmo Suppes [Sup02, pp.33-34]) dizerem que os predicados conjuntistas (ditos 'predicados de Suppes') e as espécies de estruturas se equivalem, mostraremos no capítulo 4 que isso não é verdade e que o procedimento de Suppes é mais geral, uma vez que permite que selecionemos determinadas classes de estruturas que cumprem o predicado, enquanto que Bourbaki axiomatiza *todas* as estruturas de uma determinada espécie.

Tudo isso é feito na *metamatemática* da teoria em questão, e a análise dessa metamatemática se afigura importante, como veremos. Mostraremos pelo menos um caso no qual a metamatemática deve ser alterada para que se conforme a uma possível interpretação da teoria.

A partir dos anos 1960, enfatizou-se um novo tipo de fundamentação da matemática, notadamente com os trabalhos de William Lawvere (1937 –), baseados na *teoria de categorias*, fundada em 1945 por Samuel Eilenberg (1913–1998) e Saunders MacLane (1909-2005). Apesar de apresentar um notável aprimoramento no campo dos fundamentos da matemática, com a denominada *álgebra categorial* [Hat82, cap.8] no estudo das estruturas matemáticas, na nossa opinião a teoria de categorias ainda mantém um resquício conjuntista em sua proposta, pois uma categoria, falando por alto, nada mais é do que um par-ordenado $\mathscr{C} = \langle \mathcal{O}, \mathcal{M} \rangle$, formado por um 'conjunto' $\mathcal{O}$ de *objetos* e um 'conjunto' $\mathcal{M}$ de *morfismos*, tudo isso obedecendo alguns postulados, que veremos na seção 6.3.[4]

O detalhe é que $\mathscr{C}$ não é um conjunto de alguma teoria 'usual' de conjuntos como o sistema ZF (Zermelo-Fraenkel) que veremos oportunamente, mas pode ser considerada em uma teoria *forte* de conjuntos, como ZF mais um axioma postulando a existência de universos ou de cardinais inacessíveis (isso será comentado mais à frente). Assim, reputamos a abordagem categorial como excelente do ponto de vista de servir como uma alternativa à abordagem conjuntista, porém não é mais fundamental do que esta. Na seção mencionada, voltaremos a esse ponto com mais argumentos.

Diga-se de passagem que a metamatemática das disciplinas das ciências empíricas tem também sido bastante evidenciada em literatura recente, por

---

[4]Ou seja, o 'sorriso dos conjuntos' ainda está presente, se parodiarmos Michael Redhead quando este se refere ao fato de que nas teorias quânticas de campos, que unem a mecânica quântica 'ortodoxa' com a relatividade restrita, sendo *campos* as entidades ontologicamente básicas, o "sorriso das partículas" ainda permanece, resquícios da mecânica quântica ortodoxa [Red88]. Claramente ele se referia ao gato de Cheshire, de Alice no País das Maravilhas; ver [FK06, p.383].

exemplo, em questões envolvendo indecidibilidade e incompletude de teorias, conceitos esses que têm saído de um domínio estritamente matemático e sido estendidos a teorias axiomatizadas da física [dCD22] e, certamente em futuro próximo, deverá alcançar disciplinas como a biologia. Quanto às ciências humanas, ainda há muito o que ser feito (apesar de esforços de Suppes e outros a esse respeito [Sup02]), notadamente porque ainda se necessita que os filósofos dessas áreas *entendam* os detalhes matemáticos sobre os fundamentos da ciência, como os teoremas de incompletude por exemplo, bem como que os lógicos também entendam os meandros dessas teorias.[5] Tais análises, extremamente relevantes para um melhor entendimento da ciência atual, não podem ser compreendidas sem se levar em conta o *modo* pelo qual as disciplinas científicas podem ser apresentadas com razoável precisão, isto é, axiomaticamente. Um texto como o presente é, de certo modo, a porta de entrada a um tal mundo. Essa é pelo menos a nossa expectativa.

Os estudos fundacionistas, iniciados no final do século XIX, aliados ao extraordinário desenvolvimento da Lógica e à criação das lógicas não-clássicas, vieram apresentar ao matemático, ao filósofo e mesmo ao cientista, uma enorme variedade de sistemas matemáticos possíveis, os quais, dentre outras coisas, podem servir para uma melhor compreensão das ciências particulares, bem como para a discussão filosófica a seu respeito.[6] As técnicas desenvolvidas e utilizadas em várias questões fundacionistas, como nas provas da consistência e da independência do Axioma da Escolha e da Hipótese do Contínuo relativamente aos demais axiomas de algumas teorias de conjuntos, abriram novas áreas de investigação, como as chamadas 'matemáticas não cantorianas', desse modo ficando patente que tais estudos podem auxiliar o próprio impulsionamento das disciplinas matemáticas.

Presentemente, com o recurso dos sistemas lógicos não clássicos, o matemático tem a possibilidade de elaborar e de estudar sistemas matemáticos muito gerais, como as teorias paraconsistentes de conjuntos e a matemática que daí se origina [DCte, Mor94, dCKB07], ou a matemática quântica (no sentido de G. Takeuti) [Tak80, Tak81], para citar apenas duas. Há portanto, nos estudos fundacionistas modernos, variadas questões interligadas: por um lado, há a consideração da possibilidade do desenvolvimento matemático propriamente dito de sistemas alternativos aos usuais, o que permite a investigação absolutamente livre dos seus aspectos matemáticos, atividade que se coaduna ao dito de Hilbert de que o matemático deve investigar "todos os sistemas logicamente possíveis". Por outro, como dizia F. Gonseth, a lógica (e a ma-

---

[5]Exemplos de 'exageros' praticados nessas áreas com o uso indevido e muitas vezes completamente equivocado de conceitos lógicos e matemáticos podem ser vistos em [Sok10] e em [Fra05].

[6]Costumo discernir, pelo menos no início, entre a disciplina 'Lógica', que escrevo iniciando com uma letra maiúscula, e uma 'lógica' particular. A disciplina foi sempre, e é ainda muitas vezes, tratada como o estudo das inferências válidas, ou algo equivalente. No meu ponto de vista, isso é equivocado: basta que se observem as áreas da Lógica atual, por exemplo na *Mathematics Subject Classification* [Ass20] para que se constate a existência de tópicos que fazem parte da Lógica de hoje e que nada têm a ver com o mero estudo de inferências. Uma lógica, por outro lado, pode ser considerada como um mecanismo de inferências, mas não necessariamente dedutivas.

temática) é também a "física do objeto qualquer", o que implica que devemos investigar igualmente aqueles sistemas lógicos e matemáticos que nos são sugeridos, por exemplo, pelo estudo das ciências empíricas e pelas variadas aplicações da matemática. O mito de que a matemática clássica dá conta de tudo, acreditamos, não resiste a uma análise crítica rigorosa; lembremos que a lógica clássica (aristotélica) há muito foi vista como insuficiente para descrever certas formas de procedimento dedutivo. Do mesmo modo, acreditamos ser questão de tempo para que as matemáticas erigidas sobre lógicas distintas da clássica passem a ser aplicadas mais amplamente em variados domínios, e que o interesse por elas faça parte do dia a dia do matemático em geral. Presentemente, a matemática *fuzzy*, fundamentada na teoria de conjuntos difusos [Wei81] (*fuzzy sets*), já tem aplicações tecnológicas importantes, e é praticamente impossível *entender* esses avanços, e não meramente operar com eles, sem que se conheça a contraparte fundacionista da matemática padrão. Finalmente, não se pode esquecer a discussão filosófica acerca desses pontos, que não pode ser realizada sem um mínimo de 'conhecimento de causa'.

A riqueza de assuntos é tão vasta que preferimos deixar para o corpo do livro a menção mais detalhada a alguns desses nuances, que esperamos motivem o leitor a estudos mais aprofundados no tema dos fundamentos lógicos da ciência.

No decorrer do texto, além da bibliografia constante ao final do volume, são mencionadas, em notas de rodapé, bem como no corpo do próprio texto, um número relativamente grande de referências adicionais que não constam da Bibliografia ao final. Tratam-se de livros, artigos ou outras publicações que podem ser de interesse para que o leitor aprofunde seu conhecimento nos assuntos em discussão, porém que não dizem respeito direto ao desenvolvimento do livro em si. Com tais aportes, pode-se estender consideravelmente o material aqui apresentado em várias direções, e este também pode ser dito ser um dos objetivos do presente texto, qual seja, o de dar ao leitor a possibilidades de vislumbrar áreas de investigação futura, além de uma noção do assunto do título. Com efeito, não objetivamos simplesmente estudar as axiomáticas feitas em uma teoria de conjuntos, ainda que tal estudo tenha valor intrínseco por si só, mas entender o que está se passando, coisa essencial para que possamos alcançar vôos ainda mais longos no sentido da discussão das bases lógicas e matemáticas da ciência presente.

O livro está esquematizado da seguinte maneira. No capítulo 1, a Introdução, uma discussão geral é apresentada chamando a atenção para o que virá. O capítulo 2 trata do método axiomático, o método por excelência para a codificação de disciplinas científicas. A seguir (capítulo 3), entram em cena as teorias de conjuntos. Muitos conceitos fundamentais são apresentados. O capítulo 4 discute duas abordagens básicas para o tratamento das bases matemáticas das disciplinas científicas, a noção de *espécies de estruturas* de Bourbaki e os predicados conjuntistas de Suppes. Veremos que apesar do que se diz, as abordagens não são equivalentes. O capítulo seguinte (o quinto) mostra de que modo as teorias científicas podem ser elaboradas na linguagem de uma teoria de conjuntos, com exemplos na matemática, na física e na biologia. O sexto capítulo fala um pouco de logica, mostrando vários conceitos importantes dos quais se necessita para um estudo detalhado dos fundamentos das teorias de conjuntos. Nos capítulos seguintes, algumas das principais teorias de conjuntos são introduzidas; as teorias Z de Zermelo (capítulo 7), ZF e ZFC de Zermelo e Fraenkel (capítulo 8). O capítulo 9 discorres sobre outras teorias, como NBG de von Neumann, Bernays e Gödel, KM (Kelley-Morse), NF (Quine-Rosser), ML (Quine-Wang), ARC (Ackermann-Muller) e TG (Tarski-Grothendieck). Não se deixa de comentar a Teoria de Categorias, que indicamos como pode ser reduzida a conjuntos de ARC (e de TG). O próximo capítulo apresenta uma teoria baseada em uma lógica não-clássica, a teoria de *quase-conjuntos*, que tem sua motivação em uma interpretação dos sistemas quânticos como entidades para as quais a noção usual de identidade das teorias anteriores não se aplicaria. Finalmente, mostra-se de que forma essa teoria pode fundamentar a mecânica quântica sem que se tenha que supor a individualidade das entidades quânticas para depois se postular condições de simetria para 'mascarar' essa discernibilidade. O último capítulo faz algumas digressões gerais sobre o que foi visto.

Em primeiro lugar, quero agradecer ao Professor Newton C. A. da Costa pelos quase 40 anos de ensinamentos, motivação e amizade. Depois, aos meus colegas e estudantes que sempre me deram o *feedback* necessário para que ideias pudessem ser sedimentadas (se é que foram, o que deixo a cargo do leitor), e não vou listá-los face ao seu grande número e à possibilidade de cometer alguma indelicadeza e deixar alguém de fora. Não posso deixar de agradecer a Franziska Knapp, uma das fundadoras da editora EPU, por haver acolhido o meu livro de 2002 e por haver me transferido os seus direitos quando de fechamento da editora. Agradeço também a Jean-Yves Béziau, um dos editores da série Cadernos de Lógica e Filosofia, por haver aceitado a minha proposta de publicação deste volume, e a Jane Spurr, da College Pu. por toda a ajuda em lidar com a edição. Finalmente, agradeço à minha família e em especial à minha mulher Mercedes, que pacientemente (às vezes nem) sempre *me deixou* passar horas à frente do computador ou estudando alguma coisa, ou seja, como minha pequena neta diz, "vovô está lá, estudando a Lua". Sem isso, nada resultaria.

Rio de Janeiro, Outubro de 2022.

Décio Krause

Sumário

Capítulo 1

Introdução

> A great physical theory is not mature until it has been put in a precise mathematical form.
>
> A. S. Wightman

VAMOS PARTIR da frase do físico americano Arthur S. Wightman (1922-2013) colocada acima: "Uma grande teoria física não está madura até que tenha sido posta em uma formulação matemática precisa." Respeitando a excelência de Wightman, alguém que certamente devemos ouvir, o que significa 'colocar uma disciplina física (ou da biologia, das ciências humanas, da matemática) em uma forma matematicamente precisa'? Será que uma disciplina que não esteja formulada em uma forma 'matematicamente precisa' não pode ser considerada 'madura'? Será que a teoria da seleção natural de Darwin, a teoria da queda dos corpos de Galileo ou então a teoria do átomo de Bohr, que são aceitas em geral ainda que possam apresentar pontos discutíveis, não podem ser consideradas 'maduras'? É claro que a resposta vai depender do que se entende por 'madura'. Mas não vamos discutir isso pormenorizadamente. Para o que pretendemos, fica a constatação de que a teoria da seleção natural, ainda mais nos moldes atuais, é certamente 'madura' e fornece resultados aceitáveis. O que Wightman pode estar querendo dizer é algo a respeito da sua apresentação matemática, o que exige a participação do método axiomático.

Partindo do princípio de que a 'precisão matemática' está associada ao método axiomático, nosso objetivo é investigar as nuances da formulação axiomática das teorias científicas, centrando-nos nas disciplinas da lógica, da matemática e da física, ainda que um exemplo em biologia seja também apresentado.[1] Acordamos em que o 'rigor' é 'histórico' (depende da evolução da

---

[1] Ainda que houve várias axiomatizações da teoria da seleção natural teoria no decorrer do

ciência), e tem a ver com a ênfase que se dá à formalização, em particular, ao método axiomático [dC80, pp.22,181,232]. O mesmo pode ser dito das ciências empíricas, pelo menos com respeito à sua contraparte matemática, ainda que tudo isso devesse ser qualificado; faremos isso na medida do possível no espaço deste livro.

Grosso modo, e apenas para situar o leitor, por uma teoria física podemos entender uma dupla da forma $T = \langle M, \mathcal{M} \rangle$, sendo M a contraparte matemática da teoria e $\mathcal{M}$ uma classe de estruturas que são as possíveis interpretações da teoria, que são os seus *modelos* (veremos isso com mais detalhe à frente). Para que uma teoria das ciências empíricas seja caracterizada, e para que não as restrinjamos à matemática pura, deve-se prover uma *interpretação* aos elementos de uma dessas estruturas, que representará o *modelo intencional* da teoria, os outros modelos sendo relegados a 'possibilidades' que podem adequadamente ser modelos intencionais de outras interpretações; aliás, reside aqui a riqueza do método axiomático, qual seja, oferecer essa infinita possibilidade de escolhas.[2]

As estruturas em $\mathcal{M}$ são via de regra estruturas conjuntistas. No entanto, é preciso cuidado com essa afirmativa, pois depende da teoria. Para a maior parte das disciplinas matemáticas (teorias de grupos, de corpos, anéis, espaços topológicos, variedades, geometrias, etc.) as estruturas relevantes são conjuntos de alguma das teorias usuais como ZFC, que veremos abaixo. Mas há outras teorias que demandam conceitos que não podem ser formalizados em uma teoria como essa, por exemplo um cardinal mensurável, ou um cardinal inacessível, ou outra coisa. Para isso, necessitamos de teorias mais fortes. Porém, por enquanto, podemos continuar a pensar em conjuntos, como aliás o são também a maior parte das estruturas que servem às teorias físicas.

No caso da formulação de McKinsey, Sugar e Suppes da mecânica clássica de partículas (veja [Sup02]), as estruturas são da forma

$$\mathscr{C} = \langle P, T, \vec{s}, m, \vec{f} \rangle, \tag{1.1}$$

sendo P um conjunto de 'partículas', T um intervalo de instantes de tempo, m uma função que atribui uma massa a cada partícula (um número real não negativo), enquanto que $\vec{f}$ representa as forças internas e externas que agem sobre as partículas. Ou seja, $\mathscr{C}$ é um conjunto. Do mesmo modo, a contra-parte matemática da teoria é descrita por (na abordagem de Suppes) um *predicado conjuntista*, ou seja, uma fórmula da linguagem de uma teoria de conjuntos acrescentada com símbolos específicos da teoria em questão, a qual representa, em suma, a conjunção dos postulados da teoria; de novo, tudo é feito

---

século XX; veja-se [MK06] e as referências apontadas na seção 5.7.

[2]Repare o leitor a delicadeza do tema; já temos a noção de *interpretação* em um primeiro sentido, aquele que fornece as estruturas em $\mathcal{M}$; agora aparece a noção em um segundo sentido, o de prover um desses modelos de adequada leitura de algum domínio empírico. No antigo Positivismo Lógico, não havia a primeira etapa, dando-se *diretamente* interpretações a (pelo menos alguns) termos teóricos em função das chamadas (na linguagem de Carnap) *regras de correspondência* [Car].

em um ambiente conjuntista.[3]

O motivo desse tipo de investigação repousa na crença de que é com o uso do método axiomático que podemos esclarecer, pelo menos relativamente à parte *M* de uma teoria *T*, quais são os seus pressupostos básicos (conceitos e princípios, esses dados por meio de seus axiomas ou postulados),[4] bem como do modo pelo qual fazemos as inferências na teoria, ou seja, qual é a sua *lógica subjacente*, algo que deve ser evidenciado quando há suspeita de que a lógica que conhecemos, ou supomos conhecer, que denominamos de 'clássica', é questionada de algum modo, como parece ser o caso da mecânica quântica, como veremos (ver o capítulo 11). Ademais, os modelos de *T*, como dito, são erigidos em uma teoria de conjuntos, e importa considerar se *qualquer* teoria de conjuntos serve para esse propósito. Veremos que, definitivamente, esse não é o caso.

Repare a necessária distinção entre a matemática que usamos para axiomatizar uma teoria, ou seja, para determinar a sua contra-parte *M*, e a *metamatemática* que usamos para exibir os seus modelos, ou seja, os elementos de *M*. Idealmente, não deveria haver discrepâncias entre essas duas matemáticas, mas não é esse sempre o caso. Como evidenciaremos mais à frente, no caso da mecânica quântica, ainda que possamos elaborar a sua contra-parte matemática usando a matemática comum, os seus modelos deveriam levar em conta as vicissitudes tipicamente quânticas, pelo menos segundo algumas interpretações. Por exemplo, se aceitamos que os sistemas quânticos devem ser vistos como entidades destituídas de individualidade, os seus modelos deveriam se elaborados na teoria de quase-conjuntos $\mathfrak{Q}$, que veremos; se queremos que *tudo* seja feito na mesma matemática, então devemos adotar $\mathfrak{Q}$ desde o início. Isso será posto à frente.

É bom que se constate que uma teoria científica não tem unicamente um aspecto *operacional*, de aplicação útil, mas também de se caracterizar como algo que deveria ser adequadamente fundamentado, estabelecido em termos de princípios e de modos de se fazer inferências, bem como o de fornecer alguma alternativa de compreensão dos fenômenos que a motivaram. Mesmo que como um ideal, essas perspectivas constituem algo a ser perseguido e são mesmo algo desejável se quisermos poder falar de uma 'teoria' estrito senso. Desse modo, a análise de uma teoria do ponto de vista matemático pode (e na nossa opinião, é) ser fundamental, ainda que o porque disso ser assim ser algo debatível; para muitos, a procura por alicerces sólidos seria um trabalho inú-

---

[3]É bom que seja salientado, desde já, que a abordagem conjuntista não é a única possível. Por exemplo, [Ger85] trata a física matemática *categorialmente* (por meio da Teoria de Categorias), modo esse que tem muitos adquirido adeptos. Já Carnap, em [Car58] utiliza lógicas de ordem superior. Poder-se-ia, certamente, pensar ainda em alguma mereologia, mas no que concerne as disciplinas das ciências empíricas, isso ainda me parece ser um projeto.

[4]Antigamente fazia-se uma diferenciação entre *axiomas* e *postulados*. Aqueles diriam respeito ao conhecimento como um todo, vigorando em todas as teorias, como a hipótese de que o 'todo' é sempre maior do que qualquer de suas 'partes' (coisa que foi, de certo modo, questionada com o advento da matemática moderna, como veremos), enquanto que estes seriam proposições dizendo respeito à teoria *T* particular. Teremos a oportunidade de ver alguns exemplos disso.

til se a teoria, mesmo que informalmente estabelecida, está dando resultados animadores. Claramente, necessitamos considerar o significado da palavra 'precisão' tal como usado nesses contextos. Para uma analogia, consideremos a célebre frase de Fernando Pessoa, "navegar é preciso, viver não é preciso". Ela indica que 'precisão' deve ser entendida como 'exatidão', e não como necessidade, pois é precisão que se deve ter ao navegar, a fim de que se chegue seguramente ao destino, principalmente se as condições forem adversas. O 'viver', por outro lado, não pode ser conduzido como um barco, ou como uma teoria científica.

'Precisão', portanto, deve ser entendida no sentido do escritor e poeta português Fernando Pessoa,[5] querendo-se dizer 'exatidão'. Isso é uma coisa, a qual podemos delinear, como faremos a seguir. A outra, não tão fácil de analisar, é a possibilidade de se fazer isso, pelo menos com as principais disciplinas científicas: devemos mesmo perseguir o método axiomático mesmo em 'teorias' ainda em fase heurística ou, em certas circunstâncias, podemos deixá-las como estão, já que estão prestando um bom serviço?[6] Certamente também não podemos esperar 'precisão' nesse sentido na poesia, na pintura e nas artes em geral, mas há um sentido 'preciso' em que podemos falar disso, e esse sentido está estreitamente (ou talvez, condicionalmente) vinculado ao método axiomático, ainda que, como veremos, há dissonâncias.

Deveremos portanto falar desse método, e de como ele proporciona esse sentido de precisão, além de discorrer sobre o porque a sua utilização ser assim tão fundamental. No entanto, isso não é tudo. Axiomatizar uma teoria significa, em palavras gerais, estabelecê-la de forma que se conheçam sem dubiedade os seus conceitos básicos e seus princípios fundamentais, e que se possa saber de que forma, a partir desses conceitos e princípios, podemos obter novos conceitos e consequências desses princípios. Isso será visto no capítulo 2. Axiomatizar uma teoria significa dar-lhe uma forma matemática 'precisa', mas deve-se ir além se estivermos tratando de teorias científicas fora do domínio da matemática e da lógica (ditas *ciências formais*); a física, por exemplo, não é matemática, e muito menos o são a biologia e as ciências humanas. Assim, uma vez destacada essa 'base matemática' de uma teoria científica, necessitamos dizer do que ela trata, e isso se faz, na presente conjuntura, pela apresentação de seus *modelos*, suas 'realizações'. No jargão de alguns filósofos da ciência atuais, apresentar uma teoria é descrever uma classe de estruturas, os seus *modelos*.[7]

---

[5]Um site da Universidade de Coimbra, https://www.uc.pt/navegar atribui a origem dessa expressão ao general romano Pompeu, que encorajava marinheiros receosos, inaugurando a frase "Navigare necesse, vivere non est necesse." Não vemos como Pessoa poderia ter sugerido que navegar é necessário em outro sentido.

[6]Um exemplo que poderia ser invocado é o do presente 'modelo' da física de partículas. O chamado *Modelo Standard* é formado por duas partes aparentemente inconciliáveis, a *teoria eletrofraca*, que congrega as forças eletromagnética e 'fraca', e a *cromodinâmica quântica*, que lida com a força 'forte'. Até o momento não se sabe ao certo como descrever o seu *grupo de gauge*, que as unificaria. Para vários artigos explicativos sobre a física atual, ver [Gla00].

[7]Esse tem sido o *motto* da chamada *abordagem semântica às teorias científicas*, que será discutida

Mas modelos são modelos de algo, e são erigidos em algum lugar. Neste livro, ficaremos restritos principalmente aos *modelos lógicos*, ou seja, modelos no sentido que lhes dá a lógica atual, a saber, uma estrutura matemática (que porventura capta os nuances do domínio de aplicação no qual estamos interessados –veremos isso oportunamente) que *satisfaz* os seus axiomas (sentenças que exprimem os 'princípios' da teoria mencionados antes).[8] Tudo isso terá que ser posto adequadamente. O que queremos enfatizar é que esses modelos lógicos são, via de regra, *estruturas conjuntistas*, ou seja, entidades construídas em uma teoria de conjuntos, o que indica que há uma 'base conjuntista' relacionada às teorias científicas. Nas ciências empíricas, no entanto, muitas vezes se confunde um modelo com uma teoria; o cientista, visando estudar uma certa parcela da realidade, usualmente elabora um *modelo*, que pode ser entendido nas palavras de Einstein quando fala da abordagem feita pelo cientista a um domínio da experiência, elaborando algo (o 'modelo') muito simplificado:

> [n]a mecânica clássica, os conceitos de espaço e tempo tornam-se independentes [não o são na relatividade especial]. Os conceitos de objeto material é substituído nos fundamentos pelo conceito de ponto material, mediante o qual a mecânica se torna fundamentalmente atomística."[Ein50, pp.76-97]

Ou seja, as 'partículas' tornam-se 'pontos materiais', objetos abstratos sem dimensões. Assim, em um modelo possível de mecânica, o Sol seria representado por um ponto material, algo muito distante da intuição. Esses modelos são *mapas* aproximados do território que estamos investigando. O fato é que não podemos usar *qualquer mapa*, mas escolher o adequado para nosso estudo, o que em se tratando de teorias e seus modelos, requer que se considere a matemática (o papel, a caneta) com o qual o mapa é desenhado.[9]

O que investigaremos é como se estabelecem as bases conjuntistas das disciplinas científicas, como elas são elaboradas e de que elas dependem; como veremos, dependem da particular teoria de conjuntos considerada, assim que a escolha da *metamatemática* na qual as teorias são analisadas não pode ser totalmente arbitrária. Para podermos delinear esse estudo na forma como estamos propondo, no entanto, devemos nos ocupar, ainda que sem os detalhes, de outras formas de abordagem às teorias científicas, notadamente aquelas formuladas na chamada *teoria de categorias*, de extrema relevância nos dias de hoje.[10] Porém, como veremos, em nossa opinião a teoria de categorias tem um

---

mais à frente; veja-se [vF80, p.64], [Sup93, Sup02].

[8]Tenha-se em conta, porém que há muitos outros sentidos da palavra 'modelo'. Em [Sup02], vários deles são apresentados.

[9]A esse propósito, é muito citada a frase de Galileo de que não podemos 'ler' o universo antes de aprendermos a linguagem na qual ele foi escrito, a saber, a linguagem matemática. Podemos desculpar Galileo por ter dito isso na sua época, mas hoje essa afirmação não faz o menor sentido. De *qual* matemática estaria ele falando?

[10]Para uma discussão sobre o papel fundacionista da teoria das categorias em matemática, pode-se ver [FK69].

alicerce conjuntista, assim que a consideração de 'conjuntos' de algum tipo se afigura fundamental mesmo nessa abordagem.

Essa é, portanto, a proposta: analisar a base 'conjuntista' da ciência presente e discuti-la, chegando, na parte final do livro, a contestar que as teorias 'usuais' de conjuntos possam servir para uma adequada fundamentação de certas teorias da física, em especial da mecânica quântica.

O livro é organizado como segue. Após esta Introdução, iniciamos com uma explanação do método axiomático, enfatizando a sua importância e como ele funciona, bem como as críticas que foram e ele endereçadas por figuras importantes. A despeito dessas críticas, nossa opinião é a de que a axiomatização é preponderante quando se deseja analisar aspectos metamatemáticos de uma teoria e, em certas situações, para o desenvolvimento das teorias propriamente falando. Depois, assumindo a teoria intuitiva de conjuntos, veremos de que forma várias disciplinas científicas podem ser descritas 'estruturalmente', sempre enfatizando em paralelo alguns detalhes da metamatemática objetivando fazer você, leitor, perceber a importância de se considerar essa metamatemática. Após isso, veremos em que consiste a teoria de conjuntos, mostrando em outro capítulo que na verdade há várias delas que não se equivalem. Especial atenção é dada à teoria de categorias, que é discutida, ainda que não extensivamente. Veremos porém em que sentido essa teoria pode ser reduzida a conjuntos, reforçando desse modo a importância da noção de conjunto. Em seguida, falaremos de modelos, em especial de modelos das teorias de conjuntos, verificando que nem todos eles são adequados para determinadas teorias científicas.

A seguir, veremos com maior precisão em que consistem as *estruturas* conjuntistas, que são centrais em matemática e na contraparte matemática das teorias físicas. Detalhes sobre a abordagem estrutural de Nicolas Bourbaki são apresentados, em particular mostrando de que forma a sua noção de *espécie de estruturas* se relaciona com a dos *predicados conjuntistas* no sentido de Patrick Suppes; nossa opinião, que procuraremos evidenciar, não são equivalentes, a despeito do que se assume na literatura. O capítulo seguinte (o quinto) trata da axiomatização de várias teorias por meio de predicados conjuntistas, em especial da Aritmética de Peano, a teoria dos Espaços de Hilbert, a Mecânica Clássica de Partículas, a Mecânica Quântica não relativista e a Teoria Sintética da Seleção Natural.

O capítulo seis fala da Lógica, já que toda a abordagem conjuntista tem *alguma* lógica em sua base. Assim, esse capítulo fornece ao leitor os principais conceitos lógicos que subjazem a toda a discussão. Em particular, fala-se da Teoria de Categorias, mostrando de que modo ela se reduz a conjuntos de ARC, uma versão da teoria de conjuntos de W. Ackermann, e a ideia de universos, com os quais é possível fortalecer as teorias usuais de conjuntos de tal modo que a consistência dessas teorias possa ser obtida.

A partir de então, as principais teorias de conjuntos são apresentadas com algum detalhe; a teoria inicial de Zermelo, o sistema Zermelo-Fraenkel, a teoria de von Neumann, Bernays e Gödel, a teoria Kelley-Morse, as teorias de

Quine-Rosser e Quine-Wang, e por fim ARC e TG (Tarski-Grothendieck). O capítulo dez traz uma teoria diferente. Motivada pela física quântica, a *Teoria de Quase-Conjuntos*, que considera coleções de entidades que podem ser completamente indiscerníveis, algo inimaginável nas teorias usuais sem que se recorram a truques que explicitaremos oportunamente, como om confinamento das entidades a estruturas não rígidas, contendo automorfismos outros que a função identidade. Veremos então de que forma essa teoria pode ser usada para uma formulação da mecânica quântica, apresentando (sem os maiores detalhes técnicos) de que forma podemos elaborar estruturas adequadas tanto para e mecânica quântica não relativista (ou 'ortodoxa') quanto para a mecânica quântica baseada nos espaços de Fock.

Nossa visão geral aponta tanto para um pluralismo científico, desde lógico e matemático até de teorias das ciências empíricas, quanto para um pragmatismo de visões metafísicas sobre a ciência, que em resumo sustenta que não há (e nem pode haver uma teoria definitiva e nem uma visão de mundo única, e que os cientistas escolhem, baseados em considerações de índole pragmática (simplicidade, capacidade explicativa e até mesmo beleza) as teorias (e lógicas) que forem as mais convenientes. O grande problema é escapar de um puro *relativismo*, segundo o qual qualquer coisa valeria: não, os critérios pragmáticos cerceiam essas escolhas.

Capítulo 2

O Método Axiomático

> Creio que tudo o que pode ser objeto do pensamento científico, tão logo esteja maduro para ser elaborado em teoria, recai no método axiomático e, por seu intermédio, na matemática. Progredindo até níveis mais profundos de axiomas (...) conseguimos, incluso, esclarecimentos cada vez mais significativos sobre a natureza do pensamento científico e chegamos a ser cada vez mais conscientes da unidade do saber. Sob o método axiomático, a matemática parece estar fadada a cumprir o papel de guia de tudo o que é ciência.
>
> D. Hilbert, 'Pensamento axiomático', 1918.

O CONCEITO DE *estrutura* é uma das noções centrais da matemática moderna. Sob certo ponto de vista, numa posição que remonta a Bourbaki [Bou04a, cap.4], e da qual nos ocuparemos com mais detalhe à frente, a matemática é precisamente o estudo de certos tipos de estruturas, via de regra erigidas em uma teoria de conjuntos. Com efeito, a matemática ocupa-se de grupos, anéis, espaços vetoriais, geometrias, álgebras em geral, da análise, etc., que nada mais são do que disciplinas que se desenvolvem descrevendo (e tirando consequências de) certos tipos de estruturas matemáticas. À frente daremos alguns detalhes acerca dessa visão, mas a fim de dar uma ideia ao leitor, mencionamos que, por exemplo, um *grupo* (em uma de suas possíveis formulações) nada mais é do que uma certa *estrutura* $\mathcal{G} = \langle G, *, e, ' \rangle$, onde G é um conjunto não vazio, $*$ é uma operação binária sobre G, e é um elemento distinguido de G e $'$ é uma função de G em G, tudo isso satisfazendo algumas condições, ou *axiomas* de grupo; outros modos de se caracterizar esse tipo de estrutura serão vistos à frente).[1] Os 'casos concretos'

---

[1]Por exemplo, usualmente optamos por uma descrição 'mais econômica', qual seja, $\mathcal{G} = \langle G, * \rangle$,

de grupos, por exemplo quando se toma G para ser o conjunto dos números reais, $*$ como a adição de tais números, e como sendo o número real zero e $'$ como a operação que a cada número real associa seu inverso aditivo, são os *modelos* desta axiomática. Coisa similar pode ser dita das demais 'entidades' matemáticas acima referidas.

Por extensão, tendo em vista uma visão muito em voga acerca das disciplinas científicas, dita 'abordagem semântica', da qual falaremos um pouco no que se segue, que enfatiza o estudo dos *modelos* das diversas teorias, o conceito de estrutura se afigura fundamental para a ciência como um todo. É certo que há áreas da matemática que não podem ser tratadas no *interior* das teorias usuais de conjuntos, uma vez que envolvem conceitos que não podem ser traduzidos como 'conjuntos' de alguma dessas teorias. Por exemplo, os conceitos usuais da chamada teoria de categorias, que veremos oportunamente, envolve objetos que não podem ser obtidos a partir dos axiomas das teorias usuais que estamos tratando neste livro, como a 'categoria de todos os grupos' [ML71], [Hat82, cap.8]. No entanto, cabe observar que mesmo assim a *descrição* dos conceitos categoriais faz uso de conceitos conjuntistas; para citar um exemplo, uma categoria é dada, grosso modo, por uma coleção de *objetos* e por uma coleção de *morfismos*, sobre o qual está definida uma operação de composição, satisfazendo certos axiomas convenientes. Não nos importa aqui o significado desses conceitos, que o leitor pode facilmente encontrar em textos sobre o assunto, mas sim que essa teoria é desenvolvida em um arcabouço tipicamente conjuntista, fazendo-se uso de funções (os morfismos), produtos cartesianos, etc., o que reafirma a importância da teoria de conjuntos mesmo para a teoria de categorias.[2]

Voltando à matemática como teoria das (espécies de) estruturas, vale observar que, não obstante a precisão que se adquire com esta caracterização, ela necessita de constante reavaliação. Saunders MacLane, por exemplo, comenta que certos setores da matemática apresentam questões que dificilmente poderiam ser tratadas 'estruturalmente' ("hardly structural" conforme suas palavras), como muito das equações diferenciais parciais, das funções analíticas ou mesmo questões acerca de números, as quais, segundo ele, "não podem ser descritas em termos de 'estruturas' axiomatizadas" [ML96]. Talvez MacLane possa ter razão quanto ao estado atual de certos setores da matemática presente, levando em conta o que se conhece acerca do modo de se erigir e 'combinar' estruturas. No entanto, como o próprio Bourbaki já antecipara em 1957, as estruturas fundamentais da matemática, que ele classificou em algébricas, de ordem e topológicas, não são imutáveis, uma vez que desenvolvimentos ulteriores da matemática poderiam, disse ele, exigir uma ampliação

---

mas então devemos, nos axiomas, assumir a existência de e e do inverso de cada elemento. As abordagens são equivalentes, dando os mesmos modelos.

[2]Este ponto é salientado por J. L. Bell [Bel81], também por Fred Muller [Mul01], dentre outros. No entanto, se adicionarmos a uma teoria como ZFC (ver à frente) um axioma que afirma a existência de 'universos' no sentido de Grothendieck, ou de um cardinal inacessível, podemos desenvolver a teoria de categorias nessa teoria ampliada de conjuntos.

desse núcleo básico (proposto, insistamos, há mais de 80 anos). Em outras palavras, não se pode inferir que os setores referidos por MacLane não sejam passíveis de tratamento axiomático (ou 'estrutural'). Aliás, quando o analista aborda assuntos como a teoria das equações diferenciais parciais, em geral faz uso de tópicos como números reais, ou da própria análise, os quais estão intrinsicamente vinculados a 'estruturas axiomatizadas'.[3]

De qualquer modo, o que se busca não é propriamente alcançar um procedimento que abarque 'toda' a matemática contemporânea em um dado momento, o que talvez seja impossível tendo em vista o dinamismo dessa disciplina, mas fundamentalmente reconhecer, como salienta o próprio MacLane, que "ideias acerca de estruturas esclarecem nossa compreensão" (*ibid.*). Como veremos, tal abordagem é de fato essencial para um certo tipo de compreensão da ciência presente, e isso se dá mesmo com as ciências empíricas, e não somente da matemática. Porém, tal serviço (o uso do método axiomático e a explicitação das estruturas fundamentais que subjazem a uma certa disciplina) não se limita meramente a 'esclarecer daquilo que já é conhecido', ou seja, não constitui tão somente num 'passar a teoria a limpo', mas trata-se de importante ferramenta de trabalho, até mesmo para o cientista aplicado, como insistiu, por exemplo, Clifford Truesdell (1919–2000) [Tru66].

Outros matemáticos, como V. Arnol'd (1937-2010), nada afeitos à abordagem axiomática e 'estrutural' (sem no entanto apresentar argumentos convincentes para tanto, restringindo-se a frases de efeito visando ridicularizar a abordagem de Bourbaki), sustentam que a matemática perderia muito de sua 'criatividade', se enfeixada nos *padrões rígidos* ditados pelo procedimento axiomático.[4] O filósofo Imre Lakatos já havia argumentado que o método axiomático (dedutivo) permite unicamente que se derivem conclusões que de certo modo já se achariam implícitas nas premissas [Lak78]. Isso no entanto não pode ser tomado como sendo algo que venha inibir a criatividade. Com efeito, a própria história da matemática, tão cara a Lakatos, mostra que alguns dos grandes avanços criativos da matemática se deram justamente pela consideração de questões axiomáticas, como ficará claro abaixo, ao evoluirmos com o texto.[5]

Posições como a de Arnol'd não são novidade. Já no começo do século XX, Poincaré (que Arnol'd menciona e no qual muito se baseia) argumentava contra os lógicos, especialmente contra o programa logicista, que acusava de estéril [Det92]. No entanto, há que se recordar o já visto grande equívoco envolvido no pronunciamento de Poincaré, feito em 1900, a saber, de que devido ao movimento de Aritmetização da Análise, como ficou conhecida a direção

---

[3]É interessante mencionar a abordagem de Richardson, que mediante o uso de poucas funções, conceitos elementares e axiomas, provê uma base axiomática para a análise clássica [dCD97]. Em [Gle66, cap.4], o papel do conceito de estrutura para a derivação da análise clássica é enfatizado.

[4]Uma interessante entrevista com Arnol'd encontra-se no *Notices of the American Mathematical Society*, **44** (4), 1997, 432-438 [Arn97].

[5]A propósito, Patrick Suppes tem um artigo em que ressalta a capacidade heurística do método axiomático [Sup83].

dos estudos fundacionistas do século XIX, havia-se 'finalmente' alcançado o rigor em matemática, pronunciamento feito precisamente na mesma época em que apareceram os paradoxos na teoria de conjuntos, que vieram colocar em xeque a matemática como um todo.[6]

Com o advento das lógicas não-clássicas, que têm granjeado aplicações em praticamente todas as áreas da atividade intelectual humana, têm sido desenvolvidas matemáticas de cunho alternativo à tradicional, fundamentadas em lógicas distintas da clássica, e ainda em notada distinção, por exemplo, à mais conhecida matemática que diverge enormemente da matemática clássica, *vis.*, a intuicionista.[7] Por exemplo, pode-se mencionar a 'matemática inconsistente', desenvolvida por C. Mortensen [Mor94], ou a o 'cálculo diferencial paraconsistente' de da Costa [DCte], ou a 'matemática quântica' de G. Takeuti [Tak81], ou ainda as matemáticas intensionais (S. Shapiro, S. Feferman, dentre outros), já mencionadas antes. Há ainda alternativas que se colocam ainda dentro da lógica clássica, mas que destoam da matemática usual (que assume o Axioma da Escolha em sua forma plena), como a 'matemática de Solovay' [MW73] ou outras teorias 'não-cantorianas' de conjuntos [CH67].

Obviamente que o cientista não pode deixar de reconhecer a importância de tais desenvolvimentos, se bem que estejam em sua maioria ainda a nível puramente teórico e não tenham granjeado reconhecimento por parte de muitos. No entanto, isso não é primordial; historicamente sabe-se das impropriedades que se desferiram contra os números complexos (e contra o próprio Cauchy!) ou contra as geometrias não-euclidianas, mas reconhece-se hoje a importância de tais estudos. Essas atitudes são comuns no decorrer do desenvolvimento científico, e só se há a lamentar quando elas provêm de mentes ilustres, que podem ter muita influência em certos meios. Seu argumento, no entanto, constitui verdadeiro *Argumentum Ad Verecundiam*, ou seja, uma falácia do argumento da autoridade.

Felizmente, há o outro lado da história, defendido por mentes igualmente (ou muito mais) brilhantes, como D. Hilbert, B. Russell, H. Weyl, A. Weil, A. Tarski (1902-1983), K. Gödel, dentre outros. O trabalho de autores como esses últimos contribuiu de forma decisiva para que a matemática alcançasse o patamar no qual se encontra hoje, e todos eles de certo modo reconheceram (e muito contribuíram) para o desenvolvimento da lógica e dos estudos fundacionistas, sem os quais muitas das áreas da matemática presente não teriam sido nem ao menos vislumbradas. Técnicas próprias da lógica matemática têm sido empregadas em vários domínios; um exemplo é a célebre Hipótese do Contínuo de Cantor, cuja solução foi proposta por Hilbert como o primeiro de sua lista de 23 Problemas. A solução dessa questão, como veremos à frente, deu-se em dois tempos, como Kurt Gödel em 1938 e com Paul J. Cohen em 1963, trabalho pelo qual Cohen ganhou a Medalha Fields, uma

---

[6]Ainda que Poincaré dirigisse suas críticas à teoria de conjuntos exatamente por causa dos paradoxos.

[7]Sobre o intuicionismo, ver o [BP64, cap.1], onde há referências mais detalhadas. Pode-se consultar também o capítulo 2 de [dC92].

espécie de Prêmio Nobel em matemática. Importa salientar que não somente a solução do problema em si foi importante, a qual mostrou que a referida hipótese não pode ser decidida nas axiomatizações usuais da teoria dos conjuntos, sendo independente de tais axiomas, mas as técnicas absolutamente originais usadas em sua solução, como a técnica dos modelos internos (Gödel), ou o *forcing* (Cohen), propiciaram o aparecimento de procedimentos que vieram abrir novos horizontes à pesquisa matemática, como a posterior técnica dos Modelos Booleanos, as matemática 'não-cantorianas', e de maneira geral as conexões da teoria de conjuntos com a física, que já são discutidas na literatura [Aug84, Aug96], [Man76, DCTdF93], [FK06]. É bastante razoável dizer que essas conquistas não poderiam ter sido alcançadas sem o desenvolvimento da lógica e dos estudos fundacionistas.[8]

Como exemplo da solução de problemas matemáticos usando-se técnicas da lógica, podemos mencionar, além dos acima, e sem detalhes técnicos, a solução da célebre conjectura de Artin por Ax e Kochen, usando técnicas de teoria dos modelos,[9] ou então as recentes aplicações da teoria dos modelos à geometria dos grupos de Lie por Anand Pillay e Ali Nesin, a qual constitui uma colaboração à solução do 5° dentre os 23 Problemas de Hilbert, ou ainda o uso do já mencionado *forcing* e da técnica dos modelos booleanos à teoria de operadores em espaços de Hilbert, feitas por Thomas Jech, ou então as aplicações de certas lógicas não-clássicas ao estudo das C^*-álgebras, feitas por D. Mundici em análise funcional ou, finalmente, para sermos breves, a solução do 10° Problema de Hilbert, por Y. Matiyasevich.[10]

Um último exemplo. É conhecida a dificuldade de uma área da matemática conhecida como Teoria das Distribuições, iniciada com L. Schwartz [Rud91], que exige do estudante um grande esforço, sendo no entanto de grande utilidade para o físico e para o engenheiro. Interessante é que o matemático português José Sebastião e Silva (1914-1972) deu um tratamento axiomático de relativa simplicidade à essa teoria, axiomática essa que Sebastião e Silva provou ser categórica. Isso significa pelo menos duas coisas: devido à categoricidade da axiomática apresentada, o que acarreta que dois quaisquer de seus modelos são isomorfos, a teoria tal como formulada por Schwartz (devidamente tratada de forma axiomática) é um *modelo* da axiomática de Sebastião e Silva, logo, de certo modo contornando a sua inerente dificuldade, pode ser estudada por meio da teoria de Sebastião e Silva. Por outro lado, devido à simplicidade dos axiomas apresentados, a abordagem do matemático português se mostra mais adequada do ponto de vista didático. Doravante, acreditamos, o estudo desta importante área da matemática poderá ser feito de forma mais simples e elegante. Como se vê, o método axiomático pode ter vantagens inclusive didáticas; recentemente, Newton da Costa e José Baêta Segundo apresentaram uma versão muito interessante do trabalho de Sebas-

---

[8]Para uma análise metamatemática da física, ver [dCD22, dCD22].

[9]Veja por exemplo Alex Kruckman https://arxiv.org/abs/1308.3897.

[10]Sobre os Problemas de Hilbert e uma avaliação do que sobre eles se produziu até 1974, [Bro76, Pil00].

tião e Silva que é acessível a estudantes, reforçando a 'vantagem didática' da abordagem axiomática; ver [dC00].

Com relação às ciências empíricas, lembramos que C. Truesdell (1919–2000), matemático norte-americano que contribuiu significativamente para o estabelecimento de vários domínios da física sob patamares matemáticos sólidos, comentou o seguinte:

> [e]u não penso que seja possível escrever a história de uma ciência até que essa ciência tenha sido bem compreendida graças a uma clara, explícita e decente explicitação de sua estrutura lógica.[11]

Para mencionar apenas as últimas décadas, graças ao trabalho de pessoas como o próprio Truesdell, Walter Noll (1925-2017), Patrick Suppes (1922–2014) , bem como dos brasileiros Newton da Costa (1929–), Francisco Doria (1945–), dentre outros, tem-se mostrado que, com o recurso do método axiomático (e 'estrutural'), várias questões metamatemáticas acerca da física e mesmo da matemática (teoria dos sistemas dinâmicos, economia matemática, etc.) têm sido esclarecidos.

Tudo isso aponta para a a relevância do método axiomático para as ciências reais, como a física e a biologia, e mesmo para as ciências humanas. Como se vê, os fatos contestam claramente visões como a de Arnol'd mencionada acima. Aliás, uma bela defesa do método axiomático em física foi apresentado em 1974 por A. S. Wightman [Wig76] e por Mario Bunge em diversos trabalhos, como em [Bun67].[12] Cabe lembrar que a axiomatização das teorias da física é o sexto da lista de 23 Problemas de Hilbert, mencionada anteriormente. Voltaremos a esse ponto mais à frente.

Dentre as razões para o uso do método axiomático nas ciências empíricas, pode-se apontar a vantagem de se alcançar "um tipo de claridade e precisão intelectuais que os filósofos sempre perseguem com respeito aos fundamentos das várias ciências", como disse Suppes [Sup88, p.32]. A palavra 'filósofos' na citação de Suppes deve ser entendida de maneira muito abrangente. Clifford Truesdell, por exemplo, como comentamos, foi um dos que mais se bateu para convencer os cientistas da necessidade de se estabelecer tal nível de precisão em várias disciplinas, como a termodinâmica. Outro matemático de renome, Walter Noll, já mencionado antes, ocupou-se quase que toda a sua vida em tentar estabelecer claridade e precisão intelectuais (entenda-se: axiomatizar) a várias disciplinas da física, como a mecânica do contínuo [Ign96].

Podemos dizer que o método axiomático apresenta, resumidamente, as seguintes vantagens: (1) propicia condições para uma análise crítica das teorias, no sentido de sua estruturação precisa; (2) permite a demonstração de resultados metamatemáticos sobre as mesmas, além de (3) constituir instrumento de trabalho propriamente dito para o cientista, na medida em que a engenharia,

---

[11]Cf. Prefácio a [TB77].
[12]O leitor pode ainda consultar [Cor97].

por exemplo, face à necessidade de se aprimorar técnicas sobre materiais, dentre outras coisas, necessita assentar suas teorias em bases sólidas e (4) permite qualificar uma classe de estruturas matemáticas que satisfazem os axiomas, os *modelos* da teoria. Esse último ponto é extremamente relevante para a chamada *abordagem semântica* às teorias científicas, como teremos chance de falar à frente (porém, veja-se [vF80], [Sup02]).

2.1   A origem do método axiomático

É fato universalmente aceito que o método axiomático é originário da Grécia antiga, ainda que as razões de sua origem sejam obscuras. A. Szabó, por exemplo, sustenta que ele foi 'emprestado' pelos matemáticos, sendo originário da escola eleática, vindo portanto da filosofia, sendo Zenão de Eléia um dos mais destacados cultores do 'método dialético'. Zenão, aluno de Parmênides, o fundador da escola de Eléia, na Magna Grécia, fez uso de vários argumentos (seus famosos 'paradoxos') para contestar a natureza contínua do espaço e do tempo, questionando a ideia grega do espaço composto de uma multiplicidade de pontos adjacentes e o tempo como uma sucessão de instantes.[13] Outros no entanto sustentam o contrário: se os filósofos fizeram uso do procedimento de derivar proposições a partir de premissas assumidas, dizem eles, o fizeram porque os matemáticos já faziam isso antes. O tema é de fato interessante, mas tais digressões históricas não nos interessam aqui, ainda que pareça razoável que a origem filosófica do método seja mesmo a mais provável (ver A. Szabó em [Sza64, Sza67]).[14]

   O que importa salientar é que o método axiomático, apesar de ter sido usado por diversos autores importantes, como Arquimedes e Newton, só adquiriu 'maturidade' no final do século XIX, principalmente devido ao trabalho de matemáticos como Hilbert. Aliás, a radical mudança que se deu em relação à interpretação do método axiomático é assunto que nos interessa, motivo pelo qual teceremos algumas considerações a este respeito, ainda que não abordemos em detalhes os aspectos históricos, para os quais remetemos o leitor às referências.[15]

   Em seu *Grundlagen der Geometrie*, de 1899, Hilbert apresenta pela uma axiomatização (adequada para os padrões atuais) da geometria euclidiana [hil50]. Nos *Elementos* de Euclides [Euc09], fazia-se uso, em demonstrações, de conceitos não explicitados (definidos) previamente, e não havia rigor (no sentido atual) na apresentação dos resultados. Por exemplo, os conceitos de ponto,

---

[13]Um bom verbete sobre os paradoxos de Zenão está na *Internet Encyclopedia of Philosophy*, https://iep.utm.edu/zeno-par/.

[14]P. Alcoforado discorre sobre 'Os antigos lógicos gregos' [Alc96]. Sua interpretação dá força à tese de A. Szabó.

[15]É interessante a polêmica entre Frege e Hilbert acerca da natureza do método axiomático. Para Frege, os conceitos primitivos deveriam ser 'evidentes', intuitivos, ao passo que para Hilbert a interpretação dos conceitos é independente da contraparte formal; ver [Mos87, cap. 3].

reta e plano são tomados (ainda que isso não seja dito explicitamente) como primitivos, mas oferecem-se 'definições' de cada um deles.[16]

No ano seguinte (1900), Hilbert distinguiu dois modos básicos pelos quais objetos podem ser introduzidos em matemática: o *método genético* (ou *construtivo*) e o *método axiomático* (ou *postulacional*) (ver [Kle52, p.26]). Por exemplo, os números reais são introduzidos 'geneticamente' quando são definidos a partir dos racionais (via cortes de Dedekind, sequências de Cauchy, ou outro procedimento equivalente), sendo os racionais por sua vez dados como certas classes de equivalência de inteiros, e estes como certas classes de equivalência de números naturais. Os números naturais podem ser 'construídos' no escopo da teoria dos conjuntos, como mostrado em [End77, cap.4].

Axiomaticamente, os reais são caracterizados pelos axiomas de corpo ordenado completo, estrutura esta que tem os cortes de Dedekind ou certas classes de equivalência de sequências de Cauchy, por exemplo, como modelos. Do mesmo modo, os números naturais são caracterizados pelos Axiomas de Peano. O uso de um ou outro método, para as finalidades da matemática comum, vem de critérios pragmáticos, como a conveniência ou a simplicidade. No entanto, para certo tipo de estudo, importa distinguir tais procedimentos; como nos interessa mencionar o caso das teorias da física, falaremos um pouco acerca de algumas questões que nelas estão envolvidas.

Quando é dado um sistema de axiomas, como por exemplo os axiomas para corpo ordenado completo, pode haver várias estruturas que satisfaçam tal axiomática;[17] com efeito, cortes de Dedekind e classes de equivalência de sequências de Cauchy não são a mesma entidade matemática. Neste caso particular, no entanto, resulta que a axiomática é *categórica*, ou seja, todos os seus modelos (i.e., todas as estruturas que satisfaçam os axiomas) são isomorfas. Grosso modo, elas não se distinguem uma da outra por propriedades matemáticas. No entanto, há casos de sistemas de axiomas que não são categóricos, como no caso de grupos, ou de espaços vetoriais, como é bem conhecido.

Perceber que podem haver realizações (modelos) que, sob certo ponto de vista, são 'completamente distintos' uns dos outros (no sentido de que não são isomorfos), mas que são no entanto descritos pela mesma estrutura axiomática, constituiu avanço em matemática que não pode ser desprezado. Aliás, Bourbaki descreve o nascimento da 'matemática moderna' como sendo precisamente a tomada de consciência deste fato. Disse ele:

> [o] estudo de teorias não categóricas [que ele chamava de 'multivalentes'] é o traço mais surpreendente que distingue a matemática

---

[16]Tais 'definições' de ponto, reta e plano assemelham-se muito à já vista 'definição' de conjunto, dada por Cantor. P. Suppes, em [Sup02], apresenta vários argumentos nesse sentido. Em um artigo publicado no *Notices* da American Mathematical Society de Maio de 1998, o autor comenta que as definições de ponto, reta e plano teriam sido acrescentadas aos *Elementos* em época posterior a Euclides, com o fito de dar uma descrição intuitiva do seu significado, não sendo portanto originárias do geômetra de Alexandria. Isto, no entanto, é discutível.

[17]O conceito de *satisfação* é aqui, como na matemática usual, tomado de forma intuitiva. Sua definição precisa foi dada por A. Tarski na década de 1930.

moderna da matemática clássica. [Bou58, p. 55].

O motivo é que até então (ou seja, até que se desse conta dessa importante distinção), a axiomatização de uma determinada disciplina constitua, por assim dizer, unicamente um modo de se 'arrumar a casa', dando uma forma precisa e concatenada aos desenvolvimentos que já haviam sido alcançados anteriormente. Este modo de proceder, que constitui a essência do que qualificaremos como 'axiomática concreta', não deixa de ter importância, como já se disse, mas não se adéqua ao que se conhece como método axiomático moderno (axiomáticas 'formais'), que se originaram notadamente a partir de Hilbert.

No método genético, como observa Kleene, "o processo de geração [do objeto matemático em questão] tem a intenção de determinar a estrutura abstrata do sistema completamente, i.e, constituir uma definição categórica do sistema." [Kle52, p.27] O caso da geometria euclidiana é ilustrativo.[18] É sensato supor que Euclides julgava que seus axiomas descreviam as propriedades fundamentais do espaço real. *Tinha-se* o modelo intuitivo, e o que se visava era uma descrição de seus pressupostos básicos, dos conceitos fundamentais, etc. Nas palavras de Kleene, "os objetos do sistema (. . .) eram supostos conhecidos *antes* dos axiomas" (*op. cit.*, p. 28, ênfase minha). Em outras palavras, tem-se um domínio que se deseja investigar axiomaticamente, e o que se faz é descrever os seus conceitos primitivos e proposições primitivas, das quais as demais proposições (os teoremas) serão derivados segundo as regras de uma certa lógica (em geral, subentende-se que se trata da lógica clássica). Nas palavras de Kleene,

> os axiomas meramente expressam aquelas propriedades dos objetos as quais são inicialmente tomadas como evidentes a partir de sua construção ou, no caso das teorias que se aplicam ao mundo empírico, como abstraídas diretamente da experiência ou [então] postuladas acerca de tal mundo. [Kle52, p.28]

J. Mosterín descreve de modo bastante claro o que chama de 'método axiomático concreto':

> [a] concepção antiga ou tradicional do método axiomático aparece já formulada com toda clareza nos *Analíticos Posteriores* de Aristóteles e encontra sua realização paradigmática nos *Elementos* de Euclides.
>
> Uma teoria axiomática, segundo entendiam Aristóteles e Euclides, é um conjunto de verdades acerca de um âmbito determinado da realidade, um conjunto organizado de tal maneira que quase todos os conceitos que intervêm na teoria são definidos a partir de

---

[18]Mais uma vez, seguiremos a citada obra de Kleene, ainda que insiramos considerações adicionais.

poucos conceitos primitivos, os quais não se define, e quase todas as verdades que compõem a teoria são demonstradas a partir de poucas verdades primeiras ou axiomas, que não se demonstram. Os conceitos primitivos não necessitam ser definidos, pois os conhecemos intuitivamente. Já os princípios primeiros ou axiomas não necessitam ser demonstrados, pois sua verdade é evidente e a captamos por intuição. Aplicar o método axiomático a um âmbito determinado da realidade consiste em organizar nosso saber acerca desse âmbito na forma de teoria axiomática. (*op. cit.*, p. 115)

Fica-se portanto com a visão de que uma axiomática 'concreta' tem um modelo único (pelo menos em princípio), justamente o seu modelo intencional. Esta forma de proceder será a seguir contrastada com as axiomáticas formais.

2.2   Axiomáticas 'concretas' e axiomáticas 'formais'

Usando terminologia de Hilbert e Bernays [hil68], podemos distinguir entre *axiomática concreta* e *axiomática formal*. A distinção é exemplarmente capturada na sua célebre frase

Deveríamos ser capazes de dizer todas as vezes –ao invés de pontos, linhas retas e planos– mesas, cadeiras e canecas de cerveja. [Rei70, cap.VIII]

A frase retrata o fato de que, em uma axiomática formal, não se explicitam os significados dos conceitos primitivos; isso vem com as interpretações. Mesmo que uma axiomática tenha sido proposta 'com concretude', no sentido de uma 'axiomática concreta', como veremos a seguir, ela *se liberta* de qualquer interpretação intencional, ganhando uma *autonomia* típica de um objeto do mundo-3 de Karl Popper [Pop78], podendo ser aplicada a outros domínios. Essa é a verdadeira essência do método axiomático moderno.

Em linhas gerais, essas duas formas de se tratar uma teoria diferem essencialmente no seguinte. Uma axiomática 'concreta', como se viu acima, seria algo como que um conjunto de princípios, ideias, resultados, etc. acerca de um *determinado* domínio de estudo e, poderíamos dizer, para enfatizar, pelo menos em princípio, *somente dele*, ainda que esse domínio pudesse ser o universo todo. O motivo pelo qual não se precisaria definir os conceitos primitivos adviria, então, do fato de que eles seriam tomados como 'evidentes à intuição', do mesmo modo que as proposições primitivas não precisariam ser demonstradas porque seriam 'intuitivamente óbvias', expressando 'verdades' inquestionáveis acerca de tal domínio.

No entanto, como percebeu Hilbert, o uso do método axiomático nesta forma 'concreta' conduz a axiomáticas 'formais'. Em outras palavras, partindo da axiomática concreta realizada acerca de uma determinada teoria, pode-se

abstrair o significado intuitivo dos conceitos envolvidos, mantendo-se, por assim dizer, unicamente a *estrutura* da teoria obtida, destacando-se dela, então,
uma espécie de estruturas (ainda que ele não utilizasse essa terminologia, que
como vimos é devida a Bourbaki). Nessa etapa, não há apego ao significado
intuitivo dos conceitos primitivos, e os axiomas não expressam 'verdades'
acerca de qualquer universo particular, sendo constituído tão somente de proposições (que relacionam entre sí os conceitos primitivos), as quais passamos
a aceitar como se fossem regras de um jogo. Isso faz com que tais axiomáticas possam se aplicar a vários domínios, e não só àquele que lhe motivou, os
outros *modelos* sendo alcançados dependendo da interpretação que se dê aos
conceitos primitivos.[19] Por exemplo, tomemos a axiomática da teoria dos espaços vetoriais, cujos conceitos primitivos podem ser 'escalar' e 'vetor', além
de duas operações binárias, uma 'adição de vetores' e uma 'multiplicação de
vetor por escalar'. Podemos 'interpretar' agora os escalares como denotando
números reais e os vetores como n-uplas de números reais. Se as operações
se adição de vetores e de multiplicação de um vetor por escalar em seu sentido usual, chegamos a um *modelo* de espaço vetorial, em geral denotado por
$\mathbb{R}^n$. Se, por outro lado, interpretarmos os vetores como denotando matrizes
complexas de ordem n e os escalares como denotando os números complexos,
com as operações usuais de adição de matrizes e de multiplicação de matriz
por escalar, obtemos um outro modelo, não isomorfo ao anterior.

Há portanto uma separação entre aspectos puramente sintáticos de uma
teoria, os quais dizem respeito por exemplo à parte combinatória dos símbolos empregados em sua linguagem, e aqueles de natureza semântica, que levam em conta possíveis interpretações. Pelo menos em princípio, poder-se-ia
pensar que as axiomáticas das teorias físicas deveriam ser sempre axiomáticas concretas, já que as teorias físicas alicerçar-se-iam ao mundo real, o qual,
grosso modo, constituiria o 'único' modelo possível. Isso não é, porém, o que
ocorre.

O próprio Hilbert enfatizou esse ponto; com efeito, a *abstração* advinda do
ato de olhar-se não para os modelos, mas para a estrutura sintática da teoria,
se dá não só na matemática, como é bastante evidente (para nós hoje em dia)
por exemplo quando se considera os axiomas para grupos ou para espaços
vetoriais, mas também na física, ou com qualquer teoria axiomatizada. Assim,
encontramos Hilbert dizendo que

> ... todos os teoremas de uma teoria eletrodinâmica são também
> válidos para cada sistema de coisas que coloquemos no lugar da
> eletricidade, do magnetismo, etc., sempre que resultem satisfeitos
> os correspondentes axiomas. (Hilbert, em carta a Frege de 29-02-
> 1899, citado por [Mos87, p.128]

Esse ponto é importante e merece ênfase. Em uma axiomática formal,

---

[19]Saliente-se no entanto que não basta 'interpretar' diferentemente os conceitos primitivos; os
axiomas têm que ser *verdadeiros* relativamente à estrutura considerada.

abstrai-se o significado dos conceitos primitivos, e portanto as proposições (primitivas e derivadas) não se referem mais a um único domínio. Os conceitos primitivos podem então ser instanciados por entidades de natureza diversa das originais, e muitas dessas interpretações podem vir a ser _modelos_ da teoria (no sentido de que, na medida em que os axiomas da teoria são traduzidos em termos dos conceitos e elementos da estrutura, podem ser provados 'verdadeiros' –_e.g._, no sentido de Tarski– em tal estrutura). Numa axiomática formal, fica explicitada, então, uma espécie de estruturas. De certo modo, estabelece-se uma ontologia de estruturas, na qual os objetos matemáticos considerados passam a ser estruturas matemáticas, que podem ser capturadas também pela teoria de categorias.

Com efeito, pensemos novamente na axiomática da teoria de grupos. Abstratamente, temos a espécie de estruturas de grupos, sendo os grupos particulares as estruturas dessa espécie, e os modelos da teoria. Se bem que um grupo particular possa ser visto como um conjunto de uma teoria como ZF, a coleção de todos os grupos não é um conjunto de ZF, sendo 'muito grande' para 'caber' na teoria. Trata-se de uma _classe própria_, objeto de uma teoria mais ampla, como o sistema NBG (von Neumann, Bernays, Gödel). Do ponto de vista categorial, não estamos interessados nos grupos particulares, na _psicologia_ dos grupos, mas na sua _sociologia_, nas relações entre eles, tomados abstratamente. Temos então uma _categoria_, a categoria **Gr** dos grupos, assim como podemos ter a categoria **Set** de todos os conjuntos. No primeiro caso, os objetos são os grupos e os morfismos são os homomorfismos entre grupos,[20] enquanto que no segundo caso os objetos são os conjuntos e os morfismos são as funções entre conjuntos.

Hilbert expressava-se a repeito da possibilidade de diferentes interpretações dizendo que, se nos axiomas da geometria, substituíssemos 'ponto', 'reta' e 'plano' por 'mesa', 'cadeira' e 'caneca de cerveja', a geometria não se alteraria em nada (cf. citação da epígrafe desta subseção). Em suma, não importa o _significado_ intuitivo dos conceitos primitivos, mas tão somente o que dele dizem os axiomas. Estes nada mais são do que proposições (aceitas em princípio) que descrevem o modo pelo qual os conceitos primitivos estão entre sí articulados: os axiomas dão o _caráter operacional_ de tais conceitos, de certo modo definindo-os. Essa visão inovadora de Hilbert contrastava com a visão 'tradicional' de Frege, para quem a axiomática deveria ser um espelho de alguma porção da realidade (ao estilo do que Aristóteles entendia por 'ciência'; veja-se [Bet66]), tendo havido uma polêmica entre eles, bem retratada em [Mos87, cap.5].

A posição 'abstrata' de Hilbert impôs-se, vindo a se solidificar no decorrer do século XX. A partir da década de 1950, notadamente com o desenvolvimento da chamada Teoria dos Modelos, um dos ramos mais destacados da lógica matemática atual, houve uma compreensão mais clara do significado

---

[20]Um _homomorfismo_ entre dois grupos $\mathcal{G}_1 = \langle G_1, *_1 \rangle$ e $\mathcal{G}_2 = \langle G_2, *_2 \rangle$ é uma função $f : G_1 \to G_2$ tal que $a *_1 b = f(a) *_2 f(b)$. Se f for bijetiva, fala-se em _isomorfismo_.

da expressão *modelo* de uma teoria (matemática). No entanto, no que se refere às teorias das ciências empíricas, há ainda muito para se fazer, e o que
objetivamos aqui é apontar para algumas dessas questões.

Ressaltemos que a essência do método axiomático consiste, como já se aludiu, justamente em se explicitar pressupostos e conceitos subjacentes a uma
teoria científica, ou a um campo do conhecimento. No entanto, é preciso reconhecer que, no domínio empírico, quando por exemplo visamos axiomatizar
algum campo do conhecimento, pode acontecer que a axiomática resultante
deixe muito de fora, sendo apenas algo como um mapa, que não pode ser confundido com o território que mapeia. Mas, na matemática, a situação parece
ser diferente, porque o método axiomático meio que 'cria' as teorias. Bourbaki
dizia que tal método aplica-se a teorias 'maduras' e constitui-se, segundo ele,
nas seguintes etapas [Bou48]:

(i) no âmbito das teorias matemáticas amadurecidas, dissociar, em suas
demonstrações, aquilo que constitui a fonte dos principais raciocínios utilizados;

(ii) tomar separadamente esses elementos e formulá-los na forma de princípios abstratos, deduzindo-se-lhes então todas as consequências lógicas,

(iii) retornar às teorias e analisar as relações que são obtidas quando os
elementos anteriormente dissociados voltam a ser combinados.

Muitas vezes, certos pressupostos estão demasiadamente implícitos no desenvolvimento informal, e somente a própria tarefa de levar a cabo a axiomatização propriamente dita pode destacar a necessidade de explicitá-los. Um
exemplo disso é o Axioma da Regularidade na teoria de conjuntos, o qual, apesar de inócuo para as finalidades matemáticas,[21] não foi percebido como essencial para se evitar a existência de certos conjuntos contra-intuitivos, deriváveis por exemplo na teoria de Zermelo,[22] ou então o Axioma da Escolha,, algo
aparentemente 'óbvio' mas que quando foi formulado explicitamente causou
uma enorme polêmica (à frente).

A partir dos conceitos primitivos, outros conceitos podem ser introduzidos
em uma teoria axiomática por definição (são então ditos conceitos *definidos*) a
partir dos primitivos. Por exemplo, a partir dos conceitos primitivos 'ponto',
'reta', 'plano', 'congruência' e 'estar entre', (primitivos no tratamento dado por
Hilbert em 1899), pode-se definir ângulo, retas perpendiculares, planos para-
lelos, etc. Além dos conceitos primitivos, o método axiomático ainda exige
que se selecione determinadas proposições para compor os *axiomas* da teoria.
As demais proposições (os *teoremas*) devem então ser buscadas por meio de
demonstrações, sendo consequências lógicas dos axiomas, o que pressupõe

---

[21]No sentido de que a matemática tradicional pode ser desenvolvida na teoria de conjuntos
com ou sem o referido axioma.

[22]Esse axioma impede, por exemplo, que um conjunto possa ser elemento dele próprio, ou que
possam haver conjuntos 'circulares' como um x tal que $x \in y \in z \in x$. Veremos isso com mais
detalhes à frente.

o conhecimento (pelo menos implícito) das regras da lógica subjacente à teoria.[23]

Uma outra forma de se introduzir novos conceitos é por meio de extensões da teoria original, quando um novo conceito, por exemplo determinado por um novo símbolo, é acrescentado à linguagem e submetido a postulados adequados.[24]

É claro que pode-se tentar 'explicar' a natureza dos conceitos primitivos mas, como mostrou Hilbert, isso é secundário. Na verdade, eles não precisam necessariamente ser 'intuitivos' ou 'evidentes', ainda que isso seja desejável. É precisamente nessa tentativa de explicação dos conceitos básicos que residem as 'definições' de ponto, reta e plano dadas por Euclides e na de conjunto, formulada por Cantor como veremos. Se os conceitos de ponto, reta e plano são primitivos numa particular formulação da geometria, não se pode defini-los nesta mesma formulação, assim como não se define 'conjunto', se esse conceito é tomado como primitivo numa particular axiomática da teoria dos conjuntos, porém nada impede que esses conceitos sejam definidos em outra abordagem axiomática (da *mesma* teoria). Salientemos esse ponto. Não há, em princípio, qualquer conceito matemático que não possa ser definido. Literalmente, constitui erro dizer-se, pura e simplesmente, por exemplo, que ponto, reta e plano não podem ser definidos em geometria, ou que não se possa definir 'conjunto' na teoria de conjuntos. Na verdade, tudo depende da axiomática particular que se está adotando; um conceito pode ser primitivo (logo, não definido) numa axiomatização, mas definido em outra. Por exemplo, na teoria de conjuntos de von Neumann, Bernays e Gödel (NBG), como veremos, o conceito primitivo é o de *classe*, e os *conjuntos* são entidades definidas como sendo classes particulares, mais precisamente, são aquelas classes que pertencem a outras classes. No caso da geometria euclidiana, outros conceitos, distintos daqueles escolhidos por Hilbert, poderiam ser tomados como primitivos, desse modo resultando que (pelo menos alguns) dos conceitos primitivos hilbertianos resultassem definidos nessa outra apresentação. Da mesma forma, baseados nesses 'outros' conceitos primitivos (que aqui não precisamos explicitar, mas houve várias axiomatizações da geometria euclidiana), novos sistemas de axiomas deveriam, pelo menos em princípio, ser propostos, resultando que as proposições primitivas do sistema de Hilbert seriam agora teoremas deste novo sistema. O que importa não é propriamente a particular axiomática apresentada, que pode ter interesse meramente pragmático, mas a *estrutura* que dela se destaca.

Esse 'nascimento da estrutura' pode ser exemplificado de forma interessante tomando o exemplo dado por Bourbaki acerca da teoria de grupos. Evidentemente que se trata de um exemplo hipotético, nada tendo a ver com o modo pelo qual surgiu o conceito de grupo. Considerando o conhecimento

---

[23]Em geral, assume-se que tal lógica é a lógica clássica, que não é explicitada.

[24]Há no entanto critérios a serem estabelecidos, de sorte que o novo conceito não produza novos teoremas, o que alteraria a teoria. Essas condições (ou critérios) são denominados de *condições de Leśniewski*, e são a *não-criatividade* e *eliminabilidade* e podem ser vistos em [Sup57, Cap.8].

alcançado em certas áreas da matemática (um 'conhecimento amadurecido', como vimos), consideram-se três operações: adição de números reais, multiplicação módulo p dos inteiros $1, 2, \ldots, p - 1$, onde p é um número primo, e a composição de deslocamentos no espaço tridimensional. Seguindo o passo (i) mencionado acima, verifica-se a possibilidade de se considerar uma operação que permite obter, em cada caso considerado, o composto de dois quaisquer elementos: a soma de números reais, o produto módulo p de dois números (o resto da divisão por p do seu produto em sentido usual)[25] ou a composição de dois deslocamentos.[26] De acordo com o passo (ii), uma tal operação é então tomada abstratamente: sendo E um conjunto qualquer (que tanto poderia ser o conjunto dos números reais, dos inteiros de 1 a $p - 1$ ou dos deslocamentos no espaço), toma-se uma função $*$ de $E \times E$ em E (ou seja, um adequado elemento de $\mathcal{P}(E \times E \times E)$). Escreve-se $x * y$ para a imagem por $*$ do par $\langle x, y \rangle \in E \times E$, que em cada caso adquire uma conotação particular ($x + y$ no primeiro, $xy \pmod{p}$ no segundo e $x \circ y$ no último). Diz então Bourbaki:

> [s]e analisarmos agora as propriedades dessa operação em cada uma dessas [consideradas] teorias, verificar-se-á que apresentam notável paralelismo; mas, no interior de cada uma dessas teorias, essas propriedades dependem umas das outras, e uma análise de suas conexões lógicas leva a distinguir um pequeno número delas que são independentes entre sí (isto é, nenhuma é consequência lógica das restantes). (*op. cit.*)

Pode-se então tomar algumas dessas propriedades, que sejam suficientes para delas se derivar todos os resultados da teoria e formulá-las em notação simbólica adequada, de sorte que sejam facilmente traduzíveis na linguagem própria de cada teoria, e considerá-las como *axiomas* de uma teoria formal, abstrata.[27] No caso, pode-se tomar os bem conhecidos axiomas para grupos, qual sejam: (1) associatividade: para quaisquer x, y e x do conjunto E, tem-se

---

[25] O conjunto $\{0, 1, \ldots, p - 1\}$, munido da 'multiplicação módulo p' forma um grupo. Exemplifiquemos com $p = 3$. A operação é dada pela tabela seguinte, notando-se que $2 \cdot_3 2 = 1$ (ou seja, $2 \cdot 2 = 4$ e disso se 'tira' 3):

$\cdot_3$	0	1	2
0	0	0	0
1	0	1	2
2	0	2	1

[26] Um 'deslocamento' no plano Euclidiano a duas dimensões pode ser visto como uma função f que a cada ponto $(a, b) \in \mathbb{R}^2$ associa um ponto $c \in \mathbb{R}^2$ definido como $f(x, y) = \begin{pmatrix} \cos \theta & -\sin \theta \\ \sin \theta & \cos \theta \end{pmatrix} \cdot \begin{pmatrix} x \\ y \end{pmatrix} + \begin{pmatrix} l \\ m \end{pmatrix}$. A matriz quadrada de ordem 2 indica uma rotação (transformação ortogonal de ângulo θ), em sentido anti-horário, e a soma com o vetor (l, m) indica uma 'translação'. A composição de uma transformação ortogonal com uma translação é um *movimento rígido*, típico da geometria euclidiana e da física clássica.

[27] Salientamos nossa opinião de que essa 'transcrição' deve ser acreditada, pois nada há que indique que o formalismo capte exatamente o que se passa no domínio pretendido, do mesmo

que $x * (y * z) = (x * y) * z$; (2) existência de elemento neutro: existe um elemento $e \in E$ tal que, para todo $x \in E$, tem-se que $x * e = e * x = x$ e (3) cada elemento de E tem um 'inverso' em E, ou seja, para todo $x \in E$, existe $x' \in E$ tal que $x * x' = x' * x = e$. O estabelecimento das consequências de tais axiomas, obtidas por demonstração, é o que usualmente se denomina de *teoria de grupos*. Por exemplo, pode-se provar facilmente que em um grupo qualquer, vale a chamada 'lei do corte': $x * y = x * z \to y = z$.[28] Sob este prisma, a matemática adéqua-se ao que disse Benjamim Peirce, ou seja, que "[a] matemática é a ciência na qual se derivam conclusões necessárias" [Wey49, p.62].

Essa caracterização é em parte semelhante à definição de matemática dada por Bertrand Russell em seu *Principles of Mathematics*: "[A] matemática pura é a classe de todas as proposições da forma '*p* implica *q*', onde *p* e *q* são proposições que contêm uma ou mais variáveis, as mesmas em ambas as proposições, e nem *p* e nem *q* contêm constante alguma exceto constantes lógicas". A ideia é que, superficialmente falando, dando-se as premissas, pode-se derivar conclusões que de certo modo já estariam implícitas nas premissas. Essa é exatamente a crítica principal que Imre Lakatos tece à axiomatização: não haveria novidade, posto que 'tudo' já estaria contido nos axiomas. No entanto, não concordamos com essa crítica, aceitando, com Suppes, que o método axiomático envolve certa heurística [Sup83], [KA17, §4.1.1].

Esse 'processo de derivação, obviamente, pressupõe uma certa lógica. Como à época de Peirce (assim como quando Russell enunciou sua definição) a única lógica que se conhecia era a lógica clássica, não se evidenciava a necessidade de se explicitar esse fato, exceto se o estudo fosse o da própria lógica. Presentemente, tendo em vista a variedade de sistemas lógicos que há, assim como o sabido fato de que, mudando-se a lógica subjacente, pode-se alterar o quadro de teoremas de uma teoria, justifica-se o adendo acrescentado por Newton da Costa à definição de Peirce; para da Costa, sob certo ponto de vista, a matemática é, como disse Peirce, a ciência na qual se extraem conclusões necessárias, mas (acrescenta ele), "modulo uma certa lógica".[29]

Importante notar que a teoria formal assim criada caracteriza certas estruturas por meio de uma espécie de estruturas. Com efeito, pode-se agora *interpretar* o conjunto E (por exemplo no conjunto dos números reais, ou no dos inteiros acima mencionados, ou ainda no dos deslocamentos ou mesmo

---

modo que qualquer teoria de uma parcela da realidade não pode ser assumida como refletindo essa realidade adequadamente; teorias são simplificações, são 'mapas' dos territórios que estão sendo investigados.

[28] A demonstração é simples, mas aqui a faremos com algum detalhe. Primeiramente, convença-se se que quaisquer dois elementos do domínio de um grupo –que usualmente referimos-nos como 'elementos de um grupo') podem ser compostos, resultando ainda em um elemento do grupo (aliás, esse é o sentido de 'operação binária'). Assim, como todo elemento do (domínio do) grupo tem um inverso, x tem um inverso x', e então podemos compor x' com $(x * y)$, dando $x' * (x * y)$, que vai ser idêntico a $x' * (x * z)$, uma vez que assumimos a hipótese de que $x * y = x * z$. Ora, a operação '*' é associativa, logo $x' * (x * y)$ é equivalente a $(x' * x) * y = (x' * x) * z$. Como $x * x' = e$ e como $e * a = a$ para qualquer $a \in G$, temos que $y = z$, como queríamos demonstrar.

[29] Não encontrei isso escrito, mas lembro das suas aulas.

em outros), assim como a operação ∗ ganha, em cada um desses domínios, um significado particular. Isso posto, os axiomas enunciados podem se tornar 'verdades' acerca desses domínios particulares que passam então a constituir *modelos* da teoria em questão (ou, como os matemáticos usualmente falam, exibem-se 'casos particulares' de *grupos*). De maneira mais geral, um tal procedimento (no caso de grupos) exige uma estrutura da forma seguinte:[30]

$$\mathcal{G} = \langle E, * \rangle \tag{2.1}$$

sendo E um conjunto não nulo, ∗ uma operação binária sobre E, satisfazendo os axiomas (1), (2) e (3) mencionados acima. Ou seja, os grupos, que são as *realizações* dessa estrutura, ou os *modelos* dos axiomas de grupo.

Observe-se mais uma vez que tais estruturas matemáticas são, como já se disse, erigidas em geral numa teoria de conjuntos.[31] O que queremos enfatizar é que para erigir-se uma tal estrutura, depende-se essencialmente de tais teorias de conjuntos. É claro que isso não diz respeito a estruturas como grupos, mas importa para as disciplinas das ciências empíricas em particular. Isso será importante à frente.

No entanto, cabe ressaltar que a própria teoria de conjuntos é passível de tratamento axiomático, a ela se aplicando portanto todas as considerações aludidas acima para teorias em geral. Isso trará consequências interessantes e importantes, como veremos, devido a certos teoremas limitadores devido essencialmente a K. Gödel. No entanto, o que importa enfatizar é que a contraparte semântica das teorias fica de certo modo condicionada à linguagem utilizada, mais precisamente, à teoria de conjuntos considerada, de sorte que, para prosseguirmos no nosso trajeto, necessitamos analisar mais pormenorizadamente tais teorias e perceber que, mesmo nas suas variadas versões, a grande totalidade dos pressupostos cantorianos são mantidos incólumes, em especial o de que um conjunto (classe, coleção) é um agregado de objetos dotados de individualidade.

Segundo historiadores como Dauben, a primeira sugestão de se aplicar o método axiomático à teoria dos conjuntos que se tem notícia foi devida ao matemático italiano Cesare Burali-Forti, por volta de 1896 [Dau90] ainda que ele não tenha apresentado uma tal axiomática. Importa notar que Burali-Forti propôs a axiomatização da teoria de conjuntos independentemente do surgimento dos paradoxos, que veremos na sequência.[32] A aplicação do método axiomático à teoria dos conjuntos, iniciada por Ernst Zermelo em 1908, no entanto, fez perceber que tal axiomatização podia ser levada a cabo de vários modos distintos, com isso originando variados sistemas de 'teoria de conjuntos'. O mais surpreendente é que, como se percebeu posteriormente, as várias reconstruções possíveis não são equivalentes entre si, resultando que podem

---

[30]Como vimos, essa é uma outra forma de apresentar a estrutura de grupo.

[31]Poder-se-ia, pelo menos em princípio, utilizar dispositivos matemáticos alternativos para caracterizar grupos, como usar-se a teoria de categorias ou as lógicas de ordem superior. Voltaremos a esse ponto oportunamente.

[32]Isso também é sustentado por G. H. Moore [Moo82, p.151].

originar matemáticas com características distintas umas das outras, num sentido que esclareceremos à frente. Esse fato constitui ponto de relevo nos atuais estudos acerca dos fundamentos da matemática, e também da ciência como um todo, tendo em vista a por assim dizer 'dependência' que as considerações semânticas das teoria em geral, e não unicamente da matemática, têm da teoria de conjuntos.

2.2.1 Digressão: o pioneirismo de José Anastácio da Cunha

Axiomáticas formais foram antevistas de certo modo muito anteriormente ao desenvolvimento da matemática do final do século XIX. Já no final do século XVIII, o matemático português José Anastácio da Cunha (1744-1787) expressou claramente esse ponto. Disse ele:

> Como auctor de uma novella se póde, por outra parte, considerar quem compõe um tractado puramente mathematico. Goza dos mesmos privilegios que se concedem *pictoribus atque poetis*. Posso, v. g., inventar uma nova curva e demonstrar varias de suas propriedades. Posso escrever um tractado d'optica, em que tome como hypothese, que a luz se propaga não em linha recta, mas em linha circular, ou em qualquer outra linha. Posso compor uma mechanica, supondo as leis do movimento que eu muito quiser. E se os meus theoremas e as minhas soluções dos problemas forem legitimamente derivados dos principios que estabeleci, ninguem me poderá arguir de erro [AdC56].

É impressionante perceber como Cunha estava à frente dos matemáticos de seu tempo em questões de fundamentos e do entendimento de sua ciência, encontrando-se em estreita relação com o pensamento que iria se sedimentar somente cerca de cem anos depois. Mais detalhes sobre o seu pensamento podem ser vistos no volume *Bicentenário da morte de Anastácio da Cunha*, Un. de Évora, 1988.

2.3 Linguagens

Em geral, quando provemos uma axiomática para uma teoria T, destacamos apenas o que em lógica denominamos de conceitos e postulados *específicos*, como fizemos com o caso de grupos. No entanto, derivamos teoremas nessas teorias, como o seguinte no caso de grupos, e estaremos supondo um grupo arbitrário $\mathcal{G} = \langle G, * \rangle$:

Teorema 2.3.1 (Grupos: unicidade do elemento neutro). *O elemento neutro e de um grupo $\mathcal{G}$ é único.*
Demonstração: Por absurdo, suponha que e e $e^\dagger$ são elementos neutros de $\mathcal{G}$, isto é, para qualquer $a \in G$, tem-se que (i) $a * e = e * a = a$ e (ii) $a * a^\dagger = a^\dagger * a = a$. Como

em um grupo podemos compor quaisquer dois elementos, temos que $e * e^\dagger = e$ por (ii) mas também $e * e^\dagger = e^\dagger$ por (i). Assim, pela transitividade da igualdade, obtemos $e = e^\dagger$. ∎

Isso indica que, se houver 'dois' neutros, eles são idênticos, são o mesmo elemento. Logo, há um só. Obviamente, isso se estende para mais de dois elementos neutros. Está portanto estabelecida a unicidade desse elemento. Mas, como isso se deu? Inicialmente veja que usamos um *raciocínio por absurdo*, típico da lógica clássica: se queremos demonstrar algo α, iniciamos supondo que sua negação é o que vale, ou seja, assumimos $\neg\alpha$ e, a partir dessas duas hipóteses, derivamos uma contradição. Isso faz com que a nossa hipótese inicial $\neg\alpha$ tenha que ser rejeitada, passando a valer a sua negação, que é o que queríamos demonstrar, ou seja, α.

Foi exatamente o que fizemos acima: querendo demonstrar que o elemento neutro é único, assumimos de partida que havia mais de um de tais elementos, que é a negação do que queríamos demonstrar. Em seguida, usando os recursos da teoria e da lógica, demonstramos que eles são idênticos, contrariando a nossa hipótese, ou seja, obtivemos uma contradição. Portanto, a hipótese de que havia mais de um teve que ser rejeitada, e obtivemos o desejado.

Qualquer demonstração em matemática se faz à luz de uma dada lógica, via de regra, pelo menos na matemática usual, à luz da chamada *lógica clássica*, que certamente teremos que discutir.

Capítulo 3

A teoria de conjuntos

"Je le vois, mais je ne le crois pas."

G. Cantor, em carta a R. Dedekind, 24 de Junho de 1877

O SÉCULO XIX foi a época de uma transformação radical na matemática. Desde o seu início, pensadores como Bernhard Bolzano (1781-1848) haviam se ocupado com a necessidade de um maior rigor do estabelecimento preciso de alguns conceitos centrais dessa disciplina, que até então eram em geral usados apenas informalmente. Para citar um exemplo, recordamos que Bolzano antecipou a definição usual (dita hoje 'definição *a la* Dedekind') de conjunto infinito como sendo aquele que não admite uma bijeção com uma sua parte própria, ainda que a própria palavra 'bijeção ' não fosse utilizada àquela época. Também tentou formular uma definição de número real por meio de limites de sequências de racionais (só publicado em 1862), além de outros resultados que apenas vieram a repercutir cerca de 50 anos mais tarde (um caso é o célebre Teorema de Bolzano-Weierstrass, difundido por Karl Weierstrass (1815-1897)).[1] A necessidade de se evitar o excessivo apelo à intuição, o uso de figuras em demonstrações e tornar precisos conceitos como o de função, de número, dentre vários outros, levou alguns dos principais matemáticos da época a se ocuparem de questões relacionadas aos fundamentos da matemática, originando um movimento que veio contribuir de forma decisiva não só para o desenvolvimento da matemática propriamente dito, mas também, como os prolongamentos que se deram pelo século XX, para o entendimento de suas limitações .

---

[1]Sobre esse período, o leitor pode consultar [Fra66, p.236], ou Anders Wedberg [Wed13, p.51ss(vol.3)], ou ainda [Boy74, cap.25]; sobre Bolzano, ver B. van Rootselaar, 'Axiomatics in Bolzano's logico-mathematical research', in Centro Fiorentino di Storia e Filosofia Della Scienza, *Bolzano's Wissenschaftslehre (1937-1987)*, International Workshop (Firenze, 16-19 Settembre 1987), Leo S. Olschki Editore, Firenze, 1993, pp. 221-230.

O desenvolvimento do Cálculo Diferencial e Integral, por Issac Newton (1642-1727) e Gottfried Wilhelm Leibniz (1646-1716), trouxe, como é sabido, um aparato conceitual de grande valia para a matemática e para a física, mas assentava-se sobre conceitos como o de infinitésimo; esses, como teremos oportunidade de mencionar, foram fonte de célebres discussões, mas mesmo assim foram utilizados com grande proveito, e de certa forma ainda são nas utilizações nas aplicações informais do Cálculo, por exemplo em engenharia. Esclarecimentos sobre o seu papel na matemática, bem como uma adequada superação de dificuldades como as propagadas inconsistências, se afiguravam obviamente necessárias para os matemáticos da época.

Esses estudos fundacionistas levaram os matemáticos a centrar esforços no que pode ser considerado, mesmo hoje, o 'coração' da matemática, a Análise Matemática (grosso modo, consiste no estudo rigoroso do cálculo e de seus prolongamentos), merecendo especial atenção os conceitos de função e de número real. Os números naturais foram descritos axiomaticamente por Richard Dedekind (1831-1916) e Giuseppe Peano (1858-1932), enquanto que Dedekind, Weiertrass, Georg Cantor (1845-1918) e outros deram definições precisas de número real, baseando-se, no fundo, nos números naturais. Os alicerces da análise estavam, ao que tudo indicava, na Aritmética (falaremos mais sobre isto à frente). Porém, foi possível retroceder ainda mais; todos esses conceitos vieram, não sem severas críticas por parte de alguns, a ser adequadamente mapeados na teoria de conjuntos.

A criação da *teoria de conjuntos* constitui uma das maiores conquistas da matemática do século XIX. O conceito de *conjunto* obviamente já fazia parte da matemática, mas seu papel não foi tornado explícito até o surgimento da obra de Georg Ferdinand Louis Cantor, a partir da década de 70 daquele século. A partir de então, paulatinamente a teoria de conjuntos foi sendo edificada como uma disciplina matemática propriamente dita, vindo a constituir-se no verdadeiro alicerce de praticamente toda a ciência presente e revestir-se de uma importância que de forma alguma pode ser desconsiderada pelo matemático, pelo filósofo e, de certa forma, presentemente, mesmo pelo cientista aplicado.

Georg Cantor foi levado ao desenvolvimento da teoria de conjuntos movido por questões de ordem puramente matemática, ainda que seus escritos estejam bastante permeados, principalmente os da 'fase madura' de sua vida, por considerações de índole filosófica e mesmo teológicas.[2] À época de Cantor, várias questões em matemática, como na teoria das séries trigonométricas e em outras partes da análise, exigiam a consideração de coleções infinitas de números como, por exemplo, a coleção dos pontos de descontinuidade de certas funções . Alguns matemáticos, como H. Hankel (1839-1873), V. Volterra (1862-1940), dentre outros, perceberam a necessidade de um instrumento matemático que permitisse tratar tais coleções, mas não chegaram a elaborar qualquer teoria nesse sentido, limitando-se a apresentar, quanto a isso, apenas

---

[2]Para um histórico dessa teoria, ver [Dau90], bem como a *Introdução* de P. Jourdain a [Can55].

resultados muito limitados [Fra66].

Tendo terminado seus estudos na Universidade de Berlim em 1866, com 22 anos, onde estudou com Kummer (1810-1893), Kronecker (1823-1891) e Weierstrass, alguns dos maiores matemáticos da época, e tendo realizado uma tese de doutoramento em teoria dos números sob a orientação de Kronecker que foi considerada 'docta et ingeniosa' [Dau90, p.30], Cantor transferiu-se para a Universidade de Halle, aceitando um cargo de *Privatdozent*,[3] onde conheceu o matemático H. E. Heine (1821-1881), que propôs-lhe estudar a seguinte questão: dada que uma certa função pode ser desenvolvida por meio de uma série trigonométrica, é único esse desenvolvimento?

A questão está relacionada com importantes problemas investigados anteriormente por L. Euler (1707-1783), D. Bernoulli (1700-1782) e J. Fourier (1768-1830), dentre outros. O estudo de séries trigonométricas tem estreita conexão com problemas físicos (corda vibrante, condução do calor), cujo tratamento foi fundamental para o progresso da análise e da matemática em geral.

Conheciam-se resultados afirmativos acerca da unicidade para certos casos particulares, como o dado pelo próprio Heine e por matemáticos como Diriclet (1805-1879), Lipschitz (1832-1904) e Riemann (1826-1866), que tinham atacado o caso geral, mas sem total sucesso. No estudo desse problema e de questões correlatas,[4] Cantor foi progressivamente sendo levado a considerar conjuntos infinitos como totalidades acabadas, tendo notado se fazia necessária uma caracterização abrangente dos conjuntos infinitos [Fra66]. Essa atitude foi central para o desenvolvimento da teoria de conjuntos como disciplina independente, mas era completamente diversa das interpretações então comuns acerca do uso do infinito em matemática. Kronecker, por exemplo, devido a posições filosóficas relativas à matemática ('finitismo'), objetava quanto ao uso de totalidades infinitas, tendo posteriormente se tornado um dos maiores opositores a Cantor.[5]

Cantor aprofundou os estudos sobre conjuntos infinitos, chegando à formulação das teorias dos cardinais e dos ordinais transfinitos que se constituíram, no dizer de David Hilbert (1862-1943), no produto mais fino do gênio matemático, e uma das conquistas supremas da atividade intelectual humana.[6] No problema do infinito, central em matemática, reside a essência da teoria de conjuntos. Com efeito, o conceito de infinito que se aceitava em matemática à época era apenas o que se denomina de *infinito potencial*, não se admitindo, em geral, o chamado *infinito atual*, o qual expressa a possibilidade de se considerar

---

[3]Termo usado para designar aquelas pessoas que lecionavam nas universidades, porém sem receber salário. Em geral, eram pagos pelos alunos.

[4]Cantor chegou a dar uma caracterização bastante geral do problema, por meio de um teorema que se enuncia do seguinte modo: *Se uma função de uma variável real $f(x)$ é dada por uma série trigonométrica convergente para qualquer valor de x, então não há outra série que da mesma forma convirja para todos os valores de x que represente a função $f(x)$.* Ver [Dau90, cap.2].

[5]Kronecker chegou a classificá-lo como um charlatão científico, um 'corruptor da juventude'. Bertrand Russell, pelo contrário, descreveu-o como um dos maiores intelectos do século XIX (Dauben *op. cit.*).

[6]D. Hilbert, 'On the infinite', in [Hil64, pp.183-201].

uma totalidade infinita como algo 'acabado'. Esse ponto pode ser percebido
em uma frase célebre de C. Gauss (1777-1855), dita em 1831, a qual expressa o
'horror infiniti', ainda vigente à época de Cantor:

> [e]u protesto, disse Gauss, (...) contra o uso de magnitudes in-
> finitas como se fossem algo acabado; esse uso não é admissível
> em matemática. O infinito é somente uma *façon de parler*: deve-se
> ter em mente limites aproximados por certas razões tanto quanto
> desejado, enquanto outras razões podem crescer indefinidamente
> [Fra66, p.1].

Um exemplo de tal situação , na qual o infinito é apenas uma *façon de parler*,
é a seguinte. Veja a figura, na qual vemos uma função ($f(x) = 1/x$) que cresce
arbitrariamente na medida em que x se aproxima de 0 por valores superiores
a 0 e decresce arbitrariamente à medida em que x se aproxima de 0 por valores
inferiores a 0:

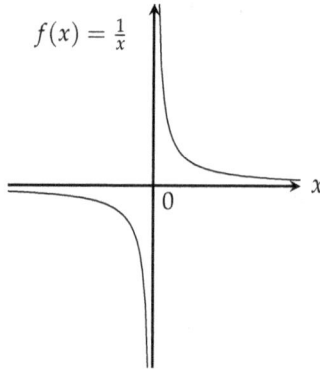

Figura 3.1: Gráfico da função $f(x) = 1/x$ mostrando que ela não tem limite em $x = 0$.

Escrevemos

$$\lim_{x \to 0^+} (1/x) = \infty \tag{3.1}$$

para indicar o limite lateral à direita da função $f(x) = 1/x$ quando x tende a
0 (pela direita), e isso significa que, dado $n > 0$ qualquer, existe $\delta > 0$ tal que
$0 < |x - 0| < \delta$ acarreta $(1/x) > n$. Da mesma forma, escrevemos

$$\lim_{x \to 0^-} (1/x) = -\infty \tag{3.2}$$

para indicar que a função cresce negativamente de modo arbitrário quanto
mais x se aproxima de 0 'pela esquerda'. Como se vê, não há menção acerca
do 'infinito', esse conceito sendo apenas uma força de expressão para designar
o fato (informalmente expresso) de que o valor da função $f(x) = 1/x$ 'cresce
(decresce) arbitrariamente' na medida em que x é tomado 'arbitrariamente

próximo de $0'$. Com efeito, a rigor as duas expressões acima que indicam os limites não fazem sentido, uma vez que '∞' não é um número.

Henri Poincaré (1854-1912) foi outro matemático de porte que não aceitava a ideia do infinito atual, admitindo totalidades infinitas somente no sentido de coleções às quais se pode acrescentar novos elementos incessantemente, sem no entanto jamais encerrá-la.[7]

Cantor continuou a trabalhar com séries trigonométricas, obtendo vários resultados importantes, estendendo seu teorema de unicidade e, em trabalhos posteriores, percebeu que as generalizações que pretendia estabelecer do teorema da unicidade exigiam uma 'teoria dos números reais', pois havia dificuldades em se relacionar o *continuum* dos pontos de uma reta com o *continuum* dos números reais.[8] Inicia estudos acerca dos números reais por volta de 1872, objetando contra as definições de números irracionais através de séries, que pressupunham a existência dos números que se está por definir, tratando de estabelecer uma teoria dos irracionais que não pressupusesse sua existência. Falando por alto, uma 'definição impredicativa', como foram posteriormente denominadas essas definições, introduz um conceito a partir da suposição da existência de uma totalidade à qual o referido conceito é suposto pertencer. Por exemplo, a definição do supremo de um conjunto, essencial na definição de número real por meio de *cortes*, tem essa característica, como veremos na Seção 8.4 (e também na Seção 8.3.2).

Estudos similares acerca do *continuum* dos números reais estavam sendo realizados por R. Dedekind quem, já a partir de 1858, quando lecionava em Zürich, havia alcançado uma de suas mais notáveis contribuições à matemática, a saber, a definição de número real por meio de *cortes*, estabelecida pela necessidade que sentia de uma fundamentação rigorosa da Análise.

Cantor havia provado que o conjunto dos números racionais é enumerável,[9] assim como também é enumerável a coleção dos números algébricos.[10] Mas Liouville (1809-1882) havia mostrado que há números não algébricos, ditos transcendentes. Por exemplo, π e e (a base dos logaritmos neperianos) são

---

[7]Veja-se [Pin24, pp.104-105]. A frase exata de Poincaré é a seguinte "Il n'y a pas d'infini actuel, et quand nous parlons d'une collection infinie, nous voulons dire une collection à laquelle on peut sans cesse ajouter de nouveaux éléments semblable à une liste de souscription qui ne serait jamais dans l'attende de nouveaux souscripteurs"[Poi17]. No Capítulo 1 [dS89], acham-se explicadas algumas das principais ideias de Poincaré a esse respeito. Do ponto de vista histórico, é interessante a observação de G. Moore de que o infinito atual adentrou à matemática também por outra porta, a saber, pela necessidade de se considerar expressões (conjunções e disjunções) infinitamente longas para exprimir os quantificadores, como fazia C. S. Peirce (1839-1914). Esse fato, como menciona Moore, tem sido negligenciado pelos historiadores [Moo80].

[8]Esse problema não é simples e exige uma boa porção da Análise. No entanto, é estabelecido que há uma correspondência perfeita entre o conjunto dos números reais e o conjunto dos pontos de uma reta, algo que percebemos intuitivamente de modo quase que imediato.

[9]Um conjunto é *enumerável* se há uma bijeção entre tal conjunto e o conjunto dos números naturais; um conjunto é *contável* se for finito (isto é, há uma bijeção entre ele e um conjunto $\{0, 1, \ldots, n\}$ de números naturais, para algum n) ou enumerável (Mendelson [Men97] chama tais conjuntos de *denumeráveis*, como aliás o fazem outros autores).

[10]Um número é algébrico se for raiz de algum polinômio tendo números naturais como coeficientes. Para tal prova, ver [End77, p.161].

transcendentes. Mais ainda, havia provado que em qualquer intervalo (a, b) (com $a \neq b$) de números reais há uma infinidade de números transcendentes. Mesmo assim, Cantor imaginava que a coleção de números reais fosse também enumerável. No entanto, na formulação do 'axioma da continuidade' dos reais, que veremos à frente, tanto ele quanto Dedekind foram levados a considerar que os reais eram mais ricos em propriedades do que os racionais, e a conjecturar que haveria conjuntos infinitos que seriam 'maiores' do que outros em termos de cardinalidade. Posteriormente, por meio de seu célebre 'argumento diagonal',[11] Cantor provou que o conjunto dos números reais não é enumerável, tendo 'cardinalidade' estritamente maior do que a cardinalidade do conjunto dos números naturais; a cardinalidade dos números naturais é denotada por '$\aleph_0$' (alef-zero), e a dos reais por '$\mathfrak{c}$' (para 'continuum'). Havia então pelo menos 'dois tipos de infinito', aquele que, digamos, caracteriza o 'infinito dos números naturais' (e todos os conjuntos que admitam uma bijeção com esse conjunto), e o infinito do *continuum*. Mas, restava a questão: como estabelecer esse fato precisamente? Cantor ainda mostrou que, dado um conjunto x qualquer, se denotarmos por $|x|$ o seu cardinal e por $\mathcal{P}(x)$ o seu conjunto potência, ou seja, o conjunto de todos os seus sub-conjuntos, então $|x| < |\mathcal{P}(x)|$; assim, se tomarmos o conjunto de todos os sub-conjuntos do conjunto dos números reais, obteremos um cardinal que é ainda maior do que $\mathfrak{c}$, e isso pode ser continuado ao infinito.

Cantor e Dedekind trocaram várias cartas nas quais discutiam e apresentavam um ao outro suas ideias acerca da natureza do *continuum*. Cantor observou que havia descoberto um modo de 'medir' conjuntos infinitos através de correspondências um a um (bijeções; dois conjuntos têm o 'mesmo tamanho', ou seja, o mesmo cardinal, se e somente se existe uma bijeção entre eles). Colocou mais problemas para Dedekind, mostrando que é possível estabelecer uma bijeção entre os pontos de uma superfície (como um quadrado) e um segmento de reta (como o lado do quadrado), o que contraria fortemente a intuição : "Eu vejo, mas eu não acredito", disse a Dedekind em uma carta de 1877 ("Je le vois, mais je ne le crois pas"). Bijeções desse tipo podem ser encontradas para dimensões maiores do que 2; por exemplo, há uma bijeção entre qualquer segmento de reta com um cubo que tenha esse segmento como aresta.

Mas, se 'há mais' números reais do que naturais, por que parar por aí? O que há para além da 'cardinalidade' do *continuum* (ou seja, a cardinalidade do conjunto dos números reais)? A teoria dos conjuntos (dita 'teoria do infinito') começava a se estabelecer como disciplina independente. Como comenta Dauben, "uma nova era da matemática estava se iniciando" [Dau90, p.46]. A teoria de conjuntos, nos moldes como a apresentou Cantor, é dita ser uma teoria *intuitiva*. Paul Halmos, por exemplo, usa a expressão 'naïve' –ingênua– para designar essa abordagem; ver [hal74]). Isso quer dizer que

---

[11]Praticamente todos os textos mencionados apresentam este argumento, motivo pelo qual não supomos necessário repeti-lo aqui (mas veja abaixo, à página 71).

a teoria em questão é desenvolvida no escopo da linguagem natural, obviamente suplementada por símbolos matemáticos convenientes, mas não são explicitados os princípios e conceitos básicos sobre os quais se assenta a teoria, como por exemplo o mecanismo de inferência por intermédio do qual se realizam demonstrações, e nem sequer as chamadas 'proposições primitivas' (axiomas, ou postulados) são enunciados, o que caracterizaria, em essência, o procedimento axiomático. Ao invés disso, as definições são introduzidas 'informalmente', sem que haja preocupação, por exemplo, com alguma prova de existência das entidades envolvidas.[12]

3.1 Alguns pressupostos da teoria de Cantor

É célebre a frase de Quine na qual apregoa que

> Temos uma noção aceitável de conjunto, de objeto físico, de atributo, ou de qualquer outro tipo de objeto, somente na medida em que temos um princípio de individuação aceitável para aquele tipo de objeto. Não há entidade sem identidade. [Qui86, p.102]

Esse é o resultado básico das chamadas 'teorias usuais' de conjuntos: um conjunto é uma coleção de objetos *distintos* uns dos outros, como queria Cantor, conforme abaixo.

Não desenvolveremos a teoria intuitiva de conjuntos neste livro, mas suporemos que o leitor tem alguma familiaridade com as operações básicas de união, interseção, diferença e produtos cartesianos, dentre outras. Nesta Seção, veremos alguns pressupostos da teoria apresentada por Cantor, os quais são mantidos nas versões axiomáticas que foram apresentadas posteriormente, e que analisaremos mais à frente. Iniciaremos com o próprio conceito cantoriano de *conjunto*.

Cantor esboçou uma 'definição ' do conceito de conjunto nos seguintes termos:

> "Por um 'conjunto' [*Menge*] entendemos qualquer coleção, reunida numa totalidade *M*, de objetos *m* definidos e distintos (os quais serão chamados de 'elementos' de *M*) de nossa intuição ou pensamento." [Can55, p.85]

Mais tarde, disse que um conjunto é um

> "... muitos, que podem ser pensados como um, i.e., uma totalidade de elementos definidos que podem ser combinados em um todo por uma lei."[13]

---

[12]Vale ressaltar que a questão da 'existência' das entidades matemáticas é de difícil resposta, tendo havido vários matemáticos que se ocuparam dessa questão, como por exemplo Poincaré e Hilbert, para quem a 'existência' estava associada à consistência. Falaremos posteriormente sobre a 'existência' de conjuntos.

[13]Cf. H. Wang, 'The concept of set', in [BP64, pp.530-570].

Em outra passagem ainda, diz que

> Uma variedade (um agregado, um conjunto) de elementos que
> pertencem a uma esfera conceitual qualquer é dita bem definida
> se, em virtude da sua definição e do princípio lógico do terceiro
> excluído, deve vir resguardado como *internamente determinado* seja
> se um objeto qualquer, pertencente a essa esfera conceitual, per-
> tence à variedade concebida, *seja mesmo* se dois objetos pertencen-
> tes ao conjunto, malgrado a diversidade formal no modo de serem
> dados, são ou não iguais entre si. (*apud* [Cas76, p.22])

Certamente que não podemos tomar tais caracterizações dadas por Cantor
como legítimas 'definições' de conjunto, uma vez que elas envolvem conceitos pelo menos tão dúbios quanto o que pretendem estabelecer, como 'coleção
', 'totalidade', 'intuição', 'esfera conceitual', dentre outros termos utilizados.
Por esse motivo, preferimos manter a colocação de se trata apenas de uma *caracterização* informal do conceito, pois por mais problemas que possam haver
com os referidos termos, ela é absolutamente clara em nos dar uma ideia do
que devemos entender por conjunto. Pelo que se vê das passagens acima,[14]
aparentemente Cantor não pretendeu que os conceitos de *conjunto* e de *elemento* fossem explicados ou definidos a partir de conceitos mais simples. Há
no entanto alguns pontos em sua concepção de conjunto que são interessantes
para os nossos propósitos, a saber as seguintes, aqui descritas informalmente:

(i) Os elementos de um conjunto são 'combinados em um todo' por uma
lei. Em outras palavras, é uma 'lei' o que faz com que certos objetos possam
ser vistos como formando uma totalidade, ou seja, como elementos de um
conjunto.

(ii) Um conjunto é 'determinado' pelos seus elementos.

(iii) Os elementos de um conjunto devem ser objetos 'distintos' uns dos
outros.

(iv) Os elementos de um conjunto são de algum modo 'dados antes' que o
conjunto propriamente dito.

Esses quatro pontos traduzem-se em quatro pressupostos básicos da concepção cantoriana de conjunto, as quais estarão presentes inclusive nas versões axiomatizadas (extensionais) da teoria de conjuntos, como teremos oportunidade de ver à frente. São elas (respectivamente):

(i) O Princípio da Compreensão, ou da Abstração .

---

[14]Note-se que não se pretende fazer exegese das ideias de Cantor, mas tão somente apontar
alguns dos principais aspectos da sua concepção de conjunto, as quais são consoantes com as
análises dos comentadores que estamos citando.

(ii) O Axioma (ou Princípio) da Extensionalidade.

(iii) O conceito de identidade para os elementos de um conjunto, e depois para os conjuntos propriamente ditos.

(iv) A concepção iterativa de conjunto.

Há ainda um ponto importante, a saber, aquele acerca da já mencionada *existência* de conjuntos, que é assumida sem discussão na teoria intuitiva, e que será retomada abaixo. Isso será relevante, posto que, como veremos, o que é ou deixa de ser um *conjunto* depende dos axiomas adotados (ou seja, depende da teoria em questão).[15]

Porém, cabe desde já insistir na importância de tal análise para o matemático, assim como para o filósofo e para o cientista em geral que se interessa pelos fundamentos da ciência; A. A. Fraenkel (1891-1965), por exemplo, chamou de pensamento 'primitivo' e 'pré-científico' o de se assumir sem qualquer discussão a existência de uma *coleção* (conjunto) de objetos, como se faz na teoria intuitiva.

Com efeito, na concepção intuitiva, a existência de conjuntos é assumida sem discussão, ou seja, considera-se como fato inconteste que, dados certos objetos, pode-se considerar uma entidade de ordem mais alta, a sua coleção, ou seja, o *conjunto* que tem esses objetos como elementos. Ora, falando com algum rigor, isso não pode ser assumido pura e simplesmente como algo evidente, sendo preciso especificar *como* tais coleções são formadas, como elas se relacionam entre si e, em particular, quando duas de tais coleções constituem *a mesma* coleção. Em outras palavras, o que se necessita é explicitar os *axiomas* da teoria. Como disse Fraenkel,

> [d]urante muitas décadas as tentativas de se 'melhorar' a definição de Cantor [mencionada acima] mostraram-se inconclusivas e, desse modo, tornou-se inevitável *renunciar a uma definição geral do conceito de conjunto*. Os remédios possíveis para essa situação foram três, a saber: conceber e definir o conceito de conjunto de um modo tão amplo que a maioria da matemática 'clássica' (análise, geometria, teoria dos conjuntos) tornar-se-ia sem sentido ou inadmissível; ou adotar uma reforma penetrante na lógica como base da matemática, num modo envolvendo dificuldades as quais nunca foram tão longe investigadas; ou fazer uso do *método axiomático*, que em outros ramos da matemática servem como uma alternativa, mas que aqui constituiriam o único modo de abordagem [Fra66, p.11]

Evidentemente que não seria adequado tornar sem sentido as áreas da matemática acima mencionadas e, tendo-se em vista a época em questão, o começo do século XX, quando quase nada se sabia ou se cogitava acerca do uso

---

[15]Grosso modo, isso significa que uma certa coleção pode ser um conjunto para uma teoria, mas não ser para outra.

de lógicas alternativas para se fundamentar a matemática, era de se esperar que também a segunda alternativa apontada por Fraenkel fosse descartada. Restava a terceira, que realmente foi executada, como veremos.

Por ora, vejamos agora alguns pormenores relativamente a cada um dos quatro pressupostos mencionados acima e algumas de suas implicações .

3.1.1   O Princípio da Compreensão

Na teoria intuitiva, o pressuposto básico acerca da existência de conjuntos é assumido sem questionamento, uma vez que, como vimos, podemos considerar como um *conjunto* (como uma entidade dotada de individualidade) qualquer coleção de objetos. A questão de *como* tais objetos podem ser 'reunidos' para constituírem uma totalidade é respondida do seguinte modo: ou os elementos que constituem o conjunto em questão são listados de alguma forma de sorte que se possa determinar sem ambiguidade se um certo objeto é ou não membro do conjunto, ou então deve haver alguma característica que será peculiar somente a eles, identificando-os como elementos do conjunto, a qual pode ser expressa por alguma 'propriedade' ou 'condição ' (Cantor usou a palavra 'lei', como vimos). Observa-se que mesmo quando os elementos do conjunto são dados por uma lista (finita) $x_1, x_2, \ldots, x_n$, pode-se introduzir facilmente uma propriedade que os caracteriza, por exemplo, a propriedade P definida por $P(x) := x = x_1 \vee x = x_2 \vee \ldots \vee x = x_n$, onde x_i são nomes dos elementos que fazem parte da lista ou tabela em questão.[16]

Tendo em vista que, como se disse acima, mesmo no caso em que um conjunto seja simplesmente algo como uma tabela de dados, pode-se definir uma 'propriedade' que caracterize os elementos do conjunto. O que importa é que, na *determinação* de um conjunto, assume-se a existência de um princípio muito geral, conhecido como Princípio da , ou da Abstração, o qual assevera que, dada uma 'propriedade' ou 'condição' P qualquer, existe o conjunto dos objetos que têm essa propriedade, ou que cumprem essa condição, e somente esses objetos têm essa característica (se não houver objetos que cumpram a condição dada, o tal conjunto fica sendo o conjunto vazio, que é um conjunto —como usualmente se assume).

Note-se que os quatro pressupostos acima apontados não são independentes. Com efeito, pelo que se está discutindo, percebe-se que uma certa *esfera conceitual*, para usar as palavras de Cantor (que caracteriza objetos de certo tipo, poder-se-ia dizer), está sendo pressuposta, de sorte que aqueles objetos que serão 'combinados em um todo' para formar o conjunto já existem previamente à etapa da formação do conjunto, que se dará quando da explicitação de uma adequada *propriedade* que será distintiva precisamente daqueles objetos que pertencerão a e ele e somente esses objetos. Logo, os itens (i) e (iv)

---

[16]Importante observar que vamos nos dirigindo, paulatinamente, para um ponto em que questões como o que significam 'propriedades', qual a linguagem na qual se pode escrever tais 'leis' etc., necessitarão ser postas de forma precisa. O símbolo ':=' é usado no sentido de 'igual por definição ', enquanto que '$\vee$' representa o conectivo lógico 'ou' (inclusivo).

acham-se imbrincados, como aliás se acham todos eles.

O fecho universal da fórmula seguinte expressa o *Princípio da Compreensão*, ou da *Abstração* em linguagem atual (não disponível à época de Cantor) (ou seja, quantifica-se universalmente todas as variáveis que aparecem na fórmula $F(x)$); sendo $F(x)$ uma *propriedade* qualquer aplicável aos objetos de um certo domínio, tem-se:[17]

$$\exists y \forall x (x \in y \leftrightarrow F(x)) \tag{3.3}$$

Tal conjunto y é usualmente representado por

$$y = \{x : F(x)\}. \tag{3.4}$$

Assim, dependendo da propriedade F que se considere, a teoria intuitiva assume a existência de certos conjuntos. Alguns exemplos são os seguintes:

$$\exists y \forall x (x \in y \leftrightarrow x \neq x) \tag{3.5}$$

$$\exists y \forall x (x \in y \leftrightarrow x = t \lor x = u) \tag{3.6}$$

$$\exists y \forall x (x \in y \leftrightarrow x = x) \tag{3.7}$$

as quais determinam respectivamente os conjuntos vazio, o conjunto $\{t, u\}$ cujos únicos elementos são t e u e o conjunto universal (o conjunto de todos os conjuntos), que em particular conteria ele próprio como elemento, já que contém *todos* os conjuntos.

Importante salientar que Cantor frisa, conforme as citações acima, a necessidade de que o conjunto deve ser *bem definido*, salientando que isso se dá em obediência a certas regras, tais como o (por ele mencionado) Princípio do Terceiro Excluído, mas certamente devendo estar implícitas também as demais regras lógicas. Há aqui duas questões a considerar: inicialmente, o fato de dever ser *bem determinado* se um objeto qualquer pertence ou não ao conjunto, ou seja, dito de outro modo, dado um conjunto e um objeto, deve-se poder *determinar* se o referido objeto é ou não elemento do conjunto. A outra questão refere-se a como estabelecer se os elementos de um conjunto são ou não o *mesmo* elemento. Como entender esses pontos?

Podemos entender 'definido' como significando que, dado um conjunto A, fica *internamente determinado* (poderíamos dizer, como Fraenkel, 'intrinsicamente determinado' [Fra66, p.10]) se um dado objeto x pertence ou não a A. O sentido do uso do Princípio do Terceiro Excluído aparentemente refere-se ao fato de que não há a necessidade de que seja *decidível* se x pertence ou não

---

[17]Discutiremos abaixo mais detalhadamente esse princípio, assim como acerca do significado do termo 'propriedade' e outros conceitos envolvidos.

a *A*, o que é mostrado na seguinte passagem de Cantor, tomada igualmente de E. Casari:[18]

> [e]m geral, as decisões relativas [acerca de se um elemento pertence ou não a um conjunto] não serão na realidade executáveis, mediante os métodos e as capacidades das quais se dispõe, com segurança e exatidão; isso não é porém relevante; relevante é somente a *determinação interna* que, nos casos concretos, onde os fins os requerem, deve vir transformada em uma *determinação atual* (externa) através de um aperfeiçoamento do instrumento." (Cantor, *apud* [Cas76, p.22])

Em resumo, podemos dizer que, dentro do espírito da teoria cantoriana de conjuntos, há que se ter um *critério* para se determinar (ainda que não efetivamente) se um dado objeto é ou não elemento de um dado conjunto, o que constitui a essência do Princípio da Compreensão, ou da Abstração: o conjunto é 'abstraído' dessa propriedade.

Isto reporta-nos à segunda questão posta acima e aos outros itens, que serão discutidos a seguir.

3.1.2   O Princípio da Extensionalidade

Uma vez que um conjunto é, de acordo com a teoria intuitiva, uma coleção de objetos, coleções com os mesmos elementos não podem ser coleções distintas. Esse fato é expresso por um outro pressuposto básico, dito *Princípio (ou Axioma) da Extensionalidade*, o qual assevera, grosso modo, justamente que conjuntos que têm os mesmos elementos são o mesmo conjunto. Em símbolos, este axioma pode ser formulado do seguinte modo:

$$\forall x \forall y (\forall z (z \in x \leftrightarrow z \in y) \leftrightarrow x = y) \tag{3.8}$$

Em outras palavras, um conjunto é determinado pelos seus elementos, ou seja, pela sua *extensão*. Em especial, esse segundo princípio assegura a unicidade de cada um dos conjuntos mencionados na seção anterior. Mas, antes de prosseguirmos nessa direção, convém notar que, uma vez que estamos nos referindo a *conceitos*, *propriedades*, dentre outros termos que apareceram na discussão precedente, vale tecermos alguns considerações a seu respeito.

---

[18]Nesse caso, sendo *A* o conjunto e *x* o objeto, o Princípio do Terceiro Excluído assevera que $x \in A \lor x \notin A$. No caso geral, sabe-se hoje, não há método efetivo (um algoritmo, intuitivamente falando, ou um programa de computador) para, aceitando-se como 'input' *A* e *x*, decidir se $x \in A$ ou se $x \notin A$. Note o que não se trata de 'decidir' um caso particular, isso é, dado certos *A* e *x*, saber qual é o caso: *x* pertence ou não a *A*. O que se requer é um algoritmo, um programa de computador que deixe tanto *A* quanto *x* em aberto mas que, uma vez dados esses elementos particularmente, seja decidido qual é o caso. O resultado é que tal programa não existe (e nem pode existir). Ver [Sho67, cap.6].

3.1.3 Intensões, extensões de conceitos e a microfísica

A linguagem que usamos é formada de termos gerais, palavras e frases que se referem a indivíduos ou a coleções de indivíduos partilhando de algumas características. Pela *extensão* de um termo entende-se a coleção dos indivíduos ao qual o termo se aplica. Por exemplo, a extensão do termo 'caneta' é a coleção de todas as canetas (que existem, existiram ou que ainda vão existir). As *intensões* de um termo, por outro lado, formam o conjunto de características que devem ser partilhadas por qualquer indivíduo que almeje pertencer à sua extensão. Assim, uma intensão do termo 'caneta' pode ser, grosso modo, 'artefato [de um certo tipo, etc.] construído para se escrever à mão'. Evidentemente podem haver outras intensões de um mesmo termo, mas todas 'determinando' a mesma extensão. Ademais, tem-se como critério que a intensão de um termo determina a sua extensão, ou seja, dada uma 'intensão', como *bípede implume*, fica determinada a coleção de todos os homens, para usar um exemplo clássico.

Em matemática, pelo menos desde G. Frege (1848-1925), costuma-se igualmente distinguir entre *intensão* e *extensão* de conceitos. De acordo com Frege, a intensão de uma sentença, por exemplo, é o seu significado, o que ela quer dizer, ao passo que sua extensão é o seu valor-verdade ('verdadeiro' ou 'falso'). De um predicado unário, como 'ser número par', a intensão é uma propriedade ou atributo (a propriedade 'ser número par'), enquanto que a extensão é o conjunto dos objetos que têm a referida propriedade, ou seja, o conjunto dos números pares. De um predicado binário, como por exemplo 'ser irmão de', a intensão é uma relação binária, ao passo que a extensão é um conjunto de pares ordenados (dos objetos que estão uns com os outros na relação considerada). A mesma ideia se estende para predicados n-ários. A intensão de uma constante individual, por outro lado, é um *nome*, enquanto que a sua extensão é o objeto do domínio denotado pela constante, i.e., precisamente o objeto que tem a tal constante como um nome. Por exemplo, 'π' é o *nome* do número real $3,141591\ldots$.

Dois predicados com a mesma extensão são *extensionalmente equivalentes*. Assim, usando a linguagem comum da teoria de conjuntos, os predicados P e Q definidos por '$P(x) \leftrightarrow x$ *é um número par e primo*' '$Q(x) \leftrightarrow x = 2$' são extensionalmente equivalentes, já que a extensão de cada um deles é o conjunto cujo único elemento é o número 2.

É importante perceber que há uma diferença fundamental entre, por exemplo, uma relação binária e o conjunto dos pares ordenados que estão na relação. Em contextos nos quais vale alguma forma do Princípio da Extensionalidade, uma determinada propriedade (intensão) determina uma bem definida extensão (o conjunto dos objetos que têm a tal propriedade). No entanto, não vale a recíproca: apesar de uma propriedade determinar um único conjunto, exatamente o conjunto dos objetos que têm a tal propriedade, nem toda coleção é determinada por uma única propriedade, posto que propriedades distintas podem determinar o mesmo conjunto. Isso se dá também no caso de sentenças; com efeito, duas sentenças que tenham o mesmo significado têm o mesmo valor verdade, mas duas sentenças que tenham o mesmo valor verdade podem não ter o mesmo significado. Um exemplo é o das sentenças 'A estrela matutina é o planeta Vênus' e 'A estrela vespertina é o planeta Vênus', para citar um exemplo célebre devido a Frege; ambas são verdadeiras, mas têm significados distintos.

Cabe observar que o termo 'extensional' tem também o sentido de objetos que podem ser intersubstituídos *salva veritate*, isso é, 'preservando-se a verdade'. Assim, os conectivos e operadores lógicos usuais são 'extensionais' no sentido de que se uma certa fórmula envolvendo tais conectivos e operadores tiver um certo valor de verdade, esse valor de verdade não é alterado se algumas (eventualmente todas) as fórmulas elementares que a constituem forem substituídas por outras que lhes são equivalentes. Desse modo, tendo-se em vista que na lógica clássica $\alpha \to \beta$ é equivalente a $\neg\alpha \vee \beta$, então $(\alpha \to \beta) \to (\gamma \vee \neg\delta)$ é equivalente a $(\neg\alpha \vee \beta) \to (\gamma \vee \neg\delta)$.[19] Há no entanto contextos que não são extensionais nesse sentido. Por exemplo, B. Russell (1872-1970) exemplificou que há contextos que envolvem asserções da forma '*A* acredita que *p*' que, tratadas como funções de *p*, podem variar de valor verdade, dependendo do argumento que se utiliza (ainda que tais argumentos tenham o mesmo valor de verdade). Com efeito, 'Eu acredito que todos os homens são mortais' pode não ser equivalente a 'Eu acredito que todos os bípedes implumes são mortais', ainda que 'homens' e 'bípedes implumes' sejam (supostamente) extensionalmente equivalentes. Isso se deve ao fato de que eles serem extensionalmente equivalentes pode ser algo que não é do meu conhecimento.[20] Porém, como alerta Russell, a matemática tradicional diz respeito somente a entidades extensionais; então, por exemplo, dois conjuntos são iguais se e somente se tiverem os mesmos elementos, e o que passa a importar no momento de se 'constituir' um conjunto são os seus elementos, e não as 'propriedades' (intensões) que os caracterizam como elementos do conjunto, e isso é precisamente o que diz o Princípio (e mais tarde o Axioma) da Extensionalidade.

Pode-se ainda considerar situações em que dois predicados P e Q são tais que $P(x) \leftrightarrow Q(x)$ para todo x; nessa situação diz-se que eles são equivalentes (e escreve-se $P \equiv Q$) e isso significa intuitivamente que eles se aplicam a exatamente aos mesmos indivíduos, tendo portanto a mesma extensão. Logo, é de se esperar que em qualquer contexto em que apareça um deles, possa-se substituí-lo pelo outro, *salva veritate*. Essa suposição, no entanto, não é imediata, devendo ser postulada; na verdade, dizer isso é assumir o Axioma da Extensionalidade tal como formulado na Teoria de Tipos, que veremos em

---

[19]Essa equivalência não acontece na maioria das chamadas 'lógicas quânticas'.

[20]Cf. [Rus67]. Contextos não extensionais são, por exemplo, '*A* acredita que *p*', uma vez que o operador de crença não é extensional. A razão é que dois conceitos que se referem a coisas extensionalmente equivalentes podem não ser intersubstituíveis *salva veritate*; por exemplo, 'Vênus é a estrela da manhã' é extensionalmente equivalente a 'Vênus é a estrela da tarde', uma vez que têm o mesmo valor de verdade. Porém, Pedro pode acreditar em uma delas mas não na outra.

Capítulo posterior.

Rudolf Carnap (1891-1970), um dos mais destacados filósofos do século XX, advogava uma Tese da Extensionalidade, que em linhas gerais assevera que qualquer coisa que possa ser expressa por meio de predicados não extensionais pode ser expresso também sem tais predicados, isto é, em contextos extensionais [Car58, p.114]. Esse ponto no entanto é muito polêmico e pelo menos em princípio nada impede que se venha a desvendar contextos nos quais os aspectos intensionais tenham que ser considerados necessariamente. Por exemplo, tem-se argumentado recentemente que a microfísica, isto é, a física de partículas elementares, é essencialmente "um mundo de intensões" [DCTdF93].

Com efeito, uma das suposições fundamentais da chamada mecânica quântica não relativista (ou 'ortodoxa') é a de que partículas elementares de um certo tipo (aquelas chamadas 'bósons') possam partilhar do mesmo *estado quântico*, situação em que teriam todas as mesmas propriedades físicas, sendo absolutamente indistinguíveis. Isso vale, de certo modo, também para férmions (como elétrons), mas a situação é outra. Férmions não podem partilhar todos os seus números quânticos (Princípio de Exclusão de Pauli), mas mesmo que haja uma diferença, como por exemplo relativamente aos valores de *spin* relativos a uma dada região, não se pode saber qual é qual, ou seja, ainda que os *dois* elétrons de um átomo de hélio em seu 'estado fundamental' (de menor energia) tenham diferentes valores de spin relativos a uma certa direção (um deles tem spin 'UP' e o outro tem spin 'DOWN'), não se pode saber qual é qual (veja o capítulo 10).

Mesmo assim, por motivos variados cuja explicação não caberia aqui, a teoria procede como se houvesse de fato *dois* elétrons em tal átomo (ela não funcionaria de outro modo). É um dos pressupostos básicos dessa teoria, que deve-se salientar se trata da grande teoria científica do século XX que esses *dois* elétrons não possam ser discernidos e que, no caso de bósons, eles possam possuir todas as propriedades em comum. Nem mesmo a localização espacial serve para distinguir um do outro, uma vez que essas entidades, a rigor, não têm 'posição'. Mas, se pensarmos em tais elétrons como constituindo uma coleção (conjunto), como podem ser indistinguíveis se isto vai de encontro à 'definição' vista de Cantor e à teoria intuitiva, como se viu acima? Este é precisamente o ponto para o qual chamam a atenção os dois cientistas italianos citados na nota anterior, e esse fato desempenha um dos tópicos mais interessantes relacionados ao uso das teorias 'usuais' de conjuntos em física, como teremos oportunidade de mencionar mais à frente.[21]

Para resumir, a teoria intuitiva de conjuntos pressupõe o Princípio da Extensionalidade, resultando que que não importa *o modo pelo qual* os conjuntos são formados (ou seja, qual a sua intensão); se eles tiverem os mesmos elementos, são o mesmo conjunto. Por exemplo, nesse contexto, podemos dizer

---

[21] A 'teoria de quase-conjuntos' foi desenvolvida para que se possa lidar com coleções de objetos indiscerníveis; veja-se [FK06] e o capítulo 10.

que $A = \{x \in \mathbb{R} : x^2 - 5x + 6 = 0\}$ e $B = \{x \in \mathbb{R} : x = 2 \lor x = 3\}$ são o mesmo conjunto (a saber, são iguais ao conjunto $\{2, 3\}$).[22]

3.1.4 Identidade

Antes de tudo, uma observação terminológica. A noção de 'identidade', na lógica usual, é tratada por meio de uma relação binária '=', denominada de 'igualdade'. Filosoficamente, pode-se discutir o conceito de identidade, como vem sendo feito desde a antiguidade, mas aqui trataremos os dois conceitos como sendo o mesmo. Por isso, as palavras 'identidade' e 'igualdade' são usadas intercambiadamente a seguir.

Na discussão acima, ao escrevemos certas fórmulas, deixamos as variáveis percorrerem um domínio contendo não só os objetos do que seria a 'esfera conceitual' em estudo, para empregar as palavras de Cantor, mas também suas coleções, ou conjuntos. Isso é comum nas apresentações da teoria intuitiva, e constitui um dos avanços realizados por Cantor, ou seja, que conjuntos podem eles também serem elementos de conjuntos. Mais tarde, E. Zermelo (1871-1956) falará em *Urelemente*, ou *átomos*, ou seja, entidades que não são conjuntos mas que podem ser elementos de conjuntos, como veremos.[23]

Isso não é importante por enquanto. O mais relevante é que outra suposição básica da teoria intuitiva, conforme depreende-se das citações de Cantor anteriormente vistas, refere-se ao fato de que os elementos de um conjunto devem ser *distintos* uns dos outros, o que pressupõe que valha alguma teoria da identidade para tais elementos, no sentido de que, para quaisquer x e y, seja sempre possível (ainda que não 'efetivamente', no mesmo sentido visto anteriormente acerca da pertinência de um elemento a um conjunto) asseverar-se que $x = y$ ou que $x \neq y$. Deve-se portanto prover critérios para se saber quando dois objetos são ou não distintos, isso é, deve-se caracterizar uma teoria da identidade para tais entidades e suas coleções (conjuntos). Esse é, aliás, o principal motivo para se questionar a ideia de extensionalidade no que se refere a coleções de partículas elementares, tal como sugerido acima.

Apesar de não dispormos ainda da linguagem da teoria de conjuntos adequadamente estabelecida e nem os postulados da lógica subjacente explicitados, veremos o modo pelo qual o conceito de identidade é introduzido na teoria de conjuntos. Explicações acerca da linguagem e da lógica serão dadas concomitantemente, as quais tornar-se-ão mais precisas à frente.

O conceito de identidade é introduzido na teoria de conjuntos através de um predicado binário (em geral, representado pelo sinal de igualdade). Isso pode ser feito de diversas maneiras, mas devemos inicialmente entender que, quando dizemos que x e y são iguais, entende-se que denotam o mesmo objeto (nesse caso, dizemos que são *idênticos*). No entanto, para Zermelo por

---

[22]Existem teorias *intensionais* de conjuntos, das quais não nos ocuparemos aqui, nas quais alguma forma de violação do Axioma da Extensionalidade. O leitor curioso pode ler acerca da 'matemática intensional', na qual o referido princípio não vale em geral, em [Fef85], [Sha85].

[23]O prefixo 'Ur' significa 'primitivo', ou 'primeiro'.

exemplo, o universo (domínio do discurso) não comporta unicamente conjuntos, podendo haver *átomos* (*Urelemente*), e a consideração ou não de átomos implica em alguns cuidados especiais a fim de se introduzir a igualdade na teoria de conjuntos. Os átomos são importantes em teoria de conjuntos, como em questões de prova de independência de axiomas, e nas ciências empíricas parece que são mesmo essenciais, como veremos oportunamente à frente. Por esse motivo, merecem consideração adequada.

Com efeito, de maneira geral pode-se dizer que o universo pode (a) conter conjuntos e átomos, (b) pode conter conjuntos e nenhum átomo ou, ainda, (c) pode conter átomos mas não conjuntos (o que não parece ser muito praticável para uma teoria de 'conjuntos'). A primeira possibilidade é a admitida por Zermelo; a segunda, por Fraenkel e, depois dele, por von Neumann (1903-1957), Paul Bernays (1888-1977) e pelos os matemáticos em geral desde então. A terceira possibilidade não lidaria com conjuntos, devendo-se considerar formas alternativas de se obter a matemática, como as mereologias.[24]

Levando-se em conta esses fatos, a igualdade pode ser introduzida na teoria de conjuntos basicamente de dois modos:

(i) A igualdade é considerada como uma relação primitiva. Nesse caso, a fim de expressar a identidade, essa deve ser regida por axiomas convenientes. Se a linguagem for de primeira ordem,[25] os axiomas serão aqueles de uma relação de equivalência, além da substitutividade relativa à pertinência, a qual é garantida em duplo sentido: no da extensionalidade já aludida acima (conjuntos iguais têm os mesmos elementos) e na de que objetos (átomos ou conjuntos) iguais são elementos dos mesmos conjuntos. Mais especificamente, se usarmos $=$ como símbolo de igualdade, os axiomas seriam:

(i.1) $\forall x(x = x)$

(i.2) $\forall x \forall y(x = y \to y = x)$

(i.3) $\forall x \forall y \forall z(x = y \land y = z \to x = z)$

(i.4) $\forall x \forall y(\forall z(x \in z \leftrightarrow y \in z)) \leftrightarrow x = y)$.

(ii) A igualdade (identidade) é uma relação definida. Essa é a maneira preferida pelos matemáticos, uma vez que, desse modo, não há excessiva 'proliferação ' de conceitos primitivos. Duas possibilidades se apresentam (assumindo que a relação de de pertinência é primitiva):

(ii.1) Introduzir $x = y$ por definição, abreviando $\forall z(x \in z \leftrightarrow y \in z)$ (Zermelo)

---

[24]'Mereologia', ou 'lógica das totalidades e de suas partes' foi introduzida por S. Leśniewicz na década de 1920 como uma alternativa de fundamentação da matemática. Falaremos sobre ela em outra parte deste texto.

[25]Uma linguagem de primeira ordem, ou *elementar* quantifica unicamente sobre os elementos do domínio da interpretação, e não sobre suas propriedades, relações ou conjuntos.

(ii.2) Introduzir $x = y$ por definição, mas abreviando $\forall z(z \in x \leftrightarrow z \in y)$ (Fraenkel)

No primeiro caso, estamos dizendo que objetos são iguais se são elementos dos mesmos conjuntos. Mas, a fim de se caracterizar a igualdade, é preciso dizer quando dois conjuntos são o mesmo conjunto, o que requer um modo de se distinguir entre átomos e conjuntos. Isso pode ser feito por meio de um predicado primitivo S, tal que $S(x)$ diz, intuitivamente, que x é um conjunto (set). Então, aceitando (ii.1) como definição de igualdade, devemos considerar um Axioma da Extensionalidade dizendo respeito apenas a conjuntos, por exemplo na forma seguinte:

$$\forall x \forall y(S(x) \wedge S(y) \wedge \forall z(z \in x \leftrightarrow z \in y) \rightarrow x = y) \qquad (3.9)$$

ou, equivalentemente,

$$\forall x \forall y(S(x) \wedge S(y) \wedge (x \subseteq y \wedge y \subseteq x) \rightarrow x = y), \qquad (3.10)$$

desde que a inclusão tenha o seu significado usual.[26] Supondo-se que o *conjunto* vazio é introduzido como sendo aquele y tal que $\forall x(x \notin y)$ (que na presença do Axioma da Extensionalidade, em qualquer das formas acima, prova-se ser único), então essa definição permite a existência de átomos distintos entre si e do conjunto vazio. Com efeito, como o Axioma da Extensionalidade aplica-se somente a conjuntos, não se exclui em princípio a existência de objetos x e y distintos do conjunto vazio e que não tenham elementos (falaremos mais sobre isso quando estudarmos a teoria ZFA (Zermelo-Fraenkel com átomos).).

No segundo caso, ou seja, se se aceita (ii.2) como definição de igualdade, não é necessário usar o predicado S, restando, em geral,[27] '$\in$' como único predicado primitivo. Nesse caso, deve-se postular um Axioma da Extensionalidade do seguinte modo:

$$\forall x \forall y(\forall z(z \in x \leftrightarrow z \in y) \rightarrow x = y) \qquad (3.11)$$

Desse modo, não podem haver 'objetos sem elementos' (indivíduos)[28] distintos do conjunto vazio, que é postulado ser um *conjunto*. Em outras palavras, adotando (ii.2) e essa segunda forma do Axioma da Extensionalidade, não há átomos.

Importa salientar, para as finalidades que vamos mencionar à frente, que da teoria da identidade assim introduzida, como valem as leis da lógica clássica, resulta que para quaisquer x e y, tem-se que $x = y$ ou $x \neq y$, mas não

---

[26]Ou seja, $x \subseteq y := \forall z(x \in z \rightarrow y \in z)$.

[27]Com efeito, os predicados e outros conceitos primitivos dependem da particular axiomática escolhida.

[28]No entanto, os *átomos* podem eventualmente ser não vazios, ainda que esse não seja o procedimento usual, como veremos na seção sobre o sistema ZFA. Ver também a Seção 3.14.

ambos. Com efeito, quer por (ii.1), quer por (ii.2), os princípios lógicos do Terceiro Excluído e da Contradição , resulta o resultado mencionado.[29]

O aspecto relevante acerca desse 'óbvio' resultado é que se $x \neq y$, então existe um 'atributo' (uma propriedade) que um dentre x ou y possui, mas não o outro.[30] De fato, face à contrapositiva do Axioma da Extensionalidade ser (exceto pelos quantificadores)[31]

$$\neg S(x) \vee \neg S(y) \vee \exists z(\neg(z \in x \leftrightarrow z \in y)), \tag{3.12}$$

há alguns casos a considerar:[32]

(1) x e y não são ambos conjuntos.

> [Caso A] Apenas um deles é um átomo, sendo o outro um conjunto. Então, podemos supor que $\neg S(x)$ e $S(y)$. Se $y = \emptyset$, então pela unicidade do conjunto vazio e da hipótese de que $x = y$, x teria que ser um conjunto, o que contradiz $\neg S(x)$. Se $y \neq \emptyset$, ponha-se $z = \{y\}$, logo $x \notin z$ (pois $\forall t(t \in z \leftrightarrow t = y)$) e $y \in z$, o que viola a hipótese de que $x = y$ (ou seja, viola a definição (ii.1)).

> [Caso B] Ambos, x e y, não são conjuntos. Tomemos $z = \{x\}$. Então, $x \in z$ mas $y \notin z$ (pois $x \neq y$). Mas isso contradiz o fato de que $\forall z(x \in x \leftrightarrow y \in z)$ (ou seja, a definição (ii.1.)).

(2) x e y são ambos conjuntos. Então, $\exists z(\neg(z \in x \leftrightarrow z \in y))$ equivale a

$$\exists z((z \in x \wedge z \notin y) \vee (z \in y \wedge z \notin x)) \tag{3.13}$$

Seja agora w um conjunto qualquer tal que $\forall t(t \in w \leftrightarrow z \in t)$, sendo z o elemento dado pela última equação acima. Ora, como $x = y$ por hipótese, $x \in w$ se e somente se $y \in w$, e isso contradiz a definição de w e a referida última equação.

Portanto, como se asseverou, no Caso A do item (1), há uma 'propriedade', a saber, S, que um objeto tem e o outro não; nos demais casos, há um conjunto ao qual apenas um deles pertence.

---

[29]O Princípio do Terceiro Excluído, em uma de suas possíveis formulações, diz que, dentre duas proposições, uma das quais sendo a negação da outra, uma delas é verdadeira; o Princípio da Contradição, ou da Não-Contradição, diz que uma delas é falsa. Veja [dC80, §8].

[30]Por outro lado, essa 'obviedade' pode ser contestada do seguinte modo. Como comenta G. Moore [Moo80, p.157], em um curso dado em 1906 Zermelo teria introduzido nove axiomas para a teoria de conjuntos, ao invés dos sete que serão vistos no capítulo sobre a sua teoria (apresentados em 1908), um dos quais seria o que assevera que, para quaisquer dois objetos a e b, seria *definit* (definido) se $a = b$ ou $a \neq b$. Esse axioma foi depois absorvido pelos demais, não precisando ficar explicitado (em outras palavras, esse fato é um *teorema* do sistema zermeliano, bem como dos demais sistemas de teoria de conjuntos, como estamos tentando enfatizar).

[31]A contrapositiva de '$\alpha \to \beta$' é '$\neg\beta \to \neg\alpha$', que na lógica clássica lhe é equivalente. Ademais, vale lembrar que '$\neg\forall x\alpha(x)$' é equivalente a '$\exists x\neg\alpha(x)$', e que '$\neg(\alpha \wedge \beta)$' equivale a '$\neg\alpha \vee \neg\beta$'.

[32]O caso correspondente ao item (ii.2) é o mais simples, e não será aqui analisado, mas resulta análogo ao sob análise.

3.1.5   O Princípio de Leibniz

O resultado acima ainda nos ensina que, no caso mais geral, sendo $x \neq y$, existirá um conjunto z ao qual apenas um deles pertence. Isso é relevante no seguinte sentido. Vimos que as extensões de predicados unários são conjuntos. Predicados unários podem ser vistos convenientemente como denotando *propriedades*, ou *atributos* (se quiséssemos, sem nos comprometer com a terminologia filosófica, poderíamos dizer *qualidades*). Logo, a não identidade entre x e y acarreta na existência de ao menos uma propriedade (que teria o tal conjunto z como extensão) possuída por um deles mas não pelo outro. O que temos tentado mostrar é que esse pressuposto está implícito na teoria cantoriana de conjuntos, assim como estará nas versões axiomatizadas que veremos, logo, na matemática padrão. Podemos portanto entender o resultado apontado anteriormente como implicando que *indivíduos distintos* não podem ter *todas as mesmas qualidades*, o que está perfeitamente de acordo com a máxima leibniziana, expressa no *Discurso da Metafísica* [Lei80, p.125]:

> "... não ser verdade duas substâncias assemelharem-se completamente e diferirem *solo numero*."

Ou seja, se as entidades são *duas*, deve haver uma qualidade que as diferencie o que Leibniz expressou também em *A Monadologia*:[33]

> "... na Natureza não há dois seres perfeitamente idênticos, onde não seja possível encontrar uma diferença interna, ou fundamentada em uma denominação intrínseca."

Leibniz expressou em outras partes de sua obra esse princípio, que ficou conhecido como *Princípio da Identidade dos Indiscerníveis*, que ao que se sabe vem pelo menos desde os estóicos.[34] Tendo em vista a interpretação dada acima para conjuntos como extensão de 'qualidades', vê-se que é bastante plausível admitir que as definições de identidade dadas anteriormente, e que são em essência aquelas da matemática usual, podem ser ditas serem 'leibnizianas'. Face ao que se disse anteriormente acerca das partículas elementares, parece haver então não somente uma dicotomia entre os *conjuntos* descritos pela teoria de conjuntos e as coleções de tais partículas, mas igualmente entre a validade do princípio de Leibniz na matemática usual e na física quântica, onde certas partículas podem partilhar de suas qualidades, sem no entanto redundarem em ser *o mesmo* objeto físico. Falaremos mais sobre este ponto oportunamente.[35]

---

[33]'A monadologia' está inserida no volume [Lei80, p.105].

[34]Ver 'On the Principle of Indiscernibles', in [Lei95, pp.133-135]. A referência aos estóicos nessa questão é feita por Max Jammer em [Jam66, p.338-339].

[35]Para mais detalhes sobre este ponto, ver [FK06].

3.1.6 A concepção iterativa de conjunto

A noção intuitiva de que um conjunto deve ser formado *depois* que são formados seus elementos parece sem dúvida imersa na teoria ingênua de conjuntos. Sob esse ponto de vista, os conjuntos seriam formados em 'estágios' a partir de estágios já obtidos. No entanto, há algumas dificuldades com esse conceito, como a seguinte. Se um conjunto é, como quer a concepção intuitiva, uma coleção qualquer de objetos, não havendo (em princípio) qualquer restrição quanto à natureza de tais elementos (exceto que eles devem ser distintos uns dos outros), então pode-se pensar em um 'conjunto' universal que contenha como elementos *todos* os objetos, em particular todos os conjuntos, e portanto ele próprio. Mas então, se um conjunto deve ser formado *depois* de seus elementos, um tal conjunto universal poderia ser formado somente depois dele próprio haver sido formado, o que nos faz recair em um círculo vicioso. Como já dito antes, uma definição de algo que utilize uma totalidade à qual esse algo é suposto pertencer é denominada de *impredicativa*. Sabe-se que a matemática tradicional faz uso essencial desse tipo de definição [FBHL73, *passim*], [dS89].

Isso mostra que a concepção intuitiva de conjunto como uma coleção de objetos demanda cuidados. Há no entanto outros argumentos que mostram que a teoria de Cantor é de fato contraditória, como veremos abaixo. Porém, a concepção iterativa ainda mostra-se interessante e bastante oportuna do ponto de vista intuitivo, de modo que deverá ser preservada tanto quanto possível. Isso com efeito será realizado, mas somente mais à frente, posto que para tanto necessitamos outros conceitos até agora ainda não introduzidos. Desse modo, postergaremos a discussão sobre a concepção iterativa até havermos introduzido a teoria Zermelo-Fraenkel.

Se a concepção iterativa de conjunto estava ou não presente na concepção cantoriana é algo que demanda análise histórica apropriada, saindo do escopo deste livro. Porém, se atentarmos para a caracterização dada por ele ao conceito de conjunto, expressa pela sua 'definição ' vista acima, fica patente que um conjunto é formado *depois* de seus elementos; afinal, não disse ele que um conjunto é uma totalidade de objetos (dados antes que o próprio conjunto, pode-se sugerir)? Esse conceito se liga com o que veremos na sequência.

3.1.7 A concepção iterativa e o realismo estrutural

Os comentários anteriores sobre a concepção iterativa de conjunto, que está implícita nas formulações usuais das teorias 'comuns' de conjuntos, traz um problema enorme (e acreditamos que insuperável) para uma versão filosófica sobre as disciplinas científicas denominada de *realismo estrutural ontológico* (REO). Como esse tema é atual em filosofia da ciência, vale darmos uma olhada em que ele consiste e em que a concepção iterativa de conjuntos lhe é fatal.

O REO foi introduzido em 1998 por James Ladyman como alternativa ao realismo estrutural *epistemológico* de John Worral, que tem suas origens em

Poincaré [Lad98].

A ideia básica é a de eliminar o discurso sobre objetos (indivíduos) em prol de *estruturas*. Assim, para o REO, *tudo o que há são estruturas* (realismo de estruturas), enquanto que para Worrall *tudo o que podemos conhecer são estruturas*. Mas, o que são estruturas? Esse é o problema.

Os defensores do REO (não falaremos do realismo estrutural epistemológico, para o qual remetemos o leitor às referências), ao que tudo indica, já que eles não são claros a esse respeito, tratar-se-iam de estruturas conjuntistas. O seu mote é termos *relações sem os relata*, ou seja, deveríamos considerar relações R sem considerar os objetos que partilham R. Fazendo uma analogia, o que eles querem é construir uma casa começando pelo telhado; o que o processo 'hierárquico' conjuntista mostra é que isso não é possível; devemos começar pelos alicerces. Vamos dar um exemplo. Tomemos o conjunto parcialmente ordenado dado pela figura seguinte

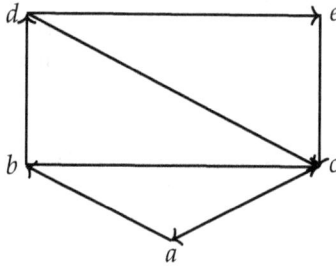

Figura 3.2: Diagrama de Hasse de uma relação binária R que representa uma ordem parcial. O sentido das flechas indica o que está relacionado com o que: $R = \{(a,b),(b,d),(d,e),(e,c),(d,c),(c,a)\}$.

É evidente que para definirmos R temos que falar nos elementos do conjunto $A = \{a,b,c,d,e\}$. Com efeito, para obtermos, por exemplo, o par (a,b), que está na relação, procedemos como segue:

1. consideramos os elementos a e b

2. formamos o par $\{a,b\}$

3. formamos o conjunto unitário $\{a\}$ (que é o par $\{a,a\}$)

4. obtidos esses dois conjuntos, formamos um novo par, $\{\{a\},\{a,b\}\}$

5. por definição,[36] esse último par é o par ordenado (a,b)

6. podemos agora considerar o conjunto R do qual (a,b) é um dos elementos

---

[36]Chamada de definição de Wiener e Kuratowski.

Ou seja, para chegarmos a R, temos todo um esquema de construção de conjuntos que inicia com os elementos básicos. Não é possível considerar R sem que se diga que elementos ela relaciona. Desse modo, como mostrado em [Kra05], nas teorias usuais de conjuntos não há relações sem os relata. O REO ainda está por encontrar a sua fundamentação matemática.

3.2 Indivíduos de Quine

Na sua abordagem a um sistema que comporte indivíduos (átomos), W. V. Quine (1908-2000) prefere não introduzir um predicado extra S para denotar 'conjuntos', como fizemos acima (e que faremos novamente, com maior rigor, à frente quando virmos a teoria ZFA). Ele também não pretende usar uma lógica polissortida (ou seja, empregar variáveis de diversos tipos), pois quer manter, como diz, a lógica 'intacta' [Qui63, p.31]. Ele traça então as seguintes considerações , a propósito do modo usual de se considerar os átomos como sendo 'vazios', sem elementos. Seguindo Quine, usaremos nesta seção a palavra 'classe', que pode (pelo menos aqui) ser confundida com 'conjunto'.

Inicialmente, ele nota que o Axioma da Extensionalidade $\forall z(z \in x \leftrightarrow z \in y) \rightarrow x = y$, dado pela equação (3.11), implica que, se x e y não têm elementos, então $x = y$; logo, havendo uma classe vazia, ela é única. Mas, se a única entidade que não tem elementos é uma *classe*, os indivíduos não podem ser vazios, o que contraria a ideia intuitiva de 'indivíduo' (pelo menos em teoria de conjuntos). Por outro lado, se os indivíduos são vazios, então há um só indivíduo, que coincidiria ainda com a classe vazia, como implicado pelo Axioma da Extensionalidade, em aparente contradição (ou pelo menos provocando confusão). Uma saída, como Quine argumenta, seria acrescentar cláusulas $\exists z(z \in x)$ e $\exists w(w \in y)$ aos x e y do qual fala o Axioma da Extensionalidade, o que corresponde a considerar que ele se aplicaria somente a classes que têm elementos. Mas, e a classe vazia? Ainda desejamos que o Axioma da Extensionalidade se aplique a ela também, em particular para podermos asseverar que há uma única classe vazia.

Esse impasse é por ele solucionado do seguinte modo. Quine não vê necessidade de se considerar indivíduos como destituídos de elementos. A fim de dar conta desse fato, ele modifica o significado da pertinência em expressões como $x \in y$, interpretando-a do seguinte modo, no caso y ser indivíduo: $x \in y$ é verdadeira ou falsa dependendo se $x = y$ ou $x \neq y$ respectivamente. Ou seja, podemos dizer que y é um indivíduo quando $\forall x(x \in y \leftrightarrow x = y)$. Note-se que agora o Axioma da Extensionalidade aplica-se inclusive para indivíduos x e y, pois nesse caso obtemos $\forall z(z = x \leftrightarrow z = y)$, o que acarreta $x = y$, e continuamos a ter uma única *classe* vazia, além de, agora, 'indivíduos' distintos.

Em outros termos, o que temos é que $x \in y$ é verdadeira (sendo y um indivíduo) se e somente se x é exatamente o indivíduo y, mas por outro lado também resulta que $x \in y$ é verdadeira se $y = \{x\}$. Ou seja, x seria o indivíduo

x e também a classe $\{x\}$. Como sair dessa? Quine responde dizendo que "nada da utilidade da teoria de classes é prejudicada se considerarmos um indivíduo, sua classe unitária, a classe unitária dessa classe unitária, e assim por diante, como um e o mesmo objeto" (ibid., p. 31). Consequentemente, para Quine, o que caracteriza um indivíduo é a sua identidade com a sua classe unitária. De certo modo, 'tudo' torna-se classe, mas os indivíduos continuam a ser distinguidos por serem precisamente aquelas classes unitárias que têm como elemento elas próprias e somente elas próprias (ibid., p. 32), ou seja, são os x tais que

$$x = \{x\}. \tag{3.14}$$

Obviamente, tais considerações só são possíveis na ausência do chamado Axioma da Regularidade, que discutiremos à frente.[37]

A questão de se considerar a noção de conjunto unitário como primitiva suscita uma discussão interessante.[38] Normalmente, tendemos a aceitar a ideia de que os indivíduos (sejam lá o que forem eles) vêm *antes* do que seus conjuntos. Isso está arraigado na concepção iterativa de conjunto, que é sinônima à da hierarquia cumulativa [Jec77], [Cas76] (ver a seção 3.4), ou seja, a ideia de que vamos formando conjuntos em estágios; assim, se a teoria de conjuntos comporta indivíduos, esses teriam que ser prévios aos conjuntos dos quais eles são elementos. Saliente-se que é o que acontece nas teorias usuais de conjuntos, como vimos acima quando mostramos como o par ordenado (a, b) é formado. No entanto, isso não é assim necessariamente; vimos que a abordagem de Quine a indivíduos permite que assumamos a noção de unitário como primitiva e que a partir dela definamos a pertinência pondo

$$x \in y \leftrightarrow y = \{x\}. \tag{3.15}$$

Isso mostra, ademais, que é equivocado dizer que a pertinência é uma noção indefinível em teoria de conjuntos: acabamos de defini-la! É importante notar ainda que existem teorias de conjuntos nas quais o Axioma da Regularidade não é utilizado, resultando em *hiper-conjuntos* ou conjuntos não bem-fundados, como em [Acz88]. Com efeito, recorde-se que a aritmética elementar (de primeira ordem) admite modelos não-standard;[39] seja c um número natural não standard. Podemos então achar modelos em que haja sequências descendentes infinitas

$$\ldots c - \underline{3}, c - \underline{2}, c - \underline{1}, c \tag{3.16}$$

onde $\underline{n}$ são os numerais. Raciocinando do mesmo modo (os detalhes não nos importam aqui), podemos encontrar modelos de uma teoria como ZF que

---

[37]Somente para comentar, o Axioma da Regularidade, ou da Fundação, impede que algo possa ser elemento de si mesmo. Sem ele nada obsta em termos um conjunto x tal que $x \in x$.

[38]Devo a motivação dessa discussão a Jonas Arenhart..

[39]Mais detalhe na página 98.

não são bem-fundados, contrariamente ao suposto modelo standard, que seria bem-fundado.

Concluímos com o fato de que a metafísica da teoria de conjuntos não é algo que se possa dar por assentada. Outros argumentos virão à frente.

3.3 Teorias de *indivíduos*

Denominamos de *indivíduo* qualquer entidade que satisfaça as seguintes condições:

(i) é uma *unidade* de um certo tipo: uma pessoa, uma caneta, um cachorro.

(ii) pode portar um *nome próprio* ou ser denotado por uma *descrição definida*, e esse nome age como um *designador rígido*, denotando 'o mesmo' indivíduo em todos os mundos possíveis nos quais ele exista.

(iii) pode ser *re-identificado* como tal em outras circunstâncias, ou seja, ele mantém a sua *identidade*.

Indivíduos, portanto, são entidades que *têm identidade*. A questão é saber o que isso significa precisamente. Nossa abordagem considera que 'ter identidade' é obedecer à teoria da identidade da lógica clássica (envolvendo a teoria de conjuntos). Apesar de discutível filosoficamente, é uma postura segura e aceitável nos contextos usuais.

É claro que essa definição é informal, mas fornece uma ideia que acredito ser compatível com a nossa noção intuitiva de indivíduo. Os objetos que nos cercam, como cadeiras ou pessoas, parecem se conformar a essa ideia, ainda que possam haver discussões. O filósofo David Hume, por exemplo, considerava que a atribuição de uma identidade a uma pessoa, por exemplo, abordando o célebre problema da *identidade pessoal*,[40] é feita pelo hábito, pela associação que fazemos de repetidas aparições da pessoa, de modo que temos a tendência a dizer que se trata do mesmo objeto em todas essas interações [Hum85, p.200].

Essa questão, sobre a qual não discorreremos aqui, tem presença na filosofia da ciência atual, em especial quando se leva em conta os sistemas quânticos, que carecem dessa característica de re-identificação: uma vez que percamos um deles, jamais seremos capazes de identificá-lo novamente como sendo *aquele* objeto que tínhamos antes.[41]

Porém, devemos retornar à teoria de conjuntos. No entanto, antes de continuar vendo em que consistem os modelos da (de uma) teoria de conjuntos, façamos uma digressão procurando evidenciar que essas teorias são teorias

---

[40]Trata-se de um problema antigo em filosofia. Sucintamente, trata-se de se determinar como podemos dizer que uma pessoa, que envelhece e muda suas características, permanece sendo ela mesma ao longo desse processo. O livro de Anthony Quinton é um tratado acerca disso [Qui73].

[41]Para uma discussão mais pormenorizada desse fato no contexto quântico, pode-se consultar [FK06], [dBHK23].

de *indivíduos*, ou seja, de entidades *com identidade*. Antes, expliquemos o que estamos querendo dizer.

Tomemos a nossa concepção acima de indivíduo. Insistindo no aspecto informal da definição, tendemos a aceitar, por exemplo, que o atual presidente da república brasileira é um indivíduo. O que queremos dizer com isso? Basicamente, que ele é um *um*, ou uma *unidade*, e que pode ser reconhecido ou identificado como tal em diferentes contextos, como nas campanhas, nos pronunciamentos, nas entrevistas. *Reconhecemos* o nosso presidente nessas situações e dificilmente teremos dúvida de que se trata *da mesma pessoa*, ou seja, *do mesmo indivíduo*. O nosso presidente, assim como qualquer um de nós, *tem identidade*. Na matemática, as entidades que consideramos são desse tipo; apesar de haver diversas definições de número natural,[42] em um dado contexto, ou seja, quando adotamos uma das definições, não temos dúvida de que um número natural é distinto de qualquer outro e que pode ser reconhecido como tal em diferentes situações: o número 2 é o mesmo número seja na definição da função $f(x) = 2x + 1$, seja como um elemento to conjunto $\{1,2\}$. Um conjunto, nas teorias usuais de conjuntos, é uma coleção de indivíduos. Os conjuntos também são indivíduos nessa acepção, como atesta o Princípio (Axioma) da Extensionalidade.

Bem, poderá dizer você, onde quero chegar? A resposta é esta: o pressuposto de que *tudo* se resume a indivíduos é uma tese metafísica extremamente forte, que remonta pelo menos aos estóicos mas que foi firmemente posta na filosofia de Leibniz. Se há duas coisas, elas são diferentes, apresentando alguma qualidade distintiva; essa é a ideia do chamado Princípio da Identidade dos Indiscerníveis (PII), central na metafísica desse autor, a qual é incorporada pela lógica padrão, pela matemática usual e pela física clássica. Em suma, o PII diz que não podem haver dois indivíduos absolutamente indiscerníveis, partilhando todas as suas características; se são dois (ou mais), apresentam alguma diferença, via de regra dada por uma propriedade.[43]

É essa *suposição* que queremos salientar aqui e que será explorada em outros pontos deste livro: *indivíduos* são entidades únicas, re-identificáveis como tais em diferentes contextos. Há, no entanto, situações em que essa ideia é contestada; exemplos típicos seriam o de porções de água, que podem ser 'individualizados' quando em um copo, por exemplo, mas que não mantêm essa individualidade quando misturados a uma outra porção, digamos derramados no mar, ou então uma nuvem isolada no céu, mas que depois se mistura a

---

[42]Há diversas definições não equivalentes de número natural, mas todas elas fornecem a eles essencialmente as mesmas propriedades.

[43]Nas teorias que aceitam alguma forma de *substrato*, aceita-se que além das propriedades e relações, há ainda algo que 'transcende' essas propriedades e relações, e que poderia ser isso que conferiria a um indivíduo a sua identidade. Nesse sentido, poderíamos ter indivíduos absolutamente indiscerníveis com respeito às suas propriedades, mas diferindo quanto a esse substrato (que adquire outros nomes, como *haecceity*, *thisness*). Isso no entanto é problemático: se o substrato não pode ser reduzido a propriedades, pois senão seria uma delas, como dizer do que se trata? Discussões filosóficas sobre isso podem ser vistas em [Lou06], [Qui73] e, no caso da física quântica, [FK06].

outras e 'desaparece' completamente, não nos sendo possível identificar que parte daquele todo era a nuvem inicial. Porém, as entidades mais interessantes que não se adaptariam a essa caracterização são os sistemas quânticos. Veremos algo disso à frente, mas essa chamada de atenção nesta digressão objetiva fazer o leitor notar o motivo de estarmos insistindo tanto na noção intuitiva de conjunto como uma coleção de indivíduos, que vai ser captada pelas principais axiomáticas conhecidas. A teoria de *quase-conjuntos*, a ser apresentada no capítulo 10, destoa dessas teorias nesse sentido.

Passemos agora a considerar os modelos das teorias de conjuntos.

3.4   A hierarquia cumulativa e modelos

Em 1930, Zermelo introduziu o conceito (hoje denominado) de 'hierarquia cumulativa' para a teoria de conjuntos. Para entendermos o significado da expressão 'hierarquia de conjuntos', veremos que no Paradoxo de Russell (Seção 3.5), considera-se o conjunto $R = \{x : x \notin x\}$ de todos os conjuntos que não são membros deles próprios. Isso traz a muito pertinente questão da 'legitimidade' de se considerar um tal 'conjunto'. Estamos aprendendo que o que é ou deixa de ser um conjunto depende dos axiomas que se adota, mas se admitirmos, como parece sensato intuitivamente, a existência de R como um *conjunto*, sem quaisquer restrições, posto que se trata de uma coleção de objetos, somos levados a contradições se permanecermos no escopo da lógica clássica, como veremos abaixo. Será então que R pertence ao tal *universo de conjuntos*?

A maneira de responder a essa pergunta induz a atentarmos para o processo de formação de conjuntos. Lembremos a 'definição' de Cantor (Seção 3.1), segundo a qual um conjunto é uma coleção de objetos distintos de nossa intuição ou pensamento. Em outras palavras, a ideia intuitiva é que devemos ter os objetos *antes*, para termos a sua coleção *depois*, o que se expressa na forma de um princípio, dito *Princípio da Formação de Conjuntos em Estágios*, que é o seguinte:[44]

> Um conjunto só pode ter como elementos objetos que tenham sido formados *antes* dele próprio.[45]

Segundo esse princípio, os conjuntos são portanto formados em etapas, que são descritas por meio dos números ordinais α, β, γ, ... A noção de *precedência* entre etapas é dada pela relação de ordem entre ordinais.[46] Em outras

---

[44]Para um tratamento mais detalhado, veja-se o artigo de J. R. Shoenfield, 'Axioms for set theory', in [Bar77, pp.321-344], ou então [FdO81, pp.178ss].

[45]'Antes' deve ser aqui entendido não no sentido temporal, mas no mesmo sentido em que o primeiro capítulo está *antes* os demais na disposição deste livro.

[46]O conceito de número ordinal será mencionado mais à frente; o leitor não familiarizado pode pensar nos números naturais (que são os ordinais finitos) e em sua relação de ordem natural.

palavras, para formarmos um conjunto x, devemos aceitar que ainda não dispomos de x, assim ele não pode ser elemento dele próprio. Além disso, as etapas são *cumulativas*, no sentido de que se um conjunto está presente em uma etapa, também estará em todas as etapas subsequentes. A 'formação' de conjuntos, por sua vez, se dará em conformidade com os axiomas adotados: por exemplo, dado um conjunto x, já formado em alguma etapa, podemos obter outros conjuntos a partir de x usando-se o Esquema da Separação, que será visto posteriormente (isso dá conjuntos 'menores' do que x, pois conterão unicamente elementos que já estão em x). Outros conjuntos podem ser obtidos tomando-se a união de x e o conjunto dos sub-conjuntos de x, bem como o axioma do conjunto infinito nos dará outras entidades, e assim por diante. O que obtemos é o que se denomina de Hierarquia Cumulativa, que fornece um *modelo intencional* da teoria de conjuntos, no sentido de refletir o que intuitivamente entendemos por 'conjunto'.[47] Desse modo, temos que um objeto é um conjunto se e somente se for formado em alguma etapa. Ademais, não há uma 'etapa final', pois sempre se poderia imaginar a coleção de todos os conjuntos coletados nessa etapa final, que necessariamente deveria estar numa etapa 'superior', e assim sucessivamente, ao infinito.[48]

As duas figuras abaixo ilustram os *Universos de Conjuntos*, primeiro da teoria 'pura' de conjuntos, e depois tendo por alicerce uma coleção de *átomos*, que seriam os objetos básicos a partir dos quais as coleções (conjuntos) seriam formadas. Mais tarde, como veremos, Fraenkel abolirá tais átomos, e o 'universo' poderá ser erigido a partir do conjunto vazio somente.

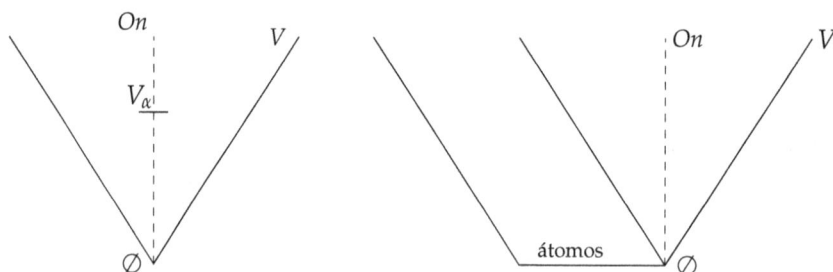

Figura 3.3: Os universos conjuntistas sem e com átomos. On é a classe dos ordinais. V_α marca um certo nível de complexidade, onde $\alpha \in On$. Conjuntos 'mais complexos' estão em V_α com α grandes.

[47]O leitor deve atentar para duas palavras que estamos utilizando e que podem causar confusão; já usamos a palavra *intensional*, com 's' para contrastar com 'extensional', e agora usamos *intencional*, com 'c', para indicar o modelo pretendido de uma teoria. Note que, em princípio, o modelo intencional pode não ser intensional, caso das teorias de conjuntos usuais que adotam um Axioma da Extensionalidade (com 's').

[48]Somente em alguns casos muito restritos em que se pode imaginar o processo terminado, como quando há somente uma coleção infinita enumerável de etapas $\alpha_0, \alpha_1, \ldots$, mas não nos ocuparemos dessa questão aqui. O leitor interessado em aprofundar esse ponto pode consultar os textos de Shoenfield e de Franco de Oliveira acima referidos.

Suponha uma teoria de conjuntos T que tenha como único símbolo não lógico a pertinência '$\in$' (um símbolo de predicado binário). Um *modelo* para T é uma estrutura $\mathscr{M} = \langle M, E \rangle$ onde M é um conjunto e E é uma relação binária sobre M que interpreta a relação de pertinência. Isso deve ser tal que os postulados de T sejam 'verdadeiros' nessa estrutura. Veremos isso com mais vagar à frente. Antes, porém, um alerta: temos que tomar cuidado com a especificação do conjunto M, e de $\mathscr{M}$ em geral. Com efeito, como T é uma teoria de conjuntos, M poderia ser pensado como sendo um conjunto de T, mas isso é impossível no caso de T ser consistente. Admitindo-se que T é formulada adequadamente (recursivamente), somos impedidos pelos Teoremas de Incompletude de encontrar um modelo para T no âmbito dela mesma. Esse modelo (ou esses modelos), se existirem, devem ser buscados em alguma teoria 'mais forte' do que T.[49]

A mensagem é a de que enquanto que os modelos das teorias matemáticas usuais, como grupos, anéis, corpos, álgebras, e mesmo aquelas estruturas que 'modelam' as teorias físicas, como a mecânica de partículas, a mecânica quântica, a teoria sintética da evolução, etc., as quais encontraremos à frente, são *conjuntos* de alguma teoria como ZF, os modelos de uma teoria T formulada de modo a cumprir certas condições de recursividade e expressividade,[50] não podem ser erigidos *nelas mesmas* devido ao segundo teorema de incompletude, devendo ser erigidos em teorias 'mais fortes'.

3.5 Os paradoxos da teoria intuitiva

A teoria intuitiva de Cantor é contraditória. O próprio Cantor conhecia fatos que destoavam do que sua teoria parecia supor. O surgimento dos paradoxos em sua teoria constituem fato notável não só na história da matemática, mas na de todo o pensamento humano. Vejamos do que se trata.

3.5.1 As três crises dos fundamentos da matemática

A. A. Fraenkel e Y. Bar-Hillel apontam três grandes crises pelas quais passou a matemática em relação aos seus fundamentos [FBHL73, Cap. 1]. A primeira subdivide-se em duas classes de problemas. De um lado, está a descoberta

---

[49]Isso aparecerá à frente. Por exemplo, na teoria KM podemos construir um modelo de ZFC, provando assim a sua consistência (relativa a KM).

[50]Os primeiro teorema de incompletude diz que as quatro condições seguintes são incompatíveis: (1) a teoria é consistente (nela não se derivam uma fórmula e sua negação); (2) é formulada 'recursivamente', ou seja, existe um *procedimento efetivo* (um algoritmo) para se determinar se uma expressão de sua linguagem é ou não uma fórmula; (3) é forte o suficiente para que nela se possa exprimir pelo menos a chamada Aritmética de Robinson (essencialmente, a aritmética elementar sem o axioma da indução) e (4) é completa, isso é, dada uma fórmula qualquer, ela ou a sua negação são demonstráveis na teoria. O segundo teorema diz que uma teoria cumprindo as três primeiras condições não pode provar a sua própria consistência – que significaria a possibilidade de se encontrar um modelo da teoria formulado na própria teoria.

de que há entidades geométricas que não são comensuráveis umas com as outras, como a diagonal de um quadrado e os seus lados; em linguagem moderna, diríamos que $\sqrt{2}$ não é um número racional. Do outro, estão os os paradoxos apontados pela escola eleática (associada principalmente ao nome de Parmênides), formulados por Zenão de Eléia, em cerca de 450 a.c., visando questionar os conceitos de espaço e de tempo, e em especial a tese de uma escola rival (cuja figura principal era Heráclito), que sustentava que 'tudo flui'. Zenão defendia a tese parmenediana de de que 'o Ser é imóvel' e, mediante raciocínios ardilosos, colocava em cheque o conceito de movimento. Os heraclitianos sustentavam que a tese de Parmênides era absurda, posto que *tudo* está em movimento. Zenão, porém, 'mostrava' que o movimento não existe, pois contradiz a si mesmo. Em particular, argumentava, não é possível percorrer uma distância dada. Com efeito, sustentava, para que Aquiles, o mais veloz dos gregos, pudesse alcançar o limite de um campo (a literatura fala de um 'estádio'), precisaria de um certo tempo para percorrer a metade do caminho, depois outro tempo para percorrer a metade faltante do caminho, depois outro tempo ainda para a metade do que resta, e assim sucessivamente. Desse modo, questionava as concepções prevalecentes de espaço e tempo como infinitamente divisíveis. Importante dizer que Zenão supunha que qualquer totalidade composta de um número infinito de partes (que é o caso da coleção de todas as distâncias que Aquiles deveria percorrer na descrição 'fragmentada' acima) deve ser infinita. Desse modo, dizia, Aquiles necessitaria um tempo infinito para percorrer o estádio, não podendo percorrê-lo. Em outro conhecido 'paradoxo', questionava esses conceitos como constituídos de uma multiplicidade de pontos adjacentes (espaço) ou de uma sucessão de instantes (tempo); uma flecha em movimento estaria, em cada um dos instantes de tempo, em uma localização particular, ou seja, em um certo ponto do espaço, sendo, nesse instante, indistinguível de uma fecha similar em repouso. Portanto, dizia Zenão, se isso é verdadeiro para qualquer instante de tempo, como pode a flecha se mover?

Atualmente, como sabemos principalmente depois do advento do Cálculo Diferencial, podemos acrescentar uma infinidade de quantidades (tempos) desiguais e mesmo assim obter uma soma finita. No caso do paradoxo do estádio, basta ver que a série geométrica $\frac{1}{2} + \frac{1}{4} + \frac{1}{8} + \cdots$ tem soma finita 1, o que contraria a hipótese mencionada de Zenão, e 'explica' porque Aquiles (ou qualquer um) chega ao final do estádio.[51]

Como apontam Fraenkel *et al.*, porém, tais argumentos abalaram duas das grandes conquistas da antiguidade grega, a saber, 'teoria das proporções ' e o 'método de exaustão' de Arquimedes (287-212 a. C.). A incapacidade dos gregos de definir *número irracional* e de desenvolver uma teoria do *continuum* constituem a fonte da primeira crise, na visão desses autores.

Nos séculos XVII e XVIII, outra grande conquista se deu com o desen-

---

[51]Discussão informal sobre os paradoxos de Zenão acham-se por exemplo no belo livro [Nag44] ou nos livros de História da Matemática em geral.

volvimento do Cálculo, o qual se mostrou uma ferramenta muito útil para aplicações em diversas áreas. No entanto, seus alicerces não eram muito sólidos, assentando-se num conceito de *infinitésimo*, outra fonte de paradoxos e de contradições, como já apontado no início deste capítulo. Para B. Cavalieri (1598-1647), uma figura plana ou sólida seria composta de uma infinidade de partes pequenas e indivisíveis, de modo que a área (ou volume) seria a soma dos comprimentos (áreas) desses elementos indivisíveis. No cálculo de tangentes a uma curva, também fazia-se uso de técnicas infinitesimais, tomando-se a secante à curva passando por dois pontos 'infinitamente próximos' e desprezando-se os termos infinitesimais de ordem superior. A derivada de uma função, por exemplo, nada mais era do que um certo quociente de infinitesimais, e assim por diante. De modo breve, vejamos em que tal conceito é problemático. G. Berkeley (1685-1756), em 1734, já argumentava que os infinitesimais eram considerados, num mesmo argumento, ora como quantidades nulas, ora como não nulas, em visível contradição.[52] De fato, usando-se a linguagem atual, o modo de se calcular a derivada da função $y = x^2$ consistia em atribuir um acréscimo Δx à variável independente x, verificando-se um correspondente créscimo Δy na variável dependente y. Assim, obtém-se

$$\Delta y = (x + \Delta x)^2 - x^2 = 2x\Delta x + (\Delta x)^2, \tag{3.17}$$

donde a derivada seria obtida, a partir de

$$\frac{\Delta y}{\Delta x} = 2x + \Delta x, \tag{3.18}$$

simplesmente *desprezando-se* (logo, tomando-se como quantidade nula) o Δx do segundo membro. Ora, se Δx é nulo, como pudemos dividir a equação 3.17 por Δx?

Há vários outros argumentos que apontam as inconsistências advindas do uso irrestrito de infinitésimos; a título de curiosidade, apontemos um último. Uma das propriedades centrais do corpo dos números reais é o fato dele ser 'arquimediano', o que informalmente significa que, dado um número real qualquer $x > 0$ então, dado qualquer $y > 0$ e $y > x$, sempre se pode encontrar um número natural n tal que $n.x > y$, o que implica, intuitivamente falando, que a reta real 'se estende ao infinito'.[53] Ora, uma vez que um infinitésimo deveria ser uma quantidade 'infinitamente pequena', ela permaneceria sendo 'infinitamente pequena' mesmo quando multiplicada por um número qualquer, violando desse modo o princípio acima, como é fácil perceber.

Já no século XIX, A. -L. Cauchy (1789-1857) e outros eliminaram o conceito de infinitésimo, oferecendo alternativa adequada com a introdução dos conhecidos ϵ e δ e o conceito de limite. Como se sabe, a derivada de $y = x^2$

---

[52]Um excelente artigo sobre esse assunto é [DB15].

[53]Indicamos mais uma referência ao leitor interessado; no No. 3 (1986) das *Monografias da Soc. Paran. Mat.*, há o trabalho de A. Pereira Torres, no qual ele apresenta um modo de se definir uma bijeção entre $\mathbb{R}$ e uma estrutura axiomatizada que desempenha o papel de 'reta real'.

é calculada do seguinte modo, mediante o conceito de limite, a derivada da função $y = f(x)$ com respeito a x é dada por

$$f'(x) = \lim_{h \to 0} \frac{f(x+h) - f(x)}{h} \qquad (3.19)$$

Portanto, no nosso caso, com $y = x^2$, temos

$$
\begin{aligned}
f'(x) &= \lim_{h \to 0} \frac{(x+h)^2 - x^2}{h} = \\
&\quad \lim_{h \to 0} \frac{x^2 + 2xh + h^2 - x^2}{h} = \\
\lim_{h \to 0} \frac{2xh + h^2}{h} &= \lim_{h \to 0} (2x + h) = 2x.
\end{aligned} \qquad (3.20)
$$

Os 'infinitésimos', no entanto, foram reintroduzidos (consistentemente) na análise em 1960 por A. Robinson (1918-1974), com o desenvolvimento da chamada *Análise Não-Standard*.[54]

Tornar precisos os conceitos fundamentais do Cálculo em particular, e em geral da matemática como um todo, como definir-se 'número' de forma sensata, conceituar-se 'função' de modo adequado, e por aí avante, constituiu-se numa atitude que ficou conhecida como Aritmetização da Análise, já apontado antes.[55] tendo trazido enorme contribuição para os fundamentos da matemática. O sucesso em se reduzir (em certo sentido) todos os conceitos básicos da matemática aos da aritmética foi em certos aspectos tão grande que H. Poincaré chegou a anunciar, durante o Congresso Internacional de Matemáticos, em 1900, que

> [h]oje em dia permanecem em análise somente os números naturais e sistemas finitos e infinitos de números naturais (...) a matemática (...) foi aritmetizada (...) Podemos dizer hoje que o rigor absoluto foi obtido. [Poi95, p.19], [FBH58, p.15]

Como comentam Fraenkel e Bar-Hillel, ironicamente ao mesmo tempo em que Poincaré fez seu orgulhoso pronunciamento, já se havia notado que a teoria dos 'sistemas infinitos de números naturais' –nada mais do que uma parte

---

[54]Em português, um ótimo texto introdutório é 'O advento da matemática não-standard', de A. J. Franco de Oliveira [FdO90]. Há também, de J. Zimbarg So., *Cálculo sem Epsilons nem Deltas*. Na verdade, há várias maneiras de se introduzir infinitésimos em matemática, e mais: há diversos tipos de infinitésimos que se pode considerar. Em [dCKB97], vários tipos de infinitésimos são apontados.

[55]Ver [Boy74]. G. Frege, em seu artigo 'Função e conceito', chama a atenção para o fato de que à referida época o conceito de função era tão inexato que considerava-se como uma função de x qualquer expressão contendo x, como $2x^3 + x$; assim, lembra Frege, usando-se tal definição, $2.2^3 + 2$ seria 'uma função de 2', o que é insatisfatório [Fre09].

da teoria de conjuntos– estava muito longe de ter sido estabelecida em fundamentação segura. A terceira crise mencionada acima é exatamente o surgimento dos paradoxos, ou antinomias, nos fundamentos da teoria de conjuntos e, portanto, de toda a matemática.

Por essa época, a percepção de que havia problemas com a matemática, no que concerne aos seus fundamentos, propiciou o aparecimento de várias 'escolas' filosóficas, cada uma oferecendo uma visão acerca da natureza da matemática e propondo um modo de fundamentá-la. As principais correntes são o Logicismo (Frege, Russell), o Intuicionismo de Brouwer e sua escola e o Formalismo, com Hilbert e discípulos. Discorrer sobre tais escolas fundacionistas vai além dos objetivos deste livro. Uma breve menção a elas será feita, no entanto, no início do próximo capítulo.[56]

A teoria de Cantor é desenvolvida, como já se sugeriu, a partir de definições e de derivações que seguem uma explicitação não muito rigorosa das etapas envolvidas nas provas. Não há axiomas, explicitação dos conceitos primitivos envolvidos e dos pressupostos básicos da teoria. A teoria, no entanto, é *inconsistente*.

A fim de entendermos melhor o que se passa, vale lembrar que uma teoria T cuja linguagem contenha um símbolo de negação '$\neg$' é *inconsistente* se existe uma fórmula α de sua linguagem tal que ambas α e $\neg\alpha$ sejam teoremas de T; caso contrário, ela é *consistente*. Em virtude das regras da lógica clássica (que pode ser pensada como estando implícita na teoria de Cantor), nesse caso deriva-se em T uma *contradição* $\alpha \wedge \neg\alpha$. Uma teoria é *trivial* se todas as expressões bem formadas de sua linguagem forem teoremas dessa teoria; intuitivamente, numa teoria trivial *tudo* o que se expressa na sua linguagem (em conformidade com suas regras gramaticais) é derivável como teorema dessa teoria. No arcabouço da lógica clássica, uma teoria é inconsistente se e somente se for trivial. Não se conhece, até o momento, aplicação sensata de teorias triviais.

A primeira antinomia (contradição) surgiu por volta de 1897, com Cesare Burali-Forti (1961-1931). Para explicar o paradoxo de Burali-Forti necessitamos de alguns fatos acerca de ordinais, que aqui serão meramente comentados por alto, mas que serão tornados precisos na seção sobre a teoria ZF. Inicialmente, um isomorfismo de ordem, dito por alto, é uma aplicação bijetiva que 'preserva a ordem'; assim, um conjunto A (ordenado por $\leq_A$) é ordem-isomorfo a B (ordenado por $\leq_B$) se existe $f : A \to B$ bijetiva tal que para todos x e y de A, se $x <_A y$, então que $f(x) <_B f(y)$, sendo $<_A$ e $<_B$ definidas como usual (ou seja, $x <_A y$ se e só se $x \leq_A y \wedge x \neq y$, e analogamente para $<_B$). Um ordinal é um certo conjunto que tem, dentre suas inúmeras propriedades, as seguintes: (a) todos os seus elementos são também ordinais (menores do que ele); (b) não é ordem-isomorfo a nenhum de seus elementos. Finalmente, dentro do que se espera de razoável,[57] parece sensato supor que todo con-

---

[56]O leitor pode consultar o já mencionado [dC92], ou a Parte 1 de [BP64].

[57]Esse ponto será retomado à frente, quando falarmos do Axioma da Escolha.

junto *bem ordenado* (i.e., tal que cada um de seus sub-conjuntos tem um menor elemento) é ordem-isomorfo a algum ordinal.

Considere-se então a coleção Ω de todos os números ordinais. Tal coleção deveria ser ordem-isomorfa a algum ordinal. Mas um tal ordinal teria que ser maior do que qualquer dos elementos de Ω, logo maior do que qualquer ordinal em Ω, donde o paradoxo, pois o ordinal ordem-isomorfo a Ω deveria pertencer a Ω (por ser um ordinal) e não pertencer a Ω (porque seria maior do que ele) simultaneamente. À época, nem Burali-Forti e nem Cantor conseguiram dar conta de tal antinomia.[58]

O próprio Cantor, em carta a Dedekind, observara que não se pode falar da classe de todos os cardinais como formando um conjunto, ou do 'conjunto de todos os conjuntos' sem cair em contradição. Um cardinal é um ordinal especial, a saber, um ordinal que não é equipotente[59] a nenhum ordinal menor do que ele. Por exemplo, todos os números naturais são também cardinais; o primeiro cardinal *transfinito* é o cardinal do conjunto dos números naturais, denotado por $\aleph_0$ ('alef-zero'). Visto como um ordinal, é denotado pela letra ω.

Cantor chamava coleções como a de todos os ordinais ou a de todos os conjuntos de 'conjuntos inconsistentes'. Com efeito, falando agora de cardinais, se há o conjunto de todos os conjuntos, ele deveria então ter como cardinal o maior dos cardinais, logo maior do que o do seu conjunto potência, contrariando um teorema estabelecido pelo próprio Cantor, o qual assevera que para *qualquer* conjunto X, o cardinal de X (escrito $\overline{\overline{X}}$) é estritamente menor do que o do seu conjunto potência (ou seja, ferindo a desigualdade $\overline{\overline{X}} < 2^{\overline{\overline{X}}}$, estabelecida pelo próprio Cantor –veja-se o Capítulo 2).

Porém, como tais paradoxos originavam-se com uso de conceitos que, pensava-se, não diziam respeito à matemática do dia-a-dia, uma vez que empregavam noções como o ordinal do conjunto de todos os ordinais, ou o conjunto de todos os conjuntos, cogitava-se que não se tratavam de resultados obtidos meramente devido à imprecisão dos conceitos empregados, e que certamente uma revisão desses conceitos dissiparia as antinomias. No entanto, em 1901, Bertrand Russell descobriu um paradoxo, divulgado em 1903, o qual pode ser obtido mediante o uso de conceitos extremamente básicos, como o de que uma propriedade qualquer determina um conjunto (Princípio da Compreensão).

O paradoxo de Russell como é conhecido, causou um choque enorme entre os matemáticos e percebeu-se que realmente os alicerces da teoria dos conjuntos e, *a fortiori*, de toda a matemática, estavam sobre patamares vacilantes.[60] Imediatamente percebeu-se que os demais paradoxos, como os acima mencionados, eram de fato contradições na teoria de Cantor, e certamente alguma revisão nos seus alicerces precisava ser feita. Gregory Moore comenta que os

---

[58]Cantor já havia percebido a possibilidade dessa antinomia, tendo-a comunicado em carta (não publicada) a Hilbert. Cf. [Bou94, p.31].

[59]No sentido de existir uma bijeção entre eles.

[60]Como veremos abaixo na seção 3.5.4, aparentemente este paradoxo já era conhecido em Göttingen, no círculo de Hilbert.

paradoxos de Burali-Forti e de Cantor tornaram problemática a situação dos fundamentos da teoria dos conjuntos, mas que o Paradoxo de Russell, por envolver conceitos como o de propriedade e conjunto tão somente, tornou-a crítica [Moo82].

Seguindo F. P. Ramsey (1903-1930), a partir de 1926 passou-se a distinguir os paradoxos em duas classes: aqueles que envolvem unicamente as regras e os pressupostos lógicos propriamente ditos (ditos paradoxos 'sintáticos', ou *lógicos*) e aqueles que envolvem 'algo a mais', também ditos paradoxos 'epistemológicos', ou *semânticos* (Frankel, Bar-Hillel & Levy 1973, Cap. 1; ver também a Introdução de Mendelson 1997). Dedicaremos atenção especial ao Paradoxo de Russell,[61] seja pela sua simplicidade, seja porque ele (como qualquer outro) permitirá que detectemos alguns dos pressupostos básicos subjacentes à derivação dos paradoxos em geral, o que motivará muito das seções seguintes.

3.5.2 O Paradoxo de Russell

O Princípio da Compreensão (ou da Abstração), já visto anteriormente, em linguagem simbólica é o fecho universal da seguinte fórmula:

$$\exists y \forall x (x \in y \leftrightarrow F(x)) \tag{3.21}$$

Intuitivamente, $F(x)$ denota uma 'propriedade' dos objetos x.[62] Ora, se $F(x)$ é considerada como sendo $x \notin x$, ou seja, se expressa a propriedade de um objeto não ser elemento dele próprio (por exemplo, o conjunto dos números naturais tem essa propriedade, uma vez que não é um número natural). Então, do princípio acima, vem:

$$\exists y \forall x (x \in y \leftrightarrow x \notin x) \tag{3.22}$$

Chamemos de R (em homenagem a Russell) um tal conjunto y.[63] Vem então que

$$\forall x (x \in R \leftrightarrow x \notin x) \tag{3.23}$$

Mas então isso vale em particular para R, donde

$$R \in R \leftrightarrow R \notin R \tag{3.24}$$

de onde facilmente se deriva uma contradição[64]

---

[61]Moore comenta que Zermelo havia chegado independentemente a esse paradoxo, sem tê-lo publicado [Moo82, p.88].

[62]Perceba-se, como já se aludiu anteriormente, que na teoria intuitiva esses conceitos não são muito precisos.

[63]Na literatura corrente, $R = \{x : x \notin x\}$ é o 'conjunto de Russell'.

[64]Chame $R \in R$ de α. Então temos:

$$R \in R \wedge R \notin R. \tag{3.25}$$

Poderíamos ser tentados a dizer que o inconveniente na derivação do Paradoxo de Russell é o fato de se supor que o símbolo $\in$ (no caso, a sua negação) foi ladeado por uma mesma variável, x. Evitando-se isso, pode-se imaginar, seríamos levados a dizer que evitaríamos o paradoxo. Em outras palavras, uma análise simplista poderia sugerir que o problema reside no fato de se ter assumido que um conjunto (não) pertence a ele mesmo, e que isso consistiria o cerne da questão, que deveria ser evitada. O problema é que a resposta a esta questão não é assim tão simples.

Com efeito, definamos $x \in^2 x$ como abreviando $\exists z(x \in z \in x)$ (que por sua vez abrevia $\exists z(x \in z \wedge z \in x)$). Tomemos então mais uma vez o Princípio da Compreensão, sendo agora $F(x)$ a propriedade $\neg(x \in^2 x)$. Do princípio, existe um conjunto y tal que para todo x, $x \in y \leftrightarrow \neg(x \in^2 x)$. Mas $y \in y \in y \to y \in^2 y$ e o Princípio da Compreensão, o qual implica $y \notin y \to y \in^2 y$, resulta $y \in^2 y$, uma vez que de $\alpha \to \beta$ e de $\neg\alpha \to \beta$ pode-se inferir β pelas leis da lógica clássica. Mas então existe um conjunto x tal que $y \in x \in y$, podendo-se portanto escrever $x \in y \in x \in y$, ou seja, $x \in^2 x \in y$, o que contraria o Princípio da Compreensão, o qual (no caso) afirma que os elementos que pertencem a y são aqueles x tais que $\neg(x \in^2 x)$.

Cabe mencionar que o raciocínio pode ser estendido a outros conjuntos *circulares*, como são chamados esses conjuntos,[65] definindo-se convenientemente $x \in^3 x$, $x \in^4 x$ e assim por diante (ver [Qui63, p.36]). Isso mostra que podemos obter um análogo ao Paradoxo de Russell *sem* usar $x \notin x$ necessariamente.

A respeito do seu paradoxo, escreveu Russell:

> [p]ensei, a princípio, que deveria haver algum erro trivial em meu raciocínio. Examinei cada passo num microscópio lógico e não pude descobrir nada de errado. Escrevi a Frege a respeito,[66] o qual me respondeu que a Aritmética estava vacilante e que percebia que a sua Lei V era falsa.[67] Frege ficou tão perturbado com a

---

1. $\alpha \leftrightarrow \neg\alpha$

2. $(\alpha \to \neg\alpha) \wedge (\neg\alpha \to \alpha)$, pela equivalência lógica com 1, pois $A \leftrightarrow B$ equivale a $(A \to B) \wedge (B \to A)$.

3. $\neg(\alpha \wedge \alpha) \wedge \neg(\neg\alpha \wedge \neg\alpha)$, pois $A \to B$ equivale a $\neg(A \wedge \neg B)$, e $\neg\neg A$ equivale a A.

4. $\neg\big((\alpha \wedge \alpha) \vee (\neg\alpha \wedge \neg\alpha)\big)$ por De Morgan: $(\neg A \wedge \neg B)$ equivale a $\neg(A \vee B)$.

5. $\neg(\alpha \vee \neg\alpha)$, pois $A \wedge A$ equivale a A.

6. $\neg\alpha \wedge \alpha$, de novo por De Morgan

7. $\alpha \wedge \neg\alpha$, pois a conjunção é comutativa ($A \wedge B$ equivale a $B \wedge A$).

[65]Falaremos mais deles conjuntos nos capítulos subsequentes.

[66]A correspondência entre Russell e Frege acha-se reproduzida na coletânea editada por van Heijenoort [vH67].

[67]Esta lei equivale ao Princípio da Compreensão.

tal contradição que renunciou à tentativa de reduzir a Aritmética
à Lógica, à qual, até então, havia devotado quase toda a sua vida
(Russell 1980, p. 57).[68]

Russell também comenta acerca do impacto ocasionado pela sua descoberta:

[f]ilósofos e matemáticos reagiram de diferentes maneiras a tal situação . Poincaré, que não apreciava a Lógica Matemática e a acusava de estéril, exclamou com alegria: 'Não é mais estéril: gera contradição'. Tudo isso era perfeito, mas em nada contribuía para a solução do problema. Alguns outros matemáticos, que não concordavam com Georg Cantor, adotaram a solução de March Hasse: 'Estou farto disso. Mudemos de assunto.' Isso também não me parecia adequado. Contudo, passado algum tempo, houve tentativas sérias no sentido de uma solução por parte de homens que compreendiam a Lógica Matemática e percebiam a necessidade imperiosa de uma solução em termos lógicos. O primeiro deles foi F. P. Ramsey, cuja morte prematura deixou sua obra incompleta. Entretanto, durante os anos que antecederam à publicação dos *Principia Mathematica*,[69] não tive a vantagem de contar com essas tentativas posteriores de solução do problema, tendo ficado virtualmente abandonado à minha solitária estupefação. (*ibid.*, p. 58)

Nos primeiros anos do século XX, outras contradições somaram-se às já existentes: os paradoxos de Berry, de Richard, de Grelling, etc. A solução preconizada por Russell para o problema dos paradoxos foi a Doutrina dos Tipos, esboçada num Apêndice do seu livro *The Principles of Mathematics*, de 1903 [Rus10]. Posteriormente, ele tentou resolver a questão por outros meios, mas voltou à Doutrina dos Tipos em um artigo de 1908 intitulado 'Mathematical logic as based on the theory of types', que se encontra reproduzido em em [vH67], e reimpresso em [Rus56]. Em tal trabalho, apresenta a Teoria Ramificada dos Tipos, que serviu de base para *Principia Mathematica*, escrito com A. N. Whitehead [WR97]. Posteriormente, na década de 20, Ramsey e L. Chwistek (1884-1944) apresentaram uma revisão da teria russeliana, a qual ficou conhecida como Teoria Simples de Tipos.

Henri Poincaré já havia sustentado que a fonte dos paradoxos era um tipo de circularidade ou auto-referência. Com efeito, no paradoxo de Cantor considera-se o conjunto de todos os conjuntos, que deveria então conter a si próprio como elemento, como vimos. Mesmo a consideração de certos conjuntos circulares, como os do exemplo acima referido (envolvendo $\neg(x \in^2 x)$), como o próprio nome sugere, envolvem circularidade de alguma forma. Analogamente, o ordinal do conjunto de todos os ordinais, presente no Paradoxo

---

[68] A tese se que a matemática é redutível à lógica é a base do Logicismo.
[69] Que se deu nos anos de 1910, 1912 e 1913, respectivamente para os volumes 1, 2 e 3.

de Burali-Forti, deveria ser um ordinal, e portanto pertencer a si próprio. Mesmo o paradoxo de Russell origina-se da indagação: será que o conjunto de todos os conjuntos que não são membros de si próprios é membro de si próprio? Ou seja, o que caracteriza o 'conjunto de Russell' R é a propriedade $P(x) := x \notin x$ e, como vimos acima, o paradoxo surge quando colocamos o próprio R no lugar de x.

A constatação de Russell seguiu a de Poincaré, em que na origem de todas as contradições "[há] em comum a suposição de uma totalidade tal que, uma vez legitimada, poderá ser ampliada com novos membros definidos em termos dela própria"; em cada contradição, algo é dito acerca de *todos* os casos de uma determinada espécie e, do que é dito, um novo caso parece ser gerado, o qual 'é e não é' da mesma espécie dos demais. Russell propôs que se deixe de considerar a possibilidade da existência de coisas como a totalidade de todas as proposições ou de todos os conjuntos. Frases como 'todas as proposições' devem ser consideradas como sem sentido. Em resumo, segundo Russell a regra deve ser esta: "qualquer coisa que envolva *tudo* de uma coleção não pode ser um dos elementos da coleção" ou, inversamente, se, estabelecido o fato de uma determinada coleção tem um total, ela terá membros definidos unicamente em função deste total, então tal coleção não pode ter um total. Essas são algumas das maneiras de se enunciar o Princípio do Círculo Vicioso, a chave dos paradoxos, segundo Russell.[70] Como já dissemos, na Seção 8.4, falaremos acerca das definições impredicativas, que aparentam circularidade, mas que são essenciais na Análise convencional.

Cabe salientar que em 1985 surgiu um paradoxo, devido a Stephen Yablo, conhecido como Paradoxo de Yablo, que, como sustenta o autor, não envolve circularidade, o que é contestado por alguns (ver o verbete 'Yablo's Paradox' na *Internet Encyclopedia of Philosophy*).

3.5.3   A correspondência entre Frege e Russell

A história relacionada ao Paradoxo de Russell é sem dúvida interessante e traz ainda um exemplo notável de dedicação e amor à ciência, exibida por parte de Frege. Russell escreveu a Frege somente cerca de um ano após a descoberta do paradoxo. A carta é a seguinte, aqui traduzida livremente da versão em inglês apresentada em [vH67, pp.124-125] (a carta foi originalmente escrita em alemão):

Friday's Hill, Haslemere, 16 de Junho de 1902

Caro Colega

Há um ano e meio tenho conhecimento de seu *Grundgesetze der Arithmetik* mas somente agora encontrei tempo para o estudo aprofundado que eu tencionava fazer de seu trabalho. Encontro-me em

---

[70]Gödel (1906-1978), no entanto, afirma que os enunciados acima originam princípios diferentes; ver Gödel, K., 'A filosofia de Bertrand Russell', in [Göd79, p.179].

completo acordo consigo em todos os pontos essenciais, particularmente quando rejeita qualquer elemento psicológico em lógica
e quando acentua o valor de uma ideografia [*Begriffsschrift*] para os
fundamentos da lógica e da matemática as quais, incidentalmente,
dificilmente podem ser distinguidas. Com respeito a muitas questões particulares, encontro em seu trabalho discussões, distinções
e definições que em vão se procura nos trabalhos de outros lógicos.
Especialmente no que diz respeito às funções (§ 9 de seu *Begriffsschrift*), vejo que meus pontos de vista são os mesmos até nos detalhes. Há somente um ponto em que encontrei dificuldade. O Sr.
estabelece que uma função também pode agir como um elemento
indeterminado. Eu formalmente acreditava nisso, mas agora esse
ponto de vista parece-me duvidoso por causa da seguinte contradição. Seja ω o seguinte predicado: ser um predicado que não
pode predicar a si próprio. Poderia ω predicar a si próprio? De
cada resposta a sua oposta se segue. Portanto, devemos concluir
que ω não é um predicado. Do mesmo modo, não há classe (como
uma totalidade) de todas as classes as quais, tomadas como uma
totalidade, não pertençam a elas mesmas. Disso eu concluo que
sob certas circunstâncias uma coleção definida não formará uma
totalidade. (...)

O tratamento exato da lógica em questões fundamentais, onde os
símbolos falham, tem permanecido muito obscuro; em seus trabalhos eu encontrei o melhor que conheço em nosso tempo, e portanto me permito expressar meu profundo respeito pelo Sr. é lamentável que ainda não tenha publicado o segundo volume do
seu *Grundgesetze*; espero que isto ainda venha a ser feito.

Muito respeitosamente,

Bertrand Russell

Vimos anteriormente uma versão do Paradoxo de Russell que faz uso da
classe (conjunto) de todas as classes (conjuntos) que não pertencem a si mesmos, que é a isso que ele se refere na segunda parte do comentário. Na primeira parte, refere-se a um predicado ω que não pode ter a si próprio como
argumento, ou seja, $\neg\omega(\omega)$; esta é a forma de se argumentar na Teoria de Tipos, desenvolvida por Russell. Por exemplo, ainda que sem rigor, se definirmos o predicado *Proparoxítona*, que se aplica a palavras da língua portuguesa,
para designar as palavras proparoxítonas, então seria lícito afirmar que ele
se aplica si mesmo, ou seja, (a palavra) *proparoxítona* é proparoxítona (assim,
escreveríamos, na notação de Russell, *Proparoxítona(proparoxítona)*). Já *Vermelho*, por exemplo, está fora dessa categoria, posto que a palavra *vermelho* não
é vermelha, logo, *neg Vermelho(vermelho)*. Frege havia usado um axioma em
seu *Grundgesetze* que, como vimos, corresponde ao que chamamos acima de
Princípio da Compreensão, que se permitirmos que se quantifique também

sobre predicados (como na linguagem da Teoria de Tipos), pode ser posto da seguinte forma:

$$\exists P \forall X (P(X) \leftrightarrow F(X)) \tag{3.26}$$

onde $F(X)$ é uma expressão que é verdadeira para certos valores de X (que aqui é uma variável para predicados, do mesmo modo que P). Assim, tomando a fórmula $\neg X(X)$ ao invés de $\neg \omega(\omega)$ acima, obtemos a seguinte instância de 3.26:

$$\exists P \forall X (P(X) \leftrightarrow \neg X(X)) \tag{3.27}$$

donde, chamando de R o predicado que se assevera existir, definido por $\neg X(X)$, vem

$$\forall X (R(X) \leftrightarrow \neg X(X)) \tag{3.28}$$

Dessa última, resulta

$$R(R) \leftrightarrow \neg R(R) \tag{3.29}$$

de onde se deduz

$$R(R) \wedge \neg R(R), \tag{3.30}$$

uma contradição. Frege respondeu a Russell no mesmo mês; o volume 2 de seu *Grundgesetze* estava para ser publicado. Ele ainda teve tempo de colocar em um apêndice o fato de que seu axioma acima referido conduzia a uma contradição, tendo chegado a propor uma restrição ao seu axioma de forma a evitar a derivação do paradoxo. A carta de Frege a Russell contém as seguintes passagens:

Jena, 22 de Junho de 1902

Caro Colega

Muito obrigado pela sua interessante carta de 16 de Junho. (...) Sua descoberta da contradição causou-me enorme surpresa, e gostaria de dizer quase uma consternação, desde que ela abalou as bases sobre as quais eu tencionava construir a aritmética. Parece, então, que (...) minha Regra V [o axioma supra citado] é falsa, e que minhas explicações dadas no § 31 não são suficientes para assegurar que minhas combinações de sinais tenham um significado em todos os casos. Eu devo refletir mais sobre o assunto. Isto é por demais sério, pois com a perda de minha Regra V, não somente a fundamentação de minha aritmética, mas também a única fundamentação possível da aritmética, parece se desvanecer. No entanto, eu deveria pensar, deve ser possível estabelecer condições para que (...) o essencial de minhas provas permaneçam intactas.

Em qualquer caso a sua descoberta é extraordinária e talvez resultará num grande avanço em lógica, ainda que não tenha sido bem vinda em um primeiro olhar. (...)

O segundo volume de meu *Grundgesetze* deve aparecer brevemente. Não há dúvida que eu terei que acrescentar um apêndice no qual sua descoberta seja considerada.

Muito respeitosamente,

G. Frege

No livro editado por van Heijenoort, comenta-se que, quando do interesse em publicar a correspondência entre Russell e Frege, foi solicitada a concordância de Russell para a publicação, a qual ele respondeu com a seguinte carta:

Penrhyndeudraeth, 23 de Novembro de 1962

Caro Professor van Heijenoort

Ficaria muito satisfeito se publicasse a correspondência entre Frege e eu, e agradeço por haver sugerido isso. Quando penso em atos de integridade e delicadeza, constato que não há nada que conheça que se compare à dedicação de Frege à verdade. O trabalho de toda a sua vida estava no ponto de ser completado, muito de seu trabalho tinha sido ignorado em benefício de homens infinitamente menos capazes, e seu segundo volume estava para ser publicado, e acima de reconhecer que sua hipótese fundamental conduzia a erro, respondeu com prazer intelectual, claramente fazendo submergir qualquer sentimento de desapontamento pessoal. Foi uma indicação declarada e quase sobre-humana do que homens são capazes se sua dedicação é o trabalho criativo ao invés de esforços brutos para dominar e serem conhecidos.

Sinceramente,

Bertrand Russell

Não há dúvida que essa passagem é um marco na história da ciência, e da matemática e da lógica em particular. No entanto, há ainda um fato igualmente intrigante acerca do Paradoxo de Russell: em 2001, dois pesquisadores da Universidade Erlangen-Nürnberg e da Universidade de Tübingen, na Alemanha, apresentaram um artigo tentando mostrar que esse paradoxo já era conhecido no círculo hilbertiano, tendo sido descoberto independentemente por Zermelo. Ademais, Hilbert já teria conhecimento de outras contradições na teoria de conjuntos; veremos na seção seguinte em que consiste aquilo que denominaram de "Paradoxo de Hilbert".

3.5.4   O Paradoxo de Hilbert

Os comentários a seguir baseiam-se no artigo 'Hilbert's Paradox', de Volker Peckhaus e Reinhard Kahle [PK02].

Como vimos acima, Frege adicionou ao segundo volume de seu *Grundgesetze der Arithmetik* um apêndice no qual reconhece que seu sistema lógico conduzia a uma contradição. Tendo enviado uma cópia do trabalho a Hilbert, recebeu deste uma carta de agradecimento, na qual Hilbert menciona que o que Frege descrevia como sendo o Paradoxo de Russell já era conhecido em Göttingen. Hilbert se referia ao fato de que Zermelo teria descoberto essa antinomia cerca de três ou quatro anos antes, dizendo ainda que ele próprio havia descoberto outras e "mais convincentes" contradições cerca de quatro ou cinco anos antes, concluindo que isso o havia convencido de que "a lógica tradicional é inadequada [para a fundamentação da matemática] e que a teoria da formação de conceitos deveria ser aprimorada e refinada" (*op. cit.*).

Isso, comentam os autores supra-citados, indica que Hilbert havia formulado paradoxos lógicos por volta de 1898 ou 1899, os quais teria comunicado a Zermelo, e que este teria descoberto o paradoxo de Russell por volta de 1900. Isso é de fato intrigante, posto que, como comentam os autores em tela, Hilbert nunca publicou um novo paradoxo; como dizem eles, "não há paradoxo associado a Hilbert nos catálogos de paradoxos". Os autores apresentam então o que dizem ser um *candidato* a ser o Paradoxo de Hilbert. O argumento procede como segue.

Hilbert assume três hipóteses; inicialmente, que a coleção dos números naturais forma um conjunto. Além disso, usa dois princípios básicos. O primeiro, chamado de Princípio da Adição, reza que se tivermos uma coleção arbitrária de conjuntos, mesmo que infinita, a sua união é também um conjunto (ou seja, é um *conjunto* a coleção obtida juntando-se em uma só coleção os elementos de todos os conjuntos considerados). Uma restrição desse princípio será, como veremos, o chamado Axioma da União usado nas axiomatizações da teoria de conjuntos. O outro princípio é o Princípio das Funções ("mapping principle"), que assevera que a totalidade das funções de um conjunto nele mesmo constitui um conjunto.

Isso posto, define-se $\mathcal{U}$ como sendo a união de todos os conjuntos definidos pelos critérios acima, e esse conjunto é bem definido de acordo com o Princípio da Adição. Então, sendo um conjunto, pode-se aplicar o Princípio das Funções a $\mathcal{U}$, resultando em outro conjunto, denotado $\mathcal{F}$ (que nada mais é que o conjunto de todas as funções de $\mathcal{U}$ em $\mathcal{U}$, sendo portanto legitimado pelos critérios de formação acima expostos).

Como $\mathcal{U}$ foi obtido pela aplicação do Princípio da Adição e $\mathcal{F}$ pelo Princípio das Funções, segue-se que $\mathcal{F} \subseteq \mathcal{U}$, ou seja, $\mathcal{F}$ está contido em $\mathcal{U}$. Ora, desse fato segue-se que existe uma função de $\mathcal{U}$ em $\mathcal{F}$ cuja imagem é o próprio $\mathcal{F}$. A partir desse fato, Hilbert aplica o processo de diagonalização de Cantor para derivar a existência de uma função de $\mathcal{U}$ em $\mathcal{U}$ que é distinta de cada elemento de $\mathcal{F}$, contrariando a definição de $\mathcal{F}$, que deveria conter todas as funções de $\mathcal{U}$ em $\mathcal{U}$. Isto mostra que o sistema de conjuntos definido pelas hipóteses acima é contraditório.[71]

Como comentam os autores mencionados, a resposta da(s) teoria axiomática(s) de conjuntos será de que a definição acima do conjunto $\mathcal{U}$ deverá ser evitada, posto que Hilbert assume sem restrições que se possa unir vários conjuntos, mesmo uma infinidade deles, para formar um novo conjunto, mas sem especificar *de onde* vêm esses conjuntos. Como veremos, esse modo de proceder deve ser restringido.

Fica no entanto o registro de um fato histórico de relevo, posto por um dos maiores matemáticos de todos os tempos, que percebeu de forma clara a importância dos estudos fundacionistas. De resto, importa salientar que o leitor interessado encontrará mais detalhes no artigo supra citado, que descreve inclusive o contexto histórico envolvendo o Paradoxo de Hilbert.

3.5.5 Paradoxos que não envolvem negação

O paradoxo de Russell sem dúvida desempenha papel fundamental pela sua simplicidade e por originar-se de um princípio aparentemente indiscutível como o Princípio da Compreensão, sem que se faça menção a conceitos mais complexos como o de ordinal (paradoxo de Burali-Forti) ou da coleção de todos os conjuntos (paradoxo de Cantor). Os paradoxos mencionados acima, o de Russell inclusive, fazem uso do conceito de negação em algum momento, como é fácil perceber.

Há no entanto a possibilidade de se mostrar que a teoria intuitiva é trivial (ver a seção seguinte), independentemente do conceito de negação. Devemos lembrar que, no contexto 'clássico', trivialidade e inconsistência são sinônimos. Por exemplo, o chamado Paradoxo de Curry pode ser estabelecido do seguinte modo: seja $P(x)$ a propriedade definida por

$$P(x) \leftrightarrow (x \in x \to \alpha), \tag{3.31}$$

onde α é uma fórmula qualquer. Do Princípio da Compreensão, obtemos

$$\exists y \forall x (x \in y \leftrightarrow (x \in x \to \alpha)) \tag{3.32}$$

Chamando de c tal conjunto, em homenagem a Curry, vem

$$\forall x (x \in c \leftrightarrow (x \in x \to \alpha)), \tag{3.33}$$

que em particular deve valer para x sendo c, donde

---

[71]Não descrevemos neste livro o famoso processo de diagonalização de Cantor, apesar de já havermos falado nele. Em suma, trata-se de um modo de se provar por absurdo que uma certa coleção de objetos (um conjunto) não é enumerável. Inicialmente, assume-se por hipótese que tal conjunto seja enumerável, ou seja, que seus elementos podem ser dispostos numa lista indexada pelos números naturais. Depois, exibe-se a possibilidade de se obter um elemento do conjunto que não esteja nesta lista, desse modo contrariando hipótese de sua enumerabilidade. Para detalhes, ver as obras das Referências.

$$c \in c \leftrightarrow (c \in c \to \alpha), \tag{3.34}$$

a qual ser escrita como conjunção de dois condicionais, a saber:

$$c \in c \to (c \in c \to \alpha), \tag{3.35}$$

e

$$(c \in c \to \alpha) \to c \in c. \tag{3.36}$$

Mas a expressão (3.35), devido à Lei da Contração $(\beta \to (\beta \to \gamma)) \to (\beta \to \gamma)$, acarreta

$$c \in c \to \alpha. \tag{3.37}$$

Portanto, de (3.37) e (3.36), por Modus Ponens,[72] obtemos

$$c \in c \tag{3.38}$$

e novamente por Modus Ponens, usando (3.37) e (3.38), derivamos

$$\alpha. \tag{3.39}$$

Em outras palavras, como α é uma fórmula qualquer, toda fórmula (da linguagem de nossa teoria) é demonstrável. Em particular, α pode ser uma contradição, ou seja, algo da forma $\beta \wedge \neg\beta$. Paradoxos como o de Curry atestam que a associação do Princípio da Compreensão com o aparato dedutivo da lógica clássica nos conduz a sérias dificuldades, como temos observado.[73]

3.6   Alternativas para se contornar os paradoxos

"Ninguém nos expulsará do paraíso que Cantor criou para nós", disse Hilbert em *On the infinite*. Mas a teoria de Cantor é contraditória. Vejamos com algum detalhe, mais uma vez, o Paradoxo de Russell e analisemos alguns dos passos dados na sua derivação.[74] Os principais pressupostos na derivação do paradoxo foram os seguintes:

(i) Os passos da derivação seguem as regras de dedução típicas da lógica clássica.

(ii) A condição '$x \notin x$' é lícita para se determinar um conjunto.

---

[72]Tal é a regra de inferência que pode ser assim estabelecida, sendo β e γ fórmulas quaisquer: de β e de $\beta \to \gamma$, inferimos γ.

[73]Uma discussão mais pormenorizada deste e de outros paradoxos pode ser vista em [dCBB98].

[74]Pode-se fazer afirmativas similares relativamente aos demais paradoxos. Para mais detalhes sobre pontos importantes na derivação dos paradoxos, e aqui não considerados, acham-se em [Ros53, pp. 201ss], e também [FBH58, pp. 137ss]. A história da descoberta de Russell é por ele relatada em seu livro [Rus80].

(iii) Toda 'questão' ou 'condição' $F(x)$ determina um *conjunto*.

Se desejamos evitar a derivação do paradoxo (assim como dos demais conhecidos), devemos modificar um desses pressupostos pelo menos. Quanto ao primeiro, seguiremos o que foi feito no início do século XX; o primeiro passo será mantido intacto, pois isso implicaria numa mudança nas regras da lógica.[75]

Negar o segundo pressuposto, ou seja, assumir que a fórmula $x \notin x$ (assim como $x \in x$) possa servir para determinar um conjunto, foi a solução proposta por Russell, a qual originou a Teoria de Tipos, que veremos em suas principais características posteriormente. A abordagem de Russell vai permitir inferir que a condição $x \notin x$ não é uma 'condição lícita'. Isso, no entanto, como se viu, não basta para se evitar os paradoxos, sendo preciso mais do que isso, como notou o próprio Russell. Seu modo de proceder será sumarizado à frente. Negar o terceiro passo, ou seja, assumir que nem toda fórmula determina um *conjunto*, foi a solução de Zermelo.

O tratamento dado por Zermelo considera que a fórmula $x \in x$ mencionada acima em princípio não apresenta problemas com relação ao seu status 'como expressão bem formada' (ainda que ele não usasse esse conceito explicitamente, uma vez que a linguagem subjacente à sua teoria não estava devidamente explicitada), mas que ela não é adequada para se derivar a existência de um *conjunto*, entrando em cena a questão do que então elas determinam, ou seja, *o que são* os conjuntos.

A bem da história do problema da axiomatização, é conveniente ressaltar que há historiadores que sustentam que a axiomatização proposta por Zermelo não tenha foi originada pelo problema dos paradoxos. Fraenkel & Bar-Hillel comentam (ver [FBHL73, Cap.II]) uma asserção de Mostowski, feita em 1955, de que teria havido uma revisão nos fundamentos epistemológicos da teoria de conjuntos mesmo que não tivessem surgido os paradoxos. G. Moore ao que tudo indica concorda com essa observação, uma vez que comenta que Burali-Forti havia feito referência sobre a axiomatização da teoria de conjuntos já em 1896, independentemente dos paradoxos, dizendo que "[d]evemos considerar os conceitos de *classe* [conjunto] e de *correspondência* como primitivos (ou *irredutíveis*) e atribuir a eles um sistema de propriedades (*postulados*) a partir dos quais seja possível *deduzir* logicamente todas as propriedades que são usualmente atribuídas a esses conceitos. Até o presente, um tal sistema de postulados não é conhecido" [Moo80, p.102].

No capítulo seguinte, falaremos sobre o método axiomático de forma geral, para então posteriormente vermos como ele foi aplicado à teoria de conjuntos.

---

[75]Ainda que isso possa ser feito. Em algumas teorias paraconsistentes de conjuntos, é legitimada a existência de entidades como o 'conjunto de Russell' (a classe de todos as classes que não são membros delas próprias) sem que haja trivialização. Por 'trivialização' entende-se a possibilidade de derivação de qualquer sentença que possa ser escrita na linguagem da teoria. De acordo com a lógica clássica, trivialização implica inconsistência (existência de teses contraditórias) e vice-versa. Veja-se [dCB96], [dCBB98], [dCKB07]. No capítulo final voltaremos a falar desse assunto.

Ficamos assim com a ideia do que está por trás das teorias usuais de conjuntos em se tratando das entidades com as quais elas lidam; esses 'objetos',
os *conjuntos*, são coleções de coisas que podem sempre ser discernidas umas
das outras, que nem toda coleção é um conjunto (isso depende da teoria considerada) e que tanto conjuntos quanto átomos, se algum houver, podem ser
denominados de *indivíduos*. Veremos a seguir de que modo podemos erigir
nessas teorias as estruturas fundamentais da matemática e da contra-parte
matemática das disciplinas científicas em geral.

Capítulo 4

Espécies de estruturas e predicados conjuntistas

> "It is therefore tempting to assert that the modern notion of 'structure' was substantially in existence by 1900, but in fact another thirty years of preparation were required before it made its full-fledged appearance (...) [today] It has been especially difficult to escape from the feeling that mathematical objects are 'given' *together with their structure*."
>
> N. Bourbaki [Bou04a, pp.317-8]

NESTE CAPÍTULO, definiremos de maneira informal o conceito estrutura matemática mencionado por alto no capítulo precedente.[1] Os detalhes podem ser vistos em [Bou04a, cap.4], mas é interessante consultar também [Cor92]. Após isso, contrastaremos essa definição com a abordagem de Suppes por meio de predicados conjuntistas, mostrando que, contrariamente ao que se apregoa, os dois tratamentos não são equivalentes. Trabalharemos por enquanto na teoria informal de conjuntos.

4.1 Espécies de estruturas

Nicholas (ou 'Nicolas') Bourbaki é o pseudônimo de um grupo de matemáticos franceses (em sua maioria) que, a partir dos anos 1930 tencionou 'recuperar' a matemática francesa 'para a atualidade' (principalmente visando

---

[1]Não usaremos a notação bourbakista, mas uma muito mais simplificada, porém sem alterar as ideias fundamentais.

equipará-la à matemática alemã), ou seja, inserindo-a em técnicas como o método axiomático, cujo paradigma era o livro *Álgebra Moderna*, publicado por Bartel L. van der Waerden em 1930 e 1931 (dois volumes) [vdW49].[2] É sabido que a França perdeu muitos de seus melhores cientistas durante a primeira guerra mundial, tanto que a matemática ensinada nas universidades era ainda a 'velha' matemática do século XIX, não cobrindo a maioria dos assuntos 'atuais' e fazendo uso dos 'novos métodos', tais como aqueles da álgebra abstrata. O grupo, inicialmente composto por Jean Dieudonné, Henri Cartan, André Weil, Claude Chevalley e Jean Delsarte, iniciou em 1934 um projeto denominado *Elementos de Matemática* que, de acordo com Dieudonné, pensava-se que se encerraria em três anos. Dieudonné também lembra que esse plano foi traçado por matemáticos muito jovens, ainda sem uma formação adequada, e que eles nunca planejariam tão exíguo prazo se soubesse mais sobre o assunto [Die70]. É importante fazer notar que os membros do grupo mudam de tempos em tempos, e que o grupo ainda existe nos dias de hoje. Eles 'se aposentam' aos 50 anos. Ademais, é relevante saber que o objetivo inicial não foi ainda alcançado, a despeito do tempo decorrido e da excelência dos seus membros: o assunto é que é por demais complicado. Uma história do grupo pode ser vista em [Mas06] e considerações adicionais estão em [Cor92] e em [Mat92].

A ideia básica era a de ver as disciplinas particulares da matemática como formadas por *estruturas* de um certo tipo. Saliente-se ainda que Bourbaki não deu atenção a todos os campos da matemática, deixando de lado, por exemplo, a teoria dos números e a geometria sem que se conheçam as razões para essa seleção. Essas estruturas seriam construídas a partir de algumas fundamentais que ele denominava de *estruturas mães*, e que seriam as estruturas *algébricas*, *topológicas* e de *ordem*. Assim, a estrutura dos números reais seria a de um *corpo* (estrutura algébrica) *ordenado* (estrutura de ordem) *completo* (no sentido topológico), mas não seria necessário que os três tipos de estruturas aparecessem necessariamente [Bou58, p.264].[3]

De acordo com Leo Corry [Cor92], uma vez que Bourbaki considerou as estruturas de ordem como fundamentais, sua axiomática para a teoria de conjuntos inicialmente utilizou o conceito de par ordenado como primitivo, sujeito a um axioma específico [Bou58],[4] o que foi modificado nas versões pos-

---

[2]Na explicação dos objetivos de seu livro, van der Waerden diz (página ix) que ele desejava "introduzir o leitor no mundo dos conceitos algébricos", considerando que "a recente expansão" nesse campo, "devido à escola 'abstrata', 'formal' ou 'axiomática' ."

[3]O 'sentido topológico' é aquele que diz que todo sub-conjunto não vazio de reais que seja limitado superiormente possui um supremo, pois há outros sentidos da palavra 'completo', como por exemplo em lógica, onde um sistema formal é 'completo' se todas as fórmulas válidas de sua linguagem são teoremas do sistema; veja [Men97]. Ademais, Bourbaki reconheceu que a escolha desses três tipos de estruturas se devia à época, e que elas poderiam eventualmente ser alteradas no futuro. Com efeito, como veremos, há a proposta de que se acrescentem as *estruturas categoriais* à lista; ver a seção 9.9.1.

[4]A axiomática diz que, dados a e b (conjuntos), podemos formar o par ordenado $\langle a, b \rangle$ (em linguagem atual), e isso está sujeito ao seguinte postulado: para todos a, b, c, d, tem-se que $\langle a, b \rangle =$

teriores, quando ele adotou o procedimento usual de *definir* par ordenado (sendo axiomatizado no entanto a existência de um conjunto contendo dois elementos quaisquer –axioma do par. Todas as demais estruturas resultariam de adequadas 'combinações' das estruturas mães, como vimos no caso dos números reais.[5]

Pode-se perceber claramente a abordagem puramente sintática de Bourbaki. A matemática é obtida escrevendo-se símbolos no papel de acordo com as regras estabelecidas em seu livro de teoria de conjuntos [Bou06]. Assim, se algo 'não foi escrito ainda' não pertence ao campo da matemática. Portanto, o conceito de *verdade* que utiliza é peculiar, sendo 'construtivo' em certo sentido; algo é *verdadeiro* se temos uma demonstração disso. É célebre a primeira frase do livro sobre a teoria de conjuntos: "[d]epuis les Grecs, qui dit mathématique dit démonstration" (depois dos gregos, quem fala 'matemática' diz 'demonstração'). Em contraposição, algo é falso se existe uma demonstração para a sua negação. No entanto, contrariamente à maioria dos 'construtivistas' como os intuicionistas, ele aceita a validade do princípio do terceiro excluído e as demonstrações indiretas (como as provas por redução ao absurdo), assim que a sua matemática é *clássica*, apesar de que a metamatemática não é: se ainda não se escreveu símbolos o suficiente para que se demonstre uma certa proposição ou sua negação, ela não é (ainda) nem verdadeira e nem falsa, apesar de que um dia uma dessas alternativas será alcançada.

No capítulo 4 de seu livro sobre a teoria de conjuntos [Bou58], Bourbaki desenvolve a sua 'teoria de estruturas', mostrando de que modo elas aparecem na matemática padrão. Em [dCC88] os autores propõem uma modificação e adaptação das noções bourbakistas, fundamentando-as em uma teoria de conjuntos com átomos, dando-lhe um caráter 'semântico'.[6] Aqui seguiremos a abordagem de Bourbaki, mas evitando ao máximo os detalhes técnicos e sutilezas, às quais nos referiremos em palavras.

Como dito antes, na visão de Bourbaki a matemática pode ser descrita como o estudo de certa espécie de entidades, as *estruturas*, essas erigidas em uma teoria de conjuntos (Bourbaki adota uma versão particular da teoria de conjuntos ZF, Zermelo-Fraenkel, a qual incorpora o Axioma da Escolha em um sentido que veremos)..[7]

$\langle c, d \rangle$ se e somente se $a = c$ e $b = d$. Nas axiomáticas posteriores, isso sai como teorema.

[5]Não se deve confundir o conjunto dos números reais com a estrutura de corpo ordenado completo.

[6]A formulação axiomática original de Ernst Zermelo [Zer67] admitia a existência de *átomos*, que ele chamava de *Urelemente* (átomos) e *conjuntos*. Os átomos podiam ser elementos de conjuntos, mas eles por si mesmos não tinham elementos; a teoria hoje chamada de ZFA (Zermelo-Fraenkel com átomos) pode ser vista em [Sup72]. Os átomos foram posteriormente (na década de 1920) descartados por Fraenkel porque não eram relevantes para a matemática, obtendo-se assim uma teoria *pura* na qual todas as entidades são conjuntos.

[7]É interessante observar que a Teoria de Categorias, que se tornou uma rival da abordagem conjuntista, jamais foi mencionada por Bourbaki, apesar de ter sido originada por um de seus membros, Samuel Eilenberg, em conjunto com Saunders McLane, que apesar se não fazer parte do grupo, tinha por eles uma grande simpatia. Isso é tanto assim que Bourbaki, quando assinava um artigo e necessitava dizer a que universidade era afiliado, citava 'Nancago", uma fusão de

Porém, afinal, o que é uma estrutura e o que são espécies de estruturas? Tomemos um exemplo. Cada grupo é uma estrutura de uma certa *espécie*, a 'espécie de estruturas de grupos'. O que uma espécie de estruturas fornece é um esquema abstrato para que certas estruturas matemáticas se coadunem (ou não) a ela. Por exemplo, se dizemos que um grupo (um grupo particular) é uma estrutura 'da espécie' $\mathcal{G} = \langle G, *, e, ' \rangle$, entendemos o que isso significa. Por exemplo, o grupo aditivo dos inteiros $\mathcal{Z} = \langle \mathbb{Z}, +, 0, - \rangle$ é uma estrutura dessa espécie. Vejamos isso com mais vagar.

Iniciemos com o significado de um *esquema de construção de escalas* (*schema de construction d'échelon*, [Bou58, Cap.4]). Um esquema desse tipo vai permitir que, a partir de conjuntos dados, obtenhamos outros, basicamente por meio das operações conjuntistas de produto cartesiano e da formação do conjunto potência. Um esquema de construção de escalas é uma sequência de pares ordenados de números naturais $c_i = \langle a_i, b_i \rangle$, $i = 1, \ldots, m$, cumprindo as condições seguintes.

(1) se $b_i = 0$, então $1 \leq a_i \leq i - 1$

(2) Se $a_i \neq 0$ e $b_i \neq 0$, então $1 \leq a_i \leq 1 - 1$ e $1 \leq b_i \leq i - 1$.

O esquema é denotado por $S(c_1, \ldots, c_m)$. A definição impõe que $c_1 = \langle 0, b_i \rangle$, com $b_i \neq 0$. Se n é o maior dos números b_i que aparece nos pares $\langle 0, b_i \rangle$, então a sequência é dita ser um *esquema de n conjuntos*.[8] Consideremos agora uma coleção de conjuntos $E_1, \ldots, E_n$ e suponhamos que é dado um esquema $S(c_1, \ldots, c_m)$ (note que m e n podem ser diferentes). Então uma *escala de esquema S sobre os n conjuntos $E_1, \ldots, E_n$* é uma sequência $A_1, \ldots, A_m$ de conjuntos definidos da seguinte maneira.

(1) se $c_i = \langle 0, b_i \rangle$, então $A_i = E_{b_i}$

(2) se $c_i = \langle a_i, 0 \rangle$, então $A_i = \mathcal{P}(E_{b_i})$

(3) se $c_i = \langle a_i, b_i \rangle$ com $a_i \neq 0$ e $b_i \neq 0$, então $A_i = A_{a_i} \times A_{b_i}$.

O último conjunto da sequência é denotado por $S(E_1, \ldots, E_n)$. Alguns exemplos ajudarão a entendermos o que se passa.

Suponha que queremos uma relação binária sobre um conjunto E_1 (vamos colocar um sub-índice para ficar mais fácil de acompanhar a definição). Já sabemos que trata-se de um elemento de $\mathcal{P}(E_1 \times E_1)$. Mas, para tanto, precisamos 'chegar' nesse conjunto por meio das operações permitidas pela teoria. Assim, podemos considerar o seguinte esquema de construção de uma escala com base em E_1 (em geral, não há um único esquema): $c_1 = \langle 0, 1 \rangle$, $c_2 = \langle 1, 1 \rangle$ e $c_3 = \langle 2, 0 \rangle$. Com efeito, vejamos a escala $A_1, \ldots, A_m$ que podemos construir por esse esquema:

'Nancy', de onde eram originários vários dos membros do grupo, e 'Chicago', a universidade de MacLane. Outro bourbakista célebre que se dedicou à teoria de categoria foi Alexander Grothendieck. Falaremos mais sobre categorias à frente.

[8]Bourbaki não se refere a 'conjuntos', mas a 'termos'.

1. $c_1 = \langle 0,1 \rangle$, logo, $A_1 = E_1$

2. $c_2 = \langle 1,1 \rangle$, logo $A_2 = A_1 \times A_1 = E_1 \times E_1$

3. $c_3 = \langle 2,0 \rangle$, logo $A_3 = \mathcal{P}(A_2) = \mathcal{P}(E_1 \times E_1)$

Se queremos que a relação seja por exemplo reflexiva, devemos escolher um elemento desse último conjunto contendo todos os pares da forma $\langle x, x \rangle$, com $x \in E_1$.

Se agora desejamos uma operação binária sobre E_1, devemos escolher um elemento de $\mathcal{P}(E_1 \times E_1 \times E_1)$, logo necessitamos de um esquema como este:[9]

$$c_1 = \langle 0,1 \rangle, c_2 = \langle 1,1 \rangle, c_3 = \langle 2,1 \rangle, c_4 = \langle 3,0 \rangle. \tag{4.1}$$

O leitor pode comprovar facilmente que teremos o pretendido. Para estruturas mais elaboradas, o processo seria extremamente laborioso, mas o que se visa é indicar *como* se procede, ou seja, em que consiste obter os conjuntos dos quais necessitamos, e não que de fato tenhamos que proceder desse modo. Em geral, o que teremos será uma coleção finita de conjuntos $E_1, E_2, \ldots, E_n$, que serão denominados conjuntos da *base principal* e uma coleção finita de conjuntos $A_1, A_2, \ldots, A_m$, que compõem a *base auxiliar*.[10] Por exemplo, a estrutura de espaço vetorial, que exploraremos abaixo, requer um conjunto 'principal' V, cujos elementos são chamados de 'vetores' (podem ser matrizes, funções, operadores, etc.) e um conjunto 'auxiliar' K, que é o domínio de uma outra estrutura denominada de *corpo* (ver abaixo), cujos elementos são chamados de *escalares*. Comecemos porém com uma estrutura mais simples, a de *grupo*.

Como sabemos, um grupo é uma estrutura (em um dos seus modos se apresentação) da forma $\mathcal{G} = \langle G, * \rangle$, onde $G \neq \varnothing$ e $*$ é uma operação binária sobre G, ou seja, um elemento de $\mathcal{P}(G \times G \times G)$, satisfazendo os *axiomas de grupo*, a saber, associatividade, existência de elemento neutro e existência de um inverso (em G) para cada elemento do grupo. Por exemplo com o esquema (4.1), obtemos a seguinte escala de conjuntos:

(1) G, que é o conjunto principal' (não há conjuntos auxiliares)

(2) $G \times G$

(3) $(G \times G) \times G$, que pode ser escrito $G \times G \times G$.

(4) $\mathcal{P}(G \times G \times G)$, que é o nosso 'patamar' $S(G)$.

Uma vez chegado ao patamar, escolhemos um determinado elemento, que aqui denominaremos de '$*$', ou seja, $* \in \mathcal{P}(G \times G \times G)$. Impomos agora os postulados que desejamos, no caso, os postulados de grupo dados abaixo.

---

[9]Note que $E_1 \times E_1 \times E_1 = (E_1 \times E_1) \times E_1$.

[10]Nota-se o caráter finitista e construtivo do procedimento de Bourbaki. Falaremos mais disso à frente.

Note que $*$ é um conjunto de triplas ordenadas de elementos de G, da forma $\langle a, b, c \rangle$, mas não um conjunto qualquer; os axiomas têm que ser verificados. Se escrevermos $a * b$ para designar o composto de dois elementos, podemos olhar essas triplas como algo da forma $\langle a, b, a * b \rangle$, ou seja, $*$ é na verdade uma função $* : G \times G \rightarrow G$, que a cada par de elementos $\langle a, b \rangle$, associa um elemento $a * b \in G$. Nessa notação, fica mais fácil escrevermos os postulados:

(G1) para todos $a, b, c \in G$, deve-se ter $(a * b) * c = a * (b * c)$, ou seja, a operação $*$ deve ser *associativa*.

(G2) existe um elemento $e \in G$ tal que, para cada elemento $a \in G$, tem-se que $a * e = e * a = a$, isso é, e é um *elemento neutro* para a operação $*$.

(G3) para cada elemento $a \in G$, deve existir um elemento $a' \in G$ tal que $a * a' = a' * a = e$, ou seja, cada elemento de G tem um *inverso* relativamente à operação $*$.

Um grupo particular é um 'caso concreto' dessa estrutura, ou dessa axiomática, um *modelo* dela. Exemplos abundam: $\langle \mathbb{R}, + \rangle$, $\langle \mathcal{F}, \circ \rangle$, sendo $\mathcal{F}$ o conjunto das funções bijetivas sobre $\mathbb{R}$ e $\circ$ a composição de funções, etc. Se além desses postulados valer o seguinte, o grupo é dito ser *abeliano*, ou *comutativo*:

(G4) para todos $a, b \in G$, tem-se que $a * b = b * a$.

Outro exemplo importante é o de *corpo*, que é uma estrutura do tipo $\mathcal{K} = \langle K, +, \cdot, 0, 1 \rangle$, onde $+ \in \mathcal{P}(K \times K \times K)$ é uma operação binária sobre K, o mesmo se dando com respeito a $\cdot$, e $0, 1 \in K$. Os postulados são os seguintes:

(i) $\langle K, + \rangle$ é um grupo comutativo, cujo elemento neutro é 0.

(ii) $\langle K - \{0\}, \cdot \rangle$ é um grupo comutativo, cujo elemento neutro é 1.

(iii) vale a lei distributiva seguinte, para todos $a, b, c \in K$: $a \cdot (b + c) = (a \cdot b) + (a \cdot c)$.

Exemplos relevantes de corpos são os números reais $\mathbb{R}$ com as operações usuais de adição e de multiplicação e o corpo dos números complexos, formado pelo conjunto $\mathbb{C}$ dos números complexos com as operações usuais entre esses números. Denotaremos o corpo dos reais por $\mathbb{R}$ (não confundir com o 'conjunto' dos números reais $\mathbb{R}$) e por $\mathcal{C}$ o corpo dos números complexos (de modo análogo, não confundir com o conjunto $\mathbb{C}$).

Um exemplo mais elaborado é o de espaço vetorial, que requer um conjunto auxiliar, precisamente o domínio K de um corpo $\mathcal{K}$. A estrutura é $\mathcal{E} = \langle \mathcal{V}, \mathcal{K}, +, \cdot \rangle$, onde as operações '+' e '·' são elementos respectivamente de $\mathcal{P}(\mathcal{V} \times \mathcal{V} \times \mathcal{V})$ e de $\mathcal{P}(K \times \mathcal{V} \times \mathcal{V})$. Repare nessa última: ela está afirmando que $\cdot$ toma pares ordenados do tipo $\langle a, \alpha \rangle$, com $a \in K$ e $\alpha \in \mathcal{V}$ e associa a ele um elemento $a \cdot \alpha \in \mathcal{V}$. Os elementos de K são denominados de *escalares*, e os de $\mathcal{V}$, *vetores*. Como uma função de $K \times \mathcal{V}$ em $\mathcal{V}$, devemos considerar o par ordenado $\langle a, \alpha \rangle$, cujo primeiro elemento é um escalar. Em notação abreviada, como indicado, escrevemos '$a \cdot \alpha$', ou somente $a\alpha$ se quisermos. Os físicos, porém, escrevem igualmente αa (ou $\alpha \cdot a$), em uma perceptível confusão de notação. Eles têm seus motivos, entretanto. Como não necessitam do rigor lógico, a linguagem fica em muito simplificada desse modo, notadamente em física quântica, quando a notação deles é bastante conveniente.

Um outro conceito importante é o de *extensão canônica de aplicações*. Dada um esquema S de construção de uma escala e duas coleções de conjuntos $E_1, \ldots, E_n$ e $E'_1, \ldots, E'_n$, consideremos as aplicações (funções) $f_i : E_i \to E'_i$. Bourbaki define essas aplicações dos conjuntos em uma escala baseada nos primeiros conjuntos nos conjuntos correspondentes da escala baseada nos segundos, ambas com esquema S. A *última* aplicação (veja que o processo é construtivo) é a *extensão canônica* das f_i, denotada por $\langle f_1, \ldots, f_n \rangle^S$. Se as f_i são injetivas (sobrejetivas, bijetivas), então $\langle f_1, \ldots, f_n \rangle^S$ também será injetiva (sobrejetiva, bijetiva) [Bou58, Cap.4]. Vamos ver um exemplo.

Considere as aplicações $u : A \to B$ e $v : C \to D$. A extensão canônica de u e v ao produto cartesiano de conjuntos é definida em [Bou04a, p.90] como sendo a função $u \times V$ que tem domínio em $A \times B$ e contra-domínio em $C \times D$, tal que

$$(u \times v)\langle l, m \rangle = \langle u(l), v(m) \rangle.$$

No caso do conjunto potência, seja $u : A \to B$. A extensão canônica de u aos conjuntos potência, que Bourbaki denota por $\hat{u}$, é definida como sendo a aplicação $\hat{u} : \mathcal{P}(A) \to \mathcal{P}(B)$ tal que para cada $x \subseteq A$, há um único $\hat{u}(x) \subseteq B$.[11]

Isso posto, uma *espécie de estruturas* Σ é definida do seguinte modo. Partimos de uma coleção de conjuntos-base $x_1, \ldots, x_n$, bem como de uma coleção de conjuntos auxiliares $A_1, \ldots, A_m$ e ainda de um esquema específico de construção de escalas que vai fornecer os conjuntos que desejamos, ou seja, um esquema $S(x_1, \ldots, x_n, A_1, \ldots, A_m)$. Um elemento $\mathfrak{s} \in S(x_1, \ldots, x_n, A_1, \ldots, A_m)$ é dito ser uma *tipificação* de σ. A tipificação é escrita por Bourbaki como uma fórmula $T(x_1, \ldots, x_n, \mathfrak{s})$. Consideremos agora uma fórmula (transportável com respeito à tipificação, num sentido que será visto logo) $R(x_1, \ldots, x_n, \mathfrak{s})$, num sentido que será visto. Essa fórmula será o *axioma* da espécie de estruturas com a tal tipificação.

Se selecionamos alguns conjuntos particulares $E_1, \ldots, E_n, U$ tais que tanto $T(E_1, \ldots, E_n, U)$ quanto $R(E_1, \ldots, E_n, U)$ valham, então U é dito ser uma *estrutura de espécie σ*. Por exemplo, o primeiro de Bourbaki, é o da espécie de estruturas dos conjuntos ordenados; a partir de um conjunto A, e com um adequado esquema de construção de escalas S que nos permita obter o conjunto $\mathcal{P}(A \times A)$, tomamos a tipificação $\mathfrak{s} \in \mathcal{P}(A \times A)$ (uma relação binária sobre A), e impomos que deve valer os axiomas $\mathfrak{s} \circ \mathfrak{s} = \mathfrak{s}$ (reflexividade) e $\mathfrak{s} \cap \mathfrak{s}^{-1} = \Delta_A$ (transitividade), sendo Δ_A a diagonal de A (ou seja, o conjunto

---

[11]Acredito que neste caso não há uma só extensão canônica de u; no entanto, Bourbaki fala *da* extensão canônica ... Pode-se conferir em [Bou04a, p.101].

$\Delta_A = \{(x,x) \,:\, x \in A\})$. Outros exemplos podem ser vistos em [Bou04a, pp.263ff].

As restrições impostas a 𝔰 constituem os axiomas da espécie de estruturas; no caso dos semigrupos, a restrição impõe que 𝔰 deve ser associativa, e deve ser associativa, admitir elemento neutro e cada elemento deve ter um inverso, no caso de grupos. Nota-se que muito repousa na noção de transportabilidade, uma vez que o axioma (ou seja, a conjunção dos axiomas usualmente supostos) deve ser uma fórmula transportável; devemos, portanto, ver em que isso consiste.

4.1.1 Fórmulas transportáveis

Essa noção é fundamental para que possamos discernir uma axiomatização por meio de fórmulas transportáveis, típica de Bourbaki, daquela feita por meio de 'predicados conjuntistas', ao estilo de Patrick Suppes. Como veremos, essa última é mais geral, pois não se restringe à transportabilidade apenas.

A definição de fórmula transportável é marcada por Bourbaki com o símbolo '¶', que indica um 'exercício difícil'. Assim, vamos proceder com cautela, mesmo sem fornecer todos os detalhes tediosos. Comecemos com a ideia de um semi-grupo. Um semi-grupo, dito informalmente, é uma estrutura composta por um conjunto não vazio e por uma operação binária sobre esse conjunto que é associativa. Se queremos axiomatizar a *teoria* dos semi-grupos, devemos dar um jeito de colher *todos eles* entre os modelos da axiomática que delinearmos. Isso é o que pretende Bourbaki, que *sempre* visa captar todos os modelos, mas não o que permite Suppes. Este último nos fornece um método que permite que selecionemos *alguns* semi-grupos (no caso de semi-grupos), mas não necessariamente todos. No entanto, se queremos todos, devemos nos conformar à transportabilidade dos axiomas, como em Bourbaki.

Bourbaki enfatiza que a principal tarefa da axiomatização é permitir o estudo de axiomáticas não categóricas, que ele chama de *multivalentes*.[12] Isso é realmente relevante, e constitui a essência da matemática moderna, qual seja, a percepção de que um tratamento abstrato das estruturas fundamentais permite que se acobertem sob um mesmo teto (sob uma mesma axiomática) estruturas diversas, como (usando grupos como exemplo) grupos completamente distintos como o dos reais com a adição de números reais, o grupo das simetrias de um quadrado, bem como o das matrizes reais inversíveis de ordem 4 ou então o grupo das funções bijetivas de $\mathbb{R}$ em $\mathbb{R}$ munido da operação de composição de funções. Todas essas estruturas têm algo em comum, a saber, todas são grupos. Assim, estudando os grupos abstratamente por meio da Teoria de Grupos (veja [Her70, Cap.1]), podemos determinar as propriedades de todas essas estruturas de uma só vez. De certo modo, é exatamente isso o que significa o caráter unificador e abstrato da matemática moderna.

---

[12]Ele usa o termo 'univalente' para o que geralmente denominamos de 'categórica' [Bou04a, p.385].

Assim, voltando para o caso da Teoria dos Semi-Grupos, devemos encontrar uma axiomática que não exclua um semi-grupo sequer da classe dos modelos dessa axiomática. Na terminologia de Bourbaki, *relações* são fórmulas no sentido com o qual estamos acostumados; aqui, porém, vamos continuar a falar de 'fórmulas'. Suponha então que temos um esquema de construção de escalas S para $n + m$ conjuntos, sendo n a quantidade de conjuntos principais e m a quantidade dos auxiliares, respectivamente $x_1, \ldots, x_n$ e $A_1, \ldots, A_m$. O esquema S, como acima, é denotado por $S(x_1, \ldots, x_n, A_1, \ldots, A_m)$; que vamos abreviar por $S(x_i, A_j)$. Um elemento $\mathfrak{s} \in S(x_i, A_j)$ caracteriza uma tipificação. Observamos que 'tipificar algo' é selecionar algo de um certo conjunto construído por operações permitidas pela teoria de conjuntos a partir dos conjuntos principais e auxiliares. Assim, como já indicado antes, $\star \in \mathcal{P}(M \times M \times M)$ é uma tipificação de uma operação binária sobre um conjunto principal M e sem que haja conjuntos auxiliares.

No caso de espaços vetoriais, tomamos V como conjunto principal e K (o domínio de um *corpo*) como conjunto auxiliar. Formando (mediante um adequado esquema de construção de escalas) o produto cartesiano $K \times V$, escolhemos um elemento $\cdot \in K \times V$, que pode ser escrito da seguinte forma:

$$\cdot = \{ \langle k, \alpha \rangle : k \in K \wedge \alpha \in V \}. \tag{4.2}$$

Se escrevermos $\langle k, \alpha \rangle$ como $k \cdot \alpha$, ou simplesmente $k\alpha$, é fácil notar que a tipificação caracteriza uma operação de multiplicação (à esquerda) por um vetor por um escalar. A tipificação poderia envolver diversas escolhas $\mathfrak{s}_1 \in S_1(x_i, A_j), \ldots, \mathfrak{s}_p \in S_p(x_i, A_j)$, desde que tenhamos diversos esquemas de construção de escalas $S_1, \ldots, S_p$. Isso nos permite construir uma fórmula que escreveremos, adaptando a notação de Bourbaki, como $T(x_1, \ldots, x_n, \mathfrak{s}_1, \ldots, \mathfrak{s}_p)$. Agora vem a parte '¶'.

Seja $R(x_1, \ldots, x_n, \mathfrak{s}_1, \ldots, \mathfrak{s}_p)$ uma fórmula, e sejam $y_1, \ldots, y_n, f_1, \ldots, f_n$ variáveis distintas de x_i e $\mathfrak{s}_j$. Supomos que as f_i são bijeções de x_i em y_i e que Id_j são as funções identidade sobre os conjuntos auxiliares A_j. Uma vez que tenhamos a extensão canônica

$$\langle f_1, \ldots, f_n, Id_1, \ldots, Id_m \rangle^S, \tag{4.3}$$

podemos obter $\mathfrak{s}'_j$ pela aplicação dessa extensão a $\mathfrak{s}_j$, isso é,

$$\mathfrak{s}'_j = \langle f_1, \ldots, f_n, Id_1, \ldots, Id_m \rangle^{S_j}(\mathfrak{s}_j). \tag{4.4}$$

Desse modo, a fórmula $R(x_1, \ldots, x_n, \mathfrak{s}_1, \ldots, \mathfrak{s}_n)$ fornece, via as bijeções, $R(y_1, \ldots, y_n, \mathfrak{s}'_1, \ldots, \mathfrak{s}'_m)$. Diz-se então que a fórmula R é *transportável* se essas fórmulas são equivalentes, isso é, se e somente se podemos demonstrar que

$$R(x_1, \ldots, x_n, \mathfrak{s}_1, \ldots, \mathfrak{s}_n) \leftrightarrow R(y_1, \ldots, y_n, \mathfrak{s}'_1, \ldots, \mathfrak{s}'_m). \tag{4.5}$$

Encontremos uma explicação alternativa. Seja $R(x_1, \ldots, x_n, \mathfrak{s})$ uma fórmula para alguma $\mathfrak{s}$ e seja S um esquema de construção de escalas. Se $f_i :$ $x_i \to y_i$ $(i = 1, \ldots, n)$ são bijeções, qualquer extensão canônica $\langle f_1, \ldots, f_n \rangle^S$ será também uma bijeção. Assim, temos que

$$\langle f_1 \ldots, f_n \rangle^S \Big(S(x_1, \ldots, x_n, \mathfrak{s}) \Big) = S(y_1, \ldots, y_n, \mathfrak{s}'), \tag{4.6}$$

sendo $\mathfrak{s}' = \langle f_1, \ldots, f_n \rangle^S(\mathfrak{s})$. Então, se $R(y_1, \ldots, y_n, \mathfrak{s}')$ também vale, a fórmula $R(x_1, \ldots, x_n, \mathfrak{s})$ é transportável. Observe que (4.5) fala unicamente de aspectos sintáticos, isso é, de demonstrações. A referida equivalência entre as fórmulas deve ser verificada unicamente em termos sintáticos.[13]

Hoje em dia, entretanto, estamos acostumados com ideias envolvendo semântica, assim que alguns autores tentam capturar as ideias acima em termos semânticos, como em [dCC88]. Nesse caso, faze-se uso da noção de estruturas isomorfas, digamos $\mathfrak{A}$ e $\mathfrak{B}$. Seja α uma sentença de uma linguagem apropriada para ambas as estruturas.[14] Em termos semânticos, uma fórmula α é transportável se tivermos

$$\mathfrak{A} \models \alpha \text{ se e somente se } \mathfrak{B} \models \alpha, \tag{4.7}$$

isso é, se e somente se é 'preservada' por isomorfismos entre estruturas. Tomemos um exemplo da aritmética de Peano (AP). Escrevendo seus axiomas em uma linguagem conveniente, e sendo $\mathbb{N}$ o conjunto dos números naturais e sendo n' o sucessor de n, temos

(P1) $\forall n(0 \neq n')$,

(P2) $\forall n \forall m(n' = m' \to n = m)$

(P3) $\forall A(A \subseteq \mathbb{N} \to (0 \in A \wedge \forall n(n \in A \to n' \in A) \to A = \mathbb{N}))$

semi Assim, a estrutura $\mathcal{N} = \langle \mathbb{N}, 0, ' \rangle$ é um modelo desses postulados, o modelo *standard* de AP. De acordo com Bourbaki, os postulados (ou axiomas) devem ser fórmulas transportáveis. Vamos provar que a primeira fórmula é transportável; as demais dão um pouco mais de trabalho, mas são transportáveis igualmente.

Considere uma outra estrutura $\mathcal{N}_1 = \langle \mathbb{N}_1, 0_1, '' \rangle$ que seja também um modelo de AP. Por exemplo, $\mathbb{N}_1 = \{100, 200, 300, \ldots\}$ e $n' = n + 100$. Seja

---

[13]Veja a seção (4.1.2).
[14]Ignoraremos a definição de 'apropriada', guardando unicamente o seu aspecto intuitivo. Para detalhes, ver [dCC88], [KA17].

$f : \mathbb{N} \to \mathbb{N}_1$ uma bijeção tal que $f(0) = 0_1$ e $f(n') = (f(n))''$, o sucessor de $f(n)$ na segunda estrutura. Se $m \in \mathbb{N}_1$, seja $n = f^{-1}(m) \in \mathbb{N}$, logo, uma vez que $n' \neq 0$, então $f(n') \neq f(0) = 0_1$. Portanto, $m'' \neq 0_1$. Em outas palavras, $\mathcal{N} \models \forall n(0 \neq n')$ implica $\mathcal{N}_1 \models \forall m(0_1 \neq m'')$. A recíproca é também fácil de demonstrar.

Observamos que os axiomas não impõem qualquer condição ao conjunto principal (no caso, $\mathbb{N}$). A restrição de ser diferente de 0 é atribuída ao sucessor de n, e não viola a condição de transportabilidade.[15] Tomemos a seguinte fórmula: $\mathsf{s}(\mathsf{s}(0)) = \{\{\varnothing\}\}$ (trata-se do conjunto que designa o número 2 para Zermelo). Repare que agora temos algo diferente, a saber, a presença de '$\{\{\varnothing\}\}$', que não faz parte da linguagem. Com efeito, tomando 'outra' definição de 2, podemos ter $\mathsf{s}(\mathsf{s}(0))$ sendo associado a outro conjunto, digamos $\{\varnothing, \{\varnothing\}\}$ (que é o '2' de von Neumann). Assim, $\mathsf{s}(\mathsf{s}(0)) = \{\{\varnothing\}\}$ não é transportável.

Bourbaki fornece o seguinte (e não muito claro) exemplo, que aqui inserimos porque não aparece em discussões sobre o tema:

"Por exemplo [diz ele], se $n = p = 2$ e se a tipificação (...) é '$\mathsf{s}_1 \in x_1$ e $\mathsf{s}_2 \in x_1$', [então] a relação $\mathsf{s}_1 = \mathsf{s}_2$ é transportável. De outro modo, a relação $x_1 = x_2$ não é transportável."[Bou04b, p.262].

Nossa explicação é a seguinte. A tipificação toma elementos de um mesmo conjunto x_1, portanto necessitamos de não mais do que esse conjunto no patamar de nossa escala. A única bijeção será alguma $f : x_1 \to y_1$, sendo y_1 um conjunto qualquer. Portanto, a extensão canônica $\langle f \rangle^S$ é a própria f. Assim, a fórmula (1) $\mathsf{s}_1 = \mathsf{s}_2$ conduz a (2) $f(\mathsf{s}_1) = f(\mathsf{s}_2)$ por meio da bijeção. Obviamente, se (1) vale, o mesmo deve acontecer com (2). Para o segundo caso, temos dois conjuntos x_1 e x_2, além de duas bijeções $f_1 : x_1 \to y_1$ e $f_2 : x_2 \to y_2$. Mas $x_1 = x_2$ não implica que o conjunto x_1 (ou x_2, uma vez que são iguais) é levado pelas bijeções em um mesmo conjunto, e portanto não necessariamente y_1 e y_2 são iguais.

Essa última observação e o exemplo sugerem que Bourbaki não exige que o domínio de um grupo seja um conjunto não vazio, e isso se aplica a outras estruturas. Aparentemente, isso é devido ao fato de que a fórmula $x \neq \varnothing$ não parece ser transportável, uma vez que a negação de uma fórmula transportável é também transportável, e portanto poderíamos tomar $x_2 = \varnothing$ acima, o que á falso. O conjunto vazio tem propriedades específicas; suponha que temos um conjunto M (para continuar com o nosso exemplo) e que queremos definir a espécie de estruturas de semi-grupo. Deveríamos usar (5.1) ou (5.2) como axioma? É indiferente, e isso é devido à restrição. De fato, suponha que temos novamente um outro N, que desempenha o papel de y_1 na nossa definição, e seja $f : M \to N$ uma bijeção. Uma vez que $M \neq \varnothing$, concluímos que

---

[15]Na verdade, a fórmula é um caso particular de um exemplo dado pelo próprio Bourbaki, a saber, que a negação de $\mathsf{s}_1 = \mathsf{s}_2$ é transportável, bastando tomar s_1 como n' e s_2 sendo 0, ambos em $\mathbb{N}$.

$N \neq \emptyset$, assim a restrição não impede a transportabilidade da fórmula (como veremos com mais detalhes abaixo, esse não será o caso com outros conjuntos não vazios). A diferença em se usar os predicados para semi-grupos dados anteriormente é a de que, como observamos, com um deles permitimos que o conjunto vazio seja um semi-grupo, o que é evitado no outro caso.

Esse raciocínio é fundamentado no seguinte teorema:

Teorema 4.1.1. *Uma fórmula α é transportável se e somente se todas as suas sub-fórmulas forem transportáveis.*

Com efeito, se α tem alguma sub-fórmula β que não é transportável, então β não será invariante por isomorfismos, e então o mesmo se dará para α. A recíproca é trivial. Portanto, da perspectiva de Bourbaki, não podemos selecionar *algumas* estruturas (modelos) de um dado predicado; devemos considerar todos os modelos, ou seja, todas as estruturas que satisfaçam o predicado. Como iremos ver, a abordagem de Suppes por meio de predicados conjuntistas permite que selecionemos uma sub-classe de modelos, o que pode ser útil em determinadas situações. Consideraremos esse caso na seção seguinte.

4.1.2   A filosofia da matemática de Bourbaki

Em um livro sobre os fundamentos da ciência que mencione Bourbaki, não podemos deixar de falar algo de sua filosofia. Ela tem que ser 'retirada' do modo como ele procede, já que não foi formulada explicitamente. Começamos constatando que a matemática que Bourbaki abrange é a matemática usual, ainda que ele não tenha tratado da Teoria dos Números, por exemplo. Assim, valem todas as regras lógicas usuais, em particular o Princípio do Terceiro Excluído; uma sentença formulada na linguagem adequada de uma dada teoria, portanto, será verdadeira o falsa, não havendo uma terceira possibilidade (*tertium non datur*). Mas o que significam 'verdade' e 'falsidade'? É aqui que o caráter construtivo de Bourbaki aparece.

Podemos dizer que a matemática de Bourbaki é clássica, mas que a sua metamatemática é construtiva. Para ele, 'fazer matemática' é escrever símbolos de acordo com as regras descritas em *Théorie des Ensembles* [Bou58], ainda que com isso cheguemos a resultados que não são 'exatamente' construtivos. Por exemplo, a linguagem da sua teoria de conjuntos utiliza um símbolo primitivo 'τ' que vai ligar variáveis a fórmulas para formar termos (que nada mais é do que o que Hilbert denominava de 'ε'), por meio do qual pode-se dispensar os quantificadores e ainda obter o Axioma da Escolha como teorema.[16] Uma

---

[16]Se x é uma variável individual e α é uma fórmula, então $\varepsilon x \alpha$ é um termo que designa *um* objeto que satisfaz α (ainda que para Bourbaki tudo se passe sintaticamente apenas). Trata-se evidentemente de um modo de formalizar o artigo indefinido 'um(a)'. Isso posto, podemos definir $\exists x \alpha$ como $\alpha(\varepsilon x \alpha)$ e $\forall x \alpha$ como $\alpha(\varepsilon x \neg \alpha)$. Concernente ao Axioma da Escolha, basta verificar quem dada uma família de conjuntos não vazios (A_i), podemos definir uma 'função escolha' pondo, para cara i, um elemento $\varepsilon x (x \in A_i)$, onde x é uma variável individual. Como disse Hilbert em 'Sobre o infinito', $\alpha(x) \to \alpha(\varepsilon x \alpha)$ é uma função-escolha, e com o seu procedimento, o axioma da escolha torna-se um teorema.

vez que esse axioma (teorema para ele) é essencialmente não construtivo, podemos sustentar que a 'construtividade' reside no *método*. E o que se visam são demonstrações, o que se evidencia em mais de um lugar em sua obra; por exemplo, ele inicia a Introdução do seu [Bou58] com a frase "Depuis les Grecs, qui dit mathématique dit démonstration." Posteriormente, nas Notas Históricas do capítulo 4, ele volta a afirmar que "[a] 'verdade matemática' reside portanto na dedução lógica a partir de premissas postas arbitrariamente como axiomas."(também [Bou04a, p.313]). Ou seja, o procedimento é sintático.

Em outras palavras, não há o que se poderia chamar de 'semântica'. Os símbolos são cegos e mudos, não veem nada, não representam ('falam') nada. Algo é *verdadeiro* se conseguimos (veja, se 'conseguimos') exibir uma demonstração desse algo (uma sentença), e será *falso* se demonstramos a sua negação. A negação tem as propriedades clássicas; toda a lógica é clássica. Caso não tenhamos feito nem uma coisa e nem outra, como nos muitos problemas em aberto que ainda há em matemática, devemos suspender o juízo até que se tenha escrito símbolos em número suficiente para se saber qual é o caso. Isso não implica que a dada sentença tenha um outro 'valor verdade' além do verdadeiro ou do falso; ela é verdadeira ou é falsa, somente que podemos *ainda* não saber qual é o caso. Essa sua visão coaduna-se com o que os matemáticos assumem em geral; como ele mesmo diz, "os matemáticos têm desde sempre sido convencidos de que o que eles demonstram é 'verdadeiro'."[Bou04a, p.306]. Na lógica atual, no entanto, 'verdade' e 'demonstração' não são conceitos coincidentes, como se sabe, isso valendo unicamente para sistemas *completos* (ver [Hen79]).

4.2 Predicados conjuntistas

Um predicado na linguagem da teoria de conjuntos (como sempre, possivelmente enriquecida com símbolos específicos para a teoria que se quer tratar) é uma fórmula com uma única variável livre.

Definição 4.2.1 (Tipo de um conjunto). *Chama-se tipo de um conjunto de uma escala de conjuntos sobre $E_1, \ldots, E_n$ ao objeto definido como segue:*

(i) *O tipo dos elementos dos conjuntos base $E_1, E_2, \ldots E_n$ são respectivamente $e_1, e_2, \ldots, e_n$, sendo $e_i \neq e_j$ para $i \neq j$.*

(ii) *Se os elementos de um conjunto X_i têm tipo x_i, $i = 1, \ldots, k$, então os elementos do conjunto $\mathcal{P}(X_1 \times \ldots \times X_k)$ têm tipo $\langle x_1, \ldots, x_k \rangle$.*

(iii) *Se os elementos de X têm tipo x, então o tipo dos elementos de $\mathcal{P}(X)$ é $\langle x \rangle$.*

Assim, suponha que os elementos dos conjuntos A e B tenham tipos respectivamente a e b. Então os elementos de $\mathcal{P}(A)$, $\mathcal{P}(A \times B)$, $\mathcal{P}(A \times \mathcal{P}(B))$ e de $\mathcal{P}(\mathcal{P}(A) \times \mathcal{P}(B))$ terão tipos respectivamente iguais a $\langle a \rangle$, $\langle a, b \rangle$, $\langle a, \langle b \rangle \rangle$ e $\langle \langle a \rangle, \langle b \rangle \rangle$.

Dados dois conjuntos A, B, uma *relação binária* entre os elementos desses conjuntos (nessa ordem) é simplesmente um elemento de $\mathcal{P}(A \times B)$. De maneira geral, consideraremos somente relações *finitárias*, isto é, aquelas que têm somente um número finito de elementos (ou que relacionam somente um número finito de objetos). Uma relação *monádica* é simplesmente um conjunto. Funções são relações particulares e elementos constantes são identificados com relações 0-ádicas.

Uma *estrutura* pode ser então re-conceituada como sendo uma sequência finita de conjuntos (conjuntos base) que podem ser reduzidos a um só, o 'patamar' de antes, e de relações sobre tais conjuntos.[17] Como tais relações, como conjuntos, têm tipo bem determinados, a própria estrutura considerada terá também um certo tipo, definido como uma extensão natural do conceito de tipo. Com efeito, suponha que temos a estrutura $\mathfrak{A} = \langle A, \leq \rangle$, sendo A um conjunto não vazio cujos elementos tenham tipo a e $\leq$ uma operação de tipo $\langle a, a \rangle$ (ou seja, $\leq$ é uma relação binária sobre A). Assim, pode-se dizer que o tipo de $\mathfrak{A}$ é $\langle a, \langle a, a \rangle \rangle$. Analogamente, um grupo é uma estrutura da forma $\mathcal{G} = \langle E, * \rangle$, como já se viu, de tipo $\langle a, \langle a, a, a \rangle \rangle$, sendo a o tipo dos elementos de E.

Chamemos de L essa linguagem. Dada uma estrutura $\mathfrak{A}$, pode-se definir um predicado P do seguinte modo. P é formado por duas partes; a primeira, P_1, mostra como a estrutura S pode ser construída a partir de certos conjuntos base. Em outros termos, P_1 individualiza o tipo de $\mathfrak{A}$. A segunda parte, P_2, é conjunção dos axiomas que caracterizam $\mathfrak{A}$. Finalmente, P é a conjunção de P_1 e P_2. Desse modo, diz-se que $P(\mathfrak{A})$ é a *espécie de estruturas* sobre os conjuntos base de $\mathfrak{A}$. Se tais conjuntos são $A_1, \ldots, A_n$, podemos representar P do seguinte modo:

$$P(\mathfrak{A}; A_1, \ldots, A_n) \tag{4.8}$$

Temos então o seguinte predicado correspondendo a $\mathfrak{A}$:[18]

$$P(X) \leftrightarrow \exists X \exists X_1 \ldots \exists X_n P(X; X_1 \ldots X_n) \tag{4.9}$$

A estrutura $\mathfrak{A}$ que satisfaz esse predicado é dita ser uma *P-estrutura*. Observe-se que um predicado caracteriza uma família de estruturas, assim como uma tal família pode ser caracterizada por vários predicados (equivalentes entre si). Como sugeriu Suppes, axiomatizar uma teoria matemática é portanto exibir um predicado desse tipo, ou seja, um predicado erigido na linguagem (possivelmente ampliada) da teoria de conjuntos.

Já vimos exemplos anteriormente, mas sem falar dos tipos. Para exemplificar o seu uso, vejamos um predicado que caracteriza a classe dos espaços

---

[17]Essa definição é bastante geral e incorpora, como é fácil ver, as definições usuais, especialmente daquelas que se denomina de 'estruturas de primeira ordem', apresentadas nos textos usuais de lógica.

[18]A identificação de espécies de estruturas com esses predicados (chamados 'predicados de Suppes' foi feita em [dCC88], mas não concordamos *in totum* com essa identificação pelos motivos aqui expostos.

topológicos. Lembremos que, na fala usual da matemática padrão, um espaço topológico é formado por um conjunto não vazio E e por uma coleção de sub-conjuntos de E (portanto, de elementos de $\mathcal{P}(E)$, e portanto essa coleção é um elemento de $\tau \in \mathcal{PP}(E)$) obedecendo os seguintes dois axiomas (há for-mulações alternativas equivalentes, ou seja, que fornecem a mesma classe de estruturas como modelos):

(1) $\emptyset$ e E pertencem a τ

(2) a interseção de qualquer coleção finita de elementos de τ ainda pertence a τ

(3) a união de uma família qualquer (finita ou infinita) de elementos de τ é um elemento de τ

Um predicado para as estruturas dessa espécie pode ser o seguinte:

$$P(X) \leftrightarrow \exists E \exists \tau (X = \langle E, \tau \rangle \wedge E \neq \emptyset \wedge \tau \in \mathcal{PP}(E) \wedge (1) \wedge (2) \wedge (3) \qquad (4.10)$$

Exemplos de estruturas dessa espécie abundam na literatura, e não neces-sitamos nos ocupar delas aqui. Constatamos apenas que podemos definir as espécies de estrutura para todas as teorias matemáticas, como a Aritmética de Peano, a teoria dos corpos, e assim por diante, algumas das quais já vistas anteriormente. Na fíica, pode-se igualmente exemplificar o uso da axiomati-zação de teorias via predicados conjuntistas, como exibido para várias teorias em [dCD22] mas são extensos demais para serem aqui reproduzidos. Exem-plos serão dados no capítulo seguinte.

4.3   Estruturas abstratas e figuras

Tem sido discutido na literatura sobre a filosofia da matemática (as referências na internet são inúmeras, como no site da *Mathematical Association of America* – procure por 'Proofs without words and beyond') a validade do uso de figuras nos desenvolvimentos dessa disciplina. Nesta seção, dou a minha opinião a respeito. Faço isso para tentar mostrar o nível de comprometimento com a abstração que temos nos estudos fundacionistas das disciplinas científicas, notadamente as da matemática, ainda que figuras tenham um enorme papel heurístico nessa disciplina. Um arquiteto inicia a elaboração da planta de uma casa com um desenho, que lhe dá a motivação e expõe suas intuições. Somente 'depois' é que a planta propriamente dita é elaborada. Isso ocorre com enorme frequência em matemática. Nossa intuição é em muito ajudada pelas figuras, como é bem sabido. Mesmo na ciência, o cientista em geral inicia com intuição e raciocínio e somente depois que tudo lhe parece bem ele esquematiza as suas 'teorias'.

Tome-se o exemplo do Teorema de Pitágoras, que assevera que em qualquer triângulo retângulo, a (medida do comprimento da) hipotenusa é a soma das (medidas dos comprimentos dos) catetos, $a^2 = b^2 = c^2$. É simples vermos uma 'demonstração' desse fato, bastando acompanhar a figura seguinte em seus detalhes, e se pode ver (creio, mas há bons sites na internet que mostram isso muito bem) que o quadrado $\mathbf{a}^2$ tem área igual à soma de $\mathbf{b}^2$ e $\mathbf{c}^2$.

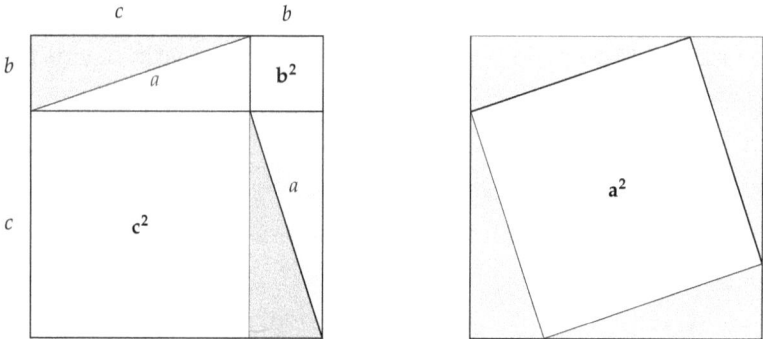

Figura 4.1: O teorema de Pitágoras em figuras.

Outro exemplo clássico, mas que necessita mais atenção: como não entender que

$$\frac{1}{4} + (\frac{1}{4})^2 + (\frac{1}{4})^3 + \cdots = \frac{1}{3} \tag{4.11}$$

olhando a figura a seguir?

No entanto, 'prova' por meio de figuras não pode ser aceita. E se alguém fosse cego e não pudesse ver as figuras? Um dos grandes matemáticos russos foi Lev Pontryagin (1908-1988), que era cego desde os 14 anos, tendo sido ajudado por sua mãe a ler os livros de matemática. A cegueira não impediu Pontryagin de dar colaborações fundamentais à matemática. Pontryagin, no

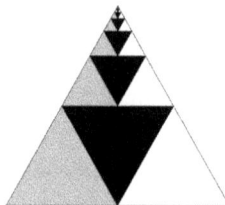

Figura 4.2: Copyright Mathematical Association of America

entanto, entendia perfeitamente que a série geométrica

$$\sum_{n=0}^{\infty} (1 + x^n) \tag{4.12}$$

converge para $\frac{1}{1-x}$ se $|x| < 1$, e diverge em caso contrário. Logo, nas mesmas condições,

$$\sum_{n=1}^{\infty} x^n = \frac{x}{1-x} \text{ , portanto } \sum_{n=1}^{\infty} (\frac{1}{4})^n = \frac{1/4}{1-1/4} = 1/3. \tag{4.13}$$

Uma demonstração do Teorema de Pitágoras pode ser encontrada facilmente.

Assim, o que se questiona quanto às figuras é o seu valor 'demonstrativo'. Em outras palavras, estamos autorizados a *extrair* teoremas a partir de figuras? Na minha opinião, não estamos. Não podemos *concluir* algo a partir de desenhos, pois as figuras nos enganam. Pense o leitor no seguinte sistema axiomático, que vamos chamar de S. Os conceitos primitivos são *ponto* e *linha*. Os axiomas específicos (a lógica é supostamente a clássica) são os seguintes:

1. para cada duas linhas, no máximo um ponto repousa em ambas

2. para cada dois pontos, exatamente uma linha contém ambos

3. sobre qualquer linha há ao menos dois pontos

Bem, como 'entender' isso? Para tanto, usualmente requeremos um *modelo*. Um deles pode ser o de uma única linha contendo dois pontos (figura 4.3). Devido ao que o leitor certamente associa, teríamos uma figura como a abaixo, na qual associam-se os pontos pretos aos 'pontos' e os traços contínuos ao conceito 'linha'.

Figura 4.3: Um modelo para a teoria S.

Há no entanto um modelo mais interessante, denominado de Espaço de Sete Pontos, cuja intuição é dado pela seguinte figura (4.4):

Nesse 'modelo' (saliente-se que um modelo não é algo físico pelas razões a serem expostas a seguir), os 'pontos' são (em princípio) os pontinhos pretos e as linhas são os traços contínuos. Porém note que podemos intercambiar pontos como bolinhas pretas com linhas como traços contínuos (inclusive o circular) e os axiomas são obedecidos (pense um pouco a respeito). Ou seja, 'pontos' agora são as linhas contínuas, e 'linhas' são as bolinhas pretas. Isso mostra que não podemos saber a priori o que são 'pontos' e o que são 'linhas'.

Pense na pequena estrela na figura (4.5). Seria um ponto ou uma linha?

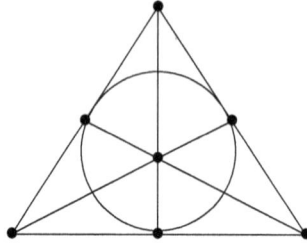

Figura 4.4: Um outro modelo para a teoria S: o plano de 7 pontos.

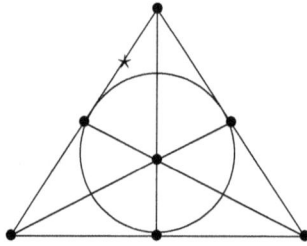

Figura 4.5: Marcado com '⋆', um ponto 'que não está lá!'

A resposta é: nenhum dos dois! Essa 'coisa' não pertence ao modelo, ou seja, *ela não está ali!*. Esse exemplo mostra o nível de abstração que devemos considerar quando olhamos para sistemas formais: não podemos ser levados a intuir coisas que o sistema não permite. Figuras podem nos enganar, e ter isso em conta é fundamental.

A matemática demorou séculos para se desvincular da intuição que sempre a acompanhou. Porém, se não formos 'extremamente' formalistas, como Bourbaki, devemos ceder à força do argumento intuitivo, que para muitos, como vimos, deveria inclusive prevalecer. Isso é discutível, pois se podemos aceitar o uso de figuras e da intuição para estabelecer fatos matemáticos (e mesmo científicos), isso terá o limite de nossas intuições, e convenhamos que, em se tratando de matemática, não podemos ir muito longe com ela.

Assim, o mais sensato parece ser considerar ambas as coisas, o aspecto formal e o aspecto intuitivo, mas conscientes de seus limites de aplicabilidade.

Capítulo 5

Axiomatização via predicado conjuntista

VEREMOS NESTE capítulo de que forma podemos fazer uso do método axiomático e da teoria de conjuntos (por enquanto, ainda informal) para axiomatizar as teorias científicas. O que chamaremos de *predicado conjuntista* é uma fórmula da linguagem da teoria de conjuntos, eventualmente suplementada com símbolos específicos da teoria que se quer axiomatizar, que tem uma única variável livre. Por exemplo, a fórmula a seguir axiomatiza a Teoria dos Semi-Grupos, já que os semi-grupos são todas as estruturas que satisfazem o predicado:[1]

$$\mathcal{S}(X) := \exists E \exists * \Big(X = \langle E, * \rangle \wedge E \neq \emptyset \wedge * \in \mathcal{P}(E \times E \times E) \wedge$$

$$(\forall x, y, z \in E)(x * (y * z) = (x * y) * z)\Big). \quad (5.1)$$

Vejamos o que isso significa. Note primeiramente que se trata de uma maneira alternativa de escrever a definição de semi-grupo, que nos livros de álgebra aparecem da seguinte forma [JM69, pp.53-54]:

Definição 5.0.1 (Semi-Grupo). *Diz-se que uma operação $*$, sobre um conjunto E, define uma estrutura de **semi-grupo** sobre E ou que E é um semi-grupo em relação*

---

[1]Lembre que ':=' é um símbolo metalinguístico que significa 'se e somente se', ou 'igual por definição'.

à operação ∗ *se, e somente se, o seguinte axioma estiver verificado (G1) (propriedade associativa): quaisquer que sejam* x, y *e* z *em* E, *tem-se* $(x * y) * z = x * (y * z)$.

A primeira observação a ser feita é a de que a definição é útil desde que o conjunto E não seja vazio, caso contrário o condicional

$$\forall x \forall y \forall z (x \in E \land y \in E \land z \in E \rightarrow (x * y) * z = x * (y * z))$$

seria verdadeira qualquer que fosse a condição colocada no consequente do condicional, inclusive a negação da associatividade.

Ou seja, devemos supor que um semi-grupo é uma estrutura composta por um conjunto *não vazio* e uma operação binária sobre ele definida, a qual obedece o axioma (G1).[2] Podemos descrever a estrutura que satisfaz o predicado como $\mathscr{E} = \langle E, * \rangle$ e (G1) com a fórmula (da linguagem da teoria de conjuntos)

$$\forall x \forall y \forall z (x \in E \land y \in E \land z \in E \rightarrow (x * (y * z) = (x * y) * z)). \qquad (5.2)$$

Fica portanto definido o predicado 5.1: uma estrutura é um semi-grupo (satisfaz o predicado $\mathcal{S}$) se e somente se existe um conjunto não vazio E, existe uma operação binária $*$ sobre E, ou seja, um elemento de $\mathcal{P}(E \times E \times E)$ e, para quaisquer elementos de E, vale (G1). Repare novamente na fórmula 5.1. Há uma variável livre, que não está quantificada ou no alcance de um quantificador, X. É ela que percorre um universo de estruturas (o universo V de conjuntos) coletando aquelas que satisfazem o predicado, e que denotarão os semi-grupos. O mesmo vai acontecer, ainda que mais penosamente, com as demais estruturas.

O procedimento padrão é o de não escreveremos os predicados conjuntistas na forma de uma fórmula única como em 5.1, mas na forma de diversas delas, a conjunção das quais permite que se forme o predicado. Assim, para o caso de **monóides**, que são semi-grupos cuja operação admite um elemento neutro, podemos ter os seguintes postulados, uma vez assumidos um conjunto não vazio M e uma operação binária $*$ sobre M:

(M1) $(\forall x, y, z \in M)(x * (y * z) = (x * y) * z)$

(M2) $(\exists e \in M)(\forall x \in M)(x * e = e * x = x)$

Desse modo, recaímos no procedimento usual de axiomatização de uma teoria científica, porém agora sabendo dos detalhes que subjazem essa ação (na verdade, ainda nos falta falar da lógica, mas isso virá). Assumimos portanto uma teoria de conjuntos sem especificá-la, supondo que todos os conceitos dos quais fizermos uso possam ser nela esquematizados e em caso da existência de conjuntos, esses devem *existir* na teoria. Esse ponto é importante: se a variável livre do predicado visa 'coletar' as estruturas que o satisfazem, qual

---

[2]É interessante notar que livros de álgebra muito bem aceitos, como [Lan02, Bou98] não assumem nada a respeito do conjunto E.

o seu domínio de abrangência? Acima dissemos que pode ser o universo V dos conjuntos bem-fundados, e isso estará correto para a grande parte das estruturas que interessam à matemática usual, mas deixam de lado muita coisa importante, como teremos oportunidade de ver à frente.

Veremos a seguir uma série de exemplos de predicados conjuntistas que definem teorias matemáticas e das ciências empíricas. Discutiremos mais à frente o caso de predicados desse tipo para as próprias teorias de conjuntos, quando então os 'universos' terão que ser considerados. Iniciaremos com algo aparentemente mais intuitivo, a aritmética.

5.1 Predicado conjuntista para a Aritmética de Peano

A aritmética de Peano (AP) pode ser caracterizada na teoria de conjuntos por estruturas da forma apresentada a seguir; como essa teoria é muito importante, vale a pena vermos alguns de seus detalhes. Quando dizemos que estamos caracterizando a aritmética *na* teoria de conjuntos, estamos na verdade sugerindo quais são as estruturas que são os modelos dos axiomas da teoria. Para que sejamos claros nesse quesito, é conveniente que, antes de vermos em que consistem as *estruturas de Peano*, olhemos para a teoria propriamente dita, a Aritmética Elementar (AP1), o '1' lembrando 'primeira-ordem'.

5.1.1 A aritmética elementar

A Aritmética Elementar (AP1) é uma teoria elementar (axiomatizada tendo a lógica de primeira ordem clássica com identidade como lógica subjacente) que pode ser assim formalizada. Assumimos a linguagem da lógica elementar clássica com identidade, à qual adicionamos os seguintes símbolos específicos: um predicado monádico N, uma constante individual $\mathbf{0}$, um símbolo funcional unário s e dois símbolos funcionais $+$ e $\cdot$. Os conceitos de termo e de fórmula são os seguintes: se x é uma variável individual, então $N(x)$ é uma fórmula atômica, $s(\mathbf{0})$ é um termo e se t_1 e t_2 são termos, então $t_1 + t_2$ e $t_1 \cdot t_2$ também são termos. As demais fórmulas são definidas como de hábito (se necessário, ver o capítulo 6 antes de continuar).

Os postulados de AP1 são os da lógica elementar clássica com igualdade, mais os seguintes:[3]

(AP1-1) $N(\mathbf{0})$

(AP1-2) $\forall x \forall y (N(x) \wedge y = s(x) \rightarrow N(y))$

(AP1-3) $\forall x (N(x) \rightarrow \mathbf{0} \neq s(x))$

---

[3]Há muitas formulações alternativas na literatura. Uma boa exposição em nossa língua acha-se em [FdO96].

(AP1-4) $\forall x \forall y (N(x) \wedge N(y) \wedge s(x) = s(y) \rightarrow x = y)$

(AP1-5) Dada qualquer fórmula P em uma variável livre, então

$$P(\mathbf{0}) \wedge \forall x (N(x) \rightarrow (P(x) \rightarrow P(s(x)))) \rightarrow \forall x (N(x) \rightarrow P(x))$$

(AP1-6) $\forall x (N(x) \rightarrow \mathbf{0} + x = x)$

(AP1-7) $\forall x \forall y (N(x) \wedge N(y) \rightarrow x + s(y) = s(x + y))$

(AP1-8) $\forall x (N(x) \rightarrow s(\mathbf{0}) \cdot x = x)$

(AP1-9) $\forall x \forall y (N(x) \wedge N(y) \rightarrow x \cdot s(y) = x \cdot y + x)$

Note que, formalmente, nada é dito sobre o que os símbolos da linguagem *significam*: isso é papel das *interpretações*, que vão fornecer os *modelos* da teoria. AP1 terá uma infinidade de modelos; uma classe deles, que chamaremos de *estruturas de Peano* (seguindo [End77]) encerra o principal deles, aquele é é chamado de *modelo padrão*, ou *modelo standard* (de AP1). Esses serão todos *isomorfos*, como mostraremos abaixo. No entanto, AP1 admite também outros tipos de modelos, denominados *não standard*, que não são isomorfos às estruturas de Peano, e que aparecerão mais à frente.

Vejamos primeiro as estruturas de Peano, que mais tarde (seção 8.3.1) chamaremos de Sistemas de Peano.

Definição 5.1.1 (Estruturas de Peano). *Uma **estrutura de Peano** é uma tripla ordenada*

$$\mathcal{P} = \langle N, S, \underline{0} \rangle \tag{5.3}$$

formada por

1. *Um conjunto não vazio N*

2. *Uma função $s : N \rightarrow N$, dita 'função sucessor'. Escreveremos $s(x)$ para denotar a imagem de x pela função s.*

3. *Valem os seguintes postulados:*

   (P1) $\underline{0} \in N$

   (P2) $\forall x (x \in N \rightarrow \underline{0} \neq s(x))$

   (P3) $\forall x \forall y (x \in N \wedge y \in N \wedge s(x) = s(y) \rightarrow x = y)$

   (P4) *se X é um conjunto tal que*

   (i) $\underline{0} \in X$

   (ii) $\forall x (x \in X \rightarrow s(x) \in X)$, *então*

   (iii) $X = N$

Comparemos esses axiomas como os de AP1 postos acima. (P1) equivale a (AP1-1), como é fácil notar. Um análogo a (AP1-2) não precisa ser colocado, uma vez que assumimos que s é uma função de N em N e desse modo $s(x)$ 'automaticamente' pertence a N; (P3) corresponde a (AP1-4), e (P4) corresponde a (AP1-5). Os axiomas (AP1-6)-(AP1-9) são desnecessários porque podemos mostrar que a teoria de conjuntos, na qual as estruturas de Peano estão sendo definidas, é forte o suficiente para demonstrar a existência de funções que fazem o papel de '$+$' e de '$\cdot$'.

Uma observação interessante acerca disso tudo. O grande matemático alemão Edmund Landau lecionava Análise Matemática em Göttingen, iniciando com os axiomas de Peano, que correspondem a (AP1-1) - (AP1-5), mas um seu colega, Karl Grandjot, que usava as suas notas de aula, observou que a axiomática estava 'incompleta', pois faltavam as definições de adição e de multiplicação de números naturais, que eram assumidas sem questionamento. Landau observa, no seu Prefácio aos Professores em [Lan66], que as observações de Grandjot estavam corretas, e que era necessário dizer em que consistiam essas duas operações, o que é feito com os axiomas (AP1-6) - (AP1-9). Na teoria de conjuntos, no entanto, como dissemos, podemos encontrar operações que satisfaçam esses axiomas, assim não é necessário acrescentar nada mais à definição precedente. Portanto, para encontrarmos estruturas de Peano, basta que achemos um conjunto N, um seu elemento $\underline{0}$ e uma função como s, de forma que os axiomas sejam satisfeitos.

O que estamos fazendo descrevendo as estruturas de Peano é obter uma representação da aritmética *dentro* da teoria de conjuntos, ou seja, dando a forma do que seja um *modelo* para AP1 (na verdade, há uma infinidade deles). O *modelo intencional* (dito *modelo standard*) é aquele em que N representa o conjunto dos números naturais $\mathbb{N}$, $\underline{0}$ representa o número '0' e s é a *função sucessor*, que a cada número natural x associa o seu sucessor, que podemos denotar por $x + 1$, como veremos a seguir.

O predicado conjuntista para as estruturas de Peano seria portanto algo como o dado a seguir, onde claramente devemos adaptar os postulados:

$$\mathfrak{P}(x) := \exists y \exists z \exists w (x = \langle y, z, w \rangle \wedge y \neq \varnothing \wedge z \in \mathcal{P}(y \times y \times y) \wedge$$
$$\forall u \forall v \forall v' (\langle u, v \rangle \in z \wedge \langle u, v' \rangle \in z \to v = v') \wedge w \in x$$
$$\wedge (P1*) \wedge (P2*) \wedge (P3*) \wedge (P4*))$$

Uma estrutura que satisfaz esse predicado é semelhante a da definição 5.1.1 onde, no predicado, x nomeia a estrutura, y o seu domínio, z a função sucessor e w nomeia o 'zero'. A adaptação dos axiomas é bem direta para obtermos os correspondentes (Pi*), $i \in \{1, 2, 3, 4\}$.

Alguns casos particulares são os seguintes:

1. O *modelo standard* de AP é uma estrutura da forma

$$\mathcal{N} = \langle \mathbb{N}, 1_+, 0 \rangle, \tag{5.4}$$

onde '1_+' é uma função que a cada $n \in \mathbb{N}$ associa o seu sucessor $n + 1$, ou seja, $1_+(n) = n + 1$, e '0' o número natural zero.

2. Podemos 'começar' a sequência com o número 1, ou seja, N, S e $\underline{0}$ seriam respectivamente $\mathbb{N}_1 = \{1, 2, 3, \ldots\}$, '$1_+$' como antes e '1' fazendo o papel de 'zero'. Neste caso, repare, temos que $\underline{0} = 1$, ou seja, o número natural 1 é quem faz o papel do $\underline{0}$ desenhado no 'script', ou seja, nos axiomas. Você pode encontrar outros modelos, por exemplo colocando o 312 para desempenhar o papel do $\underline{0}$ e prosseguir de 15 em 15 para tomar os sucessores. Esses modelos são todos isomorfos, como veremos a seguir.

O importante é observar que uma estrutura de Peano é *qualquer coisa* (em termos de conjuntos) que obedeça as condições da definição. Resulta um fato interessante: todas essas estruturas são isomorfas, conforme afirma o teorema seguinte:

Teorema 5.1.1 (Isomorfismo das estruturas de Peano). *Quaisquer duas estruturas de Peano são isomorfas.*
Demonstração: Suponha que $\mathfrak{P}_1 = \langle N_1, S_1, \underline{0}_1 \rangle$ *e* $\mathfrak{P}_2 = \langle N_2, S_2, \underline{0}_2 \rangle$ *sejam estruturas de Peano. Definamos* $h : N_1 \to N_2$ *pondo* $h(\underline{0}_1) = \underline{0}_2$ *e, para cada* $\underline{0}_1 \neq n \in N_1$, $h(S_1 n) = S_2 h(n)$. *É imediato mostrar que* h *é bijetiva.* ∎

Modelo não-standard de AP1

Para deixar o assunto mais completo, é conveniente mencionar algo sobre os aludidos modelos não standard de AP1, cuja referência aparece em outras partes deste livro.

Primeiramente, vamos introduzir novos símbolos para os *numerais*, entidades linguísticas que idealmente representam os números naturais:

$\underline{0} := 0$

$\underline{1} := s(\underline{0})$

$\underline{2} := s(\underline{1})$

etc.

Isso posto, consideremos novamente a linguagem de AP1 mostrada acima, e a ela acrescentemos uma nova constante individual c, adicionando aos axiomas de AP1 os seguintes novos axiomas:

(c) $N(c)$

(c_0) $c > \underline{0}$

(c_1) $c > \underline{1}$

(c_2) $c > \underline{2}$

⋮

Admitamos que os axiomas de AP1 têm modelo, pelo menos o modelo standard. Assim, se houver alguma inconsistência com a nova constante, ela aparecerá como consequência dos axiomas recém introduzidos. Mas observe-se que qualquer sub-conjunto finito de tais axiomas tem modelo; por exemplo, tomemos os axiomas (c) - (c_{123}). Basta fazer $c = 124$ (ou qualquer outro maior do que 123 que teremos um modelo). Ora, o Teorema da Compacidade, que vale para as teorias elementares, diz que, dado um conjunto Γ de sentenças de uma linguagem de primeira ordem, se todo sub-conjunto finito $\Delta \subseteq \Gamma$ tiver modelo, então Γ terá modelo. Consequentemente, o conjunto Γ dos axiomas recém introduzidos, como consequência da Compacidade, tem modelo, e chegamos a um 'número natural' (pois c satisfaz o predicado N) que não é nenhum dos naturais 'standard'. Temos um *modelo não-standard* para AP1.

Obviamente, não necessitamos parar por aí. Podemos adicionar uma outra constante b com novos axiomas como os anteriores e mais um axioma que diz que $b \neq c$, obtendo um novo natural não-standard. Isso pode prosseguir ao infinito.

Aritmética de segunda ordem

Não podemos deixar de mencionar a Aritmética de Segunda Ordem, que denotaremos por 'AP2'. A linguagem de AP2 é agora de segunda ordem, com variáveis individuais $x, y, z, \ldots$ para intencionalmente designar os números naturais e variáveis $X, Y, Z, \ldots$ para predicados que se aplicam a números naturais; por exemplo, 'ser um número par' pode ser escrito '$X(x)$'. Em segunda ordem, podemos colocar essas novas variáveis no escopo dos quantificadores, por exemplo escrevendo coisas como 'existe uma propriedade que se aplica somente a números pares' como $\exists Y \forall x(Y(x) \leftrightarrow X(x))$, sendo $X(x)$ como antes.

Os axiomas de AP2 são exatamente como (AP1-1) - (AP1-4) mais o AP2-5 abaixo; novamente, não necessitamos de (AP1-6) - (AP1-9) pelas mesmas razões vistas antes. O axioma da indução (AP1-5) pode agora ser escrito da seguinte forma, omitindo que tudo obedece o predicado N:

(AP2-5) $\forall X \big(X((\underline{0}) \wedge \forall y(X(y) \to X(s(y))) \to \forall x(X(x)) \big)$

A introdução de '$\forall X$' muda tudo. Repare nas consequências; em contextos extensionais como esses, uma propriedade corresponde a um conjunto. Por exemplo, à propriedade 'ser um número par' corresponde o conjunto dos números pares. Assim, como estamos falando de números naturais, quando escrevemos '$\forall X$', estamos nos referindo a todos os conjuntos de números naturais, e sabemos que há $2^{\aleph_0}$ deles! Ou seja, a cardinalidade do *continuum*. Logo, (AP2-5) está se referindo a essa quantidade enorme de conjuntos. Mas e quanto a (AP1-5)? Nesse caso, repare que colocamos a propriedade X como uma fórmula da linguagem de AP1, e do jeito que tudo foi feito, há 'somente' $\aleph_0$ delas, uma quantidade *muito* menor do que $2^{\aleph_0}$. Isso mostra que AP2 é muito mais forte do que AP1.

Uma outra consequência é que AP2 é *categórica*, ou seja, todos os seus modelos, que são exatamente as estruturas de Peano, são isomorfos; não há modelos não-standard. Portanto, quando alguém falar da aritmética, você pode legitimamente perguntar: de qual aritmética você está falando?

5.2   Teoria dos Espaços de Hilbert

Espaços de Hilbert são relevantes em várias áreas da matemática, e encontraram uma aplicação importante na formulação da física quântica. Como um dos exemplos de axiomatização que daremos é exatamente dessa teoria física, vamos desenvolver a teoria dos espaços de Hilbert com algum detalhe nesta seção. Iniciamos com alguns conceitos básicos.

Informalmente falando, que um **corpo** é uma estrutura $\mathcal{K} = \langle K, +, \cdot \rangle$ onde (i) K é um conjunto não vazio, (ii) $+$ e $\cdot$ são operações binárias sobre K e os seguintes axiomas são satisfeitos:[4]

(K1) $+$ *e* $\cdot$ *são associativas e comutativas.*

(K2) *Existem elementos* $0 \in K$ *e* $1 \in K$ *satisfazendo: (i)* $0 \neq 1$*, (ii) para todo* $x \in K$*,* $x + 0 = x$ *e para todo* $x \in K$*,* $x \neq 0$*,* $x \cdot 1 = x$*.*

(K3) $\cdot$ *é distributiva em relação a* $+$*.*

Note que estamos abusando da linguagem; quando dizemos que um corpo é uma estrutura como $\mathcal{K}$, estamos nos referindo na verdade a todas as estruturas que satisfazem a definição, ou o predicado correspondente, ou seja, aos *modelos* dos axiomas de corpos. Os elementos de K são denominados de **escalares**.

Exemplos de corpos, ou seja, de estruturas que satisfazem essa definição, são os **corpos numéricos**. O primeiro é $\mathcal{Q} = \langle \mathbb{Q}, +, \cdot \rangle$, onde $\mathbb{Q}$ indica o conjunto dos números racionais, $+$ e $\cdot$ as operações de adição e de multiplicação entre esses números, respectivamente. O segundo é $\mathcal{R} = \langle \mathbb{R}, +, \cdot \rangle$, onde $\mathbb{R}$ indica o conjunto dos números reais, $+$ e $\cdot$ são agora as operações de adição e de multiplicação entre esses números, respectivamente. Por fim, $\mathcal{C} = \langle \mathbb{C}, +, \cdot \rangle$, onde $\mathbb{C}$ indica o conjunto dos números complexos, $+$ e $\cdot$ sendo as operações de adição e de multiplicação entre esses números, respectivamente. Note que as operações são denotadas pelos mesmos símbolos, não obstante serem coisas completamente diferentes; a matemática é, como dizia Poincaré, a arte de usar os mesmos símbolos para denotar coisas distintas.

---

[4]O leitor é convidado a escrever o predicado conjuntista correspondente. Verá porque é preferível proceder como de hábito, da forma como estamos fazendo, ou seja, listando os axiomas em vez de escrevê-los na forma de um predicado.

Um **espaço vetorial** é uma estrutura (novo abuso de linguagem) $\mathcal{E} = \langle \mathcal{V}, \mathcal{K}, +, \cdot \rangle$, onde:

1. $\mathcal{V}$ *é um conjunto não vazio cujos elementos são chamados de* **vetores***, e denotados por $\alpha, \beta, \ldots$*.

2. $\mathcal{K}$ *é um corpo, ou seja, uma estrutura como a acima. O leitor deve ficar atento para o fato de que haverá duas operações denotadas por '+', uma delas sendo aquela advinda da estrutura de corpo, a outra dada a seguir, e o mesmo para com '$\cdot$'.*

3. $+$ *é uma operação binária sobre $\mathcal{V}$, dita* **adição de vetores***; escreveremos $\alpha + \beta$ para indicar a soma dos vetores α e β.*

4. $\cdot$ *é uma aplicação de $K \times V$ em V, sendo K o domínio da estrutura de corpo, dita* **multiplicação de vetor por escalar.**

5. *Os seguintes axiomas devem ser cumpridos, para todos $\alpha, \beta, \gamma \in \mathcal{V}$ e $a, b \in K$:*

(E1) *A estrutura $\langle \mathcal{V}, + \rangle$ é um grupo comutativo. O elemento neutro desse grupo é denominado de* **vetor nulo***, e denotado por $\mathcal{O}$.*

(E2)

   (a) $a \cdot (\alpha + \beta) = a \cdot \alpha + a \cdot \beta$
   (b) $(a + b) \cdot \alpha = a \cdot \alpha + b \cdot \alpha$
   (c) $a \cdot (b \cdot \alpha) = (a \cdot b) \cdot \alpha$
   (d) $1 \cdot \alpha = \alpha$

Repare que, em (E2 c), as duas primeiras $\cdot$ indicam a multiplicação de vetor por escalar, enquanto que a terceira (em $a \cdot b$), está a multiplicação entre escalares. Vamos agora 'enriquecer' a estrutura acima com uma nova operação binária cujo domínio é $\mathcal{V} \times \mathcal{V}$ e cujo co-domínio é K, dita **produto interno**, obedecendo os axiomas a seguir. O corpo $\mathcal{K}$ será sempre um corpo numérico, em geral o corpo dos números complexos. Denotaremos por $\langle \alpha | \beta \rangle$ a imagem do par (α, β) pela função definida por (para todos $\alpha, \beta, \gamma \in \mathcal{V}$ e $a, b \in K$):

(M1) $\langle \alpha | \beta + \gamma \rangle = \langle \alpha | \beta \rangle + \langle \alpha | \gamma \rangle$

(M2) $\langle \alpha | a \cdot \beta \rangle = \bar{a} \cdot \langle \alpha | \beta \rangle$, sendo $\bar{a}$ o complexo conjugado de a.

(M3) $\langle \alpha | \beta \rangle = \overline{\langle \beta | \alpha \rangle}$

(M4) $\langle \alpha | \alpha \rangle \geq 0$ e $\langle \alpha | \alpha \rangle = 0$ se e só se $\alpha = \mathcal{O}$.

Seja $\mathcal{A} = \{\alpha_1, \ldots, \alpha_n\}$ um conjunto de vetores (o conjunto não precisa ser finito e nem enumerável, mas consideraremos aqui somente o caso finito). Uma **combinação linear** dos vetores de $\mathcal{A}$ é qualquer expressão da forma

$$a_1 \cdot \alpha_1 + \cdots + a_n \cdot \alpha_n, \tag{5.5}$$

sendo os a_i escalares. Dizemos que um vetor β é combinação linear dos vetores de $\mathcal{A}$ se existem escalares $a_i \in K$ tais que

$$\beta = a_1 \cdot \alpha_1 + \cdots + a_n \cdot \alpha_n. \tag{5.6}$$

Caso particularmente importante é o do espaço vetorial **real** (o corpo é o corpo dos números reais) cujo domínio é o conjunto $\mathbb{R}^3 = \{(x,y,z) : x,y,z \in \mathbb{R}\}$, no qual qualquer vetor (a,b,c) é combinação linear dos vetores do conjunto $\mathscr{E} = \{(1,0,0),(0,1,0),(0,0,1\}$. Um conjunto de vetores é **linearmente independente** se e só se nenhum de seus vetores é combinação de outros vetores do conjunto, e é **linearmente dependente** em caso contrário. O conjunto de todos os vetores de um espaço vetorial $\mathcal{E}$ que são combinações lineares de um conjunto $\mathcal{A}$ de vetores é também um espaço vetorial, dito **espaço gerado** por $\mathcal{A}$.

Uma **base** para um espaço vetorial é um conjunto linearmente independente que gera o espaço. Por exemplo, $\mathscr{E}$ acima é uma base para o espaço real dado, e é dita ser a **base canônica** desse espaço. A **dimensão** de um espaço vetorial é o cardinal de uma de suas bases (que devido à lógica subjacente ser clássica, têm todas o mesmo número de elementos).[5]

Dado um espaço vetorial $\mathcal{E}$, define-se a **norma** de um vetor α como sendo um escalar $\|\alpha\|$ satisfazendo as seguintes condições:

(N1) $\|\alpha\| \geq 0$ e $\|\alpha\| = 0$ *se e só se* $\alpha = \mathcal{O}$.

(N2) $\|a \cdot \alpha\| = |a| \cdot \|\alpha\|$

(N3) $\|\alpha + \beta\| \leq \|\alpha\| + \|\beta\|$

Uma norma particularmente importante é aquela **advinda do produto interno**, que se define da seguinte maneira:

$$\|\alpha\| := \sqrt{\langle \alpha | \alpha \rangle}. \tag{5.7}$$

A **distância** entre dois vetores α e β é definida como segue:

$$d(\alpha, \beta) := \|\alpha - \beta\|. \tag{5.8}$$

Uma sequência de vetores $\alpha_1, \alpha_2, \ldots$ é dita ser uma **sequência de Cauchy** se dado qualquer número real $\epsilon > 0$, existe um número natural N tal que para todos $i, j > N$, se tem que $d(\alpha_i, \alpha_j) < \epsilon$. Intuitivamente, os elementos da sequência vão se tornando cada vez mais próximos uns dos outros (a distância entre eles diminui) à medida em que se avança na sequência. Uma sequência é **convergente** se existe um vetor β tal que, dado $\epsilon > 0$ qualquer, existe um número N tal que se $i > N$, tem-se que $d(\alpha_1, \beta) < \epsilon$. Toda sequência de Cauchy é convergente, mas pode acontecer de que o vetor para o qual ela converge não

---

[5]Existem modelos da teoria de conjuntos (com átomos) nos quais existem espaços vetoriais que têm bases de cardinalidades diferentes, mas isso será mencionado somente à frente.

pertença ao espaço considerado. Por exemplo, a sequência de números racionais 1, 1.4, 1.41, 1.414, ... é de Cauchy e converge para $\sqrt{2}$, que no entanto não é um número racional. O espaço vetorial (com produto interno) é **completo** quando toda sequência de vetores do espaço que for de Cauchy converge para um vetor ainda do espaço. Se a norma for aquela que advém do produto interno, um espaço completo é chamado de **espaço de Hilbert**.
Temos assim a definição:

Definição 5.2.1 (Espaço de Hilbert). *Um **espaço de Hilbert** é um espaço vetorial dotado de produto interno que é completo relativamente à norma advinda do produto interno.*

Não é difícil, ainda que seja trabalhoso, escrever o predicado conjuntista correspondente, os 'espaços de Hilbert' sendo as estruturas que satisfazem o predicado, os *modelos* da teoria.

Antes de prosseguir com exemplos nas ciências empíricas, vamos dar uma olhada no Sexto Problema da lista de 23 Problemas da Matemática apresentados por David Hilbert em 1900.

5.3 O Sexto Problema de Hilbert

David Hilbert (1862-1943) era, por volta de 1900, um dos maiores matemáticos vivos. Nesse ano, realizou-se em Paris o Segundo Congresso Internacional de Matemáticos (que continua a ser realizado a cada quatro anos, mas em cidades distintas), e Hilbert foi convidado a fazer uma conferência, que chamou de "Problemas da Matemática". O objetivo era apresentar uma espécie de legado do século XIX ao que se iniciava, apontando questões que, na sua opinião, estavam para ser resolvidas. A lista dos célebres 23 Problemas da Matemática abordava temas variados [Bro76, Cor04, Yan01] e despertou o interesse dos matemáticos a partir de então. Entre esses problemas, destaca-se o sexto, que trata da axiomatização daquelas teorias em que a matemática faz parte essencial, como as teorias da física. À época, o método axiomático era utilizado preponderantemente em matemática, e a sua extensão a outras disciplinas era, para ele, uma extensão natural. Disse ele quando apresentou seu problema:

> As investigações sobre os fundamentos da geometria sugerem o seguinte problema: *tratar, de uma mesma maneira, por meio de axiomas, aquelas ciências físicas nas quais a matemática desempenha uma parte importante; em primeiro lugar estão a teoria de probabilidades e a mecânica.* [Yan01, p.159-160]

A teoria das probabilidades foi axiomatizada por A. Kolmogorov em 1933. Como salienta Yandell, "a palavra 'mecânica', sem qualquer qualificação, é um cavalo de Tróia" (id.ibid.) podendo envolver praticamente todas as teorias físicas. A história das relações entre o método axiomático e as teorias físicas é bem documentada nas referências que apontamos, de modo que vamos nos ater aqui a apenas uma parte delas, desenvolvida a partir dos anos 1950 por Patrick Suppes e seus colaboradores. Uma análise atualizada do Sexto Problema pode ser vista em [dCD22].

Uma importante distinção deve ser feita, distinguindo entre uma axiomatização *dentro* de uma teoria de conjuntos, por meio de um predicado conjuntista, e uma axiomatização feita *fora*, pela apresentação de um sistema formal. Vamos exemplificar

5.4 Mecânica clássica de partículas

No capítulo anterior, exemplificamos o uso do método axiomático com algumas situações em matemática, por exemplo com grupos. Vimos que um grupo (ou, em nossa linguagem, um *modelo* para a teoria de grupos) consiste em um par da forma $\mathcal{G} = \langle G, * \rangle$, de forma que os axiomas então arrolados sejam verdadeiros. De um certo ponto de vista, fato semelhante ocorre com as teorias físicas. Para exemplificar, tomemos o caso da mecânica de partículas, axiomatizada por McKinsey, Sugar e Suppes em 1953, na forma apresentada por Suppes em seu livro de 1957,[6] por se tratar de exemplo simples e relevante e de implicações filosóficas importantes.

Segundo esses autores, um *sistema de mecânica de partículas* é uma estrutura da forma

$$\mathcal{P} = \langle P, T, \vec{\mathbf{s}}, m, \vec{\mathbf{f}}, \vec{\mathbf{g}} \rangle, \tag{5.9}$$

onde P é um conjunto não vazio, cujos elementos são chamados de *partículas*, T é um conjunto que desempenha o papel de intervalo de instantes de tempo, geralmente tomado como sendo um conjunto de números reais (por exemplo, um intervalo fechado), $\vec{\mathbf{s}}$ é uma função tal que, para cada $p \in P$ e cada $t \in T$, associa um vetor $\vec{\mathbf{s}}(p, t)$ (ou $\vec{\mathbf{s}}_p(t)$) que é fisicamente interpretado como a posição da partícula p no instante t; assim, pode-se falar, para cada $p \in P$, em sua *função posição* s_p; se $p \in P$, então $m(p)$ tem um valor numérico não negativo que representa a massa da partícula p, ao passo que, para dados $p, q \in P$ e $t \in T$, $\vec{\mathbf{f}}(p, q, t)$ representa a somatória das *forças internas* (ao sistema) que a partícula q exerce sobre p no tempo t, enquanto que $\vec{\mathbf{g}}(p, t)$ é a soma das *forças externas* agindo sobre p no instante t. "Por exemplo, diz Suppes, considere duas partículas consistindo dos planetas Terra e Vênus. Então a força interna sobre a Terra é a atração gravitacional de Vênus, e a força resultante externa sobre a Terra é o vetor soma das forças atrativas gravitacionais de todos os outros corpos do sistema solar (e do resto do universo para este caso)" [Sup57, cap.12].

Essas noções estão sujeitas aos seguintes axiomas (ibidem):

---

[6][Sup57, cap.12]. Ver também [Sup02].

(P1) O conjunto P é finito e não vazio.

(P2) T é um intervalo de números reais.

(P3) Para cada $p \in P$, a função $\vec{\mathbf{s}}_p$ é duas vezes diferenciável.

(P4) Para cada $p \in P$, $m(p)$ é um número real não negativo.

(P5) Para cada $p, q \in P$ e cada $t \in T$,

$$\vec{\mathbf{f}}(p, q, t) = -\vec{\mathbf{f}}(q, p, t)$$

(P6) Para cada $p, q \in P$ e cada $t \in T$,

$$\vec{\mathbf{s}}(p, t) \times \vec{\mathbf{f}}(p, q, t) = -\vec{\mathbf{s}}(q, t) \times \vec{\mathbf{f}}(q, p, t)$$

(P7) Para cada $p \in P$ e cada $t \in T$,

$$m(p) . \frac{\mathrm{d}^2 \vec{\mathbf{s}}_p}{\mathrm{d}t^2} = \Sigma_{q \in P} \vec{\mathbf{f}}(p, q, t) + \vec{\mathbf{g}}(p, t)$$

Inicialmente, repare o leitor que poderíamos continuar a falar em termos dos predicados de Suppes introduzidos no capítulo anterior. A estrutura acima é, como certamente já deve ter ficado claro, o exemplo típico do que seria um modelo para tal predicado.

Há obviamente razões para cada uma das hipóteses assumidas acima, como a finitude de P garantir, como explica Suppes, que a massa e a energia cinética do sistema todo estejam bem definidas. Ele ainda comenta que em certas situações seria interessante que T não fosse um intervalo de números reais, mas que isso é assim pressuposto por simplicidade matemática; outra idealização é posta no terceiro axioma, pois a dupla diferenciabilidade de s_p é usada no sétimo axioma, que expressa a segunda lei do movimento de Newton, a saber, que o produto da massa pela aceleração (a derivada segunda da função posição) é igual à soma das forças que atuam sobre o sistema. Os demais axiomas expressam os seguintes fatos: a massa de uma partícula é um número real maior ou igual a zero (quarto axioma). Os axiomas (P5) e (P6) expressam a terceira lei do movimento de Newton, ou seja, que a toda ação corresponde uma reação de igual intensidade mas em sentido contrário (P5), e que as direções das forças exercidas por p sobre q e de q sobre p coincidem (P6), apesar de terem sentidos opostos (o símbolo '$\times$' indica o produto vetorial). O que se segue no texto em questão permite que os autores definam sistemas *newtonianos*, por exemplo, e derivem uma série de teoremas que dão sentido a se dizer que a axiomática apresentada representa o estudo do equilíbrio dos corpos e seu movimento (corpos de massa não excessivamente grandes ou pequenas para os nossos parâmetros e movendo-se a velocidades bem inferiores à da luz) e, em suma, o que se denomina de mecânica clássica de partículas. Do ponto de vista filosófico, interessam as críticas que foram desferidas ao procedimento adotado por Suppes e companhia, em especial aquelas vindas de Clifford Truesdell. Vejamos do que se trata.

5.5   As críticas de Truesdell aos 'suppesianos'

Uma tentativa como a citada axiomatização da mecânica de partículas, ainda que possa parecer sensata e convincente à primeira vista, pode desagradar a alguns. Uma visão deste ponto particular é ilustrativo para que possamos externar uma opinião sobre os alcances do método axiomático nas ciências empíricas. Como dito acima, o artigo de McKinsey *et al.* foi publicado na revista *Journal of Rational Mechanics and Analysis*, cujo editor era Clifford Truesdell e que, seguindo os critérios da revista, deveria apresentar o artigo. Em uma nota de pé da primeira página no artigo, o que se lê é a seguinte observação de Truesdell:

> "O apresentador [*communicator*] está em completo desacordo com a visão da mecânica clássica expressa neste artigo. Ele concorda, no entanto, que a estrita axiomatização da mecânica geral –não meramente a degenerada e conceitualmente insignificante caso particular da mecânica de partículas– é urgentemente requerido. Apesar dele não acreditar que o presente trabalho traga qualquer progresso para precisar o conceito de força, o qual tem sido sempre e permanecerá ainda sendo o problema conceitual central, e de fato o único não essencialmente trivial, no que concerne aos fundamentos da mecânica clássica ele espera que a publicação deste artigo possa fazer florescer o interesse de estudantes de mecânica, e igualmente de lógica, então talvez conduzindo a uma solução adequada deste importante mas negligenciado problema."

Posteriormente, no Capítulo 39 de seu livro *An Idiot's Fugitive Essays on Science: Methods, Criticism, Training, Circumstances* [Tru84], Truesdell voltou à carga, fazendo uma longa análise crítica dos 'suppesianos' e de seus métodos. O tema é realmente interessante e deveria despertar a atenção dos historiadores, mas o que nos interessa aqui é mencionar que, apesar de desferir severas críticas a um procedimento que considera apenas parcial, pois para ele o que deveria ser tratado era a mecânica como um todo, incorporando a mecânica dos corpos elásticos, dita mecânica do contínuo (que, como já nos referimos antes, Truesdell e Noll foram dois dos grandes sistematizadores), Truesdell cita a correspondência mantida com alguns dos 'suppesianos' logo após esses terem submetido o artigo; importa aqui salientar a resposta dada por J. C. McKinsey sobre a correspondência com Truesdell, que estava disposto a recusar o artigo, discussão à qual se se somou o grande físico Georg Hamel (1877-1954), que em boa parte deu força à postura crítica de Truesdell. A posição de McKinsey resume bem a postura dos 'suppesianos'; disse ele, em carta endereçada a Truesdell:

"Muito obrigado pela sua carta de 21 de Outubro [de 1952], contendo o parecer do Professor Hamel acerca dos dois trabalhos por Sugar, Suppes e eu [ele se refere a um segundo artigo, publicado no mesmo número da revista]. Eu gostaria de dizer que não ficamos muito impressionados com as críticas de Hamel, e que ainda assim gostaríamos de publicar os artigos em sua presente forma.

Em primeiro lugar, com respeito à crítica de Hamel de que nosso tratamento é restrito à "mais pobre mecânica de pontos", não nos parece razoável objetar um trabalho científico sob o argumento de que ele não contempla algo que os autores não objetivaram contemplar: não se critica um artigo sobre equações diferenciais lineares por não cobrir equações diferenciais não lineares. Além do mais, somos de opinião que, como uma preliminar para qualquer tratamento adequado da mecânica dos corpos extensivos, é desejável (ou talvez mesmo necessário) apresentar a mecânica clássica de partículas de uma forma clara e precisa. Ademais, tal apresentação poderia ser útil para uma análise da mecânica de partículas relativista – e da mecânica quântica de partículas, tanto na forma clássica quanto na relativista". [Tru84, p. 525]

Pensamos que McKinsey tem razão em afirmar que o que ele e seus colaboradores visaram apresentar, além da sistematização da mecânica de partículas, obviamente, era mais uma *técnica* para se proceder axiomaticamente em ciência, técnica essa que mais tarde ficou conhecida como 'apresentação de um predicado de conjuntista', tendo em vista o trabalho posterior de Patrick Suppes em tal atividade, sobre o qual já falamos acima. Assim, não é de se esperar, como salientou McKinsey, que a axiomática cobrisse *toda* a mecânica; aliás, em se tratando da mecânica do contínuo, que mais tarde foi axiomatizada por Walter Noll [Nol59], [Ign96] (saliente-se que Noll apresentou várias versões axiomáticas esta teoria),[7] provavelmente nos moldes como desejava Truesdell, uma vez que não se conhecem críticas como a desferida contra os 'suppesianos' para essa abordagem, cabe salientar que a primeira delas, apresentada em 1957, foi considerada "não (...) muito universal", não cobrindo forças concentradas, impactos, rupturas, etc. [Ign96, p.99]. Certamente o leitor estará se perguntando, com razão, o que teria dito Hamel de tal trabalho, aparentemente aceito sem reservas por Truesdell.

Isso porém, como parece óbvio, não desmerece o trabalho inicial de Noll. Com efeito, como salientado por McKinsey na citação precedente, seria ingenuidade pensar que uma determinada axiomatização capte *todos* os aspectos de uma disciplina das ciências empíricas; uma axiomática é uma possível *versão* da teoria, e certamente deixará de lado muitos dos detalhes que,

---

[7]Similares estudos foram levados por Noll e o próprio Truesdell à termodinâmica, à mecânica de fluidos, à relatividade especial, etc. Mais recentemente, da Costa e Doria estudaram algumas dessas teorias sob o ponto de vista dos predicados de Suppes; ver [dCD22].

para a apresentação pretendida, não são relevantes. Talvez uma axiomatização 'completa' só seja possível para determinadas teorias matemáticas, que de certo modo são *definidas* precisamente pelo seu quadro de axiomas. A palavra 'completa', aqui, deve ser usada com cautela pois se apresenta com vários sentidos. Uma teoria T pode ser 'completa' no sentido de que demonstra todas as suas sentenças logicamente válidas (verdadeiras em todos os modelos), ou pode ser 'completa' no sentido de cobrir todo o domínio que se pretende. É nesse segundo sentido que Einstein criticava a mecânica quântica por não ser 'completa', como com o célebre argumento chamado de 'EPR', que elaborou com Podolsky e Rosen.. No nosso caso, cremos que devemos considerar que Truesdell e os demais críticos achavam que o trabalho de McKinsey e colegas não era 'completo' nesse segundo sentido, não cobrindo, como disseram, *toda* a mecânica. Desse modo, a teoria dos espaços vetoriais, por exemplo, consiste naquilo que se pode extrair dos axiomas de espaço vetorial, que em suma dizem respeito unicamente à soma de vetores e à sua multiplicação por escalares (logo, a combinações lineares de vetores) e se o matemático desejar descrever outros conceitos, como por exemplo ângulos entre vetores ou a distância entre dois pontos, deverá enriquecer a estrutura, por exemplo mediante a introdução de um produto interno, regido por axiomas específicos, ou seja, criando *outra* teoria, a teoria dos espaços vetoriais com produto interno (também chamados às vezes de pré-espaços de Hilbert). Uma teoria assim concebida é o conjunto das consequências lógicas de seus axiomas.

Nas ciências empíricas, por outro lado, o que se tem é algo que talvez mais propriamente pudesse ser chamado de 'corpo do conhecimento', como a 'teoria' da evolução. Quando procedemos a sua axiomatização, muito é deixado de lado e na verdade criamos *outra coisa*, que somente por similaridade podemos identificar com o que tínhamos antes (esta questão particular será retomada no capítulo final). Por ora, constatemos que essas teorias são, em geral, erigidas visando dar conta de alguma parcela da realidade, envolvendo muitos conceitos que não são descritos explicitamente e admitindo regras e definições que não são formuladas tão claramente quanto nas disciplinas matemáticas (por exemplo, como se define o 'estado' de um sistema físico, ou 'organismo' em biologia?). Além do mais, incorporam procedimentos não unicamente dedutivos na formulação de suas leis, e muitas vezes também raciocínios não-monotônicos,[8] além de técnicas estatísticas. Talvez pudéssemos dizer que, face a uma multiplicidade de fatores, uma tal teoria informalmente exposta não tem fronteiras bem definidas, no sentido de que não se sabe ao certo como são os seus modelos, como definir com clareza o seu campo de aplicabilidade. Essa é uma das razões que favorecem a axiomatização, dando

---

[8]Dito por alto, um raciocínio não-monotônico não obedece à regra de que, se uma certa proposição se segue de um certo conjunto de premissas, então o acréscimo de novas premissas não impede que essa proposição seja derivada, como ocorre em matemática, pois se algo é dedutível de algumas suposições, continuará a sê-lo se outras forem acrescentadas às primeiras. Em ciência (empíricas e humanas), muitas vezes, a introdução de um nova informação pode fazer com que as conclusões anteriormente obtidas tenham que ser repensadas, podendo ser 'derrotadas'.

a oportunidade de se caracterizar os modelos da teoria axiomática. Do mesmo modo, não é em geral possível explicitar todos os seus conceitos básicos, que mudam e são completados dinamicamente em função de novos casos, novas observações e potencialidades de aplicação, bem como de possíveis erros, o que faz com que conceitos tenham que ser alterados sem que se pense que se está tratando de *outra* teoria. São inúmeros os filósofos da ciência que se ocuparam dessas questões, e não almejamos fazer aqui qualquer revisão histórica.

5.6 Mecânica quântica não relativista

Nesta seção, trataremos da mecânica quântica não relativista; a teoria relativista, pelo menos no que diz respeito a 'campos livres', é considerada no capítulo 7.

A primeira coisa a constatar é a de que não há *a* mecânica quântica (MQ), mas um grupo de teorias que se assemelham em muitos aspectos de sorte que cada uma delas pode ser denominada de 'mecânica quântica'. Em um artigo com muitos autores [Sty02], exibem-se *nove* modos distintos de se formular a mecânica quântica, ou seja, são apresentadas 'nove mecânicas quânticas', todas supostas equivalentes no sentido de determinarem os mesmos resultados empíricos. São elas: (1) aquela via matrizes, devida a W. Heisenberg, (2) a formulação por meio de funções de onda, devida a E. Schrödinger, (3) a via integrais de caminho, devida a R. Feynman, (4) a formulação por meio de matrizes de densidade, (5) a formulação em 'segunda quantização', (6) a via ondas piloto, devida a D. Bohm, (7) via espaços de fase (E. Wigner), (8) a formulação variacional e (9) a formulação dita 'de Hamilton-Jacobi'. Com o dizem os autores desse artigo,

> Cada uma dessas formulações pode tornar mais fácil alguma aplicação ou tornar mais lúcida alguma faceta da teoria, mas nenhuma delas produz uma 'estrada real para a mecânica quântica'.

Além das formulações, há ainda o problema filosófico das *interpretações*, que em princípio podem ser aplicadas a cada uma das formulações e que visam determinar o que a teoria está nos dizendo, ou que tipo de 'realidade' ela nos mostra existir. Dentre essas 'interpretações', as consideradas principais são as seguintes: (1) muitos mundos (H. Everett III), (2) colapso espontâneo (J. C. Ghirardi, A. Rimini e T. Weber), (3) histórias consistentes (R. Griffiths e R. Omnés), (4) mecânica quântica relacional (C. Rovelli e outros), (5) interpretação transacional (J. G. Cramer), (6) interpretações modais (van Fraassen, Lombardi, Dieks), dentre outras. O livro [FJ22] traz um apanhado delas e de discussões a respeito.

Como se vê, é difícil falar *na* MQ ou em que tipo de mundo ela nos estarmos imersos. As formulações são usualmente aceitas sem muita discussão, cada uma sendo utilizada basicamente em função da preferência do físico ou da aplicabilidade. As grande discussões se dão principalmente no tocante às interpretações. Falaremos brevemente de algumas delas a seguir, e ao final apresentaremos uma interpretação que considera a natureza dos sistemas quânticos (coisa praticamente ignorada pelas interpretações mencionadas) como entidades destituídas de individualidade. Porém, no momento o que faremos será apresentar um núcleo mínimo da teoria na forma que é mais utilizada nas discussões filosóficas e de fundamentos, aquela via *espaços de Hilbert*, proposta por J. von Neumann em 1932.

No estilo que vimos empregando de apresentar uma estrutura matemática que congrega todos os possíveis modelos da teoria, pomos a seguinte definição:

Definição 5.6.1 (Mecânica quântica). *Uma* **mecânica quântica** *não relativista é uma estrutura da forma*

$$Q = \left\langle S, \{\mathcal{H}_i\}, \{\hat{A}_{ij}\}, \{\hat{U}_{ik}\}, \mathcal{B}(\mathbb{R}) \right\rangle, \text{ com } i \in I, j \in J, k \in K \qquad (5.10)$$

onde:

(i) S é uma coleção[9] cujos elementos são chamados de *objetos físicos* ou *sistemas físicos*.

(ii) $\{H_i\}$ é uma coleção de espaços de Hilbert separáveis cuja cardinalidade depende da particular aplicação em análise.

(iii) $\{\hat{A}_{ij}\}$ é uma coleção de operadores auto-adjuntos (ou hermitianos) sobre um espaço particular H_i.

(iv) $\{U_{ik}\}$ é uma coleção de operadores unitários sobre um espaço de Hilbert particular H_i.

(v) $\mathcal{B}(\mathbb{R})$ é a coleção de borelianos da reta real.

(vi) Os postulados abaixo devem ser satisfeitos.

Antes de vermos os postulados, é interessante notar que nas apresentações usuais, praticamente nada é dito sobre os sistemas quânticos; quando algo é dito, é algo breve, da forma seguinte: a cada sistema físico associa-se um espaço de Hilbert (que será o primeiro axioma abaixo), e mais nada é dito sobre esses sistemas. O 'formalismo' fala de *estados*, de *observáveis* e de *probabilidades*. A natureza dos sistemas físicos é deixada para as interpretações.

Por simplicidade, o leitor pode assumir que $\mathcal{B}(\mathbb{R})$ encerra uma coleção de intervalos da reta real nos quais podem ser encontrados os valores da medida dos observáveis, que são auto-valores de operadores auto-adjuntos (hermitianos), logo números reais. Mais tecnicamente, 'boreliano' é o termo utilizado

---

[9]Questiona-se de essa coleção pode ser considerada como sendo um *conjunto* no sentido usual da palavra. Um conjunto (padrão), como já se viu, é uma coleção de objetos *distintos* uns dos outros. No entanto, em se tratando de objetos quânticos, devido à possibilidade de eles serem indiscerníveis, isso é problemático; para uma análise, ver [FK06].

para designar sub-conjuntos de $\mathbb{R}$, ditos **conjuntos de Borel**, que têm as seguintes características, algo técnicas. Considere um conjunto qualquer S, e considere a coleção $\mathcal{B}(S)$ de sub-conjuntos de S tais que: (i) $S \in \mathcal{B}(S)$; (ii) se $A \in \mathcal{B}(S)$, seu complemento $S \setminus A \in \mathcal{B}(S)$; (iii) se $A_1, A_2, \ldots$ é qualquer coleção contável[10] de sub-conjuntos em $\mathcal{B}(S)$, então sua união $\bigcup_{i=i}^{\infty} A_i \in \mathcal{B}(S)$. Neste caso, $\mathcal{B}(S)$ é um *campo de Borel* de S. Se X é uma coleção qualquer de sub-conjuntos de S, o menor campo de Borel de S (no sentido de estar contido em todos os outros) que contém X é o *campo de Borel gerado por X*. Considere agora o campo de Borel do conjunto dos números reais, $\mathcal{B}(\mathbb{R})$, gerado pelos conjuntos abertos de $\mathbb{R}$. Os conjuntos de $\mathcal{B}(\mathbb{R})$ são chamados de **borelianos** de $\mathbb{R}$. As suas propriedades são úteis à matemática e à física quântica, mas não nos interessam aqui.

O formalismo dos espaços de Hilbert, cujos postulados vimos anteriormente, não fala do espaço e nem do tempo. No entanto, para qualquer aplicação, esses conceitos devem constar de alguma maneira. Nosso modo de considerá-los é dado pela seguinte definição.

Definição 5.6.2. *A cada sistema físico $\sigma \in S$ associamos uma 4-upla da forma*

$$\sigma = \langle \mathbb{E}^4, \psi(x, t), \Delta, P \rangle. \tag{5.11}$$

Aqui, $\mathbb{E}^4$ é o espaço-tempo de Newton-Galileo, o mesmo da mecânica clássica,[11] mas o leitor que desconhece esse conceito pode pensar no espaço vetorial $\mathbb{R}^4$ munido do produto interno canônico.[12] Cada ponto deste espaço é descrito por uma quádrupla ordenada $(\mathbf{x}, t) = (x, y, z, t)$, onde $\mathbf{x} = (x, y, z)$ denota a tripla das coordenadas 'espaciais' do ponto (relativamente à base canônica $\mathcal{A} = \{(1,0,0), (0,1,0), (0,0,1)\}$) e t é um parâmetro que percorre a reta real ou um intervalo desta reta, e representa o tempo. O negrito em $\mathbf{x}$ indica que se trata de um vetor. $\psi(\mathbf{x}, t)$ é uma função com domínio $\mathbb{E}^4$, dita **função de onda** do sistema. Mais abaixo veremos como ela pode ser obtida.

Por outro lado, $\Delta \in \mathcal{B}(\mathbb{R})$ é um boreliano, enquanto que P é uma função definida, para algum i (determinado pelo sistema σ), em $\mathcal{H}_i \times \{\hat{A}_{ij}\} \times \mathcal{B}(\mathbb{R})$ e assumindo valores em $[0, 1]$. Os valores de $P(\psi, \hat{A}, \Delta) \in [0, 1]$ representam a probabilidade de que a medida de um observável A (representado por um operador auto-adjunto $\hat{A}$) para o sistema no estado $\psi(\mathbf{x}, t)$ esteja no boreliano Δ.

É comum em MQ usar a *notação de Dirac*, escrevendo $|\psi\rangle$ para o vetor ψ e $\langle\psi|$ para o funcional linear caracterizado por ψ. Ou seja, a imagem de $|\psi\rangle$ pelo

---

[10]Finito ou enumerável.

[11]Na relatividade restrita, o espaço-tempo é denominado de *espaço-tempo de Minkowski*; na relatividade geral, a descrição é distinta. Para a primeira teoria, recomendo [SF17]; para a segunda, [Rov21]. Para ambas, o clássico [Ein05].

[12]O produto interno canônico de dois vetores $\mathbf{x} = (x_1, x_2, x_3, x_4)$ e $\mathbf{y} = (y_1, y_2, y_3, y_4)$ é $\langle\mathbf{x}|\mathbf{y}\rangle = x_1 y_1 + x_2 y_2 + x_3 y_3 + x_4 y_4$.

funcional $\langle\phi|$ é o escalar $\langle\phi|\psi\rangle$, que corresponde ao produto interno de ϕ e ψ. Para detalhes, ver [Kra16].

Podemos ver mais de perto a relação entre o vetor de estado e a função de onda do seguinte modo. Vamos considerar a situação de uma única partícula movendo-se ao longo do eixo x e seja χ o operador de posição, que como já dissemos tem um espectro contínuo. Deixemos $(\mathbf{x}, t)$ representar a posição do sistema no tempo t. Subentendendo t, a posição é dada simplesmente por $\mathbf{x}$. Seja $\{|x_i\rangle\}$ uma base para o espaço de Hilbert dos estados, que neste caso tem dimensão infinita — os físicos dizem que o sistema tem *infinitos graus de liberdade*. Ora, o estado $|\psi\rangle$ do sistema em um dado instante é combinação linear dos vetores da base, e como estamos em dimensão infinita, o somatório com o qual estamos acostumados dá lugar a uma integral, mas a ideia é a mesma:

$$|\psi\rangle = \int_i x_i|x_i\rangle dx,$$

onde $x_i = \langle x_i|\psi\rangle$ são os coeficientes de Fourier da expansão dada. Esses coeficientes são definidos como sendo as funções de onda (agora sem a notação de Dirac para facilitar):

$$\psi(\mathbf{x}, t) = \langle x_i|\psi(t)\rangle.$$

Situações mais gerais envolvendo a função de onda relativa a outros operadores podem ser vistas em [SF14, p.134]. Relativamente à função de onda, o seu quadrado $|\langle x_i|\psi(t)\rangle|^2$ nos dá a probabilidade de encontrarmos a partícula em x_i. Como já deve ter ficado claro, isso é tudo o que temos: probabilidades.

Uma última observação acerca do que foi deito acima nesta seção. 'Tudo' foi feito em uma teoria 'usual' de conjuntos, de forma que um conjunto é (intuitivamente) uma coleção de objetos distintos, como já sabemos. Mas a MQ lida com o conceito fundamental de *indiscernibilidade*, ou *indistinguibilidade* das entidades quânticas.[13] Em certas situações, não há como discernir entre duas delas. Como então S da estrutura acima pode ser um conjunto? Isso será questionado no capítulo 10. Mas há ainda algo a mais. Acima, a cada $\sigma \in S$ associamos a quádrupla da definição 5.6.2; mas $\mathbb{E}^4$, sendo um espaço euclidiano, tem a chamada 'propriedade Hausdorff', e isso implica que, dados *quaisquer* dois pontos do espaço, eles são necessariamente *distintos*. A distinção pode ser feita pela existência de abertos disjuntos contendo cada um dos pontos. Esses conjuntos correspondem a propriedades dos objetos representados pelos pontos, logo, esses objetos têm propriedades distintas. Como podem eles representar sistemas quânticos indiscerníveis? Essa questão é intrigante e mostra que há coisas a questionar quanto ao uso da matemática usual na formulação das teorias físicas, em especial da MQ.

---

[13]Um estudo de vários aspectos da indistinguibilidade em física quântica pode ser visto em [dBHK23].

5.6.1 Os postulados

Postulado 1 A cada sistema $s \in S$ associamos um espaço de Hilbert complexo separável $\mathcal{H} \in \{\mathcal{H}_i\}$.[14] Sistemas compostos são associados a espaços de Hilbert que são produtos tensoriais dos espaços de cada um dos sistemas componentes.

Postulado 2 Os vetores dos sub-espaços unidimensionais de $\mathcal{H}$ denotam os *estados* em que o sistema pode se apresentar. Esses espaços são chamados de *rays*. Para simplificar a notação, cada 'ray' é representado por um vetor unitário que o gera, de modo que, por abuso de linguagem, podemos dizer, como fazem a grande parte dos textos de física, que os estados do sistema são descritos por vetores unitários do espaço de Hilbert. Esses vetores são denominados de **estados puros**. Os estados puros representam 'tudo o que se pode saber' sobre o sistema, ou sobre os sistemas. Outros estados existem e refletem que não sabemos 'tudo' sobre eles; são as **mistura**, os quais são dados por matrizes (ou operadores) de densidade. Daqui para a frente, por 'estados' quereremos entender 'estados puros'.

Se $|\psi\rangle$ e $|\varphi\rangle$ denotam estados de um sistema σ, então qualquer combinação linear desses estados, ou seja, expressões da forma $a|\psi\rangle + b|\varphi\rangle$, para a e b números complexos, também representam estados do sistema. Tais estados são **superposições** dos estados dados. Essa hipótese (de que os vetores superpostos também denotam estados) é denominada de **Postulado da Superposição**.

Postulado 3 Cada observável físico A, como posição, momento, carga elétrica, spin, energia, etc. é representado por um operador auto-adjunto $\hat{A}$ sobre o espaço dos estados. O **Postulado da Quantização** diz que os valores possíveis da medida de um desses observáveis pertence ao seu **espectro**, a coleção de seus auto-valores. Assim, para fazer jus à nossa estrutura introduzida acima, podemos dizer que a cada observável A associamos um operador $\hat{A} \in \{\hat{A}_{ij}\}$.[15]

Postulado 4 [Regra de Born] Dado um sistema $\sigma \in S$, a ele associamos um espaço de Hilbert $\mathcal{H}$. Seja A um observável a ser medido quando o sistema está em um estado $|\psi\rangle$. Seja $\{|\alpha_n\rangle\}$ ($n = 1, 2, \ldots$) uma base ortonormal para $\mathcal{H}$ formada por auto-vetores do operador auto-adjunto $\hat{A}$ que representa A. Denotemos por a_n os respectivos auto-valores, ou seja, $\hat{A}|\alpha_n\rangle = a_n|\alpha_n\rangle$. Então existem escalares (em geral, números complexos) c_j tais que $|\psi\rangle = \sum_j c_j|\alpha_j\rangle$, com $\sum_j |c_j|^2 = 1$. Além disso, sabemos o que são os c_j; eles são os coeficientes

---

[14]Muitas vezes, temos que trabalhar em espaços de Hilbert fortalecidos, ditos **rigged spaces** pelos físicos. Mas pularemos esses detalhes aqui.

[15]Repare o que os índices estão dizendo: há uma classe de operadores auto-adjuntos indexada por j que tem vínculo com o espaço de Hilbert dado, que foi indexado por i. O mesmo vai acontecer abaixo com os operadores unitários.

de Fourier da expansão, ou seja, $c_j = \langle \alpha_j | \psi \rangle$. A **Regra de Born**, ou **Algoritmo Estatístico** nas palavras de Redhead [Red87, p.8] (que estamos seguindo neste postulado), diz que a probabilidade de que a medida de A para o sistema no estado $|\psi\rangle$ seja um autovalor a_n (lembre que pelo **Postulado da Quantização** os valores possíveis estão no espectro de $\hat{A}$) é

$$Prob(a_n)_A^{|\psi\rangle} = \sum_{j/a_j=a_n} |c_j|^2 = \sum_{j/a_j=a_n} |\langle \alpha_j | \psi \rangle|^2. \tag{5.12}$$

O somatório corresponde à soma dos quadrados de todos os coeficientes iguais a a_n. Se há mais de um, isso quer dizer que o operador tem auto-valores repetidos, que são então considerados, e é dito ser um **operador degenerado**. Caso todos os auto-valores sejam distintos, o operador é **não degenerado** e neste caso haveria um único termo a ser considerado, e poderíamos escrever

$$Prob(a_n)_A^{|\psi\rangle} = |c_j|^2 = |\langle \alpha_j | \psi \rangle|^2. \tag{5.13}$$

Como já vimos antes, **misturas**, ou **mesclas estatísticas** aparecem quando somos ignorantes acerca do estado do sistema, ou seja, em qual estado entre os vetores do conjunto $\{|\psi_i\rangle\}$ ($i = 1, \ldots, k$) está o sistema. Para dar uma melhor descrição, não custa dizer o que acontece nesses casos, mesmo que saltemos as explicações detalhadas. Expressamos nossa ignorância pela introdução de 'pesos probabilísticos' w_i (que são probabilidades subjetivas) para indicar a probabilidade de encontrarmos o sistema em um dos estados suspeitos. Claro que devemos ter $\sum_{i=1}^k w_i = 1$. Suponha que $\Delta = \{a_{m_1}, a_{m_2}, \ldots\}$ é um sub-conjunto de auto-valores de $\hat{A}$. Então a **Regra de Born** vai dizer que a probabilidade da medida de A para o sistema no estado $|\psi\rangle$ é dada por

$$Prob(\Delta)_A^{|\psi\rangle} = \sum_{i=1}^k w_i \cdot \sum_{j/a_n=a_{m_1},a_{m_2},\ldots} |\langle \alpha_j | \psi_j \rangle|^2. \tag{5.14}$$

Da mesma forma obtemos a probabilidade da medida estar em Δ para o caso de estados puros (não misturas), simplesmente ignorando os pesos w_i acima, ou seja,

$$Prob(\Delta)_A^{|\psi\rangle} = \sum_{j/a_n=a_{m_1},a_{m_2},\ldots} |\langle \alpha_j | \psi_j \rangle|^2. \tag{5.15}$$

Este postulado permite ainda que indiquemos a forma de se calcular o **valor esperado** da medida de A para o sistema no estado $|\psi\rangle$, a saber, a expressão que já é nossa conhecida,

$$\langle A \rangle_{|\psi\rangle} = \sum_j a_j |c_j|^2 = \langle \psi | \hat{A} | \psi \rangle. \tag{5.16}$$

A notação é uma simplificação para $\langle \psi | \hat{A}(|\psi\rangle)\rangle$. O que esta expressão está nos dizendo? Se arrumarmos a notação, pondo

$$\hat{A}|\psi\rangle = \sum_{j=1}^{n} c_j A |q_i\rangle = \sum_{j=1}^{n} c_j a_i |\alpha_j\rangle,$$

vem que

$$\langle \psi | \hat{A} | \psi\rangle = \langle \sum c_j | \alpha_j\rangle | \sum c_j a_j |\alpha_j\rangle\rangle = \sum c_j^* c_j a_j \langle \alpha_j | \alpha_j\rangle = \sum |c_j|^2 a_j.$$

Portanto,

$$\langle A \rangle_{|\psi\rangle} = \sum_{j=1}^{n} a_j |c_j|^2. \tag{5.17}$$

Resulta da definição acima que podemos definir uma quantidade que representa a *incerteza* na medida de um observável A, ou o *desvio padrão* de A,[16] a saber,

$$\Delta A = \sqrt{\langle A^2\rangle - \langle A\rangle^2}, \tag{5.18}$$

onde $A^2 = \hat{A}.\hat{A}$.

Postulado 5 [Postulado da Dinâmica] Se os sistema em um instante t_0 está em um estado $|\psi(t_0)\rangle$, então em um tempo distinto t ele evolui (evolução unitária) para um estado $|\psi(t)\rangle$ de acordo com a **equação de Schrödinger**

$$\psi(t) = \hat{U}(t)\psi(t_0), \tag{5.19}$$

onde $\hat{U} \in \{\hat{U}_{ik}\}$ é um operador unitário.

Se $\{U(t)\}$ é uma família de operadores unitários sobre um espaço de Hilbert $\mathcal{H}$, dados em função de um parâmetro real t relativamente ao qual são contínuos (que entenderemos como representando o tempo), então se esses operadores satisfazem a condição $U(t_1 + t_2) = U(t_1)U(t_2)$ para todos $t_1, t_2 \in \mathbb{R}$, pode-se mostrar que existe um único operador H satisfazendo

$$U(t) = e^{-iHt},$$

para todo $t \in \mathbb{R}$, sendo $e^{iHt} = \cos(Ht) + i\sin(Ht)$. O operador H é o **operador hamiltoniano**, e representa a energia do sistema. Uma das formulações da equação de Schrödinger pode ser dada agora em função do hamiltoniano, da seguinte forma:

$$-i\hbar \frac{\partial |\psi\rangle}{\partial t} = H|\psi\rangle, \tag{5.20}$$

---

[16]Intuitivamente, representa o quanto os valores das medidas realizadas —recorde que em física praticamente nunca de realiza uma só medição— se distribuem em torno do valor $\langle A\rangle_{|\psi\rangle}$.

onde i é a nossa conhecida unidade imaginária e $\hbar = \frac{h}{2\pi}$ é a **constante reduzida de Planck** (a constante de Planck é o h).

Há casos particulares desta equação, como exemplificaremos a seguir, mas antes vamos recordar de algo já dito antes. Na versão da mecânica quântica que estamos delineando, que é denominada de **mecânica de ondas** (devida a Schrödinger), o estado de um sistema físico é descrito por uma entidade matemática chamada e **função de onda**, $\psi(\mathbf{x}, t)$, sendo $\mathbf{x} = (x, y, z)$ uma variável que representa as coordenadas espaciais do sistema, enquanto que t representa o tempo, a qual satisfaz a equação mais geral

$$\int_{-\infty}^{\infty} |\psi(\mathbf{x}, t)|^2 dx = 1. \tag{5.21}$$

Repare que o somatório foi aqui substituído por uma integral porque o observável físico em análise é a *posição* do sistema (que pode ser qualquer ponto sobre o eixo real), logo trata-se de um operador com **espectro contínuo**. Ademais, nesta mecânica, como se vê pela equação de Schrödinger, é o *estado* do sistema que evolui, pois é ele que está sendo derivado relativamente ao tempo. Isso é relevante porque há (pelo menos) uma outra interpretação devida a Heisenberg, na qual a evolução é descrita em termos da evolução dos *operadores*.[17] Não abordaremos a versão de Heisenberg aqui, mas é relevante observar que Schrödinger mostrou, como se acredita em geral, que as duas mecânicas são equivalentes.[18]

Para t fixado, $\psi(\mathbf{x}, t)$ é um elemento de um espaço de Hilbert separável isomorfo a $\mathcal{L}^2$ visto acima, e que pode ser tomado como sendo ele mesmo. A equação 5.21 é denominada de **condição de normalização**. Eliminado as variáveis espacial e temporal por simplicidade, podemos re-escrevê-la assim:

$$\|\psi\|^2 = \int_{-\infty}^{\infty} \psi^\star . \psi dx = \int_{-\infty}^{\infty} |\psi|^2 dx = 1.$$

Na teoria, $\psi(\mathbf{x}, t)$ satisfaz a **equação de Schrödinger**, dependente do tempo (dada a variável temporal que estamos utilizando). A interpretação dessa função, devida a Max Born diz que dado um intervalo qualquer Δ da reta real (um **boreliano**,o quadrado da função representa a **probabilidade** de encontrarmos o sistema dentro de Δ, o que podemos escrever assim:

$$Prob(\Delta) = \int_{\Delta} |\psi(\mathbf{x}, t)|^2 dx. \tag{5.22}$$

---

[17]Os livros de mecânica quântica, em geral escritos em inglês, denominam essas duas abordagens de *Schrödinger's picture* e *Heisenberg's picture* respectivamente.

[18]Na verdade, a equivalência de duas teorias requer que os axiomas de uma sejam provados como teoremas da outra. O procedimento de Schrödinger foi diferente, já que nenhuma das versões estava devidamente axiomatizada. Encontra-se facilmente na web a 'prova da equivalência' feita por Schrödinger. No entanto, essa equivalência é discutida. Por exemplo, em um trabalho de 2007, Dan Solomon contesta essa equivalência, exibindo uma situação física que é coberta por uma das visões mas não pela outra [Sol07].

O fato da equação 5.21 ser igualada à unidade indica que, em algum ponto da reta real (tomada agora toda ela como sendo Δ), o sistema está *com certeza* (probabilidade igual a 1). Finalmente, observa-se que o fato da equação 5.22 não se alterar quando substituímos $\psi(\mathbf{x}, t)$ por $k.\psi(\mathbf{x}, t)$, com $k \in \mathbb{C}$, desde que $|k| = 1$, mostra que a probabilidade é conservada no tempo.

O caso particular que dissemos que iríamos exemplificar diz respeito a um só sistema quântico, que pode ser uma partícula de massa m, que se desloca por força de um potencial V na direção do eixo dos x. Como temos uma só coordenada, não precisaremos utilizar a notação vetorial $\mathbf{x} = (x, y, z)$, assumindo que temos simplesmente a coordenada x dependendo do tempo, logo, se quisermos, $x(t)$, que representa a posição da partícula no tempo t. O modo de determinar $x(t)$ é resumidamente o seguinte.

Na mecânica clássica, aplicamos a segunda lei de Newton, $F = ma$, a força F pode ser dada em função do potencial por $F = -\frac{\partial V}{\partial x}$, de modo que obtemos

$$-\frac{\partial V}{\partial x} = m.\frac{d^2 x}{dt^2}.$$

Com as condições iniciais que fornecem posição e velocidade em um instante t_0, obtemos $x(t)$. E lembre que a derivada segunda da posição (relativamente ao tempo fornece a aceleração, enquanto que a derivada primeira fornece a velocidade).

Na mecânica quântica, o estado é descrito pela função de onda $\psi(x, t)$ (já considerando uma só coordenada de posição), obtida resolvendo-se uma equação engenhosamente criada por Schrödinger (a história, ou talvez estória, desta equação é bem interessante; ver [Bag11, Cap.7]),[19] que é um caso particular das equações do mesmo nome apresentadas acima (e escrevendo somente ψ para $\psi(x, t)$):

$$i\hbar\frac{\partial \psi}{\partial t} = -\frac{\hbar^2}{2m}\frac{\partial^2 \psi}{\partial x^2} + V.\psi. \tag{5.23}$$

Como na equação de Newton, se soubermos as condições iniciais $\psi(x, t_0)$, podemos determinar $\psi(x, t)$ para qualquer tempo t anterior ou posterior a t_0. Como fica a interpretação estatística?

Já sabemos que o quadrado da função ψ nos dá uma probabilidade; mais precisamente, para este caso,

$$\int_a^b |\psi(x, t)|^2 dx$$

nos dá a **probabilidade de encontrar a partícula entre a e b no instante t**. Deste modo, a probabilidade é a área abaixo do gráfico de $|\psi|^2$ entre os pontos a e b no eixo x.

---

[19]Não vou apresentar a 'dedução' desta equação aqui, porque há vários sites no YouTube que fazem isso muito bem.

Postulado 6 [Postulado do Colapso] Sendo A um observável e $|\psi\rangle = \sum_j c_j |\alpha_j\rangle$ o estado do sistema, se a medida fornece o autovalor a_n, imediatamente após a medida o sistema entra (colapsa para) no estado $|\alpha_n\rangle$ com probabilidade $|c_n|^2 = |\langle\psi_n|\psi\rangle|^2$.

Importante observar o caráter **não determinista** do colapso. Há no entanto interpretações que evitam falar no colapso, encontrando outras formas de explicação. Uma delas, de grande repercussão na atualidade, é a **interpretação dos muitos mundos** que prefere dizer que, quando da medida, o mundo se bifurca, criando-se dois mundos reais mas incomunicáveis. Por mais estranha que esta interpretação possa parecer, tem muitos adeptos.

Daqui para a frente, a mecânica quântica não-relativista pode ser desenvolvida, como os textos que indicamos na Bibliografia deixam claro. Tal desenvolvimento, no entanto, não é nossa finalidade aqui. Deixamos então a sequência a cargo do leitor, com a esperança de que o que se viu acima sirva para uma introdução ao assunto.

5.7   A teoria sintética da seleção natural

O método axiomático em biologia foi introduzido pelo biólogo e filósofo da biologia Joseph H. Woodger (1894 –1981) a partir da década de 1930. Desde então, muito se tem feito nessa área; para ficarmos no nosso estudo de caso, vamos nos concentrar na genética e na teoria da evolução, e para isso faremos extensivo uso de [MK00, MK06].[20] Nesse último trabalho, lê-se que a teoria da seleção natural de Darwin e Wallace apareceu em 1858 em uma comunicação conjunta de Darwin e Wallace, enquanto que a primeira edição do livro *A Origem das Espécies*, de Darwin é datada de1859.

O conceito de *aptidão* (*fitness*) é fundamental nessa teoria. Informalmente, trata-se de uma propriedade dos organismo que determina as suas chances de sobrevivência e reprodução no meio em que vivem. Ela seria resultante do conjunto de características biológicas do organismo e também das características do ambiente. As características que determinam a aptidão de um organismo deveriam ser hereditárias, ao menos parcialmente, de modo que, para que ocorra um processo evolutivo por seleção natural, seria necessário que existisse alguma variação fenotípica,[21] além de se supor que essa variação seria hereditária e que algumas formas seriam mais eficientes do que outras em termos de sobrevivência e reprodução em um dado ambiente.

Uma vez que a aptidão darwiniana de um organismo só pode ser conhecida a posteriori, ou seja, após esse organismo ter sobrevivido e reproduzido,

---

[20]Devo toda a referência à biologia desta seção ao Professor João Carlos M. Magalhães, da Universidade Federal do Paraná, a quem agradeço muitíssimo.

[21]O *fenótipo* descreve as características observáveis de um indivíduo, resultantes da interação dos fatores que lhe são característicos com fatores ambientais não herdáveis. Por exemplo, morfologia, a fisiologia, as propriedades bioquímicas e o comportamento e relações ecológicas de um organismo.

existiria certa circularidade no raciocínio, porque aparentemente ele só sobreviveria e se reproduziria se já tivesse uma determinada aptidão. Assim, o princípio da seleção natural, que afirma que sobrevive aquele indivíduo que 'for mais capaz', ou seja, que tiver um fitness maior, não teria grande poder explicativo, ou de previsão, e não seria, portanto, uma genuína lei científica. Tem-se, portanto, um problema com a ideia de *herança genética* dos indivíduos, ainda que o processo de seleção natural possa funcionar mesmo sem uma teoria específica de herança [Wil70]; essa lacuna foi um dos vários motivos que tornaram problemática a aceitação da teoria da seleção natural.

No início do século XX, os primeiros geneticistas demoraram a aderir ao paradigma evolutivo e, quando o fizeram, criaram uma nova teoria. O desenvolvimento da genética, especialmente da genética de populações, bem como a melhor compreensão do mecanismo das mutações e os primeiros estudos sobre a variabilidade presente nas populações, permitiram o desenvolvimento da chamada 'teoria sintética' ou 'neodarwinismo' que viria a integrar também outros ramos da biologia. Essa teoria, com importantes modificações, é ainda a visão predominante. Em genética de populações, entretanto, o conceito de aptidão passou a ser aplicado a genótipos, em vez de organismos, gerando uma série de questões ainda mal compreendidas.

Para investigarmos a relação entre a genética e a seleção natural, devemos compreender claramente a relação entre a noção darwiniana de aptidão de organismos e a noção de aptidão de genótipos (ou valor adaptativo de genótipos). Para esse tipo de análise, o método axiomático presta-se exemplarmente. Abordaremos essa questão a partir uma axiomatização, na forma de um predicado conjuntista, que tem base o que foi descrito em [MK00, MK06].

Como dito no segundo trabalho supra-citado,

> "A apresentação usual da teoria de Darwin, informal e intuitiva, por mais aprofundada que seja, não permite uma apreciação clara e objetiva dos problemas conceituais e metodológicos existentes. A análise lógica pode contribuir para o esclarecimento de tais questões. O sistema axiomático para a teoria da seleção natural de Darwin, proposto por Mary Williams em 1970 [Wil70], ainda é o esforço mais consequente nesse sentido (...). Apesar de não se poder afirmar que corresponda exatamente às ideias de Darwin, o trabalho facilita uma apreciação dos pressupostos e consequências da teoria darwiniana.

O sistema de Williams faz uso de quatro conceitos primitivos e de sete axiomas. A partir disso, a autora define os outros conceitos da teoria e deduz algumas das suas consequências. O sistema é bastante complexo, e aqui faremos apenas uma exposição breve e informal de seus principais elementos.

Os conceitos primitivos são:

1. *Entidade biológica:* são tratados como elementos de um conjunto B que pode ser interpretado (nos diferentes modelos da teoria) como o conjunto

dos genes, dos cromossomos, das células, dos organismos, das populações ou das espécies.

2. Uma relações binárias '$\nearrow^{i}$' sobre B, $i \in \mathbb{N}$. Intuitivamente, se x_1 e x_2 são entidades biológicas, então '$x_1 \nearrow^1 x_2$' significa que x_1 é *pai ou mãe* (ancestral imediato) de x_2. Por definição, essa relação é generalizada para a relação de *ancestralidade* $\nearrow^m$ ($m \in \mathbb{N}$), permitindo falar em linha de descendência (e de ascendência) e em certo número de gerações.

Um conjunto de entidades biológicas e de seus descendentes, organizado pela relação $\nearrow$ é, por definição, chamado *clã*.[22] Todas as entidades biológicas podem pertencer a um ou mais clãs ou subclãs.

3. *Aptidão* (fitness): trata-se de uma função ϕ de B no conjunto dos números reais positivos. Intuitivamente, é uma propriedade das entidades biológicas que indica seu potencial para deixar descendente. O conceito de aptidão pode ser estendido para clãs e subclãs.

4. *Subclã darwiniano:* este é um conceito bem mais abstrato e portanto difícil de apresentar de modo intuitivo. Falando por alto, um subclã darwiniano denota um subclã que age como unidade com respeito à seleção e pode ser interpretado como uma população ou como uma espécie. Considere um subclã C_1 de um subclã darwiniano C; se os elementos de C_1 apresentam maior aptidão em relação aos outros elementos de C, então C_1 entrará em expansão relativa, podendo vir a se fixar em C (quando, a partir de certa geração, todos os elementos de C também pertencerem a C_1).

Embora tomada como um conceito primitivo, Williams propõe uma definição operacional para aptidão. A *aptidão operacional* de uma entidade biológica poderia ser estimada a partir do número de descendentes produzidos por cada ancestral daquela entidade, devidamente ponderado pelo número de gerações entre o ancestral e a entidade considerada. Assim como em Darwin, o sistema de Williams pressupõe que a aptidão é influenciada pela herança mas não preconiza nenhuma teoria genética.

Na reconstrução da teoria sintética da evolução tal como proposta em [MK00], o sistema é desenvolvido a partir de sete conceitos primitivos e de oito axiomas. Alguns desses conceitos e axiomas correspondem aos de Williams, enquanto outros foram introduzidos para permitir operar com elementos da genética; para detalhes, sugerimos a consulta ao artigo original.

Definição 5.7.1 (Teoria sintética da evolução). *Uma teoria sintética da evolução (STE) é uma estrutura da forma*

$$\mathcal{E} = \langle B, G, \equiv, =_L, \nearrow^m, E, \phi \rangle, \tag{5.24}$$

onde:

---

[22]Um *subclã* é um clã que pertence outro clã, isto é todos os seus elementos também pertencem a um clã maior (do qual é subclã).

1. *B* é um conjunto finito cujos elementos são chamadas de *entidades bioló-gicas*

2. *G* é um sub-conjunto não-vazio de *B*, cujos elementos são chamados de *genes*

3. $\equiv$ é uma relação de equivalência sobre *G*, denominada de *indistinguibilidade genética*

4. $=_L$ (identidade de *loci*) é igualmente uma relação de equivalência sobre *G*

5. $\nearrow^m$ denota, para cada número natural *m* não nulo, uma relação binária sobre *B*, de modo semelhante à relação assumida por Williams, porém generalizada para *m* gerações.

6. *E* é um conjunto não vazio cujos elementos são chamados *fatores ambientais*

7. ϕ é uma função de *B* no conjunto dos reais positivos. Para cada $x \in B$, $\phi(x)$ indica a *aptidão* de *x* (esse conceito é semelhante ao de Williams).

Os postulados são os seguintes, omitindo aqueles de uma relação de equivalência:

Grupo 1 de axiomas: sendo *x* e *y* entidades biológicas e *m* e *n* números naturais,

(A1) $\forall x \forall m (\neg (x \nearrow^m x)$ (nenhum organismo é ancestral de si mesmo)

(A2) $\forall x \forall y \forall m \forall n (x \nearrow^m y \to \neg (y \nearrow^n x))$ (se *x* é ancestral de *y*, então *y* não é ancestral de *x*)

(A3) $\forall x \forall y \forall z \forall m \forall n (x \nearrow^m y \wedge y \nearrow^n z \to x \nearrow^{m+n} z)$ (por exemplo, se *x* é pai de *y* e *y* é pai de *z*, então *x* é avô de *z*).

(A4) $\forall x \forall y (x \in G \wedge y \in G \wedge x \equiv y \to x =_L y)$ (genes indistinguíveis pertencem ao mesmo lócus; como não é postulada a recíproca, genes pertencentes a um mesmo lócus podem não ser indistinguíveis. Isso permite definir e lidar com diversos conceitos da genética clássica, tais como alelo, mutação e genótipo. O conceito de indistinguibilidade genética, aplicado a genes, pode ser estendido a genótipos.)

A partir do conceito de genótipo e considerando o conjunto *E*, dos fatores ambientais, é possível definir *fenótipo*, *cromossomo* e *genoma*, bem como outras noções relacionadas, como certos conjuntos de genes, devidamente caracterizados por propriedades adequadas. Tudo isto permite definir o conceito de organismo.

Definição 5.7.2 (Organismo). *Um organismo é uma estrutura da forma*[23]

$$\mathcal{O} = \langle G_{\mathcal{O}}, E_{\mathcal{O}}, F_{\mathcal{O}}, R_{\mathcal{O}}, \rangle \qquad (5.25)$$

ou seja, é uma coleção de genótipos, fatores ambientais, fenótipos e um conjunto R de relações entre esses elementos (os sub-índices indicam relativização ao particular organismo considerado).

O conjunto R indica que um organismo é muito mais que um conjunto de genótipos, fatores ambientais e fenótipos. Na verdade, podemos associar R à *forma* do organismo, informalmente, àquilo que lhe proporciona as características próprias. Assim, não temos como falar das entidades que nos dizem respeito fora das teorias que temos, e essas teorias captam apenas parcialmente (se é que captam) os fenômenos ao nosso redor. Nesse ponto, percebe-se que uma ciência empírica não pode repousar inteiramente na lógica, ainda que ela dessa se valha para alcançar precisão, como aliás sonhava Woodger.[24]

Aliás, a ideia de *forma* foi alavancada por Erwin Schrödinger para explicar uma suposta *individualidade* das coisas; já que, sendo formadas por entidades quânticas que não têm (segundo a sua concepção), individualidade, o que conferiria individualidade (e identidade) às coisas macroscópicas seria a sua forma. Isso é discutido por exemplo em [Bit96].

(A5) Se **O** designa a coleção dos organismos, então **O** $\subseteq$ *B*, ou seja, os organismos são entidades biológicas.

Como asseguram os autores de [MK00], as propriedades de reprodução dos organismos podem ser estudadas mediante as definições de organismos haplóides e diplóides, gametas etc. Do mesmo modo, introduz-se a noção de espécie como por meio de certos conjuntos de organismos caracterizados pelos seus genomas. Observe-se que todas essas definições são obtidas a partir dos elementos primitivos da axiomática ou de outros conceitos definidos a partir deles [MK00].

É relevante considerar o modo com que o sistema foi construído, via predicado conjuntista. Foi utilizada uma teoria informal de conjuntos, e isso significa que toda a matemática informal está ao nosso dispor, o que aliás caracteriza a vantagem do que Suppes realizou, em contraposição à Received View dos positivistas lógicos, permitindo introduzir conceitos de outras teorias, tais como os axiomas da teoria de probabilidades, desde que mapeáveis na teoria

---

[23]Veja bem, leitor. Usamos a linguagem de uma forma metafórica, como se faz usualmente, mas isso às vezes traz dificuldades. De fato, não pretendo dizer que você, ou eu, ou a caneca que vejo à minha frente, são quádruplas ordenadas de qualquer coisa. O mesmo se passa quando dizemos que, na física usual, as entidades são *pontuais*. Ora, um ponto, pelo menos intuitivamente, não tem dimensões (como dizia Euclides, "Ponto é aquilo de que nada é parte" [Euc09, p.97]), mas é assim que a física trata (matematicamente) essas entidades; o Sol, que convenhamos tem dimensões avantajadas para a nossa escala, é tratado na física clássica como um 'ponto'. Não confunda o mapa com o território.

[24]Um dos grande objetivos que ele perseguiu foi o de introduzir algo de *rigor* em biologia.

de conjuntos. A partir desses axiomas, e considerando certos grupos de organismos (diplóides e de reprodução cruzada), podemos, mediante a imposição de um axioma adicional, deduzir o importante princípio mendeliano da segregação monofatorial [MK00]. A partir daí, é possível reconstruir partes da genética clássica. Para o estudo de outras partes dessa ciência, é necessário introduzir outros elementos, por exemplo outro axioma especial que permita lidar com a noção de 'ligação' gênica.

Para integrarmos a teoria genética à teoria da seleção natural, necessitamos introduzir o conceito de clã, definido de modo semelhante ao que fez Williams, conforme vimos acima, bem como o conceito de ambiente externo, introduzido por definição a partir dos elementos do conjunto E. Intuitivamente, a definição de ambiente externo diz que existem certos intervalos de números reais associados a elementos do conjunto E que indicam as condições do ambiente onde 'vivem' os organismos. Assim, um desses intervalos poderia representar a temperatura, outro a umidade, outro a altitude, outro a pressão etc. A noção de ambiente externo permite definir *população*, que intuitivamente será um conjunto de organismos de organismos de mesma espécie que partilham um ambiente comum.

(A6) Este axioma garante que para cada organismo $\mathcal{O}$ existe um número real positivo $\phi(\mathcal{O})$ que designa a *aptidão* do organismo.

Se C denota um clã, podemos estender a noção de fitness para $\phi(C)$ sem dificuldade. Da mesma forma, pode-se construir uma coleção de organismos que represente uma população onde todos os seus elementos pertençam a um clã. Se P_k designa um conjunto de organismos (uma população) de um clã ($P \subseteq C$ para algum C), podemos supor que, sendo dados os elementos de P, consideramos os seus descendentes até uma geração k escrevendo 'P_k'. Isso posto, temos o

(A7) Para cada população P_k, existe um número natural K tal que se $|Pk| > K$ (ou seja, se o cardinal de P_k é maior do que K), então $\phi(P_{k+1}) < \phi(P_k)$.

O que esse postulado tem a nos dizer é que se o número de organismos pertencentes P_k for maior que K, a aptidão média da população irá diminuir. Note-se que K estabelece restrições ao crescimento do número de indivíduos de uma população em certo ambiente externo. Esse K, obviamente, não pode ser determinado pela lógica, dependendo de fatores empíricos, como a natureza dos organismos, o seu fitness, etc. O que a teoria matemática pode oferecer, e oferece, são as possibilidades de adaptar cada caso particular no seu escopo, como ocorre na matemática em geral, conforme já salientado anteriormente.

Suponhamos que, dentro do clã C, temos dois subclãs tais que C_1 e C_2 tais que $C_1 \subseteq C_2$ de forma que $C_1 \cap C_2 = \emptyset$ e $C_1 \cup C_2 = C$. O que queremos expressar é que, se o fitness do sub-clã C_1 aumentar relativamente ao de C_2, a proporção de indivíduos em C_1 se tornará maior do que a dos indivíduos em C_2, independentemente de se o número de indivíduos de C permanece constante. Para formular essa lei (que será posta como um axioma), pomos

(A8) Se $\phi(C_1) > \phi(C_2)$, então existe $n \in \mathbb{N}$ tal que $\frac{|C_1|}{|C_2|} < \frac{|C_{1+n}|}{|C_{2+n}|}$.

Notamos que se se cumprirem as condições da hipótese, a proporção de indivíduos pertencentes ao subclã C_1 aumentará à medida que passam as gerações. Se essa diferença persistir, haverá uma geração em que todos os indivíduos do clã pertencerão a C_1 (como consequência dos axiomas 7 e 8). Esse é o último axioma que apresentaremos aqui e é também a principal contribuição da teoria para a discussão que nos propomos a seguir, pois permite relacionar os elementos da genética à teoria de Williams.

Magalhães e Krause ainda observam o seguinte:

> "É importante notar que em se tratando de populações de organismos diplóides e de reprodução sexuada, o n do axioma 8 será igual a um, isto porque ocorrerá segregação gênica na gametogênese e formação de novos genótipos na geração seguinte. Dizendo de outro modo, o clã formado por indivíduos com certo genótipo deve ser desconsiderado a partir da geração $t + 1$, quando os descendentes poderão ter genótipos diferentes da geração paterna. Desse modo, pode-se estimar a contribuição média dos indivíduos que possuem tal genótipo para a formação da próxima geração da população. Considerando todos os genótipos possíveis de certo lócus, as frequências genotípicas e alélicas da próxima geração serão determinadas, até certo ponto, pelas aptidões médias dos organismos de cada um dos tipos de genótipo. Observe-se também que não há necessariamente uma relação de causa e efeito do genótipo para o fenótipo, isso é, os genótipos não têm necessariamente que ser responsáveis pela maior aptidão do subclã (embora isto possa ocorrer); basta que haja uma associação entre certos genótipos e os organismos de C_1, na geração t, para que mudem as frequências genotípicas e alélicas em $t + 1$. O contrário, entretanto, deverá ocorrer: se os organismos em C_1 se diferenciam dos de C_2 quanto ao genótipo, então haverá alteração nas frequências alélicas na próxima geração, na condição de que $\phi(C_1) > \phi(C_2)$.

Ainda citando [MK06], destacamos que, seguindo o percurso delineado acima, é possível derivar a 'lei' de Hardy e Weinberg, como apontado em [MK00]. Essa lei, aplicável a populações de organismos diplóides de reprodução sexuada, é de grande importância em genética de populações. Segundo a mesma, observadas certas condições, as frequências dos alelos e dos genótipos tendem a permanecer constantes e em equilíbrio probabilístico ao longo das gerações de uma população. Um outro aspecto importante a ser considerado é o fato de que as populações reais são finitas e, portanto, a dinâmica da transmissão dos genes entre gerações é afetada por fenômenos estocásticos, gerando o que se costuma chamar de 'deriva genética' (definida informalmente por meio de flutuações aleatórias nas frequências alélicas ao longo das gerações de uma população).

Para uma análise mais detalhada, devemos considerar ainda todos os demais fatores que influem na dinâmica da variação biológica no interior das populações, isso é, todos os fatores biológicos ou ambientais que influem nos tipos de cruzamentos, afastando-os da panmixia (uma das condições do equilíbrio), e dos fatores que alteram as frequências dos alelos ao longo das gerações: mutação, migração e seleção natural (além da deriva genética). A compreensão desses mecanismos e de seus efeitos requer a elaboração e uso de teorias matemáticas adicionais sofisticadas. Quando se consideram as ações simultâneas e interações entre esses fenômenos, essas teorias matemáticas podem adquirir um nível muito grande de complexidade.

Ao que parece, entretanto, os modelos obtidos mesmo com a introdução dessa sofisticação matemática adicional obedecem os axiomas mais gerais da STE, e podem ser levados em conta ainda que com o cuidado de sempre de considerarmos cada situação particular. Por exemplo, se quisermos estudar os efeitos de cruzamentos preferenciais sobre a composição genética da população, deveremos trabalhar com modelos que descrevam essa situação, de modo a permitir a estimativa da sua influência sobre as frequências alélicas e genotípicas. Isto pode ser feito introduzindo-se uma condição adicional (regras de cruzamento). Obtém-se assim uma classe mais restrita de modelos da teoria resultante (quanto mais conceitos e axiomas adotarmos, mais restrições teremos na aplicação da teoria).

Desse modo, pode-se afirmar que mediante a introdução de novos conceitos e axiomas, podemos dispor de diversas teorias subordinadas a uma teoria de caráter mais amplo, desde que os modelos de uma destas teorias particulares. Isso está de acordo com a chamada 'concepção dinâmica multinível' que vê a evolução como um conjunto de teorias e 'subteorias', interconectados em diferentes níveis de abstração, e é consoante com o que se faz na teoria de modelos usual em lógica (referências nos trabalhos citados)

Percebe-se claramente que o trabalho de axiomatizar e interpretar essas diversas teorias, assim como o de caracterizar as relações entre elas, é de fundamental importância para se investigar a estrutura do que se conhece por 'teoria evolutiva'.

Capítulo 6

Falando de lógica

D ENOMINAREMOS DE 'LEC' a *lógica elementar clássica*, que será detalhada a seguir, de 'L2C' a *lógica clássica de segunda ordem*, que será
descrita e por 'CAT' a *teoria de categorias*, mencionada apenas. Outros sistemas são mencionados pelos seus nomes na medida em que
forem requisitados.

Por que do detalhamento da LEC e não dos outros sistemas, apesar de
sua reconhecida importância? A razão é a de que se trata de uma questão
de escolha. Como se faz usualmente desde Skolem, as teorias axiomáticas
de conjuntos são alicerçadas na LEC, ainda que possa haver uma versão 'de
ordem superior' para cada uma delas, assim como se pode considerar uma
versão 'categorial', especificamente a *categoria* **Set**. Veremos tudo isso neste
capítulo.

6.1 A lógica elementar clássica

A descrição que aqui se faz é sucinta, suficiente apenas para o que pretendemos, que é estabelecer a base lógica para a formulação *elementar* das teorias
de conjuntos. Para mais detalhes sobre a LEC, o leitor deve procurar um bom
livro de lógica, como [Men97].

A linguagem L de LEC comporta as seguintes categorias de símbolos primitivos:

1. Conectivos proposicionais; aqui adotaremos '¬' e '→' como primitivos, os demais (a conjunção '∧', a disjunção '∨' e o bi-condicional '↔') sendo dados por definição, como se verá a seguir.

2. O quantificador universal, '∀'. Assume-se que o quantificador existencial ('∃') é introduzido por definição.

3. Símbolos auxiliares: parênteses à direita '(' e à esquerda ')', bem como a vírgula ','.

4. Uma coleção enumerável de *variáveis individuais* '$v_0, v_1, v_2, \ldots$' as quais, na metalinguagem, são referidas por $x, y, z, \ldots$, eventualmente com índices ($x_1, x_2, \ldots$).

5. O símbolo de igualdade '='.

6. Dependendo da teoria específica, essa lista pode ser complementada com as seguintes categorias de *símbolos não lógicos*:

(i) Uma coleção qualquer de *constantes individuais* '$c_1, c_2, \ldots$', denotadas por '$a, b, c, \ldots$' (eventualmente com índices) na metalinguagem.

(ii) Uma coleção de *símbolos de predicados*, cada um com uma *aridade* (ou 'peso') $n \in \mathbb{N}$: $P_1^n, P_2^n, \ldots$, que na metalinguagem denotaremos por '$F, G, H, \ldots$', a aridade ficando sub-entendida.

(iii) Uma coleção de *símbolos funcionais* (ou 'para operações'), cada um com uma aridade, $f_1^n, f_2^n, \ldots$ (na metalinguagem, '$f, g, h, \ldots$').

Os *termos* de L são as variáveis individuais, as constantes individuais (se houver alguma) e, se f é um símbolo funcional de aridade n e se $t_1, \ldots, t_n$ são termos, então todas as expressões[1] da forma $f(t_1, \ldots, t_n)$ também são termos. Designaremos os termos de L alternativamente por '$t, u, v, \ldots$'.

As *fórmulas* de L são definidas da seguinte maneira. Se P é um símbolo de predicados de aridade n e se $t_1, \ldots, t_n$ são termos, então as expressões da forma $P(t_1, \ldots, t_n)$ são ditas serem *fórmulas atômicas*. Também são fórmulas atômicas as expressões da forma '$u = v$', sendo u e v termos. Essas são as única fórmulas atômicas de L.

As demais fórmulas são obtidas recursivamente do seguinte modo, admitindo que α e β são variáveis metalinguísticas para fórmulas:

(i) Expressões da forma '$\neg \alpha$' e '$\alpha \to \beta$' são fórmulas.

(ii) O mesmo para '$\forall x \alpha$', sendo x uma variável individual.

(iii) Nada mais é uma fórmula.

---

[1] Uma 'expressão' em L é uma sequência finita de símbolos de L.

Assumimos uma convenção comum para o uso de parênteses, como a de [Men97], que assumiremos sem mais detalhes com associação de parênteses à esquerda, assim '$\alpha \to \beta \to \gamma$' abrevia '$(\alpha \to \beta) \to \gamma$'. Quando quisermos ressaltar algumas das *variáveis livres*[2] em um termo ou em uma fórmula, escreveremos $t(x, \ldots, z)$ ou $\alpha(x, \ldots, z)$ respectivamente. Desse modo, se nos deparamos com a expressão $\alpha(x)$, sabemos de antemão que se trata de uma fórmula na qual a variável individual x figura livre. Uma *sentença* de L, ou *fórmula fechada*, é uma fórmula de L na qual todas as variáveis são ligadas. Por exemplo, $\forall x(\alpha(x) \to \forall y \alpha(x, y))$ é uma sentença.

Doravante não faremos mais a distinção entre *uso* e *menção* de um símbolo ou se uma expressão, deixando que o contexto esclareça qual é o caso. Utilizamos as seguintes definições:

Definição 6.1.1. *Os demais conectivos lógicos proposicionais e o quantificador existencial são dados por:*

1. $\alpha \wedge \beta := \neg(\alpha \wedge \neg\beta)$

2. $\alpha \vee \beta := \neg\alpha \to \beta$

3. $\alpha \leftrightarrow \beta := (\alpha \to \beta) \wedge (\beta \to \alpha)$

4. $\exists x\alpha := \neg\forall x\neg\alpha$

Se α, β e γ denotam fórmulas e se x é uma variável individual, os postulados de LEC são:[3]

(A1) $\alpha \to (\beta \to \alpha)$

(A2) $(\alpha \to (\beta \to \gamma)) \to ((\alpha \to \beta) \to (\alpha \to \gamma))$

(A3) $(\neg\alpha \to \neg\beta) \to ((\neg\alpha \to \beta) \to \alpha)$

(MP)

$$\frac{\alpha, \alpha \to \beta}{\beta}$$

(A4) $\forall x\alpha(x) \to \alpha(t)$ sendo t um termo que figura livre para x em $\alpha(x)$.[4]

(A5) $\forall x(\alpha \to \beta) \to (\alpha \to \forall x\beta)$, desde que α não contenha ocorrências livres de x.

---

[2]Uma variável 'x' está *ligada* em uma fórmula α quando ela aparece (ocorre, ou figura) em um quantificador, como em $\forall x\alpha$ ou no *escopo* (alcance) de um quantificador na qual ela aparece quantificada, como em '$\forall x(\alpha(x))$' (nesse caso, em ambas as suas ocorrências, ela está ligada). Uma ocorrência de uma variável em uma fórmula é *livre* quando não for ligada. por exemplo, em '$\forall x\alpha(x) \vee \forall x\beta(x, y)$', x está ligada em todas as suas ocorrências, mas 'y' aparece livre. São igualmente livres as ocorrências das variáveis nas fórmulas '$x = x$' e $x = y$'.

[3]Tratam-se de *esquemas* de axiomas.

[4]Um termo t é *livre para x* em uma fórmula $\alpha(x)$, na qual aparece a variável x como variável livre, se não houver ocorrências livres de x em α que figurem no escopo de um quantificador $\forall y$, sendo y uma variável que aparece em t [Men97, p.].

(Gen)

$$\frac{\alpha}{\forall x \alpha}$$

(A6) $\forall x (x = x)$ (reflexividade da igualdade)

(A7) $x = y \rightarrow (\alpha(x) \rightarrow \alpha(y))$, sendo x e y termos, α uma fórmula na qual x figura e $\alpha(y)$ uma fórmula obtida da anterior pela substituição de algumas ocorrências livres de x por y.

A noção de *dedução* é a seguinte. Seja Γ um conjunto de fórmulas e seja α uma fórmula. Dizemos que α *se segue*, ou *é implicada*, ou que *é dedutível* ou ainda que é *consequência sintática* das fórmulas de Γ (ou simplesmente 'de Γ'), e escrevemos

$$\Gamma \vdash \alpha \tag{6.1}$$

se existe uma sequência finita de fórmulas $\beta - 1, \ldots, \beta_n$ tais que

(i) β_n é α

(ii) cada β_i da sequência

    (a) pertence a Γ

    (b) é um axioma de LEC

    (c) é consequência imediata de fórmulas precedentes da sequência por uma das regras de inferência do sistema.

Caso contrário, escrevemos

$$\Gamma \nvdash \alpha \tag{6.2}$$

O conjunto Γ pode ser vazio, e nesse caso, a condição (a) acima não pode ser aplicada, resultando que se a definição é satisfeita, α é consequência sintática unicamente dos axiomas de LEC. Nessa situação, chamamos α de uma *tese* de LEC, ou de um *teorema formal*, escrevendo, em vez de $\emptyset \vdash \alpha$, simplesmente

$$\vdash \alpha \tag{6.3}$$

Essa axiomática é a de Mendelson, dada na obra citada, e ela resulta *correta* e *completa* relativamente à semântica mencionada abaixo, ou seja, o conjunto dos teoremas coincide com o das fórmulas logicamente válidas. Os três primeiros axiomas mais a regra *Modus Ponens* (MP) fornecem um sistema *correto e completo* para a *lógica proposicional clássica* (LPC). A regra (Gen) é a regra de *generalização*, e há que se tomar cuidado com ela, pois alguém poderia erroneamente inferir que dela se depreende que se tivermos algo dito por α, teremos isso para qualquer que seja o indivíduo do domínio abrangido por x.[5]

---

[5]Para uma discussão dessa regra de Generalização Universal, recomendamos [Lem98, pp.106ss].

Para definirmos uma semântica que seja correta e completa para a LEC, procedemos como segue. Primeiramente, devemos definir o que á uma *interpretação* para a L, depois, o que significam as noções de *satisfatibilidade, verdade* (relativa a uma interpretação) e *validade*. Não daremos todos os detalhes aqui, porque esse não é o objetivo deste livro, mas comentaremos unicamente o seguinte.

1. Uma interpretação é um par ordenado $\mathfrak{A} = \langle D, \rho \rangle$, onde D é um conjunto não vazio e ρ é uma função (denotação) que associa os elementos de L a entidades em $\mathfrak{A}$ do seguinte modo:

(i) a cada constante individual (se houver alguma) a, a função denotação atribui um elemento $a^{\mathfrak{A}} \in D$.

(ii) a cada símbolo de predicados P de aridade n, um sub-conjunto $P^{\mathfrak{A}} \subseteq D^n$, ou seja, uma relação n-ária sobre D.

(iii) a cada símbolo funcional f de aridade n, uma função $f^{\mathfrak{A}} : D^n \to D$.

Repare que uma interpretação é um *conjunto*, que ρ é um conjunto, etc. Ou seja, *tudo isso* está sendo feito em uma teoria de conjuntos, usualmente não especificada nos textos comuns de lógica.

2. Seja $s = (s_1, s_2, \ldots)$ uma sequência ordenada de elementos de D e seja $\alpha(x_1, \ldots, x_n)$ uma fórmula na qual as variáveis x_i aparecem livres. O que visamos é definir o que significa dizer que a sequência s *satisfaz* a fórmula relativamente a uma interpretação $\mathfrak{A} = \langle D, \rho \rangle$. Isso é posto em duas etapas:

(i) seja t um termo de L e seja s^* (a. notação é a de [Men97, Cap.2]) uma função que, para cada t, associa um elemento $s^*(t) \in D$ da seguinte forma:

(a) se t é a variável individual v_i,[6] então $s^*(t)$ é s_i. Ou seja, à variável v_7, por exemplo, associamos o elemento s_7 da sequência s.

(b) se t é a constante individual a_i (caso exista), então $s^*(t)$ é o elemento $a_i^{\mathfrak{A}}$ que a função ρ associou a ela quando de sua definição.

(c) se f é um símbolo funcional de aridade n e se $f^{\mathfrak{A}}$ é a função correspondente que ρ estabeleceu, então se $t_1, \ldots, t_n$ são termos, temos que

$$s^*(f(t_1, \ldots, t_n)) = f^{\mathfrak{A}}(s^*(t_1), \ldots, s^*(t_n)).$$

(ii) se α é a fórmula atômica $P(t_1, \ldots, t_n)$ e se $P^{\mathfrak{A}}$ é a relação n-ária que ρ associou ao símbolo de predicados n-ário P, então a sequência s satisfaz α se e somente se $\langle s^*(t_1), \ldots, s^*(t_n) \rangle \in P^{\mathfrak{A}}$.

(iii) sequência s satisfaz a fórmula atômica $u = v$ se e somente se tivermos que $\langle s^*(u), s^*(v) \rangle \in \Delta_D$, sendo $\Delta_D := \{ \langle x, x \rangle : x \in D \}$, conjunto esse que é chamado de *diagonal* ou de *identidade* de D. Isso é um

---

[6]Repare aqui a necessidade de termos uma ordenação das variáveis individuais.

modo de falar que os elementos de D designados pela função s^*, ou seja, $s * (u)$ e $s^*(v)$ são iguais.

Com essas ideias, podemos definir o que significa dizer que uma fórmula α é *verdadeira* relativamente a uma interpretação $\mathfrak{A} = \langle D, \rho \rangle$.

Definição 6.1.2 (Verdade, falsidade, modelo). *Dada uma fórmula α e uma interpretação $\mathfrak{A} = \langle D, \rho \rangle$, então:*

1. *α é **verdadeira** relativamente a $\mathfrak{A}$ se e somente se for satisfeita por toda sequência $s = (s_1, s_2, \ldots)$ de elementos de D. Nesse caso, escrevemos*

$$\mathfrak{A} \models \alpha \tag{6.4}$$

*α é **falsa** relativamente a $\mathfrak{A}$ se e somente se não for satisfeita por nenhuma sequência s; nesse caso, escrevemos*

$$\mathfrak{A} \not\models \alpha \tag{6.5}$$

*se Γ é um conjunto de fórmulas de L, então $\mathfrak{A}$ é um **modelo** para Γ se e somente se toda fórmula de Γ for verdadeira relativamente a $\mathfrak{A}$.*

Algumas observações se fazem necessárias, a saber:

1. 'verdade' e 'falsidade' são sempre relativas a uma dada interpretação. Não há fórmula 'verdadeira' (ou 'falsa') *tout court*.

2. Uma fórmula pode ser verdadeira relativamente a uma interpretação mas falsa relativamente a outra. As que são verdadeiras relativamente a todas as interpretações de L são chamadas de fórmulas **logicamente válidas**, ou de *leis lógicas*. As que são falsas em todas as interpretações são as *logicamente falsas*.

3. sejam α e β fórmulas e $\mathfrak{A}$ uma interpretação. Temos então que (outras cláusulas podem ser vistas em [Men97]):

(i) α é falsa para (relativamente a) $\mathfrak{A}$ se e somente se $\neg \alpha$ é verdadeira para a mesma interpretação.

(ii) nunca se tem que $\mathfrak{A} \models \alpha$ e $\mathfrak{A} \models \neg \alpha$

(iii) se $u \neq v$, então existe um sub-conjunto $U \subseteq D$ tal que $u \in U$ mas $v \notin U$. Sintaticamente, já que podemos ver U como a extensão de algum predicado unário (de aridade igual a 1) P de L, isso vindica o Princípio da Identidade dos Indiscerníveis de Leibniz: se temos *duas* coisas, elas são *diferentes* e se distinguem por alguma qualidade descrita pelo predicado P.

(iii) um modelo, sendo uma particular interpretação, é um conjunto e portanto deve ser construído em *alguma* teoria de conjuntos.

O Teorema da Completude para a LEC, em uma formulação que é denominada de Teorema da Completude **Forte** (de Gödel), afirma que

Teorema 6.1.1 (Teorema da Completude).

$$\Gamma \vdash \alpha \text{ se e somente se } \Gamma \models \alpha. \tag{6.6}$$

Por uma **teoria** (ou **teoria formal**) entendemos um conjunto de fórmulas. Essa definição pode parecer estranha, mas é muito útil neste contexto. Uma teoria Γ é **consistente** se não existe fórmula α tal que $\Gamma \vdash \alpha$ e $\Gamma \vdash \neg\alpha$; caso contrário, ela é dita ser **inconsistente**. Uma teoria Γ é **trivial** se $\Gamma \vdash \alpha$ para toda fórmula α. Em outras palavras, uma teoria trivial 'prova tudo' (demonstra qualquer coisa que possa ser escrita em sua linguagem). Resulta que uma teoria é inconsistente se e somente se for trivial, como é fácil constatar: com efeito, se a teoria é trivial, então todas as fórmulas se sua linguagem são deriváveis, em particular a negação de qualquer fórmula que seja derivável. Reciprocamente, se α e se $\neg\alpha$ são deriváveis, então devido ao fato de que $\neg\alpha \wedge \alpha \rightarrow \beta$ é uma tese se LEC, temos por Modus Ponens que β é também derivável, e β é uma fórmula qualquer. Ou seja, o Γ é trivial.

Além do teorema da completude, alguns outros teoremas importantes que valem para LEC (e que não valerão para a as lógicas de ordem superior) são os seguintes:

1. *Compacidade*   se todos os sub-conjuntos finitos de um conjunto Γ de fórmulas têm modelo, então Γ tem modelo. Note que Γ não necessita ser finito.

2. *Löwenheim-Skolem descendente* (L-S$\downarrow$)   se uma teoria Γ tem modelo, então ela tem modelo contável.[7] Isso é o que permite que falemos no 'paradoxo' de Skolem por exemplo.

3. *Löwenheim-Skolem ascendente* (L-S$\uparrow$)   se uma teoria tem modelo infinito, então ela tem modelo infinito de qualquer cardinalidade infinita. Ou seja, podemos encontrar (ou melhor, provar que existem) modelos de cardinal λ par qualquer cardinal λ infinito. Consequentemente, nenhuma teoria desse tipo pode ser categórica.

Esses teoremas são fundamentais e mostram aspectos importantes da LEC, que constitui uma boa base lógica para uma teoria 'standard' de conjuntos, como veremos no capítulo seguinte.

6.2   Lógica de segunda ordem

Na descrição da linguagem de LEC, vimos que as expressões da forma $\forall x\alpha$ e $\exists x\alpha$ são fórmulas se e somente se x for uma variável individual. Uma tal variável é pensada como percorrendo o domínio D de uma dada interpretação

---

[7]Recordamos que 'contável' significa 'finito' (o cardinal do conjunto é um número natural) ou 'enumerável' (admite uma bijeção com o conjunto dos números naturais).

e, na semântica usual, esse domínio é um conjunto não vazio.[8] Em outras palavras, só podemos falar em L de coisas como 'existe um indivíduo (elemento de D) tal que alguma coisa', ou de 'todos os indivíduos de D são tais e tais', ou seja, *quantificamos sobre indivíduos somente*. No entanto, muitas vezes (realmente muitas vezes) queremos exprimir coisas como 'existe uma coleção de indivíduos tal que', ou 'toda coleção de indivíduos que se considere é tal que' (sempre lembrado que falamos unicamente dos indivíduos de D). Alternativamente, dada a semântica delineada acima, as duas últimas frases correspondem a 'existe uma propriedade que é satisfeita por alguns elementos de D', ou 'todos os elementos de D têm uma determinada propriedade', e isso pode ser estendido para relações. Em outros termos, necessitamos *também* quantificar sobre coleções (conjuntos) de elementos de D, ou sobre suas propriedades, relações e operações (essas formalizadas pelos símbolos funcionais). Para tanto, necessitamos de *linguagens de ordem superior*.

O caso mais simples é o das linguagens de *segunda ordem*, as quais consideraremos aqui. Chamemos de $L2$ uma linguagem que tem todos os símbolos de L dada anteriormente, mais os seguintes:

1. Para cada número natural n distinto de zero, uma coleção enumerável de *variáveis de predicados de segunda ordem* de aridade n, $X_1^n, X_2^n, \ldots$. Usaremos $X^n, Y^n, Z^n, \ldots$ para designá-las, na maioria das vezes deixando a aridade implícita pelo contexto. É comum denotar as variáveis individuais, ou seja, quando $n = 1$, por letras minúsculas como na LEC.

2. Para cada número natural n distinto de zero, uma coleção enumerável de *variáveis para operações (ou funções) de segunda ordem*, os *símbolos funcionais de segunda ordem*, aridade n: $F_1^n, F_2^n, \ldots$, que abreviaremos por $F, G, \ldots$, a aridade sendo de novo deixada para o contexto.

3. Uma coleção de constantes de segunda ordem é também adicionada à lista: $C_1^n, C_1^n, \ldots$, designadas por $C, D, \ldots$.

Os *termos individuais* de L2 são as variáveis individuais e as constantes individuais e as expressões obtidas aplicando-se a termos os símbolos funcionais, como em LEC; os *termos de segunda ordem* são as variáveis e as constantes de segunda ordem e as expressões da forma $F(t_1, \ldots, t_n)$, sendo que F é um símbolo funcional de segunda ordem e is t_j são termos de primeira ordem. As fórmulas atômicas são dadas do seguinte modo: $F(t_1, \ldots, t_n)$ é uma fórmula atômica, sendo F um símbolo para predicados de aridade n, mas agora F pode ser um símbolo de predicados de segunda ordem ou uma constante de segunda ordem. Aqui não precisamos do símbolo de igualdade porque a identidade pode ser definida, como veremos. Se α e β são fórmulas, então $\neg\alpha$ e $\alpha \to \beta$ são igualmente fórmulas, bem como as expressões da forma $\forall x\alpha$ e $\forall X^n\alpha$ e $\forall F^n\alpha$, sendo x uma variável individual. Repare que agora podemos

---

[8]O caso do domínio vazio é tratado em separado, por meio das chamadas *lógicas livres*; ver [Nol21].

quantificar sobre sub-conjuntos de indivíduos do domínio. Os conceitos de variável livre e de variável ligada são extensões óbvias daqueles vistos em LEC.

Com essa linguagem, podemos expressar coisas que em L2 devem ser deixadas como esquemas, como se vê nos seguintes casos:

1. *Princípio da Indução* Podemos escrevê-lo do seguinte modo, sendo F uma variável para predicados de segunda ordem:

$$\forall F\Big(F(0) \land \forall x(F(x) \to F(\mathfrak{s}x)) \to \forall y F(y) \Big) \tag{6.7}$$

onde aparece a quantificação sobre as propriedades dos números naturais. Não se trata mais de um *esquema*, que fornece uma fórmula para cada F, mas de uma fórmula única.

A capacidade expressiva dessa formulação é muito maior do que a do esquema. Admitindo que o esquema fornece um axioma para cada fórmula (predicado de números naturais), podemos dispor de no máximo uma quantidade enumerável de axiomas, que é a cardinalidade do conjunto das fórmulas da linguagem da aritmética (ou seja, $\aleph_0$). Mas agora o quantificador percorre a coleção de todos os sub-conjuntos do conjunto dos números naturais, que tem cardinalidade $2^{\aleph_0}$.

2. *Esquema da Separação* Na teoria de conjuntos, por exemplo em ZFC, não podemos quantificar sobre a 'condição' F (ver 8.2), mas agora podemos escrevê-lo como uma fórmula só:

$$\forall F \forall x \exists y \forall z(z \in y \leftrightarrow z \in x \land F(z)). \tag{6.8}$$

Escrevendo os demais esquemas de ZFC (separação e substituição), obtemos uma teoria ZFC2 que tem propriedades distintas daquela. Por exemplo, se adicionamos um postulado que impede a existência de cardinais inacessíveis, resulta uma teoria que é categórica, logo completa em sentido semântico, ou seja, para qualquer sentença α, temos que α ou $\neg\alpha$ é verdadeira em todos os modelos 'principais' (standard) da teoria, num sentido que explicaremos na seção seguinte; a teoria elementar de conjuntos padece dessa propriedade.[9]

3. *Boa-ordem* Uma boa-ordem sobre um conjunto X é uma relação de ordem linear (ou total) '$<$' sobre X tal que todo sub-conjunto não vazio de X

---

[9]O agora Axioma da Substituição, que na linguagem de segunda ordem se torna um axioma propriamente dito, e não mais um esquema, pode ser escrito da seguinte forma:

$$\forall F \forall u \Big(\forall x \forall y \forall z((x \in u \land F(x,y) \land F(x,z)) \to y = z)$$
$$\to \exists v \forall y(y \in v \leftrightarrow \exists x(x \in u \land F(x,y))) \Big).$$

tenha um menor elemento relativo a essa ordem. Um *menor elemento* de um conjunto A relativamente a uma ordem parcial $\leq$ é um elemento $m \in A$ tal que $\forall x(x \in A \to m \leq x)$. A ordem parcial pode ser obtida a partir da ordem total por $x \leq y := x < y \land x \neq y$. Podemos dizer e não que X é bem ordenado se cumprir o seguinte:

$$\forall X(\exists y X(y) \to \exists y(X(y) \land \forall z(X(z) \to y \leq z))). \qquad (6.9)$$

Os postulados de L2C são aqueles de LEC mais os seguintes:

(B1) $\forall X^n \alpha(X^n) \to \alpha(T)$, sendo $\alpha(X)$ uma fórmula que contém uma variável de segunda ordem livre, mas que é distinta de T, e $\alpha(T)$ é a fórmula que é obtida de $\alpha(X)$ pela substituição de X por um termo T em algumas das suas ocorrências livres.

(B2) $\forall X^n(\alpha \to \beta(X^n)) \to (\alpha \to \forall X^n \beta(X^n))$, desde que X^n não figure livre em α.[10]

(Gen)

$$\frac{\alpha}{\forall X^n \alpha(X^n)}$$

Como dito antes, podemos definir a identidade por meio da **Lei de Leibniz**, onde x e y são variáveis individuais e F é uma variável de segunda ordem:

Definição 6.2.1 (Identidade).

$$x = y := \forall F(F(x) \leftrightarrow F(y)).$$

A expressão $x = y$, se 'verdadeira', diz que x e y denotam (no domínio de qualquer interpretação) o mesmo indivíduo, enquanto que $\forall F(F(x) \leftrightarrow F(y))$ indica a *indiscernibilidade* dos indivíduos denotados por x e y: eles têm (ou 'obedecem') as mesmas propriedades e estão nas mesmas relações. Ou seja, a definição precedente vincula a identidade com a indiscernibilidade, eliminando qualquer outra coisa que possa individualizar um indivíduo e que não seja uma propriedade ou uma relação. A condição suficiente da definição, ou seja, o condicional $\forall F(F(x) \leftrightarrow F(y)) \to x = y$ é denominado de Princípio da Identidade dos Indiscerníveis, e desempenha papel preponderante na metafísica de Leibniz. Como se vê, em certo sentido a lógica clássica é 'leibniziana'.[11]

De forma esperada, podemos definir a identidade para termos de segunda ordem da seguinte maneira

---

[10]A definição de 'variável livre' e de 'variável ligada' em uma fórmula é exatamente similar à vista para as linguagens de primeira ordem, obviamente adaptadas ao caso da segunda ordem.

[11]Nas teorias de *substrato*, duas coisas podem ter todas as propriedades em comum e partilhar de todas as relações, mas mesmo assim podem ser discernidas por algo 'transcendendo' tudo isso. Para uma discussão desse ponto, ver [Lou06, Cap.3].

Definição 6.2.2 (Identidade de predicados). *Sendo G e H termos de segunda ordem, então*

$$G = H := \forall x_1 \ldots \forall x_n (G(x_1, \ldots, x_n) \leftrightarrow H(x_1, \ldots, x_n)).$$

Isso quer dizer que G e H têm 'a mesma extensão'. Outros axiomas de L2C são os seguintes.

(B3) *Compreensão* Este axioma vai dizer que toda fórmula determina uma relação que tem 'a mesma extensão' que a fórmula; em outras palavras, tudo o que pode ser dito (dos indivíduos do domínio) por uma fórmula pode ser dito por meio de uma relação. É formulado como segue, sendo $\alpha(x)$ uma fórmula na qual x figura livre:

$$\exists X \forall x (X(x) \leftrightarrow \alpha(x)). \tag{6.10}$$

(B4) *Escolha* De modo análogo às teorias de conjuntos, adotamos como axioma todas as fórmulas da forma

$$\exists F \Big(\forall x (\exists y G(x,y) \rightarrow \exists y (F(x,y) \wedge G(x,y))$$

$$\wedge \forall x \forall y \forall z (F(x,y) \wedge F(x,z) \rightarrow y = z)) \Big).$$

Como explicam Hilbert e Ackermann, "um predicado $G(x,y)$ associa [por meio de uma função $F(x,y)$] certos valores de y para aqueles x para os quais existe um y com a propriedade $G(x,y)$"[HA50, pp.130-1]. Observa-se que, falando em termos de uma semântica, G pode não ser uma função e assim associar mais de um y para cada x; assim, F 'seleciona' um deles. Repare que a fórmula que segue a conjunção '$\wedge$' diz que F é uma função.

Note que se permitirmos que se na definição de fórmula atômica permitíssemos que os termos possam ser de segunda ordem, podemos ter uma fórmula como $\neg X(X)$ em notação abreviada, e podemos obter uma versão do Paradoxo de Russell, a saber, diretamente do Axioma da Compreensão,[12]

$$\forall X (X(X) \leftrightarrow \neg X(X)), \tag{6.11}$$

o que implica uma contradição.

Com efeito, a 'solução' de Russell para o problema dos paradoxos da teoria de conjuntos foi precisamente estabelecer uma hierarquia na linguagem: predicados podem ser aplicados não a termos de 'mesma ordem', mas somente a termos de ordem 'mais baixa'. A sua teoria é denominada de *Teoria de Tipos*. Em termos 'conjuntistas', podemos dizer isso exigindo que, quando temos algo como $x \in y$, y tem que ser um conjunto do qual x é um elemento, e pelo Axioma da Regularidade, nenhum conjunto pode ser elemento de si próprio, assim nunca teremos $x \in x$, ou $x \notin x$ e o paradoxo não aparece, como não podem ser derivados os demais paradoxos conhecidos.

---

[12]Já vimos essa derivação na página 68.

6.2.1 Semântica

Há dois tipos básicos de semânticas que podemos associar a uma teoria de segunda ordem, que segundo uma terminologia comum, chamaremos de *standard* (ou 'principal') e de *'de Henkin'*, ou 'secundária' [Rog71], [Sha91].[13]

Para isso, definamos inicialmente o que é um *frame* (estrutura) para a linguagem L2. Preferimos usar a palavra 'frame' em virtude de que 'estrutura' vem sendo usada em um contexto diferente.

Definição 6.2.3 (Frame). *Um frame para L2 é uma estrutura composta por um domínio D e por relações n-árias sobre D que interpretam os termos de segunda ordem da linguagem.*

Seja $\mathcal{F} = \langle D, \rho \rangle$ um frame para L2, onde ρ é a função denotação que atribui elementos de D aos termos da linguagem e relações ou funções aos termos de segunda ordem. Dado um tal frame, então

1. se T é um termo de segunda ordem de aridade n e se $t_1, \ldots, t_n$ são termos de primeira ordem, então $\mathcal{F}, \rho \models T(t_1, \ldots, t_n)$ se e somente se a n-upla de elementos de D que são denotados pelos t_i (na mesma ordem) está na relação denotada por T, ou seja, se e somente se $\langle \rho(t_1), \ldots, \rho(t_n) \rangle \in \rho(T)$.

2. se α é uma fórmula, então $\mathcal{F}, \rho \models \forall X \alpha(X)$ se e somente se $\mathcal{F}, \rho^* \models \alpha$ para toda função denotação ρ^* que difira de ρ não mais do que relativamente a X.

As noções de validade, satisfação e outras são adaptações daquelas da lógica elementar, mas aqui, devido à outra semântica que veremos, é melhor qualificar e falar em *validade standard, verdade standard* e assim por diante, sempre explicitando o tipo de semântica que se está considerando. Um detalhe relevante para o que discutiremos mais à frente é o seguinte. Se F designa um termo monádico (de aridade 1) da linguagem, então pela semântica acima estão em princípio disponíveis *todas* as relações unárias sobre o domínio (sub-conjuntos do domínio). Isso fará com que, se alguns desses sub-conjuntos não forem considerados, como acontecerá eventualmente com uma semântica ao 'estilo Henkin', possamos ter $x = y$ sem que que x e y designem um mesmo objeto. Isso virá na sequência.

O segundo tipo de semântica é a denominada 'semântica ao estilo Henkin', em honra ao lógico norte-americano Leon Henkin (1921-2006), que a definiu. A razão de a considerarmos é que, relativamente à semântica standard, perdem-se metateoremas importantes, como a compacidade e a completude. Com a semântica de Henkin, no entanto, pode-se obter um *teorema de completude 'fraca'*, como veremos agora.

Definição 6.2.4 (Estrutura de Henkin). *Vamos designar por **estrutura de Henkin** a uma upla da forma*

$$\mathfrak{H} = \langle D, \mathcal{R}, \mathcal{O}, \rho \rangle,$$

---

[13]Alonzo Church chama de 'principal' a nossa semântica standard [Chu56].

onde D é um conjunto não vazio, o domínio da estrutura, $\mathcal{R}$ é um conjunto de relações n-árias sobre D, $\mathcal{O}$ é uma coleção de funções (ou 'operações') n-arias sobre D e ρ é a função denotação.

A ideia básica é a de que ρ atribui elementos se D aos termos de primeira ordem da linguagem, relações n-árias aos termos de segunda ordem que se pretende designem relações e funções n-árias àqueles termos que intencionalmente designam operações entre os elementos do domínio.

Um comentário sobre a definição de identidade dada pela Lei de Leibniz (definição 6.2). Suponha que temos uma linguagem de segunda ordem que tenha três símbolos de predicados constantes P, Q, R e duas constantes individuais a, b. Admita que temos uma interpretação definida como segue:

1. $D = \{1, 2, 3, 4, 5, 6\}$

2. $\rho(a) = 1, \rho(b) = 2$

3. $\rho(P) = \{1, 2, 3\}, \rho(Q) = \{1, 2, 3, 4\}$, e $\rho(R) = \{1, 2, 5, 6\}$.

Isso posto, perceba que se consideramos o frame $\mathcal{F} = \langle D, \rho \rangle$, então

$$\mathcal{F} \models a = b, \tag{6.12}$$

uma vez que $\rho(a)$ e $\rho(b)$ pertencem a todos os $\rho(F)$, para $F = P, Q, R$. No entanto, $1 \neq 2$. Não é que a Lei de Leibniz tenha sido violada, mas apenas que os predicados escolhidos não eram 'suficientes' para atestar a diferença entre 1 e 2. Isso é o que pode ocorrer com a semântica das linguagens de ordem superior; podemos constatar sem qualquer dúvida que duas entidades distintas são mesmo diferentes somente se tivermos no frame todos os sub-conjuntos unitários dos elementos do domínio. Esse é, a propósito, o modo padrão de se tornar uma estrutura rígida:[14] adiciona à estrutura todos os conjuntos unitários dos elementos do domínio. Se o domínio for não enumerável, podemos nos valer, na metamatemática, de uma linguagem infinitária.[15]

6.3 A teoria de categorias

Como já vimos antes, a teoria de categorias foi introduzida em 1945 por Samuel Eilenberg (1913-1998) e Saunders MacLane (1909-2005) no contexto da *topologia algébrica*, que utiliza recursos algébricos para abordar a topologia. Tomemos o caso dos grupos, nossos conhecidos. Podemos estudar grupos particulares, como $\mathcal{R} = \langle \mathbb{R}, + \rangle$, o grupo aditivo dos reais, ou $\mathcal{Z} = \langle \mathbb{Z}, + \rangle$, o

---

[14]Uma estrutura é *rígida* se o único automorfismo da estrutura for a função identidade, e é *não-rígida* ou *deformável* em caso contrário. Veremos que o universo $\mathcal{V}$ da teoria de conjuntos é uma estrutura rígida, e isso tem consequências para a ontologia conjuntista.

[15]Se nossa metamatemática aceita o Axioma da Escolha, basta adicionar à estrutura uma boa-ordem sobre o domínio.

grupo aditivo dos inteiros. A teoria de categorias não estuda grupos particulares, mas 'os grupos', vistos como certos objetos e certas relações entre eles, os _homomorfismos_ entre grupos. Assim, a teoria não visa uma 'psicologia' dos grupos, mas a sua 'sociologia'. Ela admite portanto a existência de duas entidades básicas, que são denominadas de _objetos_ (que no nosso exemplo seriam os grupos) e os _morfismos_, que seriam os homomorfismos entre grupos.[16] Assim, em cada caso concreto de uma categoria, deveremos identificar os objetos e os morfismos.

Porém, não basta dispormos dos morfismos; eles devem satisfazer algumas condições, os _axiomas da teoria de categorias_, que são os seguintes, denotando por $A, B, \ldots$ os objetos e por $f, h, g, \ldots$ os morfismos. Quando necessário, designaremos por _Obj_ a coleção dos objetos de uma categoria e por _Hom_ a dos seus morfismos.

1. Existe uma operação de _composição de morfismos_ que é associativa. Sendo f e g morfismos, escreveremos simplesmente fg para indicar a sua composição. Assim, se $f : A \to B$ e $g : B \to C$, temos $gf : A \to C$ satisfazendo $f(gh) = (fg)h$.

2. Para cada objeto A, existe um _morfismo identidade_ i_A tal que para todo morfismo $f : A \to B$, temos que $i_B f = f = f i_A$.

Já que não vamos estudar a teoria de categorias neste livro, mas apenas fazer comentários sobre ela, cabem as seguintes observações. Primeiramente, reconhecer algumas das principais categorias utilizadas em vários contextos, a saber:

1. A categoria dos _conjuntos_, **Set**, que tem os conjuntos como objetos e as funções entre conjuntos como morfismos. Dado um conjunto A, a função identidade $i_A : A \to A$ definida por $i_A(x) := x$, para todo $x \in A$, é a identidade de A.

2. A categoria **Grp** dos grupos já mencionada acima; os objetos são os grupos e os morfismos são os homomorfismos entre grupos.

3. A categoria **Vet** dos espaços vetoriais, cujos objetos são os espaços vetoriais os morfismos são as transformações lineares entre os espaços.

4. A categoria **Hilb** dos espaços de Hilbert, cujos objetos são os espaços de Hilbert os morfismos são as transformações lineares entre os espaços.

5. A categoria **Top** dos espaços topológicos, cujos objetos são os espaços topológicos e os morfismos são as funções contínuas entre esses espaços.

O interessante é que podemos ter 'categorias de categorias', cujos objetos são as categorias e os morfismos são aplicações entre elas, denominadas de

---

[16]Sejam $\mathcal{G}_1 = \langle G_1, * \rangle$ e $\mathcal{G}_2 = \langle G_2, \circ \rangle$ dois grupos. Um homomorfismo do primeiro no segundo é uma aplicação $h : G_1 \to G_2$ tal que $h(a * b) = h(a) \circ h(b)$. Se ela for bijetiva, será um _isomorfismo_.

funtores. Boas referências sobre a teoria de categorias são o clássico livro *Topoi* de Robert Goldblat [Gol84], bem como o também clássico livro de MacLane [ML71]. Recentemente apareceu um outro excelente livro voltado a aspectos mais filosóficos da teoria, editado por Elaine Landry [Lan17].

O que se observa é que uma categoria como **Set** não pode ser erigida em uma teoria de conjuntos como o sistema ZFC por ser 'muito grande', tratando de *todos* os conjuntos, e sabemos que não há em ZFC (suposta consistente) um conjunto universal. Da mesma forma, não conseguimos falar em uma ZFC consistente de 'todos os grupos' , 'todos os espaços vetoriais' ou de 'todos os espaços topológicos'. Porém, intuitivamente, uma categoria é formada por uma *coleção* de objetos e por uma *coleção* de morfismos, e saber se essas coleções são conjuntos de *alguma* teoria de conjuntos é uma questão relevante. A resposta é afirmativa, e pode ser vista pelo menos de dois modos.

O primeiro é aquele iniciado por Alexandre Grothendiek (1928-2014), que era membro de 'Bourbaki', fortalecendo uma teoria de conjuntos com a introdução de entidades que não podem ser nela construídas, os *universos* (de Grothendieck). Um universo é um 'conjunto' U que tem as seguintes propriedades:

1. se x é um elemento de U e se y é um elemento de x, então y é elemento de U. Na teoria de conjuntos, dizemos que U é *transitivo*, contendo como elementos os elementos de seus elementos.

2. se x e y são elementos de U, então $\{x, y\}$ é também elemento de U.

3. se x é elemento de U, então $\mathcal{P}(x)$ é elemento de U.

4. se (x_i) $(i \in I)$ é uma família de elementos de U, então $\bigcup_{i \in I} x_i$ é ainda um elemento de U.

Exemplos de universos são o conjunto vazio e a coleção V_ω dos conjuntos finitos, tomados da hierarquia cumulativa. Se acrescentarmos portanto um axioma que diz existirem universos e que todo conjunto pertence a algum universo, obtemos o que a literatura denomina de *teoria de conjuntos de Tarski-Grothendieck* (TG). É portanto uma teoria de 'conjuntos' que tem como elementos os conjuntos usuais (digamos, de ZFC) e mais os universos. Nessa teoria, a teoria de categorias pode ser desenvolvida, sendo portanto redutível a *uma determinada* teoria de conjuntos (depois veremos que isso pode ser feito também em ARC).

A existência de universos é equivalente à existência de *cardinais fortemente inacessíveis*, outra coisa que não pode ser definida (por exemplo) em ZFC, suposta consistente. Assim, se acrescentarmos a ZFC um axioma que asserta a existência desse tipo de cardinal, obtemos um *modelo* para ZFC, provando a sua consistência. Como ZFC obedece as condições para a aplicação dos teoremas de incompletude de Gödel, deduz-se daí que os referidos cardinais de fato não podem ser obtidos em ZFC senão ela estaria apta a provar a sua própria consistência, violando o segundo teorema de incompletude.[17]

Uma outra alternativa que mostra de que forma a teoria de categorias pode ser 'reduzida' a conjuntos foi apresentada por Fred Muller em 2001. Trabalhando em uma outra teoria de conjuntos, qual seja, uma adaptação de teoria de conjuntos de W. Ackermann, Muller mostrou de que forma categorias reduzem-se a conjuntos [Mul01].

Fica-se então com a opção de utilizar a teoria de categorias para a fundamentação da matemática e para a física matemática (como mostrado em [Ger85], ou uma teoria *adequada* de conjuntos. A escolha é sua. Porém, para a grande parte das teorias matemáticas que interessam por exemplo à física, uma teoria 'usual' de conjuntos como ZFC parece ser suficiente, exceto talvez no que se relaciona à física quântica, como mostrado em outra parte deste livro.

6.4 Universos

Quando falamos de números reais, é intuitivo assumirmos que o nosso 'universo' é o conjunto $\mathbb{R}$ dos números reais. Mas e se falarmos de conjuntos? Já vimos que coisas como o paradoxo de Russell mostram que não é trivial o fato de que, quando operamos com conjuntos, sempre obtemos como resultado algum conjunto 'manuseável' em algum 'universo de conjuntos'. Mas, que universo seria esse? Se temos uma teoria axiomática de conjuntos, chamemo-la de T, podemos especificar os *modelos* de T como certas estruturas, mas se T for consistente, esses modelos não podem ser conjuntos em T por causa do segundo teorema de incompletude de Gödel.[18] No entanto, falamos que os modelos de T são *conjuntos*, e devemos então perceber que usamos a palavra 'conjunto' em duas acepções diferentes. Um modelo de T é um conjunto ao qual pertencem os conjuntos que os axiomas de T dizem que existem, mas o modelo, como dissemos, não é um desses últimos conjuntos. Confuso? Henri Poincaré dizia que a matemática é a arte de usar o mesmo nome para coisas diferentes; sigamos o seu ensinamento e aceitemos os diversos usos da palavra 'conjunto'. Assim, os universos a serem definidos nesta seção são conjuntos, mas não são oriundos dos axiomas da teoria de conjuntos, seja ela que teoria for. Mas para que invocar esse conceito?

---

[17]Os teoremas de Gödel podem ser aplicados a qualquer teoria que satisfaça as seguintes condições: (1) é 'recursiva', ou seja, sua linguagem, definição de termos e fórmulas, etc. se faz como vimos fazendo até aqui com os sistemas que apresentamos; (2) é consistente, ou seja, nela não se pode derivar proposições contraditórias, e (3) é 'forte' o suficiente para acomodar a Aritmética de Peano. Nessas condições, ela admitirá sentenças *indecidíveis*, que não podem ser demonstradas em seu escopo e nem nela refutadas, ou seja, que a sua negação seja demonstrada.

[18]Esse teorema afirma que se T obedece algumas condições que a maioria das teoria axiomáticas de conjuntos obedecem, a saber, (i) consistência, (ii) recursividade e (iii) expressabilidade (da aritmética), então ela será *incompleta* (primeiro teorema de incompletude) e não pode provar a sua própria consistência (segundo teorema), e portanto, T não pode admitir um modelo dela mesma.

Como dizem Grothendiek e Verdier, "o primeiro interesse da noção de universo é fornecer uma definição das categorias usuais" (ver [AGV69, p.18]). Se U é um universo, cuja definição segue abaixo, argumentam eles, então a categoria dos conjuntos, a dos espaços topológicos, a dos grupos comutativos, a categoria das categorias, etc. pertencem a U. Os artigos de Grothendieck e Verdier e de Bourbaki em [AGV69] mostram exatamente como isso pode ser feito. Desse modo, encontramos um ambiente no qual podemos trabalhar e que contém os 'conjuntos' com os quais estamos lidando, em especial as categorias usuais.

Definição 6.4.1 (Universo). *Um **universo** é um conjunto não vazio U que satisfaz as seguintes propriedades:*

(U1) *Se $x \in U$ e $y \in x$, então $y \in U$. Dizemos que U é **transitivo**.*

(U2) *Se $x, y \in U$, então $\{x, y\} \in U$.*

(U3) *Se $x \in U$, então $\mathcal{P}(x) \in U$.*

(U4) *Se (x_i), com $i \in I$ e $I \in U$ é uma família de elementos de U, então $\bigcup_{i \in I} x_i \in U$.*

Dentre outros, resultam os seguintes fatos (*ibidem*):

(a) Se $x \in U$, então $\{x\} \in U$.

(b) Se $y \in U$ e $x \subseteq y$, então $x \in U$.

(c) Se $x, y \in U$, então $\langle x, y \rangle \in U$.

(d) Se $x, y \in U$, então $x \cup y$ e $x \times y$ pertencem a U.

(e) Se $x \in U$, então $|x| < |U|$, onde $|A|$ indica o cardinal de A.

(f) Vale ainda que $U \notin U$.

O axioma a seguir, que é independente dos axiomas de ZFC, é dito Axioma dos Universos.

Axioma (Axioma dos universos). *Para todo conjunto x existe um universo U tal que $x \in U$.*

Definição 6.4.2 (Cardinal fortemente inacessível). *Um cardinal κ é **fortemente inacessível** se*

(a) *Se $\lambda < \kappa$, então $2^\lambda < \kappa$*

(b) *Se $(\lambda_i)_{i \in I}$, com $|I| < \kappa$, é uma família de cardinais estritamente menores do que κ, então $\sum_{i \in I} \lambda_i < \kappa$.*

Um cardinal fortemente inacessível, como se vê, não pode ser 'alcançado' por cardinais menores, pois sua soma nunca o alcança. Trata-se de algo gigantesco. A curiosidade é que existe uma forte analogia entre esses cardinais e os universos, como se vê pelo teorema a seguir, cuja demonstração pode ser vista em [Bou69, p.217].

Teorema 6.4.1. *Sejam U um universo e κ um cardinal fortemente inacessível. Então o conjunto U′ dos elementos de x cujos cardinais são menores do que κ é um universo.*

Esse 'gigantismo' é, por assim dizer, um dos 'defeitos' da teoria dos universos, uma vez que, supostamente não desejamos ter que assumir coisas assim tão grandes, mesmo em se tratando de categorias. A sorte é que há uma alternativa, conforme veremos, a saber, a teoria de conjuntos de Ackermann-Muller (ARC), que não assume os cardinais fortemente inacessíveis e pode ser usada para tratar das categorias.

Vale ainda a pena mencionar que V_κ é um modelo de ZFC, como se pode demonstrar [Roi13, p.134], o que mostra que um cardinal fortemente inacessível ou um universo não podem ser obtidos em ZFC (suposta consistente).

Capítulo 7

O sistema de Zermelo

> A matemática origina-se de intuições, mas não pode ser
> nelas fundamentada.
>
> _____
>
> E. Zermelo, mencionado por G. H. Moore (1980)

RATAREMOS neste capítulo da primeira axiomatização da teoria de conjuntos proposta por Ernst Zermelo em 1908. O objetivo não é propriamente estudar o sistema de Zermelo em detalhes, mas entender, a partir dessa primeira formulação axiomática da teoria dos conjuntos, alguns dos principais aportes que lhe foram feitos por Fraenkel, Skolem e outros, o que resultou nas diversas teorias de conjuntos das quais dispomos hoje em dia. O que procuraremos evidenciar, daqui para frente, é a essência da frase atribuída a von Neumann: "entendemos por 'conjunto' nada mais do que um objeto do qual sabe-se não mais e precisa-se saber não mais do que aquilo que se segue dos postulados", dita em 1928, a qual está completamente de acordo com o ponto de vista de Hilbert acerca do método axiomático: ainda que possamos ter uma concepção intuitiva do que seja um conjunto, como sendo uma 'coleção' de objetos de alguma espécie, o que de fato é ou deixa de ser um conjunto depende dos axiomas que adotamos; alguma coleção pode ser um 'conjunto' em uma teoria mas não em outra, o que exibe o caráter relativo desse conceito. São os axiomas que, por assim dizer, 'balizam' o conceito de conjunto, _definindo-o_ de certo modo. Inicialmente veremos alguns detalhes da teoria Z de Zermelo, para depois notar algumas das principais observações feitas à teoria por T. Skolem, A. A. Fraenkel, dentre outros, que fez aparecer o que se conhece hoje como _teoria Zermelo-Fraenkel_, ZF, ou ZFC se lhe adicionarmos o axioma da escolha. Outras 'teorias de conjuntos', que foram propostas posteriormente, serão vistas mais à frente.

7.1   A axiomatização da Teoria de Conjuntos

De acordo com o espírito do método axiomático descrito anteriormente, o que se objetiva é encontrar axiomas que permitam caracterizar os conjuntos comuns da matemática padrão (intuitiva). Que axiomas seriam esses? Hao Wang, em um artigo intitulado 'The concept of set' [BP64, pp.530-570], comenta acerca de alguns dos axiomas da teoria de conjuntos que estariam implícitos nos trabalhos de Cantor, como os axiomas da Extensionalidade do Conjunto Potência e da União, dentre outros que serão vistos abaixo, os quais, segundo Wang, não teriam sido explicitados por Cantor por serem demasiado 'óbvios'. No entanto, conforme Wang, nada há em Cantor que se assemelhe a axiomas como o da regularidade.[1]

A afirmativa de Wang, ainda que interessante, não pode ser considerada surpreendente, posto que evidentemente uma teoria suficientemente desenvolvida incorpora, mesmo que implicitamente, os seus pressupostos básicos, pelo menos os mais intuitivos. O problema está no entanto 'nos demais' pressupostos, não devidamente explicitados na abordagem intuitiva, os quais podem esconder dissabores ou resultados insuspeitados que não se previa em princípio, e que a axiomatização da teoria pode muito bem apontar.

Com efeito, princípios não tão 'óbvios', como o axioma da regularidade, em geral não fazem parte explícita da descrição intuitiva, pois é de se supor que a concepção intuitiva de conjunto subjacente à teoria de Cantor era a de conjuntos bem-fundados, que obedecem esse axioma.[2] O resultado de Mirimanoff (que será visto à frente) em mostrar que 'conjuntos extraordinários' (não bem-fundados) poderiam ser obtidos mesmo da formulação axiomática dada por Zermelo, sem dúvida atesta para o fato de que a axiomatização, ou seja, a explicitação da 'base' sobre a qual se assenta a teoria, é essencial.

7.1.1   O sistema de Zermelo

Zermelo mencionou a já aludida 'definição' de conjunto dada por Cantor, dizendo que ela "certamente requer alguma limitação, apesar de que ninguém até o momento teve sucesso em substituí-la por outra definição, igualmente simples, e que não esteja sujeita a nenhuma dúvida" [Zer67, p.200]. Partindo da teoria de Cantor, a qual reconhece ser fundamental para as ciências matemáticas, e fazendo uso do método axiomático, Zermelo procura explicitar os conceitos e princípios gerais que podem servir de alicerce para toda a teoria, "estabelecendo os fundamentos desta disciplina matemática" (ibidem).

---

[1]Falando por alto, guardadas algumas condições sobre as quais falaremos oportunamente, o Axioma da Regularidade impede que, por exemplo, um conjunto possa ser elemento de si mesmo. Isso está de acordo com a concepção iterativa de conjunto, já mencionada. O significado desses axiomas irá ficando claro à medida em que avancemos.

[2]Dito de modo breve, tais conjuntos não podem ter a si mesmos como elementos, ou envolver algum tipo de circularidade tal como $x \in y \in x$ ou regressões infinitas da forma $\ldots x_3 \in x_2 \in x_1 \in x$.

Assume (intuitivamente) a existência de um domínio $\mathfrak{B}$ ('*Bereich*') de objetos ('*Dinge*'), o qual é constituído por *conjuntos* e por *átomos*, ou *Urelemente* segundo sua terminologia. Como se vê, em sua formulação não há distinção explícita entre as contrapartes sintática e semântica da teoria, podendo-se dizer que se trata de uma axiomática material.

Não seguiremos a notação original de Zermelo porque visamos comodidade. Usaremos $x, y, \ldots$, ou então $A, B, \ldots$ para denotar objetos de $\mathfrak{B}$. Para se dizer que um objeto x (átomo ou conjunto) é *elemento*, ou *membro* de y, escreve-se $x \in y$, e quando $x \in y$, dizemos que y é um conjunto, e x pode ser um átomo ou um conjunto.[3] Ademais, o símbolo de igualdade = é usado no sentido de identidade, ou seja, se $x = y$, então x e y denotam o mesmo objeto.

Se x e y são conjuntos tais que, para todo z, $z \in x$ implica $z \in y$, então x é *sub-conjunto* de y, e escreve-se $x \subseteq y$. Um outro conceito importante na teoria de Zermelo é o de *questão* (*asserção*, *predicado*) ou *propriedade* que ele chama de *definit* ('definida(o)'), conceito esse que ele introduz nos seguintes termos:

> Uma questão ou asserção $\mathcal{F}$ é dita ser *definida* se as relações fundamentais do domínio, por meio dos axiomas e das regras universais da lógica, determinam sem arbitrariedade se ela vale ou não . Do mesmo modo, uma 'função proposicional' $\mathcal{F}(x)$, na qual a variável x percorre todos os indivíduos de uma classe (conjunto) A, é dita *definida* se é definida para *cada indivíduo* x de A separadamente. [op. cit.][4]

Dentre os axiomas da teoria de Zermelo, alguns são 'construtivos', no sentido de que, se são dados certos objetos, esses axiomas garantem a existência e a unicidade de outros (bem determinados) objetos (conjuntos), muitas vezes provendo, pelo menos em alguns casos, um modo de se obter tais conjuntos.[5] Os axiomas da teoria Z são os seguintes, e se quisermos maior rigor, podemos assumir que a lógica subjacente é a LEC.. Seguiremos o modo de falar de Zermelo na apresentação dos axiomas, mas após cada um deles inserimos também formulações em uma linguagem mais atualizada. A vantagem de analisarmos o trabalho de Zermelo consiste, dentre outras coisas, em sua beleza e simplicidade. Lembre que os axiomas falam de conjuntos e de átomos. Para distingui-los, fazemos uso de um predicado C tal que $C(x)$ (que é uma fórmula) estabelece que x é um conjunto e não um átomo (átomos são aqueles x tais que $\neg C(x)$). Alguns dos quantificadores nas formulações que daremos acham-se relativizados ao predicado C; isso significa que $\forall_C x \alpha(x)$ significa $\forall x(C(x) \to \alpha(x))$ e que $\exists_C x \alpha(x)$ abrevia $\exists x(C(x) \wedge \alpha(x))$.

---

[3]Isso faz com que os átomos não sejam conjuntos, mas objetos que podem ser elementos de conjuntos, ao passo que os conjuntos podem não só ter elementos que sejam átomos mas também outros conjuntos (com uma única exceção, qual seja, a do *conjunto* vazio, que não tem elementos).

[4]Mais à frente, veremos algumas das críticas a esse conceito.

[5]Em outras situações, não há um 'processo construtivo', como quando se usa o axioma da escolha, como veremos à frente.

Os axiomas que apresentamos após cada um dos axiomas de Zermelo, adicionando-se mais alguns, como veremos, formam o que se conhece por ZFA, a teoria de Zermelo-Fraenkel com Átomos, que tem uma exposição completa em [Sup72].

(Z1) [Axioma da Determinação ou da Extensionalidade] Se qualquer elemento de um conjunto M é também elemento de N e vice-versa, se, portanto, $M \subseteq N$ e $N \subseteq M$, então sempre se tem $M = N$; ou, de modo breve: todo conjunto é determinado pelos seus elementos.

Temos a seguinte formulação em linguagem atual, sendo $x \subseteq y := \forall z (z \in x \to z \in y)$:

$$\forall_C x \forall_C y (x \subseteq y \wedge y \subseteq x \to x = y). \tag{Z1}$$

Repare que o axioma diz quando *conjuntos* são iguais. A recíproca segue das leis da LEC, como um caso particular da Substitutividade da identidade.

(Z2) [Axioma dos Conjuntos Elementares] Há um conjunto,[6] o *conjunto vazio*, denotado $\emptyset$, o qual não tem elementos. Se a é um objeto qualquer do domínio, existe um conjunto $\{a\}$ que contém a e somente a como elemento. Se a e b são dois objetos do domínio, então existe um conjunto $\{a, b\}$ que contém a e b como elementos e somente eles.

Na linguagem atual da LEC,

$$\exists_C x \forall y (y \notin x) \wedge \forall x \exists_C y (x \in y \wedge \forall z (z \in y \leftrightarrow z = x)) \wedge$$
$$\forall x \forall y \exists_C z \forall t (t \in z \leftrightarrow t = x \vee t = y). \tag{Z2}$$

Veremos mais tarde (em ZFC) que basta postularmos a última parte; o conjunto vazio resulta como teorema e pode ser provado ser único, como veremos posteriormente; o conjunto unitário de a é um caso particular de $\{a, b\}$ quando $a = b$.

(Z.3) [Esquema da Separação] Se a função proposicional $\mathcal{F}(x)$ é definida para todos os elementos de um conjunto M, então M tem um sub-conjunto $M_\mathcal{F}$ que contém como elementos precisamente aqueles elementos x de M para os quais $\mathcal{F}(x)$ é verdadeira.

Zemelo não deixou claro o que seria essa 'função proposicional', tendo tomado a expressão em sentido intuitivo de algo que se torna uma proposição (que pode ser verdadeira ou falsa) quando atribuímos um valor para x. Essa, aliás, é a ideia que está nos trabalhos de Russell. Foi somente na década de 1920 que Skolem estabeleceu que $\mathcal{F}(x)$ deveria ser entendida como sendo uma fórmula da linguagem contendo x livre. Foi nessa época que a teoria de Zermelo pode ser escrita como uma teoria elementar (de primeira-ordem). Em linguagem atual, escrevemos o seguinte, sendo $\alpha(x)$ uma fórmula na qual a variável x figura livre:

$$\forall_C z \exists_C y \forall x (x \in y \leftrightarrow x \in z \wedge \alpha(x)). \tag{7.1}$$

---

[6]Zermelo refere-se a ele como um 'conjunto fictício'.

Ou seja, dado o conjunto z qualquer, existe um conjunto y tal que seus elementos são aqueles elementos de z que cumprem a condição estabelecida por α. Em outras palavras, estamos *separando* em z aqueles elementos que obedecem α, obtendo um sub-conjunto de z. Por esse motivo, o axioma é também denominado de Axioma dos Sub-Conjuntos. Note que se nenhum elemento de z satisfaz α o conjunto resultante é o conjunto vazio.

Como disse Zermelo, no axioma Z3 "conjuntos nunca podem ser *definidos independentemente* (...) mas devem ser sempre *separados* como sub-conjuntos de conjuntos já dados; então, diz ele, noções contraditórias como 'o conjunto de todos os conjuntos' ou 'o conjunto de todos os números ordinais' (...) são excluídas" (*op. cit.*, p. 202). Com efeito, para obtermos por exemplo o conjunto universal U, necessitaríamos 'separar' seus elementos, que seriam todos os conjuntos e todos os átomos, de algum conjunto já dado antes, que portanto teria que conter U como sub-conjunto, já que não haveria sentido 'separar' um conjunto dele mesmo. O mesmo raciocínio mostra por que o paradoxo de Russell deixa de existir; para formarmos o conjunto de Russell R, ou seja, o conjunto de *todos* os conjuntos que não são elementos de si mesmos, teríamos que tê-los em algum outro lugar (conjunto), mas onde? É o mesmo problema com qualquer conjunto 'universal'.

Os demais paradoxos semânticos[7] como o paradoxo de Richard também são excluídos, uma vez que, diz Zermelo, a exigência de que o critério $\mathcal{F}$ seja 'definido', isso é, que possa-se sempre saber se $\mathcal{F}(x)$ é ou não verdadeira para todo $x \in M$, impede que se possa considerar frases como 'definida por um certo número finito de palavras'.[8] No entanto, não obstante Zermelo chamar a atenção para o fato de que "devemos sempre, previamente a cada aplicação do axioma 3, provar que o critério $\mathcal{F}(x)$ é definido, se desejarmos ser rigorosos ..." (*op. cit.*), esse aludido 'rigor' deixa a muito a desejar, como observado por Skolem e Fraenkel posteriormente. Porém, como se evidenciou, a teoria de Zermelo de fato evita as (conhecidas) antinomias.[9]

Zermelo introduz ainda outros conceitos, como os de *complemento, união* e de *interseção* de conjuntos, chegando a provar algumas de suas principais propriedades. Um interessante teorema é o seguinte, o qual expressa, em nossa linguagem atual, que não existe 'conjunto universal'.

---

[7]Àquela época ainda não se usava essa terminologia, que data da década de 20.

[8]O paradoxo de Richard (1905) pode ser formulado do seguinte modo: algumas frases em português denotam números reais, como por exemplo 'o quociente entre o comprimento de uma circunferência e o seu diâmetro', que denota o número π. Todas essas frases podem ser enumeradas e ordenadas lexicograficamente, como em um dicionário, de maneira usual. Uma vez feito isso, chamemos de n-ésimo número real determinado pelas frases de tal ordenação de n-ésimo número de Richard. Considere então a seguinte frase em português: 'o número real cuja n-ésima casa decimal é 1 se na n-ésima casa decimal do n-ésimo número de Richard não é 1, e é 2 em caso contrário'. Essa frase, como é fácil perceber, define um número de Richard (chame-o de k), que pela sua definição difere do k-ésimo número de Richard na k-ésima casa decimal.

[9]Se ela evita *todas* as antinomias, inclusive aquelas que ainda estão para ser descobertas, é um problema que não pode ser resolvido. Não há prova *absoluta* de consistência de uma teoria de conjuntos, mas somente provas de consistência *relativa*. Voltaremos a isso.

Teorema 7.1.1. *Todo conjunto M possui ao menos um sub-conjunto M_0 que não é elemento de M.*

Demonstração[10] *É definido [no sentido dado anteriormente] para qualquer elemento $x \in M$, se $x \in x$ ou não; a possibilidade de que $x \in x$ não é excluída pelos axiomas. Portanto, se M_0 é sub-conjunto de M tal que, de acordo com o axioma (Z3), contém todos aqueles elementos x de M para os quais não é o caso que $x \in x$, então M_0 não pode ser elemento de M. Com efeito, $M_0 \in M_0$ ou não; no primeiro caso, M_0 poderia conter um elemento $x = M_0$ para o qual $x \in x$, o que contradiria a definição de M_0. Então M_0 seguramente não é um elemento de M_0, e em consequência, se M_0 fosse um elemento de M, deveria ser um elemento de M_0, o que já foi excluído, pois no segundo caso assumiu-se que M_0 não é elemento dele próprio.* ∎

Cabe observar que von Neumann introduziu uma forma 'mais fraca' do Esquema da Separação do seguinte modo:

$$\exists y \forall x (x \in y \leftrightarrow \exists z (x \in z \wedge F(x))) \tag{7.2}$$

Esse esquema difere do anterior, pois contrariamente à formulação de Zermelo, a qual exige que o conjunto z seja *dado previamente*, na formulação de von Neumann toma-se para elementos do conjunto y elementos de 'quaisquer' conjuntos z, desde que eles tenham a propriedade especificada.[11]

(Z4) [Axioma do Conjunto Potência] A todo conjunto A corresponde um conjunto $\mathcal{P}(A)$, o *conjunto potência* de A, o qual contém como elementos os subconjuntos de A e somente eles.

Na nossa linguagem, teremos

$$\forall_C x \exists_C y \forall z (z \in y \leftrightarrow z \subseteq x). \tag{7.3}$$

(Z5) [Axioma da União] A todo conjunto A corresponde um conjunto $\cup A$ que contém como elementos todos os elementos dos elementos de A e somente eles.

O conjunto união de um conjunto dado tem como elementos os elementos dos elementos (dos conjuntos) do conjunto dado. É mais ou menos como se, em um depósito com sacos de diferentes tipos de frutas, juntássemos todas elas em um único grande saco. Em linguagem atual,

$$\forall_C x \exists_C y \forall z (z \in x \leftrightarrow \exists_C w (z \in w \wedge w \in x)). \tag{7.4}$$

O conjunto w do axioma é denotado por $\cup x$. Quando x tem somente dois elementos (que são conjuntos), digamos $x = \{u, v\}$, então escrevemos $\cup x = u \cup v$, e podemos fazer isso para um número maior de conjuntos, inclusive para uma infinidade deles.

---

[10]Seguimos a demonstração dada pelo próprio Zermelo em 1908. No capítulo seguinte, demonstraremos esse teorema do modo como se faz atualmente.

[11]Esse esquema tem no entanto alguns inconvenientes, que no entanto não serão comentados aqui. Para maiores discussões , veja [FBHL73, p.139].

Esses dois axiomas são importantes em vários sentidos; o axioma do conjunto potência permite obter conjuntos com cardinalidades cada vez maiores, o que é fundamental em teoria dos conjuntos, enquanto que o axioma do conjunto união é necessário tendo em vista o fato dos axiomas anteriores não permitirem que se obtenha um conjunto cujos elementos sejam os elementos dos elementos de um conjunto dado. Por exemplo, do Axioma dos Conjuntos Elementares, dados os objetos a, b e c, podemos formar os conjuntos $\{a, b\}$ e $\{a, c\}$, mas não podemos obter $\{a, b, c\}$, que intuitivamente é a *união* dos dois primeiros. O axioma Z5 oferece essa possibilidade.

Em seu artigo de 1908, Zermelo passa então a provar uma série de resultados acerca da união de conjuntos (que ele denota como símbolo $+$ e chama de *soma* de conjuntos),[12] como a associatividade, a comutatividade e a distributividade relativamente à interseção (e dessa em relação à união), dentre outras. No entanto, não nos cabe desenvolver a teoria dos conjuntos aqui, mas tão somente comentar sobre a sua base axiomática.

O sexto axioma considerado por Zermelo é o Axioma da Escolha. havia

sido proposto por Zermelo em um trabalho de 1904 quando ele tentava demonstrar o Princípio da Boa-ordem (todo conjunto pode ser bem ordenado). Mais tarde, constatou-se que os dois são equivalentes; consequentemente, a demonstração falha por *petitio principii*, ou seja, por assumir o que se está querendo provar. O axioma da escolha será aqui enunciado da forma como foi proposta por Zermelo em 1908, já que comentários a respeito desse axioma serão feitos mais detalhadamente à frente e também quando discorrermos acerca da metamatemática da teoria dos conjuntos.

(Z6) [Axioma da Escolha] Se T é um conjunto cujos elementos são conjuntos distintos de $\emptyset$ e mutuamente disjuntos, então $\cup T$ contém ao menos um subconjunto S_1 que tem um e somente um elemento em comum com cada um dos elementos de T.

O último axioma é o Axioma do Infinito. Inicialmente, cabe notar a observação de van Heijenoort de que aparentemente foi Zermelo o primeiro matemático a perceber que a existência de conjuntos infinitos precisava ser assegurada por um axioma especial.[13] Note que podemos provar a existência de uma infinidade de conjuntos, mas não de um *conjunto* tendo uma infinidade de elementos. Enfatizando, a necessidade de tal axioma pode ser ilustrada do seguinte modo. Notamos que do axioma Z2, há o conjunto vazio $\emptyset$, logo (pelo mesmo axioma) $\{\emptyset\}$, $\{\{\emptyset\}\}$, e assim por diante. No entanto, não há nada que nos garanta podermos considerar *todos* os conjuntos assim obtidos como elementos de um mesmo *conjunto*, o qual poderíamos chamar (como fez Zermelo) $Z_0 = \{\emptyset, \{\emptyset\}, \{\{\emptyset\}\}, \ldots\}$. Para tanto, precisamos do axioma abaixo:

---

[12]Possivelmente seguindo Schröder, que ele cita.
[13]Cf. [vH67, p.198]. Isso é interessante, tendo em vista o uso fazia de conjuntos infinitos desde há muito em matemática.

(Z7) [Axioma do Infinito] Há no domínio pelo menos um conjunto Z que contém o conjunto vazio e é de tal modo constituído que a cada um de seus elementos a corresponde um outro elemento da forma $\{a\}$ que também pertence ao conjunto Z.

Então, o Axioma do Infinito garante, em particular, a existência do conjunto Z_0 acima. Observe-se que, de maneira geral, se Z é um conjunto que tem as propriedades especificadas pelo Axioma do Infinito, então pelo axioma Z3 existe um sub-conjunto W de Z tal que, para todo x, $x \in W$ se e somente se $x \in Z$ e x pertence a todo e qualquer conjunto que satisfaça a hipótese do axioma Z7.[14] Logo, como obviamente $x \in Z$, então $x \in W$ se e somente se x pertence a todo conjunto que satisfaça a hipótese do axioma Z7.[15] Consequentemente, pode-se falar de um 'menor' conjunto (no sentido de estar contido em todos os outros) que satisfaça a hipótese de Z7, o qual é precisamente Z_0. Logo, Z_0 é o 'menor' conjunto que contém $\emptyset$, $\{\emptyset\}$, $\{\{\emptyset\}\}$, etc..

Os elementos de Z_0, na teoria de Zermelo, representam os números naturais $0, 1, 2, \ldots$, e são chamados de *números naturais de Zermelo*; Fica assim estabelecida a existência do conjunto dos números naturais. Cabe mais uma observação: note que Zermelo (e depois, von Neumann) não *define* os números naturais, mas toma certos conjuntos para representar esses números, de forma que as propriedades desejadas sejam preservadas. Definições como as de Frege-Russell não funcionam aqui, como teremos oportunidade de verificar.

Outra forma de se postular o Axioma do Infinito (devida a von Neumann) é a seguinte:

Existe um conjunto Z tal que $\emptyset \in Z$ e, se $x \in Z$, então $x \cup \{x\} \in Z$.

Nesse caso, os números naturais são os conjuntos $\emptyset$, $\{\emptyset\}$, $\{\emptyset, \{\emptyset\}\}$, etc. que são os *números naturais de von Neumann*. Há razões para se preferir essa abordagem como comentaremos no capítulo sobre ZF.

A teoria de Zermelo, que denotamos acima por Z, é dada pelos sete axiomas acima. Convém notar que Zermelo não utiliza o conceito de produto cartesiano, mas o de *'connection set'* associado a um conjunto de conjuntos dois a dois disjuntos, ou *produto* de tais conjuntos (ver a seção seguinte). A definição corresponde (para dois conjuntos) ao conceito de par não-ordenado. Com tal procedimento, no entanto, a sua 'teoria da equivalência' , que faz uso desse conceito, torna-se bastante incômoda [Zer67, pp.204ss].

7.1.2   O Axioma da Escolha, I

Zermelo define o *produto* de dois conjuntos M e N do seguinte modo: sendo M e N disjuntos e os únicos elementos de um conjunto T, sejam $S_1 \subseteq \bigcup T$ e T_1

---

[14]Note que *todo* conjunto que satisfaça a hipótese de Z7 contém Z_0 como sub-conjunto.
[15]Tais conjuntos foram denominados posteriormente de *conjuntos indutivos*.

o conjunto dos elementos de T que têm exatamente um elemento em comum com S_1. O produto $\mathbf{P}(T)$ é então, por definição, o conjunto de todos os subconjuntos S_i de $\bigcup(T)$ que têm exatamente um elemento em comum com cada elemento de T. Evidentemente, tal definição equivale a se tomar os pares não-ordenados dos elementos de $M \cup N$.

Com efeito, suponha que $T = \{M, N\}$, sendo $M = \{a, b\}$ e $N = \{1, 2\}$. Então $\bigcup T = \{a, b, 1, 2\}$, e $\mathbf{P}(T) = \{\{a, 1\}, \{a, 2\}, \{b, 1\}, \{b, 2\}\}$.

O produto de conjuntos acima implica que para qualquer conjunto T cujos elementos sejam conjuntos disjuntos, existe o conjunto cujos elementos são conjuntos que contêm um único elemento de cada um dos elementos de T. Tal conjunto é precisamente o produto $\mathbf{P}(T)$. Se os elementos de T são $M, N, R, \ldots$, então $\mathbf{P}(T)$ pode ser denotado $M \times N \times R \times \cdots$. Obviamente, se $\varnothing \in T$, então $\mathbf{P}(T) = \varnothing$. Note-se que $M \times N \times R \times \cdots$ tem aqui um sentido diverso do usual; com efeito, não se trata do conceito de conjunto de pares ordenados como estamos habituados a utilizar na teoria intuitiva, mas de pares não ordenados.

Seja agora M um conjunto cujos elementos são conjuntos disjuntos e tal que $\varnothing \notin M$. Então, pelo exposto acima, vem que se $\varnothing \in M$, então $\mathbf{P}(M) = \varnothing$. Mas se $\varnothing \notin M$, nada implica que $\mathbf{P}(M) \neq \varnothing$. A possibilidade de que $\mathbf{P}(M) \neq \varnothing$ aconteça requer que possamos 'escolher' arbitrariamente um elemento de cada membro de M; o conjunto que contém tais elementos 'escolhidos' é subconjunto de $\bigcup M$, e como seus elementos têm a propriedade especificada, é um elemento de $\mathbf{P}(M)$. Em outras palavras, a possibilidade de tal escolha implica $\mathbf{P}(M) \neq \varnothing$.

Esse 'conjunto escolha', no entanto, não pode ser obtido por meio do esquema da Separação ou dos demais axiomas de Z (exceptuando-se o Axioma da Escolha), a não ser no caso particular de que cada membro de M é um conjunto unitário. A existência de tal 'conjunto escolha' deve ser postulada por um axioma especial, precisamente o Axioma da Escolha.

O Axioma da Escolha pode também ser formulado da forma seguinte, devida a Bertrand Russell (dito Axioma Multiplicativo):[16]

[Axioma Multiplicativo] Para qualquer conjunto M cujos elementos sejam conjuntos dois a dois disjuntos e tal que $\varnothing \notin M$, o produto $\mathbf{P}(M)$ é distinto de $\varnothing$.

Note-se que cada elemento de $\mathbf{P}(M)$ é um conjunto escolha para M. Relativamente à formulação dada em (Z6), poderíamos dizer, como fez Zermelo, que é sempre possível *escolher* um único elemento de cada elemento $M, N, R, \ldots$ de T e combinar todos os elementos escolhidos $m, n, r, \ldots$ em um conjunto c.

---

[16]Conhecem-se atualmente algumas centenas de proposições que são equivalentes ao axioma na forma postulada por Zermelo. Veja R. Rubin and J. Rubin, *Equivalents of the axiom of choice*, Amsterdam, North-Holland, 1963.

Bertrand Russell deu ainda uma descrição intuitiva da necessidade do Axioma da Escolha; disse ele que se tivéssemos $\aleph_0$ pares de botas,[17] poderíamos ter uma 'estratégia' para formar um conjunto-escolha, bastando para isso, tomar todos os pés esquerdos, ou então (outra estratégia), tomar os pés esquerdos e direitos intercaladamente. No entanto, se tivéssemos $\aleph_0$ pares de meias, não haveria uma tal 'estratégia', posto que não podemos (em princípio) distinguir entre meias de um mesmo par para dizer que uma é a 'meia direita' e a outra é a 'meia esquerda'. Para obter um conjunto-escolha que contenha um pé de meia de cada par, precisamos do Axioma da Escolha.

O Axioma da Escolha pode ainda ser alternativamente enunciado dizendo-se que para qualquer conjunto X há uma função f que associa a cada subconjunto não vazio $Y \subseteq X$ um único elemento $f(Y)$ de Y. Intuitivamente, o que se está postulando é que se está 'escolhendo' um elemento de cada subconjunto não vazio de X. A função f é dita ser uma *função escolha* para X, e o conjunto dos $f(Y)$, *conjunto escolha* associado a f.

7.1.3 A independência do Axioma da Escolha, I

Uma ideia similar à descrição intuitiva de Russell relativa aos pares de meias foi usada por Fraenkel para provar que o Axioma da Escolha é independente dos demais axiomas da teoria Z. Intuitivamente, isso significa que o referido axioma não pode ser provado ou 'desprovado' a partir dos axiomas de tal teoria; 'desprovado' significa que sua negação é um teorema. A estratégia de Fraenkel é, grosso modo, a seguinte.[18]

Intuitivamente, objetiva-se gerar, usando os axiomas do par, potência, união e separação, um domínio que contenha uma família A enumerável de conjuntos $M_1, M_2, \ldots$, dois a dois disjuntos, cada um tendo mais de um elemento e satisfazendo a seguinte condição: qualquer propriedade *definit* (no sentido de Zermelo)[19] verdadeira para ao menos um elemento de algum conjunto M_m é verdadeira para todos os elementos de algum M_n. Um conjunto satisfazendo essa condição certamente carece de uma função escolha, uma vez que o 'conjunto escolha' obtido mudaria (por força do Axioma da Extensionalidade) se um de seus elementos fosse substituído por outro. Em outras palavras, nenhuma propriedade poderia ser usada para 'separar' um elemento de M_m dos demais.

A fim de exibir um tal conjunto, Fraenkel considerou o menor domínio B gerado pelos axiomas do par, potência, união e separação a partir do conjunto vazio $\varnothing$, do conjunto $Z_0 = \{\varnothing, \{\varnothing\}, \{\{\varnothing\}\}, \ldots\}$, de uma coleção enumerável de átomos $a_1, \bar{a}_1, a_2, \bar{a}_2, \ldots$ e do conjunto cujos elementos são pares de átomos,

---

[17]$\aleph_0$ é o cardinal do conjunto dos números naturais. Veja o Capítulo seguinte.

[18]Para detalhes, ver [Fra67]. Em parte seguiremos também [Moo82, pp.272ss].

[19]Em seu artigo de 1922, Fraenkel insistiu que uma prova detalhada da independência do Axioma da Escolha dependeria de uma noção mais precisa de 'propriedade definida'. Mais à frente, falaremos mais acerca dos reparos de Fraenkel à teoria de Zermelo.

$A = \{\{a_1, \bar{a}_1\}, \{a_2, \bar{a}_2\}, \ldots\}$.[20] Note uma coisa importante, que será utilizada mais tarde: os átomos selecionados são todos *distintos* uns dos outros, como resulta dos axiomas da teoria, pois devem satisfazer a lógica subjacente.

Os pares $\{a_i, \bar{a}_i\}$ foram chamados *células* por Fraenkel, e os elementos a_i e $\bar{a}_i$ de *elementos conjugados*. O truque é fazer com que as células desempenhem o papel dos pares de meias na descrição intuitiva de Russell, ou seja, que os elementos de uma mesma célula não possam ser discernidos um do outro, evitando-se desse modo que qualquer função escolha possa ser definida, resultando que o axioma da escolha é portanto falso. O Teorema Fundamental, do qual a independência do Axioma da Escolha decorre, asserta o seguinte:

Teorema 7.1.2 (Teorema Fundamental). *Se M é um conjunto, então, correspondendo a M, há ao menos um sub-conjunto $A_M \subseteq A$, $A_M = \{A_{n_1}, A_{n_2}, \ldots\}$, onde $A_{n_k} = \{a_{n_k}, \bar{a}_{n_k}\}$,[21] e tal que se $a_{n_k} \in A_{n_k} \in A_M$ (isto é, se $a_{n_k} \in \cup A_M$), então uma permutação de a_{n_k} por $\bar{a}_{n_k}$ mapeia M sobre sí próprio.*

Uma vez provado esse teorema, como mostrou Fraenkel, resulta que o conjunto A acima contradiz o teorema, pois não poderá admitir qualquer conjunto escolha, uma vez que "claramente, qualquer conjunto escolha muda se qualquer a_k é substituído por $\bar{a}_k$" (*ibid.*, p. 287). Isso, como dito acima, faz com que os átomos de cada célula sejam indiscerníveis, mas trata-se de um truque, pois como antecipado antes, *qualquer* objeto do universo da teoria de conjuntos estabelecida é um *indivíduo* e pode, em princípio, ser discernido de qualquer outro. A importância dessa observação reside no fato de que vemos aqui um modo padrão de tratar a indiscernibilidade em ambientes 'clássicos'; voltaremos a isso mais tarde (veja o capítulo 11).

A ideia de Fraenkel foi mais tarde desenvolvida para ser aplicada em outras situações, ficando conhecida uma técnica de construção de modelos denominados de 'modelos de permutação', ou modelos de Fraenkel-Mostowski.[22]

---

[20]Segundo Moore (*op. cit.*), Fraenkel acreditava ser possível exibir um conjunto que não admitisse função escolha e cujos elementos fossem constituídos unicamente de conjuntos, mas por razões de simplicidade, teria trabalhado admitindo a existência de átomos. No entanto, como resultaram de investigações posteriores de Gödel e de Cohen, que mencionaremos nos capítulos seguintes, a independência do axioma da escolha relativamente aos axiomas da teoria de conjuntos *sem* átomos não pode ser estabelecida do modo como imaginou Fraenkel.

[21][Na tradução do artigo de Fraenkel em [vH67], diz-se que A_M "contains *almost all* elements of A"; em Moore (*op. cit.*, p. 274), e também na apresentação do texto de Fraenkel no livro de van Heijenoort (p. 284)), é dito que A_M contém "all but finitely many members of A".]

[22]Ver o Capítulo 7 de [Kri71], [Jec08, Cap.4] e também [Moo82, p.272ss]. Voltaremos a isso na seção 9.1.

7.2   As observações de Skolem e de Fraenkel

7.2.1   O conceito de 'propriedade definida'

A teoria axiomática de Zermelo não foi universalmente aceita desde o princípio. Moore comenta que a teoria original de Zermelo recebeu aprovação imediata de somente três matemáticos alemães. Houve objeções de Jourdain, Russell, Poincaré e Weyl, dentre outros, as quais residiam essencialmente em questões acerca da consistência da teoria e na ambiguidade da noção de propriedade definida [Moo82, pp.260ss]. Já em 1910, Hermann Weyl apontou que o conceito de 'propriedade definida' deveria ser tornado preciso, tendo apresentado uma formulação desse conceito em 1917, caracterizando tais propriedades como aquelas que são construídas a partir das relações $\in$ e $=$ mediante um número finito de aplicações da negação, conjunção, disjunção, quantificação existencial e substituição de uma variável por uma constante. No entanto, como comenta Moore, tendo tentado evitar o uso do conceito de número natural em sua definição, Weyl tornou-a inoperante.[23] As razões pelas quais Weyl tentava escapar do uso de números naturais têm a ver com sua concepção filosófica relacionada ao construtivismo, segundo a qual a teoria de conjuntos deveria ser fundamentada sobre o conceito de número natural, e não conversamente.[24]

Em 1922, Skolem e Fraenkel, independentemente, em trabalhos que influenciaram mais o meio matemático do que o de Weyl, também observaram que o conceito de asserção ou de *proposição (ou propriedade) definida* tal como usado por Zermelo não era satisfatório, basicamente por ser demasiado intuitiva e por carecer de uma definição precisa. Apesar de distintas, as abordagens desses dois autores são equivalentes, como evidenciou Skolem. O procedimento de Skolem é em muito similar àquele proposto por Weyl, mas difere essencialmente deste por ter limitado a aplicação de quantificadores a indivíduos somente (ou seja, primeira ordem), contrariamente a Weyl. Por sua simplicidade e maior generalidade, o procedimento de Skolem, que formaliza o Axioma da Separação na lógica de primeira ordem, tornou-se o mais usado, e será o único comentado no que se segue.

Cabe observar que Skolem fez outras observações de grande importância, como por exemplo o fato de que o teorema de Löwenheim-Skolem implica que a teoria de Zermelo (formulada como teoria de primeira ordem) terá modelos enumeráveis, não obstante poder-se provar nessa teoria a existência de conjuntos não enumeráveis, como o conjunto $\mathbb{R}$ dos números reais. Tal fato, conhecido como 'paradoxo' de Skolem será explicado em outra parte deste livro.

Essencialmente, o que Skolem fez foi, usando as cinco operações lógi-

---

[23]Moore, *loc. cit.*. A definição recursiva de fórmula requer o uso metalinguístico do conceito de número natural, como veremos no capítulo sobre ZF.

[24]Sobre a posição de Weyl, em especial sobre o seu [Wey94], mas também [dS89], [Cas76, p.166] e [vH67, p.285].

cas básicas apresentadas por Schröder em 1890 (conjunção, disjunção, negação, quantificação universal e quantificação existencial), formalizar adequadamente o conceito de 'propriedade definida'. Disse Skolem:

> Por uma proposição definida entendemos uma expressão finita construída a partir de proposições elementares da forma $a \in b$ ou $a = b$ por intermédio das cinco operações mencionadas. [Sko67, pp.292-293]

Em outros termos, como ficou patente posteriormente, uma propriedade é definida (no sentido de Skolem) se pode ser expressa como uma fórmula bem-formada da linguagem da lógica de primeira ordem com igualdade, cujos únicos símbolos específicos são os predicados binários $\in$ e $=$. Menciona-se no entanto que Zermelo não teria aceitado tais reformulações do seu Axioma da Separação tendo em vista o uso que nele é que é feito do sistema dos números naturais (as definições usadas são recursivas, como já aludido acima), que para ele só poderiam ser introduzidos posteriormente e, portanto, uma definição puramente 'conjuntista' deveria ser preferível.[25] Ademais, o caso implicado pelo teorema de Löwenheim-Skolem referido acima atestava, para Zermelo, a inadequação da lógica de primeira ordem para fundamentar a teoria de conjuntos. Como salienta Moore, Zermelo pernameceu até o fim de sua vida sustentando que a lógica de segunda ordem seria mais adequada para alicerçar a teoria de conjuntos (e, portanto, a matemática).[26]

Em 1929, Zermelo tentou responder às críticas à sua definição original de propriedade definida, fundamentando suas asserções em lógica de segunda ordem (veja a seção 6.2), permitindo, em uma nova definição desse referido conceito com a quantificação de variáveis para funções. Sua caracterização, no entanto, foi mais uma vez objeto de restrições por parte de Skolem, sob a alegação de que a nova definição Zermeliana de propriedade definida era inadequada e poderia engendrar paradoxos. Falaremos mais sobre este importante período da história da matemática à frente.

7.2.2 A questão dos *Urelemente*

Fraenkel ainda simplificou a ontologia básica da teoria de Zermelo, dispensando os átomos (*Urelemente*), que segundo ele não são necessários para os propósitos de se erigir a matemática tradicional a partir das teorias de conjuntos. Com efeito, praticamente todos os conceitos matemáticos reduzem-se a conjuntos ou, quando muito, a 'classes', no sentido a ser explanado mais detalhadamente quando virmos as teorias NBG e KM. No entanto, as teorias com

---

[25]Zermelo referiu-se somente à formulação de Fraenkel em virtude de que não teria conhecimento da definição proposta por Skolem. Como os números naturais podem ser obtidos na teoria de conjuntos, usá-los na formulação da definição de propriedade definida poderia parecer redundante.

[26]Cf.[Moo82, p.26], e especialmente pp. 267ss. Ver também [Moo80].

átomos têm importância sob vários aspectos, como nas provas de independência mencionadas (modelos de permutação); à frente veremos uma versão
de uma tal teoria (quando estudarmos a teoria ZFA na Seção 9.1), e aparentemente são importantes de fato no tratamento das disciplinas das ciências
empíricas, onde supostamente lidamos também com coisas (objetos físicos)
que não são conjuntos. Na seção 9.2, falamos da aplicação de átomos à física.

7.2.3   O Axioma da Substituição

A teoria de Zermelo não é adequada para se desenvolver tudo o que se pretende com a teoria de Cantor, em especial muitos dos argumentos utilizados
em sua aritmética transfinita. Para fortalecê-la, Fraenkel e Skolem, independentemente, introduziram um novo axioma, conhecido como Axioma (ou Esquema) da Substituição.[27]
   De maneira muito simples, podemos dizer o que faz esse axioma: dado
um conjunto A e uma *condição funcional* sobre os elementos de A, isto é, uma
fórmula $\varphi(x,y)$ tal que para cada $x \in A$ existe um único y tal que $\varphi(x,y)$ se
verifique, então esses y formam um conjunto. Na linguagem comum, *a imagem
de um conjunto por uma função é também um conjunto.* Apesar de parecer óbvio,
esse resultado não está presente até aqui, precisando ser postulado.
   Um exemplo mais detalhado (e histórico) da necessidade desse novo esquema pode ser dado do seguinte modo. Tomemos o conjunto Z_0 cujos elementos são $\varnothing$, $\{\varnothing\}$, $\{\{\varnothing\}\}$, ..., cuja existência é garantida pelos axiomas da
teoria Z. A partir de **(Z4)**, podemos formar $Z_1 = \mathcal{P}(Z_0)$, e depois $Z_2 = \mathcal{P}(Z_1)$,
e assim por diante, obtendo conjuntos com cardinalidades cada vez maiores.
Defina-se então $A = \{Z_0, Z_1, Z_2, \ldots\}$, o qual é perfeitamente plausível na teoria intuitiva. No entanto, os axiomas de Z não permitem obter tal A. Ainda
que não muito rigorosamente, vejamos o motivo.[28]
   Definamos a família de conjuntos seguinte:

$$Z(0) := \varnothing$$
$$Z(1) := \mathcal{P}(Z(0))$$
$$\vdots$$
$$Z(\omega) := \bigcup_{n<\omega} \mathcal{P}(Z(n))$$
$$\vdots$$
$$Z(\omega + n + 1) := \mathcal{P}(Z(\omega + n))$$

E então pomos

---

[27]Uma versão desse axioma fora proposta anteriormente por Mirimanoff, mas não teria chegado a influenciar o desenvolvimento da teoria de Zermelo [Moo82, p.262].

[28]Para mais detalhes, pode-se consultar [FBHL73]. Aqui, estaremos mais próximos de [Cas76,
pp.45-6].

$$\mathcal{M} := \bigcup_{n < \omega + \omega} Z(n) \tag{7.5}$$

que se pode mostrar ser um 'modelo' da teoria de Zermelo.[29]

Ora, é intuitivo que $\mathcal{M}$ é equivalente a

$$\mathcal{M}' := \bigcup_{n < \omega} Z(\omega + n) \tag{7.6}$$

que é precisamente a união do conjunto A definido acima. No entanto, por ser a união de um conjunto, $\mathcal{M}$ deveria ser ele próprio um conjunto, o que contraria o fato de não haver 'conjunto universal'. Logo, $\mathcal{M}$ (ou seja, $\bigcup A$) *não pode* ser descrito pelos axiomas de Z.

Isso mostra que alguns conjuntos intuitivamente 'desejáveis' são deixados de fora pela axiomática de Z. Na verdade, muitos conjuntos importantes para a teoria dos cardinais e dos ordinais são desse mesmo modo eliminados, motivo pelo qual a teoria deve ser suficientemente fortalecida, por exemplo, com a introdução do Axioma da Substituição.

Tal axioma[30] pode ser enunciado do modo seguinte:

[Axioma da Substituição] *Se M é um conjunto e se todo elemento de M é substituído por um objeto do domínio $\mathfrak{B}$, então M continua sendo um conjunto.*

ou, como fez Skolem [Sko67, p.297].

[Axioma da Substituição] *Seja U uma proposição definida que vale para certos pares $\langle a, b \rangle$ no domínio $\mathfrak{B}$; assuma ainda que para cada a existe no máximo um b tal que U é verdadeira. Então, assim como a percorre um conjunto M_a, b percorre um conjunto M_b.*

Em outras palavras, para qualquer conjunto M_a e qualquer função unária U com uma única variável livre x, existe o conjunto M_b que contém exatamente os elementos $U(x)$ com $x \in M_a$. Ou seja, insistindo na linguagem informal, a imagem de um conjunto por uma função é ainda um conjunto. Note que esse fato aparentemente óbvio não se segue dos axiomas sem o axioma da substituição: podemos ter uma fórmula que 'simula' uma função e aplicá-la aos elementos de um conjunto, mas nada garante que o que coletamos como imagens desses elementos constitui um conjunto. O axioma diz que esse é o caso. Dissemos que a fórmula 'simula' uma função porque, estritamente falando, uma função é definida entre conjuntos, e para isso temos que assumir que o contra-domínio é um conjunto.

O Axioma da Substituição permite eliminar o Axioma da Separação, uma vez que o implica (isto será visto no capítulo seguinte), bem como o Axioma

---

[29]Isso pode ser feito comprovando-se que os axiomas da teoria Z são 'naturalmente' verdadeiros em $\mathcal{M}$.

[30]Na verdade, trata-se também um 'esquema' de axiomas. A formulação desse esquema usando-se a linguagem matemática será dada no capítulo seguinte.

do Par (expressão usada em ZF, mas aqui implícita no Axioma dos Conjuntos Elementares; essencialmente, diz que, dados a e b, existe o conjunto $\{a,b\}$), e é usado para legitimar na teoria conjuntos obtidos pelo método de recursão transfinita,[31] e outros conjuntos importantes para o desenvolvimento da matemática, em especial o conjunto A mencionado acima. Falaremos mais sobre este esquema de axiomas no capítulo seguinte.

7.3   Conjuntos 'extraordinários'

Em 1917, Mirimanoff[32] observou que a teoria de Zermelo permite a existência de conjuntos *extraordinários*. Dizemos que um conjunto x é 'extraordinário', ou *groundless*, como mais tarde (1953) os denominou Yunting, se há uma sequência de conjuntos $x_1, x_2, \ldots$ tais que $\ldots x_3 \in x_2 \in x_1 \in x$. Um conjunto que não é groundless é *grounded*.[33] Um exemplo simples: tome o conjunto $A = \{a, b, A\}$, no qual A é um elemento dele mesmo – não há até o momento (será preciso o Axioma da Regularidade) qualquer restrição quanto a isso. A figura a seguir ilustra a situação.

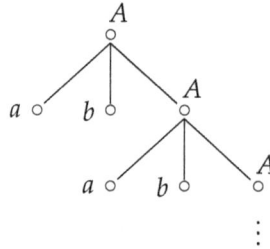

Figura 7.1: Um conjunto não bem-fundado. As linhas apontam o que é elemento de quê; os de baixo são elementos dos de cima. Repare que o conjunto *não tem chão*, continuando 'para baixo' ao infinito. O Axioma da Regularidade (ou do Fundamento) vai impedir a existência desses conjuntos, que no entanto existem nas teorias como a exposta em [Acz88].

Voltando às sequências de Mirimanoff, não há necessidade de que os elementos da sequência sejam todos distintos, podendo ocorrer casos de uma sequência finita $x_1, \ldots, x_n$ em que cada conjunto tem os demais como elementos, ou seja: $x_2 \in x_1, x_3 \in x_2, \ldots, x_1 \in x_n$. Tais conjuntos são ditos *circulares* (no caso exemplificado, temos um 'conjunto n-circular').

Os axiomas da teoria de Zermelo não excluem a existência de conjuntos desse tipo. Se estivéssemos ainda na teoria intuitiva, poderíamos derivar um

---

[31] Ver detalhes em [Sup72, Cap.7].

[32] Quine 1963, p. 37, Fraenkel e Bar-Hillel 1958, pp. 90ss.

[33] O dicionário sugere que 'groundless' pode ser traduzido por 'sem base', ou 'infundado', mas preferimos usar 'não bem-fundado' por razões que aparecerão à frente. 'Grounded, portanto, seria o oposto.

outro paradoxo, conhecido como Paradoxo de Shen Yuting (1953), do seguinte modo. Chamemos de y a classe de todos os x tal que x é grounded. Será que y é ou não grounded? Se $y \in y$, então não existe uma tal sequência como acima por y ser grounded. Mas $y \in y$ está exatamente dizendo o oposto disso, a saber, que existe uma tal sequência cujos elementos são todos iguais a y, pois certamente $\ldots \in y \in y \in y$. Logo, se y é grounded, então ele é groundless. Por outro lado, se $y \notin y$, ou seja, se y é groundless, então existe uma sequência $x_1, x_2, \ldots$ tal que $\ldots x_3 \in x_2 \in x_1 \in y$. Mas isso está dizendo que x_1 é groundless, pois existe a sequência $x_2, x_3, \ldots$ tal que $\ldots x_3 \in x_2 \in x_1$. Logo, já que x_1 é groundless, não pode ser grounded e portanto não pode pertencer a y. Mas isso contraria o fato de que $x_1 \in y$. Logo, y é grounded. O problema é que a *classe y* de todos os conjuntos que são grounded é 'muito grande' para ser um conjunto, como no caso da classe de Russell ou de outros 'conjuntos universais' sobre os quais já falamos antes. Na teoria de Zermelo, não obstante ela ser compatível com a existência de conjuntos groundless, o paradoxo não é derivável, uma vez que a 'classe' y não pode ser formada a partir dos axiomas de Z (admitindo que essa teoria é consistente).

O modo de se evitar esses conjuntos (porém em certo sentido inócuos para as finalidades da matemática usual mas que têm encontrado mas mais variadas aplicações; veja [Mos18]) é, como fez von Neumann, introduzir-se um axioma, dito Axioma da Fundação (ou da Regularidade), o qual asserta que todo conjunto tem um elemento que não tem membros em comum com o conjunto original. O Axioma da Regularidade, sobre o qual falaremos mais quando estudarmos ZF, pode ser formulado do seguinte modo:

[Axioma da Regularidade] *Todo conjunto não vazio M contém um elemento x tal que M e x não têm elementos em comum.*

Em símbolos,

$$M \neq \varnothing \rightarrow \exists x (x \in M \wedge \forall y (y \in x \rightarrow y \notin M)) \tag{7.7}$$

ou, não havendo átomos,

$$M \neq \varnothing \rightarrow \exists x (x \in M \wedge (M \cap x = \varnothing)) \tag{7.8}$$

Por esse axioma, conjuntos $y \neq \varnothing$ tais que cada elemento de y tem um elemento que está também contido em y não podem existir. Com efeito, suponha que exista uma sequência $x_1, x_2, \ldots$ de elementos de M tal que $\ldots x_3 \in x_2 \in x_1 \in M$. Seja $y = \{x_1, x_2, \ldots\}$. Então, pelo Axioma da Regularidade acima, y tem um elemento x tal que $x \cap y = \varnothing$. Mas, se fosse esse realmente o caso, desde que $x \in x_i$ para algum $i \geq 1$, então seria $x_{i+1} \in x \cap y$, o que contraria o fato de $x \cap y = \varnothing$. Logo, o Axioma da Regularidade impede a existência da sequência acima. Em particular, não pode haver conjunto que tenha a sí próprio como elemento.

Com efeito, suponha que $A \in A$. Então, como $A \in \{A\}$, temos

$$A \in \{A\} \cap A \tag{7.9}$$

Pelo axioma da regularidade aplicado a $\{A\}$, há um $x \in A$ tal que $\{A\} \cap x = \emptyset$. Porém, deste que $\{A\}$ é unitário, devemos ter $x = A$, e portanto $\{A\} \cap A = \emptyset$, o que contraria (7.9). Usando o axioma da escolha (tal uso é essencial aqui), podemos provar a recíproca deste resultado [FBHL73, p.90].

Consequentemente, uma seqüência como a mencionada acima é sempre finita, 'terminando' num *Urelement* (átomo) ou no conjunto vazio. Em particular, nenhum conjunto pode conter a sí próprio como elemento.

Se acrescentarmos à teoria de Zermelo as inovações de Skolem Fraenkel (e von Neumann) obtemos o que se chama de *teoria de Zermelo-Fraenkel*, que veremos no capítulo seguinte.

Capítulo 8

A teoria Zermelo-Fraenkel

> [Q]uando fundamentada de uma forma axiomática, a teoria
> de conjuntos não pode permanecer como uma teoria lógica
> privilegiada; ela deve ser colocada no mesmo nível que
> outras teorias axiomatizadas.
>
> T. Skolem (1922)

O SISTEMA ZF (Zermelo-Fraenkel) é, grosso modo, aquele obtido acrescentando-se ao sistema 'Z' de Zermelo, visto no capítulo anterior, as observações mencionadas devidas a Skolem e Fraenkel, principalmente. Denotaremos, como é habitual, por ZFC o sistema obtido acrescentando-se aos axiomas de ZF o Axioma da Escolha (o 'C' vindo de *choice* –'escolha', em inglês).

Face à importância dessa teoria para a matemática presente, e devido ao fato de que parece ser a teoria preferida pelos filósofos ou, pelo menos, é a mais mencionada inclusive em contextos filosóficos, descreveremos esse sistema com algum detalhe, iniciando com uma apresentação de sua linguagem e lógica subjacentes, repetindo muito do que se disse quando vimos a LEC anteriormente.[1] Várias questões ventiladas nos capítulos precedentes serão aqui analisadas novamente e de modo mais rigoroso, e questões metamatemáticas serão mencionadas entremeio o texto. Ao final, consideramos algumas críticas a essa teoria.

Apresenta-se aqui ZF como uma teoria de primeira ordem.[2] Mais tarde, veremos brevemente em que consiste ZFC de segunda ordem' (seção 6.2).

---

[1] Os matemáticos, por outro lado, podem necessitar 'estar livres' para considerar como conjuntos as coleções que bem entenderem, ou pelo menos a grande parte delas; assim, acreditamos que eles se sentiriam melhor em KM, como veremos.

[2] Como já observado, esse procedimento é essencialmente devido a Skolem, e jamais foi aceito por Zermelo (pode-se também ver [Dau90] e [Moo80]).

Como vimos, Zermelo assumia a existência de um 'domínio' (ou 'universo') $\mathfrak{B}$ cujos elementos eram os conjuntos e os átomos. Isso indica que ele tinha em mente uma determinada interpretação para a sua teoria; um domínio constituído por 'conjuntos' e pelos *Urelemente* era o que se poderia chamar de 'modelo intencional' da teoria de Zermelo. Em 1922, Skolem criticou essa postura, mostrando que tal domínio não está determinado de modo único pela axiomática, além de que sua suposição está comprometida com o próprio conceito de conjunto que se está querendo caracterizar, não havendo distinção fundamental entre o domínio $\mathfrak{B}$ e um 'conjunto' intuitivo, ou seja, uma simples coleção de objetos. Esse ponto é relevante, pois enfatiza a distinção entre as contrapartes sintática e semântica de uma teoria, como já tivemos a oportunidade de nos referir, inserindo-se naquilo que Hilbert denominava de axiomáticas concretas e axiomáticas formais, como explicado nos capítulos precedentes. Ainda que não pretendamos discutir com profundidade a questão dos modelos de ZF, deve ficar claro que, pelo menos em princípio, a teoria que descreveremos abaixo é uma teoria formal, que em princípio a nada se refere, sendo o próprio conceito de conjunto unicamente um guia heurístico para a sua formulação. Estamos, portanto, de pleno acordo com o espírito hilbertiano.

Insistamos um pouco nesse ponto. Quando dissermos abaixo que as variáveis da linguagem $\mathcal{L}$ denotam *conjuntos*, isso significa que 'temos em mente' o que se poderia chamar de uma 'interpretação pretendida', ou intencional, de nossa teoria, qual seja, de que ela deva descrever e lidar com *conjuntos* (o domínio $\mathfrak{B}$ de Zermelo, exceptuando-se os átomos, se quisermos). Essa 'interpretação pretendida' está presente, por exemplo, quando dizemos que $\in$ representa a *pertinência* e, de certo modo, que $=$ denota a *igualdade*. No entanto, dentro do espírito do método axiomático, o que estaremos construindo será uma *teoria formal*, e não uma axiomática 'material', e portanto, em princípio, ela não se refere a nada, nem a *conjuntos*, sejam eles o que forem. É possível interpretar os conceitos básicos de ZF em domínios que envolvam outras entidades que não sejam conjuntos (entendidos em sentido intuitivo), e a teoria (ou pelo menos parte dela) 'falará' também dessas entidades.[3] Desse modo, deve ficar claro que quando nos referimos a 'conjuntos', estamos nos reportando à nossa interpretação pretendida, que é o que temos em mente, mas que isso na verdade não constitui parte integrante de ZF. Na verdade, sendo um pouco mais rigorosos, deveríamos dizer que os objetos dos quais falamos na linguagem $\mathcal{L}$ serão *referidos* como 'conjuntos', mas nada indica, em princípio, que tais entidades têm algo a ver como a concepção intuitiva de 'coleção de objetos', típica da teoria intuitiva.[4] Insistindo: chamaremos de

---

[3]Por exemplo, podemos interpretar a linguagem de ZFC em uma estrutura cujo domínio é o conjunto dos números naturais e a relação de pertinência é interpretada na relação '$<$' entre esses números; como veremos, essa estrutura modela o axioma da extensionalidade, mas não outros axiomas, não constituindo, portanto, um *modelo* de ZFC. Mas isso mostra que '$\in$' não precisa ser pensada necessariamente em termos conjuntistas.

[4]Aliás, como veremos no capítulo seguinte, a concepção intuitiva envolve mais do que aquilo que costumamos chamar de 'conjuntos', adentrando ao que denominamos de *classes*; veja a seção

conjuntos aos objetos tratados por ZF mas, como disse von Neumann, tudo o que podemos saber acerca de *conjuntos* é o que é dito pelos axiomas, de sorte que devemos entender que esses axiomas dão unicamente o 'caráter operacional' acerca de conjuntos, mas não nos dizem o que eles são. Como também chamou a atenção Fraenkel, "[a] axiomatização da teoria dos conjuntos renuncia a uma *definição* do conceito de conjunto e da relação [pertinência] entre um conjunto e seus elementos" [Fra66, p.4]. O mesmo se dá com a *existência* de conjuntos: só 'existem' para uma teoria aqueles conjuntos que puderem ser obtidos a partir dos seus axiomas.

8.1   A linguagem da teoria de conjuntos

A linguagem da teoria ZF é a de LEC, à qual acrescenta-se um predicado binário '$\in$' como único símbolo não lógico. Portanto, encerra as seguintes categorias de símbolos primitivos: conectivos lógicos: $\neg$, $\rightarrow$; o quantificador universal $\forall$; um conjunto enumerável de variáveis individuais, $x_1, x_2, \ldots$ (usaremos $x, y, z, \ldots$ para designar tais variáveis). Como símbolos auxiliares, usaremos os parênteses e a vírgula. Além disso, há dois símbolos para predicados binários, a igualdade $=$ e a pertinência $\in$.

Introduziremos ainda um grande número de símbolos que não fazem parte da linguagem básica da teoria com a finalidade de facilitar a leitura, como '$\cap$', '$\cup$', '$\aleph_0$', '$\mathcal{P}(x)$' e muitos outros, assim que as linguagens que utilizaremos serão *extensões conservativas* da linguagem básica apontada acima.[5] Esses símbolos serão usados em *abreviações metalinguísticas* de expressões da linguagem básica. Lembre que, se quiséssemos ampliar a linguagem com a introdução desses símbolos, teríamos que mostrar que eles cumprem as condições de Leśniewski de eliminabilidade e não criatividade, já vistas antes.

Intuitivamente, de acordo com a interpretação pretendida, as variáveis individuais (que são os únicos termos da linguagem) referem-se a conjuntos, não havendo *Urelemente* (como decorre da axiomática a seguir). Eventualmente, usaremos também letras maiúsculas $A, B, C, \ldots$ para denotar conjuntos. As fórmulas atômicas são do tipo '$x = y$' e '$x \in y$', e as demais fórmulas são obtidas como de hábito.

Isso posto, enunciaremos os postulados de ZF, os quais dividir-se-ão em duas categorias: os *axiomas lógicos*, essencialmente os da lógica clássica de primeira ordem, ou lógica elementar clássica (LEC, veja o capítulo 6 se necessário), e os *específicos* (de ZF).[6]

9.3.

[5]Uma linguagem L' é uma extensão conservativa de uma linguagem de primeira ordem L se todos os símbolos não lógicos de L forem símbolos não lógicos de L' [Sho67, p.41].

[6]Antigamente, distinguia-se entre axiomas e postulados de uma teoria. Tal distinção não é mais feita, esses dois termos sendo entendidos aqui como sinônimos; no entanto, como é comum nos textos de lógica, entre os postulados incluiremos as chamadas 'regras de inferência'.

8.2 Os axiomas específicos de ZF

Como dito, a lógica subjacente a ZF é a lógica clássica de primeira ordem com igualdade (capítulo 6). O único símbolo específico é o predicado binário '$\in$' e assume-se que se x e y são variáveis individuais, então as expressões da forma '$x \in y$' são fórmulas atômicas.

Os axiomas específicos de ZF, os quais vão balizar (do ponto de vista desta teoria) a noção de conjunto são os seguintes:

Axioma (ZF1, Axioma da Extensionalidade).

$$\forall x \forall y (\forall z (z \in x \leftrightarrow z \in y) \to x = y) \tag{8.1}$$

A recíproca segue do axioma da substituição da igualdade.[7] O axioma estabelece que, para quaisquer conjuntos x e y, se todos os elementos do conjunto x são elementos do conjunto y e reciprocamente, ou seja, se x e y têm exatamente os mesmos elementos, então x e y são o mesmo conjunto.[8]

Axioma (ZF2, Esquema da Separação). *Seja $\alpha(x)$ uma fórmula na qual x figura livre. Então*

$$\forall z \exists y \forall x (x \in y \leftrightarrow x \in z \land \alpha(x)) \tag{8.2}$$

O que temos é um *esquema de axiomas*, que permite obter um axioma para cada fórmula α que utilizemos. Dizemos que cada um dos axiomas é uma *instância* do esquema. Por exemplo, tome $\alpha(x)$ como $x \neq x$ e aplique o esquema, obtendo

$$\forall z \exists y \forall x (x \in y \leftrightarrow x \in z \land x \neq x). \tag{8.3}$$

Ora, $\forall x (x = x)$ é uma lei da lógica clássica (reflexividade da identidade), assim, dado qualquer conjunto z, o conjunto y daqueles x que cumprem a condição dada será necessariamente vazio, como é fácil notar. Desse modo, mostramos que, na presença do esquema das separação, não necessitamos do axioma do conjunto vazio que virá abaixo, já que sua existência pode ser derivada. O axioma do conjunto vazio, portanto, é *redundante* na axiomática que estamos apresentando. Ele é aqui introduzido, no entanto, para deixar tudo mais explícito.

Uma observação importante é a seguinte. O esquema da separação, também dito *esquema da formação de sub-conjuntos*, 'separa' uma sub-coleção de elementos de um dado conjunto z, exatamente aqueles que satisfazem a condição

---

[7]Tome $\alpha(x)$ como $\forall z(z \in x \leftrightarrow z \in x)$. Seja $\alpha(y)$ a fórmula $\forall z(z \in x \leftrightarrow z \in y)$, lembrando que não precisamos substituir y em todas as ocorrências livres de x. Temos então da substituição que

$$\forall x \forall y (x = y \to (\forall z(z \in x \leftrightarrow z \in x) \to \forall z(z \in x \leftrightarrow z \in y))),$$

e tendo-se em vista que $\forall z(z \in x \leftrightarrow z \in x)$ é um teorema, isso se reduz a $\forall x \forall y(x = y \to (\forall z(z \in x \leftrightarrow z \in y))$, que é o que queremos.

[8]Repare a fala 'intencional' sobre conjuntos, que adotaremos doravante.

dada pela fórmula α. Então, veja que o conjunto z tem que ser dado *antes* pela teoria: dado z, 'separamos' uma sub-coleção de elementos que cumprem uma certa condição. Se não fosse assim, poderíamos obter uma contradição, chamada de Paradoxo de Russell, já visto antes mas que, pela sua importância, merece ser aqui relembrado.

Em virtude do postulado anterior ser um esquema de axiomas, vê-se que ZF não pode ser axiomatizada por um número finito de axiomas.

O paradoxo de Russell Intuitivamente, dada uma condição α qualquer, podemos imaginar que dispomos do 'conjunto' das coisas que cumprem essa condição. Por exemplo, dada a condição 'ser um filósofo' de imediato nos permite imaginar o 'conjunto dos filósofos', e dada a condição 'ser um ser humano de 4 metros de altura' nos fornece o conjunto vazio. Mas sem especificar *de onde* (de qual conjunto) esses elementos devem ser 'separados', podemos ter situações desagradáveis. Imagine que $\alpha(x)$ é a fórmula $x \notin x$. Ou seja, algo (um conjunto) cumpre α se e somente se não for elemento de si mesmo, como o conjunto dos gatos, que por não ser um gato, não pertence a si mesmo. Ora, raciocinando intuitivamente, obtemos um conjunto y cujos elementos são aqueles x para os quais $x \notin x$. Chamemos de 'R' esse conjunto em homenagem a Russell. Assim, podemos indagar se R é elemento dele mesmo, e concluir que ele será membro dele mesmo se e somente se não for, resultando em um paradoxo. Com efeito, se $R \in R$, então R deve cumprir a condição α, e portanto $R \notin R$. Por outro lado (e só há dois lados na lógica clássica), se $R \notin R$, resulta que ele cumpre a condição, logo pertence a si mesmo. Assim, $R \in R \leftrightarrow R \notin R$, de onde se deriva uma contradição. O paradoxo surge porque não especificamos *de onde* os elementos que cumprem α devem sair; se fizéssemos isso, ou seja, se fixássemos um conjunto (dado pela teoria) inicial z, na teoria ZF, suposta consistente,[9] constataríamos que não há conjunto que tenha como elemento um conjunto que não pertença a si mesmo, como comentaremos abaixo. Assim, não há 'de onde tirar' os elementos de R a não ser de um suposto universo intuitivo de conjuntos.

O conjunto y do esquema da separação é denotado da seguinte maneira:

$$y = \{x \in z : \alpha(x)\}. \tag{8.4}$$

Por exemplo, se z é o conjunto $\mathbb{N}$ dos números naturais e de $\alpha(x)$ é definida como $x < 5$, obtemos o conjunto

$$A = \{x \in \mathbb{N} : x < 5\} = \{0, 1, 2, 3, 4\}. \tag{8.5}$$

Importante mostrar que em ZFC não há átomos, entidades que não são conjuntos e que não têm elementos, mas que porém podem ser elementos de conjuntos, como veremos na seção sobre ZFA. Com efeito, se x e y são

---

[9]Você logo verá o por que da necessidade de se supor a consistência.

átomos, resulta por um argumento semelhante àquele em que mostramos que o conjunto vazio é único, que $x = y$, assim todos os átomos seriam idênticos e idênticos ao conjunto vazio, uma vez que o conjunto vazio é o único objeto que não tem elementos, e ele é um *conjunto*.

Observa-se que em ZF não se pode considerar como lícitas quaisquer coleções, como na teoria intuitiva, que sejam caracterizadas por uma fórmula $\alpha(x)$, e que representávamos por $\{x : \alpha(x)\}$, devido aos já conhecidos paradoxos. O postulado acima limita as coleções que podem ser assim consideradas, admitindo que se pode tomar a coleção (conjunto) dos objetos que tenham uma certa propriedade desde que tais objetos façam parte de algum conjunto já especificado pela teoria, como já discutimos no capítulo anterior.

Definição 8.2.1 (Classes). *Diremos que y é uma* **classe** *se for a extensão de uma propriedade $\alpha(x)$. Escrevemos y como*

$$\{x : \alpha(x)\}.$$

Por *extensão* de uma propriedade entendemos simplesmente a coleção dos objetos que têm a referida propriedade, e nem sempre são *conjuntos* de alguma teoria, como ZF. Além do conjunto de Russell $R = \{x : x \notin x\}$, podemos mencionar outros exemplos de classes que não são conjuntos de ZF; uma delas, deveras importante, é a classe *On* cujos elementos são os números ordinais, que definiremos no capítulo seguinte. Tudo isso, evidentemente, supõe que ZF é consistente. Antes de prosseguir, uma observação.

Observação sobre a consistência de ZF   Se ZF não fosse consistente, admitiria dois teoremas contraditórios, como α e $\neg\alpha$. Da lógica subjacente, deduziríamos que qualquer que seja a fórmula β, ela seria teorema de ZF, posto que, sendo '⊢' o símbolo de dedução (capítulo 6), temos que $\alpha, \neg\alpha \vdash \beta$. Assim, se β é uma fórmula que define R ou *On*, ela seria derivável na teoria e consequentemente essas classes existiriam em ZF. Logo, é conveniente assumir sempre que ZF é consistente e em geral não se menciona isso, ficando essa hipótese implícita. Outro fato de interesse é que não existe uma prova de consistência *absoluta* de ZF, que demonstrasse não haver fórmula α tal que tanto α quanto $\neg\alpha$ sejam teoremas de ZF. O que se pode obter são provas de *consistência relativa* a outras teorias, como veremos oportunamente.

Voltando ao assunto, nota-se ademais que, antes do advento da teoria axiomática de conjuntos, ou seja, nas concepções de Cantor, Frege e Russell, trabalhava-se essencialmente com classes, já que não havia qualquer descrição precisa quanto à necessidade de 'delimitação de tamanho' para que as coleções não gerassem inconsistências, ainda que Cantor distinguisse entre 'multiplicidades' consistentes (conjuntos) e inconsistentes (classes que não são conjuntos e cuja hipótese de existência levaria a contradições).

Portanto, o esquema da separação não atribui a toda e qualquer classe o status de *conjunto*. Alguns 'conjuntos' são obtidos, pelo esquema, a partir de um conjunto *já dado*, 'separando-se' dele um sub-conjunto de objetos que tenham alguma propriedade especificada. Mais tarde, como veremos, teorias como NBG admitirão certas classes como objetos legítimos. As demais maneiras de se obter os conjuntos de ZF vêm dos demais axiomas. O esquema da separação evita que classes 'muito grandes', formadas por objetos tais que não se possa especificar de qual *conjunto* tenham vindo, não são lícitas em ZF. Tal modo de proceder é conhecida como *doutrina da limitação de tamanho* (de classes), e é devida a Zermelo. Desse modo, coleções como a 'coleção de *todos* os grupos', ou 'de *todos* os conjuntos unitários' não são *conjuntos* de ZF.

Axioma (ZF3, Axioma do Conjunto vazio).

$$\exists x \forall y (\neg y \in x)$$

Já sabemos que esse axioma é redundante, já que a existência do conjunto vazio, denotado '$\emptyset$', pode ser derivada do esquema da separação e a sua unicidade vem do axioma da extensionalidade. Quanto à unicidade, suponha que temos 'dois' conjuntos vazios, '$\emptyset_1$' e '$\emptyset_2$'. Então, aplicando a extensionalidade, ficamos com $\forall z (z \in \emptyset_1 \leftrightarrow z \in \emptyset_2) \to \emptyset_1 = \emptyset_2$. Mas o antecedente do condicional é um teorema dadas as características dos conjuntos vazios postas pelo axioma precedente. Assim, eles são iguais.

Axioma (ZF4, Axioma do Par).

$$\forall x \forall y \exists z \forall t (t \in z \leftrightarrow t = x \vee t = y)$$

Em palavras, dados x e y quaisquer, existe um conjunto z que tem x e y como elementos e somente eles, e escrevemos $z = \{x, y\}$. Claro que, pela extensionalidade, $\{x, y\} = \{y, x\}$ já que eles têm os mesmos elementos. Isso mostra por que o conjunto postulado pelo axioma é dito der um *par não-ordenado*.

Definição 8.2.2 (Conjunto unitário). *Dado um conjunto x qualquer, definimos o conjunto unitário de x, que tem unicamente x como elemento, da seguinte maneira:*

$$\{x\} := \{x, x\}.$$

Isso mostra que é redundante escrevermos 'mais de uma vez' um elemento de um conjunto, como em $\{a, b, c, c, c, d, d\}$. Esse conjunto é idêntico a $\{a, b, c, d\}$ pois eles têm os mesmos elementos, a saber, a, b, c e d. Há no entanto uma teoria de *multi-conjuntos* que permite que um elemento apareça mais de uma vez em um multiconjunto; como multiconjuntos, o primeiro tem cardinal 7 e o segundo tem cardinal 4, sendo portanto diferentes multi-conjuntos; para essa teoria, ver [Bli89].

Fato relevante na teoria de conjuntos é que, como veremos com mais detalhes, todas as entidades são *indivíduos*, podendo ser identificadas de algum modo, sendo todas *distintas* umas das outras, como aliás, apregoou Cantor com a sua 'definição', como vimos. Resulta disso que de temos em mãos certos elementos, eles podem ser ordenados, e para isso a definição seguinte é importante.[10]

Definição 8.2.3 (Par ordenado). *Usamos aqui a definição de Wiener-Kuratowski: o **par ordenado** cujo primeiro elemento é x e o segundo elemento é y, denotado $\langle x, y \rangle$, é o seguinte conjunto:*

$$\langle x, y \rangle := \{\{x\}, \{x, y\}\}.$$

Há várias outras definições de par ordenado que poderiam ser utilizadas. Na verdade, o que importa realmente não é a definição em si, mas o fato de que ela, seja ela qual for, permite que se demonstre o seguinte teorema:

Teorema 8.2.1 (Teorema do par). *Para quaisquer x, y, z, w, tem-se que*

$$\langle x, y \rangle = \langle z, w \rangle \text{ se e somente se } x = z \text{ e } y = w.$$

Usando-se a definição acima de par ordenado, pode-se introduzir os conceitos de *tripla, quádrupla, quíntupla,* ... *n-upla* ordenada, do seguinte modo: $\langle x_1, \ldots, x_n \rangle := \langle \langle x_1, \ldots, x_{n-1} \rangle, x_n \rangle$. Ademais, usando-se o conceito de par ordenado, introduz-se facilmente os conceitos de *relação* (binária) e de *função*, assim como definem-se os conceitos de função injetiva, bijetiva, sobrejetiva, de as relações de ordem, boas ordens, etc.; algumas dessas definiões são as que seguem. Nessas definições, é conveniente usarmos as letras latinas maiúsculas para designar tanto conjuntos como relações, e com letras latinas minúsculas os seus elementos.

Definição 8.2.4 (Produto cartesiano). *Sejam A e B dois conjuntos (que podem ser idênticos). Define-se o seu **produto cartesiano** A × B do seguinte modo:*

$$A \times B := \{\langle a, b \rangle : a \in A \wedge b \in B\}.$$

O produto cartesiano pode ser estendido a um número qualquer de conjuntos. Denotamos por A^n o conjunto $A \times A \times \ldots \times A$ (n vezes). Uma notação mais geral do produto cartesiano de uma família[11] $(A_i)_{i \in I}$ de conjuntos, o produto cartesiano dos conjuntos dessa família é denotado por

$$\underset{i \in I}{\times} A_i,$$

sendo I uma coleção de índices.

---

[10]Se *qualquer* conjunto pode ser colocado em uma certa ordem, chamada *boa-ordem* que veremos abaixo, é outra questão que discutiremos quando virmos o Axioma da Escolha.

[11]Para evitar usar sempre os mesmos termos, os matemáticos permitem algumas variações na terminologia; assim, uma 'família' de conjuntos nada mais é do que um *conjunto* de conjuntos.

Definição 8.2.5 (Relação binária). *Uma **relação binária** R sobre um conjunto A é um sub-conjunto de A^2, ou seja, de $A \times A$. Uma relação binária entre os conjuntos A e B (nessa ordem) é um sub-conjunto de $A \times B$. Uma relação n-ária sobre A é um sub-conjunto de A^n. Se $\langle a, b \rangle \in R$, escrevemos aRb.*

Definição 8.2.6 (Domínio e co-domínio). *Seja $R \subseteq A \times B$. Denomina-se de **domínio** de R ao sub-conjunto $Dom(R) \subseteq A$ cujos elementos são aqueles $a \in A$ para os quais existe um $b \in B$ tal que $\langle a, b \rangle \in R$. Ao conjunto dos tais b denomina-se de **co-domínio** de R, $Codom(R)$.*

Definição 8.2.7 (Algumas relações importantes). *São importantes as seguintes propriedades de relações binárias sobre um conjunto A; os quantificadores percorrem esse conjunto:*

1. Reflexiva: $\forall x(xRx)$

2. Simétrica: $\forall x \forall y(xRy \rightarrow yRx)$

3. Transitiva: $\forall x \forall y \forall z(xRy \land yRz \rightarrow xRz)$

4. Irreflexiva: $\forall x \neg xRx$

5. Anti-simétrica: $\forall x \forall y(xRy \land yRx \rightarrow x = y)$

6. Inversa, R^{-1}: $\forall x \forall y(xR^{-1}y \leftrightarrow yRx)$

7. Não-reflexiva: $\exists x \exists y \neg xRy$. Note que é diferente de R ser irreflexiva.

Definição 8.2.8 (Relações importantes). *Importam os seguintes conceitos e relações sobre A:*

1. *R é uma **relação de equivalência** se for reflexiva, simétrica e transitiva*

2. *R é uma **ordem parcial** se for reflexiva, anti-simétrica e transitiva. O par $\langle A, R \rangle$ é então denominado de **poset**, ou 'conjunto parcialmente ordenado' ('poset' abrevia 'partially ordered set').*

3. *R é uma **ordem total** (linear) se for uma ordem parcial e valer o seguinte para todos os elementos de A: $aRb \lor bRa \lor a = b$, ou seja, todos os elementos estão relacionados por R de alguma forma.*

4. *Seja $B \subseteq A$. Um elemento $m \in B$ é dito ser um **menor elemento** de B relativamente à ordem R se mRb para todo $b \in B$. Ele será um **maior elemento** de B relativamente a R se bRm para todo $b \in B$. Esses elementos não precisam ser únicos, mas serão se a ordem for total.*

5. *Uma **boa-ordem** sobre A é uma ordem total sobre A tal que todo sub-conjunto não vazio de A tem um menor elemento.*

Definição 8.2.9 (Função). *Uma função f do conjunto A no conjunto B é uma coleção de pares ordenados $\langle a, b \rangle$ com $a \in A$ e $b \in B$ que cumpre o seguinte: se $\langle a, b \rangle \in f$ e $\langle a, c \rangle \in f$, então $b = c$. Se $\langle x, y \rangle \in f$, escrevemos $y = f(x)$. Para dizer que f é uma função de A em B, escrevemos*

$$f : A \to B.$$

Definimos ainda três tipos importantes de funções: as *injetivas* (ou *injetoras*), as *sobrejetivas* (ou *sobrejetoras*) e as *bijetivas* (ou *bijetoras*) do seguinte modo:

Definição 8.2.10 (Função injetiva). *Uma função $f : A \to B$ é **injetiva** se e somente se $f(x) = f(y) \to x = y$ ou, equivalentemente, se e somente se $x \neq y \to f(x) \neq f(y)$.*

Definição 8.2.11 (Função sobrejetiva). *Uma função $f : A \to B$ é **sobrejetiva** se e somente se para todo $y \in B$ existe $x \in A$ tal que $y = f(x)$.*

Definição 8.2.12 (Função bijetiva). *Uma função $f : A \to B$ é **bijetiva** se e somente se for injetiva e sobrejetiva.*

Dizemos que x é *sub-conjunto* de y, e escrevemos $x \subseteq y$, se todo elemento de x é também elemento de y. Em símbolos,

Definição 8.2.13 (Sub-conjunto).

$$x \subseteq y := \forall z (z \in x \to z \in y).$$

Diz-se que x é *sub-conjunto próprio* de y, e escreve-se $x \subset y$, se $x \subseteq y \wedge x \neq y$.

O axioma seguinte assevera que podemos formar um conjunto tomando todos os sub-conjuntos de um conjunto dado, dito *conjunto das partes*, *conjunto potência* ou *conjunto dos sub-conjuntos* do referido conjunto.

Axioma (ZF5, Axioma do Conjunto potência).

$$\forall x \exists y \forall z (z \in y \leftrightarrow z \subseteq x)$$

Esse conjunto, que se pode provar ser único para cada x, é denotado $\mathcal{P}(x)$. Importante observar uma distinção fundamental entre $\in$ e $\subseteq$, já que $x \in \mathcal{P}(y) \leftrightarrow x \subseteq y$.

O próximo axioma, da substituição, já foi comentado no capítulo precedente (seção 7.2.3) e o que aqui se coloca é em complemento ao que foi dito naquela oportunidade. Salientamos que para a grande parte da matemática usual, o Esquema da Separação é suficiente. O Esquema da Substituição tem utilidade na prova da existência de certos conjuntos que interessam partes avançadas da própria teoria de conjuntos.

Seja $\alpha(x, y)$ uma fórmula de ZF com duas variáveis livres. Dizemos que $\alpha(x, y)$ que é *x-funcional* se, para cada x, existe um único y tal que $\alpha(x, y)$ é verificada. Isto se escreve assim: $\forall x \exists! y \alpha(x, y)$. Nessa situação, um novo axioma, denominado de Esquema da Substituição, introduzido por Fraenkel e, independentemente, por Skolem, vai dizer (em dos modos de enunciá-lo) que dado um conjunto qualquer z, existe um conjunto w cujos elementos são precisamente aqueles t para os quais existe $s \in z$ tal que $\alpha(s, t)$ é verdadeira. Em outras palavras, a coleção das *imagens* dos s do conjunto z pela 'função' α é também um conjunto. Postulamos então que:

Axioma (ZF6, Esquema da Substituição).

$$\forall x \exists! y \alpha(x, y) \rightarrow \forall z \exists w \forall t (t \in w \leftrightarrow \exists s (s \in z \wedge \alpha(s, t))),$$

sendo z, w, t, s variáveis distintas entre sí e distintas de todas as demais variáveis livres de α, e sendo que w não ocorre em α.

Pode-se provar facilmente que os axiomas do conjunto potência e da substituição implicam o axioma do par. Com efeito, dados a e b, considere a fórmula $\alpha(s, t, a, b)$ definida por $(s = \emptyset \wedge t = a) \vee (s \neq \emptyset \wedge t = b)$, que é s-funcional, como é fácil verificar. Apliquemos o esquema da substituição ao conjunto $z = \mathcal{P}\mathcal{P}(\emptyset)$, que é obtido por intermédio do axioma do conjunto potência.[12] Vem então, para tal z:

$$\exists w \forall t (t \in w \leftrightarrow \exists s (s \in z \wedge ((s = \emptyset \wedge t = a) \vee (s \neq \emptyset \wedge t = b))))$$

ou seja, w é o conjunto que tem unicamente a e b como elementos.

Ademais, tem-se que o esquema da substituição implica o esquema da separação. A prova também é simples: façamos $\alpha(x, y)$ ser $x = y \wedge \beta(x)$, sendo $\beta(x)$ uma fórmula na qual z não ocorre livre. O antecedente do esquema da substituição é então verdadeiro, de sorte que o seu consequente torna-se

$$\forall z \exists w \forall t (t \in w \leftrightarrow \exists s (s \in z \wedge s = t \wedge \beta(s)))$$

e portanto o conjunto w é o conjunto cujos elementos são os elementos de t que são precisamente os s de z que satisfazem a propriedade β.

Informalmente, podemos descrever o 'efeito' do esquema da substituição dizendo que a imagem de um conjunto por uma função (caracterizada pela condição x-funcional do enunciado do postulado) é também um conjunto. Esse fato parece óbvio do ponto de vista intuitivo, mas não pode ser derivado dos demais axiomas de ZFC. A importância do esquema da substituição, no entanto, reside na sua utilidade para partes 'mais avançadas' da teoria dos conjuntos, como na teoria dos ordinais. Para os propósitos mais elementares, o esquema da separação parece satisfatório.

---

[12]Note que o conjunto vazio pode ser derivado usando-se o esquema da separação, e esse por sua vez é implicado pelo esquema da substituição, como veremos na sequência, de sorte que não há outros axiomas envolvidos na prova desse teorema além dos dois referidos no seu enunciado.

Axioma (ZF7, Axioma da União). *Este axioma afirma que, dado um conjunto x, existe o conjunto união de x, denotado $\bigcup x$, isso é, o conjunto cujos elementos são todos os conjuntos que pertencem a pelo menos um dos elementos de x. Em símbolos,*

$$\forall x \exists y \forall z (z \in y \leftrightarrow \exists t (z \in t \wedge t \in x))$$

O conjunto união de x é denotado $\bigcup x$. Resulta que

$$z \in \bigcup x \leftrightarrow \exists t (t \in x \wedge z \in t).$$

Apesar do símbolo '$\bigcup$' estar sendo usado para denotar um certo conjunto, o conjunto união de um certo conjunto de conjuntos, é conveniente usar-se uma notação particular para denotar o caso especial desse conjunto de conjuntos ter apenas dois elementos. Assim, se t e u são os únicos elementos de x, então $\bigcup x$ é denotado $t \cup u$, que se denomina de *união de t e u*. Em outros termos, a união de dois conjuntos pode ser então definida (a existência e unicidade desse conjunto é garantida pelos axiomas precedentes): $u \cup v := \bigcup \{u, v\}$.

Munidos dos axiomas acima, estamos agora em condições de provar a existência de conjuntos com três, quatro, etc. elementos. Com efeito, $\{x, y, z\} := \{x, y\} \cup \{z\}$, ao passo que $\{x, y, z, t\} := \{x, y, z\} \cup \{t\}$, e assim por diante.

Usando o esquema da separação, podemos agora obter a *interseção* de dois conjuntos x e y como sendo o conjunto $x \cap y := \{z \in x \cup y : z \in x \wedge z \in y\}$. Note que 'separamos', de um conjunto previamente obtido (a saber, $x \cup y$), a coleção cujos elementos são aqueles conjuntos que pertencem simultaneamente a x e a y com a 'propriedade' $P(z) \leftrightarrow z \in x \wedge z \in y$. Pelo Esquema da Separação, tal coleção é um conjunto. A unicidade de tal conjunto decorre do Axioma da Extensionalidade.

Na definição acima, fizemos uso da notação que emprega '$\{ \ : \ \}$' (dito *abstrator*), que por sinal já havia sido empregada antes. Usando-a, podemos caracterizar a *união* de x (assim como sua *interseção* $\bigcap x$) dos seguinte modo: $\bigcup x := \{z : \exists t (t \in x \wedge z \in t)\}$, e também $\bigcap x := \{z : \forall t (t \in x \rightarrow z \in t)\}$, o que nos permite provar todas as propriedades conhecidas envolvendo esses conceitos, as quais podem ser vistas nos livros usuais.

Vimos que na teoria de Zermelo, na forma por ele apresentada (o sistema Z), permite a existência de conjuntos extraordinários e circulares. O Axioma da Regularidade, ou do Fundamento, impedirá a existência de tais conjuntos, como já afirmamos naquela oportunidade.

Sem que precisemos portanto nos deter no que já foi dito, enunciaremos o oitavo axioma de ZF, sobre o qual já falamos no capítulo anterior (veja a seção 7.3).

Axioma (ZF8, Axioma da Regularidade, ou do Fundamento).

$$\forall x (x \neq \varnothing \rightarrow \exists y (y \in x \wedge x \cap y = \varnothing))$$

Conjuntos que não obedecem a este axioma são chamados na literatura de *não bem-fundados*, e às vezes por *hiper-conjuntos*.[13]

---

[13] Ver a discussão na seção 7.3.

O Axioma da Escolha Por fim, o Axioma da Escolha, já mencionado antes. Como lembra Moore,

> o Axioma da Escolha epitoniza as mudanças fundamentais –matemáticas, filosóficas, psicológicas– que tomaram lugar quando os matemáticos iniciaram seriamente o estudo de coleções infinitas de conjuntos. [Moo82, Prefácio]

O Axioma da Escolha (AE), é uma das proposições mais importantes e famosas de toda a matemática. Ele foi explicitamente enunciado pela primeira vez em 1904 por Zermelo, tendo originado inúmeras controvérsias (que podem ser vistas em [Moo82]. O fato é que os matemáticos dividiram-se com respeito à sua aceitação. Já dissemos que o motivo de tal discrepância era basicamente a derivação de resultados 'estranhos' a partir de tal axioma, como o 'paradoxo' (na verdade, um teorema de ZFC) de Banach-Tarski;[14] por outro lado, para contribuir com a aceitação do AE, estão todas as vantagens que se obtêm na matemática tradicional com o seu uso, como na prova de muitos teoremas em álgebra, em topologia e em análise.[15] Por exemplo, o axioma da escolha é equivalente ao Teorema de Tychonoff, importante em topologia, e sem ele não se pode provar um resultado que soa intuitivo, como o de que a reunião de uma quantidade enumerável de conjuntos enumeráveis é enumerável. Face à independência do axioma da escolha relativamente aos demais axiomas de ZF (comentada à frente), não se pode provar, portanto, que $\mathbb{R}$ não seja a reunião de conjuntos enumeráveis, o que parece contrariar a intuição. Um outro resultado relevante para a física, em especial para a mais badalada formulação da mecânica quântica, aquela que faz uso dos espaços de Hilbert (seção 5.2) uma proposição equivalente ao AE, denominada de Lema de Zorn indexLema de Zorn é usado para demonstrar que todo espaço vetorial tem uma base.[16]

Pode-se provar que toda família finita $\mathcal{F}$ de conjuntos tem função escolha, isso é, existe uma função f com domínio em $\mathcal{F}$ tal que para todo $x \in \mathcal{F}$, tem-se que $f(x) \in x$, e isto ocorre mesmo que os conjuntos $x \in \mathcal{F}$ não sejam finitos. Em alguns casos, se os elementos $x \in \mathcal{F}$ forem dotados de uma estrutura particular, pode-se provar a existência da função escolha, como se eles forem todos sub-conjuntos finitos de $\mathbb{R}$, caso em que se pode 'escolher' o menor elemento de cada um deles, mas isso não se dá em geral. Com efeito, se $\mathcal{F}$ é uma família finita de conjuntos de conjuntos (arbitrários) de números reais,

---

[14]Este 'paradoxo' é na verdade somente contra-intuitivo, nada havendo de contraditório. Ele afirma, em essência, que toda esfera X no espaço tridimensional pode ser decomposta em duas partes disjuntas Y e Z tais que $X = Y \cup Z$ e tanto Y quanto Z são congruentes a X. Ou seja, podemos 'decompor' a esfera em duas outras exatamente similares à esfera dada. O problema é que o axioma é não construtivo, simplesmente afirmando a existência de conjuntos (no caso, da função que faz a 'decomposição') sem nos dizer como eles podem ser obtidos. Boas referências são [Jec77] e [Fre88].

[15]No mencionado artigo [Jec77], T. Jech ilustra uma série de exemplos.

[16]A demonstração é facilmente encontrada na internet.

então a existência de uma função escolha só pode ser provada lançando-se mão do AE *op. cit.*.

Em suma, a matemática tradicional não prescinde do AE, e muito além da sua utilidade está o aspecto da possibilidade de seu uso sem o risco de contradições. Por ora, daremos atenção a outros fatos relativos ao AE.

A versão do AE que usaremos, essencialmente a mesma de Zermelo em 1904, é a seguinte:

Axioma (ZF9, Axioma da Escolha).

$$\forall x(\forall y \forall z((y \in x \land z \in x \land y \neq z) \to (y \neq \emptyset$$
$$\land\, y \cap z = \emptyset)) \to \exists y \forall z(z \in x \to \exists w(y \cap z = \{w\}))) $$

Apresentaremos agora algumas proposições que lhe são equivalentes, uma vez dados os demais axiomas de ZF, ainda que não proporcionemos as demonstrações de tais equivalências (para as quais remetemos o leitor às referências indicadas). Tais proposições devem se somar às já vistas no capítulo precedente sobre a teoria de Zermelo.[17]

P1 Todo conjunto x admite uma *função escolha*, isto é, dado x qualquer, existe uma função $f : \mathcal{P}(x) - \{\emptyset\} \to X$ (a função escolha sobre x) tal que para todo $y \in \mathcal{P}(x) - \{\emptyset\}$, $f(y) \in y$.

P2 Dada uma relação R qualquer tal que $R \subseteq A \times B$, existe uma *função* f de A em B que tem o mesmo domínio que R.

P3 [Lei da Tricotomia de Cardinais] Dados dois conjuntos quaisquer x e y, então $card(x) > card(y)$ ou $card(x) < card(y)$ ou x é equinumeroso (equipotente) a y.

P4 [Teorema da Boa-Ordem] Todo conjunto pode ser bem ordenado.

P5 Dado um conjunto x qualquer e uma partição de x, existe sempre um conjunto de 'representantes' de tal partição, isso é, um conjunto contendo um elemento de cada uma das classes de equivalência da partição.[18]

P6 [Farah] Todo filtro sobre um conjunto E está contido num ultrafiltro sobre E; além disso, para cada família de conjuntos não vazios $(E_i)_{i \in I}$, existe uma família $(\mathcal{T}_i)_{i \in I}$ de topologias T_2, compactas, respectivamente sobre os E_i.[19]

---

[17]No livro de H. Rubin e J. Rubin [RR70] há um grande número de proposições equivalente ao AE. Moore [Moo82] traz a história desse axioma. Pode-se ver também o livro do matemático brasileiro E. Farah [Far94], onde inclusive são mencionadas duas formulações do próprio autor, equivalentes ao AE, uma das quais citada abaixo. Aqui, ficaremos restritos a algumas proposicões para cujo enunciado não se exija a introdução de muitos conceitos não mencionados acima.

[18]Dado um conjunto qualquer A e uma relação de equivalência $\sim$ sobre A, as classes de equivalência $[x]_\sim := \{y \in A : y \sim x\}$ formam uma *partição* de A em sub-conjuntos disjuntos e cuja união restitui o conjunto A original.

[19]Omitimos as referências a filtros e ultra-filtros, mas destacamos a sua importância.

P7 Todo conjunto é equivalente a um número ordinal.[20]

Daqui para a frente, exceto se dito explicitamente o contrário, assumiremos o Axioma da Escolha; nossa teoria será, portanto, ZFC.

Importante insistir que o AE, quando aplicado a algum conjunto x, assegura a existência de (pelo menos) um conjunto y que contém um elemento de cada um dos elementos de x, sem no entanto dizer como y é obtido, ou seja, não dá nenhuma propriedade que seja comum aos membros de y e somente a eles. Isso se reflete bem no Teorema da Boa Ordem (que Zermelo achava auto-evidente [RR70, p.1]) posto que, segundo o AE, mesmo o conjunto dos números reais deve ser bem ordenado, ainda que ninguém até hoje tenha conseguido exibir uma boa ordem sobre $\mathbb{R}$ (alguns até pensam que não se pode defini-la).

Esse fato é relevante para qualquer estudo sobre fundamentos da matemática. Com efeito, uma vez que aceitemos o Axioma da escolha, devemos aceitar que todo conjunto, $\mathbb{R}$ inclusive, pode ser bem ordenado. Isso implica na existência de uma boa-ordem R sobre os reais (na verdade, haverá uma quantidade não enumerável delas) com a propriedade típica das boas-ordens, qual seja, a de que todo sub-conjunto não vazio $A \subseteq \mathbb{R}$ tenha um menor elemento.[21] Como expressar isso? Um modo seria o seguinte:

$$\exists R(R \in \mathbb{R} \times \mathbb{R} \wedge \forall X(X \subseteq \mathbb{R} \wedge X \neq \varnothing$$
$$\rightarrow \exists m(m \in X \wedge \forall x(x \in X \rightarrow mRx))))$$

Mas isso depende que saibamos o que é R, a boa-ordem. Como ela seria definida? Uma tal definição, em ZFC, deve ser dada por uma fórmula $\alpha(x, y)$ da linguagem de ZFC, de sorte que, para todos x e y,

$$xRy := \alpha(x, y).$$

O problema é que *não existe tal fórmula*, ainda que a demonstração desse fato não seja simples (e será aqui omitida).[22]

Outro fato digno de nota é que aparentemente não se precisa em matemática uma forma tão forte do AE como a enunciada acima, que se refere a um conjunto x qualquer, mas tão somente o que se denomina *Axioma da Escolha Enumerável*, a saber, a versão que assume que o conjunto x de ZFC9 é enumerável. Esta é, por exemplo, a posição de Dieudonné (vide J. Dieudonné [Die]).

Há fatos acerca do AE que devem ser conhecidos pelo matemático em geral, bem como do filósofo, como o fato de que a definição usual que se dá de

---

[20]'Equivalência' significa a existência de uma bijeção.

[21]É importante ressaltar que enquanto o *conjunto* dos números reais pode ser ordenado de tantos modos diferentes, o *corpo ordenado e completo* dos reais só pode ser ordenado de um modo, por uma ordem que é compatível com as operações de corpo: se $a < b$, então para qualquer c deve-se ter $a + c < b + c$ e $ab > 0$ para todos $a, b > 0$.

[22]A questão tem a ver com o fato do axioma da escolha, logo o teorema da boa-ordem, ser *independente* dos axiomas de ZF (suposta consistente) e portanto não poderemos *decidir* em ZF sobre alguns fatos sobre essa boa-ordem.

conjunto finito e de *conjunto infinito* devida a Dedekind: um conjunto é infinito (no sentido de Dedekind) quando pode ser colocado em correspondência 1-1 –entenda-se: definir uma bijeção– com um sub-conjunto próprio dele mesmo, e é finito em caso contrário. Há no entanto a definição de Tarski, que é a seguinte: um conjunto A é **finito** se para todo $X \subseteq \mathcal{P}(A)$ existe $Y \in X$ tal que $Y \subseteq Z$, qualquer que seja $Z \in X$. É **infinito** em caso contrário.

Em outras palavras, toda coleção de sub-conjuntos de A tem um elemento minimal para a inclusão. Como exemplo, tomemos $A = \{0, 1, 2, \dots\}$ (o conjunto dos números naturais), e seja $X = \{X_i : \forall y \in X_i, y \geq i\}$. Logo $X_0 = A$, $X_1 = A - \{0\}$, $X_2 = A - \{0, 1\}$, etc. Vê-se que para todo i, $X_{i+1} \subseteq X_i$, logo não há elemento minimal para a inclusão, logo o conjunto é infinito.

As definições são equivalentes na presença do AE. Observe-se ademais que a definição de Dedekind não pressupõe o conceito de número natural.

Todos esses fatos apontam para o que vimos destacando no decorrer de todo o livro; os conceitos matemáticos e lógicos não são dados *a priori*; nós os elaboramos em função de vários aspectos, em geral pragmáticos. Presentemente, não podem haver dogmas em ciência do tipo que há somente uma matemática e somente uma lógica admissíveis. Que isso tem implicação na análise as teorias científicas é algo que parece óbvio.

8.3   Sistemas numéricos

Não é nosso objetivo desenvolver a matemática (ou pelo menos parte dela) em ZFC neste texto mas, dentro dos objetivos deste livro, talvez fosse conveniente dar ao leitor não familiarizado uma ideia acerca de como os sistemas numéricos podem ser obtidos, ainda que isso seja feito sem muitos detalhes.[23]

Seguiremos o 'método genético', nas palavras de Hilbert, ou seja, obteremos uma caracterização em ZFC para os números naturais, depois para os inteiros, para os racionais e finalmente para os números reais. É importante observar inicialmente que, quando se diz que vamos 'definir' os números (naturais, inteiros, racionais ou reais) em ZFC, o que se está fazendo é definir um *modelo* para a teoria em questão (dos números naturais, inteiros, etc.) *em* ZFC. Os números reais, por exemplo, são caracterizados pelos axiomas de um corpo ordenado completo, mas tal estrutura pode ter vários modelos, os mais conhecidos sendo aqueles em que os reais são erigidos por meio de cortes de Dedekind, ou por meio de classes de equivalência de sequências de Cauchy.

Desse modo, o que faremos será determinar um *predicado conjuntista*, no sentido dos capítulos 4 e 5 para essas referidas teorias.

8.3.1   Os números naturais

Um dos efeitos mais importantes da teoria de conjuntos é o seu 'poder redutor', permitindo que praticamente todos os conceitos da matemática padrão

---

[23]Veja mais detalhes em [End77], [Dev93].

sejam definidos por meio de conjuntos ou de conceitos a eles relacionados, incluside o conceito de número. Esse fato é de considerável importância. Com efeito, matemáticos como L. Kronecker acreditavam que nada poderia ser mais básico à intuição humana do que os números naturais. Segundo Kronecker e os matemáticos dessa linha (ou que mantinham concepções filosóficas parecidas, como Poincaré), a matemática deveria se alicerçar sobre os números naturais, mas esses não poderiam ser 'reduzidos' a outros conceitos mais básicos. Tais fatos estão imbrincados em concepções filosóficas acerca da natureza da matemática, e não nos deteremos neste ponto aqui, ainda que reconheçamos a sua importância. O que merece destaque para nós é que a teoria de conjuntos veio mostrar que mesmo um conceito para eles tão básico, como o de número natural, podia ser definido a partir de conceitos ainda mais fundamentais, como o de conjunto, como veremos.[24]

Já tivemos a oportunidade de discorrer sobre o axioma do conjunto infinito. Aqui, tal axioma é introduzido do seguinte modo, desde que x^+ denote o *sucessor conjuntista* de x, dado por

Definição 8.3.1 (Sucessor (conjuntista)). *Seja x um conjunto; pomos*

$$x^+ := x \cup \{x\}$$

Assim, $\emptyset^+ = \emptyset \cup \{\emptyset\} = \{\emptyset\}$, ou seja, $0^+ = 1$, e assim por diante. Vem então um axioma que postula a existência de um conjunto que contém $\emptyset$ e, contendo um elemento, contém o seu sucessor:

Axioma (ZF10, Axioma do conjunto infinito).

$$\exists x (\emptyset \in x \land \forall y (y \in x \to y \cup \{y\} \in x))$$

De maneira geral, um conjunto x é dito *indutivo* se tem a propriedade expressa no axioma precedente, ou seja,

Definição 8.3.2 (Conjunto indutivo). *Um conjunto x é indutivo se*

$$\emptyset \in x \land \forall y (y \in x \to y \cup \{y\} \in x). \tag{8.6}$$

Então, o axioma acima assevera que 'existe um conjunto indutivo', que contém como elementos os conjuntos $\emptyset$, $\{\emptyset\}$, $\{\emptyset, \{\emptyset\}\}$, etc. Em outras palavras, a coleção que contém esses elementos é um *conjunto*. Ao 'menor' conjunto que contém tais elementos (ditos *números naturais*), denomina-se *conjunto dos números naturais*, e denota-se-o com a letra ω. Logo, ω é a interseção de todos os conjuntos indutivos, ou seja,[25]

---

[24]O leitor interessado na questão das linhas filosóficas mencionadas pode consultar o capítulo 1 de [BP64].
[25]Veja também [End77, p.69].

$$\omega := \{\varnothing, \{\varnothing\}, \{\varnothing, \{\varnothing\}\}, \dots\} \tag{8.7}$$

Então, pondo (como fez von Neumann), $0 := \varnothing$, $1 := \{\varnothing\} = \{0\}$, $2 := \{\varnothing, \{\varnothing\}\} = \{0,1\}, \dots n := \{0,1,\dots,n-1\}$, e por assim adiante, temos que

$$\omega := \{0,1,2,\dots\} \tag{8.8}$$

Note que encontramos em ZFC conjuntos que são candidatos a desempenhar o papel dos números naturais. Eles de fato fazem isso, como se pode provar. Ademais, o conjunto ω passa agora, face ao axioma acima, a ter 'existência oficial' em **ZFC**. Repare que 'ω' é algo como que o 'nome formal' do conjunto dos números naturais, que intuitivamente representamos por $\mathbb{N}$, ou seja, ω é o conjunto em ZFC que representará os números naturais.

Para G. Frege e B. Russell (ainda que haja diferenças fundamentais entre suas concepções, que não nos interessa discutir aqui), um número (natural) era, dito por alto, uma certa propriedade de coleções (Frege dizia que era a extensão de um conceito). Segundo Russell,

> [u]m número é qualquer coisa que é o número de uma classe. [ao passo que] O número de uma classe é a classe de todas as classes que lhe são similares [há uma bijeção entre elas]. [26]

Por exemplo, o número natural *um* resultava, dito informalmente, naquilo que todas as coleções que têm um só elemento têm em comum, o *dois* aquilo que têm em comum todas as coleções com exatamente dois elementos, etc. Como para Frege a cada conceito deve corresponder um 'conjunto', dito ser a *extensão* desse conceito, ao conceito *um* deve portanto ser associada uma coleção, precisamente a coleção daqueles objetos que têm a propriedade expressa pelo conceito de *um*. Desse modo, pode-se identificar o conceito com sua extensão, de sorte que *um* fica sendo a coleção de todas as coleções (conjuntos) que têm um só elemento, e coisa similar acontece para dois (que seria o conjunto de todas as duplas), zero, etc. Acontece que em ZFC uma tal definição não funciona, pois uma tal coleção não é um 'conjunto' (de ZFC), ou seja, não se pode derivá-lo dos axiomas dessa teoria. Com efeito, suponha (informalmente) que $1 = \{x : x \text{ tem um só elemento}\}$. Então, pelo axioma da união (ZFC7), $\cup 1$ é um conjunto. No entanto, $\cup 1$ seria o conjunto universal, que já sabemos não existir em ZFC.

Se escrevermos agora Sx para $x \cup \{x\}$ ('Sx' é nada mais que x^+, o sucessor conjuntista de x), podemos provar sem dificuldade o seguinte teorema, que expressa em ZFC os Axiomas de Peano para os números naturais:

Teorema 8.3.1 (Axiomas de Peano).

---

[26] Veja [Rus93, Cap.2] e também o artigo de Frege 'O conceito de número' e extratos do livro de Russell mencionado nesta nota, reproduzidos em Benacerraf e Putnam [BP64].

(i) $\emptyset \in \omega$

(ii) $\forall x(x \in \omega \rightarrow Sx \in \omega)$

(iii) $\forall x(x \in \omega \rightarrow Sx \neq \emptyset)$

(iv) $\forall x \forall y(x \in \omega \wedge y \in \omega \wedge Sx = Sy \rightarrow x = y)$

(v) $\forall x(x \in \omega \wedge \emptyset \in x \wedge \forall y(y \in x \rightarrow Sy \in x) \rightarrow x = \omega)$

Este teorema assegura que a tripla $\langle \omega, S, \emptyset \rangle$ (sendo Sx definido como $x \cup \{x\}$) é um *modelo* para a axiomática dos números naturais ou, como comumente se diz, é um *sistema de Peano*. De maneira geral, um Sistema de Peano (ou uma *Álgebra de Peano*) é uma tripla ordenada

$$\mathcal{P} = \langle N, S, 0 \rangle \tag{8.9}$$

satisfazendo as seguintes condições (que nada mais são do que os axiomas de Peano):

(P1) N é um conjunto tal que $0 \in N$

(P2) S é uma função de N em N. A imagem do elemento $n \in N$ será denotada Sn.

(P3) S é injetiva, ou seja, para todos n e m de N, tem-se que $Sn = Sm \rightarrow n = m$

(P4) Para cada $n \in N$, tem-se que $Sn \neq 0$

(P5) Para cada $x \subseteq N$, tem-se que $(0 \in x \wedge \forall y(y \in x \rightarrow Sy \in x)) \rightarrow x = N$

A título de ilustração, observe a intuição que está por trás dessa construção dos números naturais (que essencialmente se deve a Dedekind). Intuitivamente, estamos interessados em obter a sequência $0, 1, 2, \ldots$ explanada acima. Para tanto, colocamos o zero na sequência (exigimos que $0 \in N$) e, para evitar 'voltar' ao zero, o que encerraria a sucessão, impusemos que $0 \notin Img(S)$ (a imagem da função S), ou seja, 'zero não é sucessor de nenhum número natural' (que é outro axioma). No entanto, mesmo que não 'voltemos' ao zero depois de dele sair tomando sucessores, a sequência se encerraria se voltássemos a qualquer natural da sequência; para evitar isso, exigimos que a função S seja injetiva (outro axioma). O quinto axioma tem a função de eliminar quaisquer outros elementos da sequência que não sejam os esperados $0, S0, SS0, \ldots$. O Princípio da Indução substitui as reticências por uma condição matemática precisa, estabelecendo que nada 'menor' do que N pode conter 0 e ser fechado para a operação sucessor.[27] Aliás, o matemático Azriel Levy, que muito contribuiu para o desenvolvimento da teoria dos conjuntos nas últimas décadas, disse que muito desta teoria (e, em suma, muito da matemática) reside

---

[27] N é *fechado* para S no sentido de que se $n \in N$, então $Sn \in N$.

em se tentar dar um sentido preciso às 'reticências', como as acima (ou seja, a expressões do tipo 'e assim por diante'), tal como ocorrem usualmente em matemática [Lév59, p.4].

Resultado importante sobre os Sistemas de Peano é a sua *categoricidade*: todos os sistemas de Peano são isomorfos [End77]. O que se passa é o seguinte. A ideia intuitiva de *indução* é a de, como diria Levy, legitimar o 'e assim por diante'. Ou seja, admita que iniciamos com um certo elemento a (em algum conjunto X) e, mediante alguma função h definida sobre X, obtemos $h(a)$, $h(h(a))$, 'e assim por diante'. Ou seja, a função h, tomada reiteradamente, fornece algum modo de 'passar de um elemento de A para outro', e deste para outro ainda, 'e assim por diante'. A partir dessa função h definimos então uma outra função $f : N \to X$ pondo $f(0) = a$, $f(1) = h(a) = h(f(0))$, $f(2) = h(1) = h(f(1))$, e (de novo!!) 'assim por diante'. A função f prové então a ideia de que formamos uma sequência[28] mediante os valores sucessivos da função h; o 'e assim por diante' seria justificado se conseguíssemos explicar adequadamente o processo (intuitivo) de indução. O artifício da indução (i.e., a sua 'descrição precisa') teria que dizer que faz sentido haver uma função como a f acima, definível a partir de uma tal h. Mas, será que há mesmo uma tal função? A garantia desse fato vem do teorema seguinte:

Teorema 8.3.2 (Recursão). *Seja $\mathcal{P}$ um sistema de Peano e X um conjunto qualquer tal que $a \in X$. Ademais, seja $h : X \to X$ uma função. Então existe uma única função $f : N \to X$ tal que:*

$$f(0) = a$$
$$f(Sn) = h(f(n)), \textit{para todo } n \in N$$

Sejam agora $\langle N_1, 0_1, S_1 \rangle$ e $\langle N_2, 0_2, S_2 \rangle$ sistemas de Peano. Tomemos, a fim de usar o teorema da recursão, $N_2 = X$, $0_2 = a$ e $S_2 = h$. Então, pelo teorema, existe exatamente uma função $f : N_1 \to N_2$ (note que N_1 desempenha aqui o papel do conjunto N do teorema) tal que $f(0_1) = 0_2$ e $f(Sn) = S_2(f(n))$ para todo $n \in N_1$. Pode-se agora mostrar que f é uma bijeção, e que portanto todos os sistemas de Peano são isomorfos.

O Teorema da Recursão garante ainda que, para cada número natural $m \in \omega$, há uma única função $A_m : \omega \to \omega$ tal que, para cada $n \in \omega$:

$$\begin{cases} A_m(0) := m \\ A_m(Sn) := S(A_m(n)) \end{cases} \tag{8.10}$$

A *adição* de números naturais é então definida como sendo a operação binária $+$ sobre ω definida por $m + n := A_m(n)$, para todo $n \in \omega$,

Alternativamente, podemos caracterizar a adição pondo, ao invés da definição precedente, a seguinte:

---

[28]Uma sequência de elementos de um conjunto X nada mais é do que uma função de N em X.

$$\begin{cases} m + 0 := m \\ m + Sn := S(m+n) \end{cases} \qquad (8.11)$$

É fácil ver então como se pode 'somar'. Por exemplo, temos sucessivamente (usando a definição precedente) que $2 + 3 = 2 + S2 = S(2+2) = S(2+S1) = S(S(2+1)) = S(S(2+S0))) = S(S(S(2+0))) = S(S(S(2))) = S(S(3)) = S(4) = 5$.

O importante conceito de ordem sobre ω pode ser introduzido do seguinte modo: tendo em vista que os números naturais são conjuntos particulares, como visto acima, pomos, por definição

$$m < n := m \in n \qquad (8.12)$$

e daí resultam as propriedades esperadas, em especial a *boa ordem* de ω, que assevera que todo sub-conjunto não vazio de $A \subseteq \omega$ tem um menor elemento, isto é, existe $m \in A$ tal que $m < n \vee m = n$ para todo $n \in A$.

De modo similar, introduz-se a multiplicação de números naturais (já na notação simplificada) pondo-se:

$$\begin{cases} m.0 := 0 \\ m.Sn := m.n + m \end{cases} \qquad (8.13)$$

Com tais definições, pode-se desenvolver a aritmética usual dos números naturais sem dificuldade, provando-se as propriedades usuais da adição e da multiplicação de números naturais [End77].

Percebe-se aqui o 'caráter redutor' da teoria dos conjuntos. Kronecker no entanto estava entre os que não aceitavam tal redução, em especial não aceitava as definições de número irracional dadas por Weierstrass e Dedekind , que se baseavam em conjuntos infinitos de objetos (ou seja, eram feitas na teoria de conjuntos), como se verá na Seção 8.3.2. Para Kronecker, como já dissemos, toda a matemática deveria ser fundamentada em processos finitistas baseados nos números naturais. Como já visto no Capítulo 1, as objeções de Kronecker, pela sua influência no meio matemático da época, constituíram grande obstáculo para a divulgação das ideias de Cantor, que não obstante se impuseram.[29]

8.3.2 Inteiros, racionais e reais

Os números inteiros

A partir dos números naturais, definem-se os inteiros do seguinte modo. Informalmente, o que queremos é obter os 'números negativos' $-1, -2, \ldots$, definindo-os a partir dos naturais. Para tanto, se ω é o conjunto dos números naturais introduzido anteriormente, definimos sobre $\omega \times \omega$ a relação $\sim$ por:

---

[29]Para maiores detalhes sobre este ponto, o leitor pode consultar [Dau90, pp.66ss].

$$\langle m, n \rangle \sim \langle p, q \rangle := m + q = n + p \qquad (8.14)$$

A ideia é extremamente simples; se pudéssemos dispor da operação de subtração, o que se está dizendo é que estão na relação $\sim$ as classes tais que o primeiro elemento *menos* o segundo elemento de uma delas é igual ao primeiro elemento *menos* o segundo elemento da outra. Como não dispomos da subtração como uma operação fechada sobre ω,[30] obtemos esse mesmo resultado por uma via alternativa, usando a adição, como na definição acima.

É fácil provar que $\sim$ é uma relação de equivalência sobre $\omega \times \omega$. À classe $[\langle 3, 4 \rangle]$, por exemplo, pertencem os pares $\langle 0, 1 \rangle$, $\langle 1, 2 \rangle$, $\langle 3, 4 \rangle$, e assim por adiante, ou seja, todos os pares tais que o segundo elemento é o sucessor do primeiro elemento. De modo similar, à classe $[\langle 4, 9 \rangle]$, por exemplo, pertencem os pares $\langle 0, 5 \rangle$, $\langle 1, 6 \rangle$, $\langle 2, 7 \rangle$, etc., enquanto que à classe $[\langle 5, 3 \rangle]$, por exemplo, pertencem os pares $\langle 4, 2 \rangle$, $\langle 8, 6 \rangle$, $\langle 11, 9 \rangle$, e por assim adiante.

A ideia é que uma classe como $[\langle 3, 4 \rangle]$ faça o papel do número -1, que $[\langle 4, 9 \rangle]$ faça o papel de -5, etc. De maneira geral, definimos:

$$\mathbf{Z} := (\omega \times \omega) / \sim, \qquad (8.15)$$

ou seja, o conjunto de todas as classes de equivalência como acima, como sendo o conjunto dos números inteiros.

Isso faz com que a classe $[\langle 5, 3 \rangle]$ represente o inteiro 2. No entanto, o número natural 2 foi definido anteriormente como sendo o conjunto $\{\emptyset, \{\emptyset\}\}$, resultando que (como conjuntos) $2 \neq [\langle 5, 3 \rangle]$. O que se passa é que, com a definição acima, o que obtivemos como '2' foi um representante em $\mathbf{Z}$ do natural 2. Na verdade, a definição induz uma cópia isomorfa de ω em $\mathbf{Z}$. Deveríamos escrever[31] $0_{\mathbf{Z}}, 1_{\mathbf{Z}}, 2_{\mathbf{Z}}$, etc. para denotar respectivamente as classes $[\langle 3, 3 \rangle]$ $[\langle 4, 3 \rangle]$ $[\langle 8, 6 \rangle]$, etc. Note-se ademais que (por exemplo),

$$[\langle 3, 4 \rangle] = [\langle 5, 6 \rangle],$$

de sorte que um mesmo número inteiro pode ser representado por qualquer uma dentre uma infinidade de classes de equivalência.

Isso posto, podemos passar às definições das operações em $\mathbb{Z}$, as quais (mais uma vez seguindo Enderton) denotaremos por '$+_{\mathbf{Z}}$' e '$\cdot_{\mathbf{Z}}$':

$$\langle m, n \rangle +_{\mathbf{Z}} \langle p, q \rangle := [\langle m + p, n + q \rangle] \qquad (8.16)$$

e também

$$\langle m, n \rangle \cdot_{\mathbf{Z}} \langle p, q \rangle := [\langle m \cdot p + n \cdot q, m \cdot q + n \cdot p \rangle] \qquad (8.17)$$

onde se pede observar que a adição '$+$' e a multiplicação '$\cdot$' nos *definiens* (segundos membros) são a adição e a multiplicação em ω.

---

[30]No sentido de que a diferença entre dois números naturais nem sempre é um número natural.

[31]Como em [End77, Cap.5]. Nesse livro, aliás, há uma excelente exposição do assunto.

É fácil ver que tais operações gozam das propriedades esperadas, como a associatividade, comutatividade, que a multiplicação é distributiva em relação à adição, etc. Na verdade, vê-se sem dificuldade (empregando a terminologia algébrica) que $\langle \mathbf{Z}, +_{\mathbf{Z}}, \cdot_{\mathbf{Z}}, 0_{\mathbf{Z}}, 1_{\mathbf{Z}} \rangle$ é um domínio de integridade, ou seja, $\langle \mathbf{Z}, +_{\mathbf{Z}} \rangle$ e $\langle \mathbf{Z}, \cdot_{\mathbf{Z}} \rangle$ são grupos comutativos com elementos identidade respectivamente $0_{\mathbf{Z}}$ e $1_{\mathbf{Z}}$, e que $\cdot_{\mathbf{Z}}$ é distributiva relativamente a $+_{\mathbf{Z}}$.

A relação de ordem sobre $\mathbf{Z}$ pode ser definida como se segue. Sendo $a = \langle m, n \rangle$ e $b = \langle p, q \rangle$, então

$$a <_{\mathbf{Z}} b \text{ se e só se } m + q \in n + p \tag{8.18}$$

a qual vem do cálculo informal $m - n < p - q$ se e somente se $m + q < n + p$ (e lembrando que a relação de ordem estrita $<$ em ω é precisamente $\in$).

Chamando de $a, b, \dots$ os elementos de $\mathbf{Z}$, vemos que as demais operações típicas dos números inteiros podem ser introduzidas também sem dificuldades. Por exemplo, pondo

$$-[\langle m, n \rangle] = [\langle n, m \rangle],$$

definimos a diferença por

$$a - b := b +_{\mathbf{Z}} (-a). \tag{8.19}$$

Aliás, esta última definição justifica o modo pelo qual foi introduzida a multiplicação $\cdot_{\mathbf{Z}}$, que é fortemente motivada pelo cálculo informal

$$(m - n) \cdot (p - q) = (m \cdot p + n \cdot q) - (m \cdot q + n \cdot p).$$

A observação feita acima de que em $\mathbf{Z}$ temos uma 'cópia' de ω, mas não ω propriamente, pode parecer intrigante e demandar alguma explicação adicional. Pois bem, os inteiros 'não negativos' são, de acordo com a definição acima, as classes $[\langle n, 0 \rangle]$, para $n \in \omega$. Pondo $f : \omega \to \mathbf{Z}$ definida por $f(n) = [\langle n, 0 \rangle]$, verificamos que tal função é uma injeção que preserva as operações de adição multiplicação, além da ordem. Mais precisamente, f tem as propriedades seguintes:

(1) $f(m + n) = f(m) +_{\mathbf{Z}} f(n)$

(2) $f(m \cdot m) = f(m) \cdot_{\mathbf{Z}} f(n)$

(3) $m < n$ se e só se $f(m) <_{\mathbf{Z}} f(n)$

Técnicamente, os matemáticos dizem que f é uma 'isomorphic embedding' do sistema $\langle \omega, +, \cdot, < \rangle$ em $\langle \mathbf{Z}, +_{\mathbf{Z}}, \cdot_{\mathbf{Z}}, <_{\mathbf{Z}} \rangle$.

Os números racionais

Os números racionais serão obtidos a partir dos inteiros já introduzidos seguindo a intuição seguinte. O que desejamos, uma vez que saibamos operar com os inteiros, é definir as 'frações', ou seja, entidades da forma a/b, com a e b inteiros e $b \neq 0$. No entanto, não dispondo da divisão, devemos obter algo que a simule a partir das operações à mão (adição e multiplicação). O que faremos, similarmente ao que se fez para definir os inteiros a partir dos naturais, será encontrar uma relação de equivalência interessante e definir um número racional como uma certa classe de equivalência de números inteiros.

Ora, sabemos da escola elementar que

$$\frac{m}{n} = \frac{p}{q} \quad \text{se e só se} \quad m \cdot p = n \cdot q$$

Logo, se definirmos sobre $\mathbf{Z} \times (\mathbf{Z} \setminus \{0\})$ a relação seguinte:[32]

$$\langle m, n \rangle \sim \langle p, q \rangle := m \cdot p = n \cdot q, \tag{8.20}$$

novamente notando que as operações do *definiens* são realizadas em $\mathbf{Z}$.[33] É fácil provar que $\sim$ é uma ralação de equivalência sobre $\mathbf{Z} \times (\mathbf{Z} \setminus \{0\})$, de sorte que o conjunto $\mathbf{Q}$ dos números racionais é definido por:[34]

$$\mathbf{Q} := (\mathbf{Z} \times \mathbf{Z} \setminus \{0_{\mathbf{Z}}\}) / \sim \tag{8.21}$$

Note-se por exemplo que $\langle 3, 9 \rangle \sim \langle 2, 6 \rangle$. Estabelecemos então a notação seguinte: pomos $0_{\mathbf{Q}} := [\langle 0, 1 \rangle]$ (classe esta que coincide com $[\langle 0, 2 \rangle]$, com $[\langle 0, 3 \rangle]$, etc.); $1_{\mathbf{Q}} := [\langle 1, 1 \rangle]$ (que coincide com $[\langle 2, 2 \rangle]$, $[\langle 3, 3 \rangle]$, etc.), e por assim em diante.

As operações sobre $\mathbf{Q}$ são introduzidas sempre tendo em vista as identidades

$$\frac{m}{n} + \frac{p}{q} = \frac{m \cdot q + n \cdot p}{n \cdot q} \quad \text{e} \quad \frac{m}{n} \cdot \frac{p}{q} = \frac{m \cdot p}{n \cdot q}, \tag{8.22}$$

sendo portanto

$$[\langle m, n \rangle] +_{\mathbf{Q}} [\langle p, q \rangle] := [\langle m \cdot q + n \cdot p, n \cdot q \rangle] \tag{8.23}$$

e

$$[\langle m, n \rangle] \cdot_{\mathbf{Q}} [\langle p, q \rangle] := [\langle m \cdot p, n \cdot q \rangle] \tag{8.24}$$

---

[32]A razão de eliminarmos o zero no segundo conjunto coaduna-se com a necessidade de que o denominador de a/b seja não nulo.

[33]Por simplicidade, omitimos os subíndices (na verdade, deveríamos ter escrito $m_{\mathbf{Z}}$, $n_{\mathbf{Z}}$, etc., e manteremos essa omissão doravante.

[34]A notação $A \setminus B$ indica a diferença de conjuntos: $A \setminus B := \{x : x \in A \wedge x \notin B\}$.

observando-se sempre que, nos segundos membros, as operações são as definidas sobre $\mathbb{Z}$.

Se $a = [\langle m, n \rangle]$, definimos $-a$, o oposto de a, como sendo o racional $-a :=$ $[\langle -m, n \rangle]$, e o simétrico de a por $a^{-1} := [\langle n, m \rangle]$. Isso posto, definimos

$$a \cdot b := a \cdot_{\mathbb{Q}} b^{-1} \tag{8.25}$$

ao passo que a relação de ordem sobre $\mathbb{Q}$ é posta como

$$[\langle m, n \rangle] <_{\mathbb{Q}} [\langle p, q \rangle] := m \cdot q < n \cdot p, \tag{8.26}$$

definição esta que tem por motivação a relação intuitiva

$$\frac{m}{n} < \frac{p}{q} \quad \text{se e só se} \quad m \cdot q < n \cdot p \tag{8.27}$$

e observando-se que as operações e relação do segundo membro são realizadas em $\mathbb{Z}$.

Analogamente ao que se mostrou acima relativamente a $\mathbb{Z}$ e ω, há uma 'cópia isomorfa' de $\mathbb{Z}$ (e de ω) em $\mathbb{Q}$, cuja definição precisa não é difícil de ser estabelecida (ver [End77, pp.110ss]). Do ponto de vista algébrico, temos o importante fato de que

$$\langle \mathbb{Q}, +_{\mathbb{Q}}, \cdot_{\mathbb{Q}}, 0_{\mathbb{Q}}, 1_{\mathbb{Q}}, <_{\mathbb{Q}} \rangle \tag{8.28}$$

é um *corpo ordenado* (mas não é completo), o que permite caracterizar as propriedades mais importantes dessa estrutura.

Os números reais

É atribuída aos pitagóricos, em cerca de 600 a. C., a constatação da necessidade de se ir além dos números racionais (ou seja, das frações). Se chamarmos de *reta racional* a uma disposição linear de pontos cuja distância a um ponto fixo (chamado *origem* da reta) seja expressa por um número racional e tal que todo número racional expresse a distância de algum ponto da reta à origem, imagine-se que tenhamos um triângulo isósceles com base disposta em tal linha a partir da origem com comprimento unitário e altura também unitária. Sabemos do teorema de Pitágoras que o terceiro lado terá comprimento $\sqrt{2}$. Se projetado sobre a reta que contém a base, recairá exatamente no ponto correspondente ao número irracional $\sqrt{2}$ (a figura 8.1 não é fiel).

O modo de se construir os números reais, 'completando-se' os racionais, é variada. As mais comuns são os procedimentos via Cortes de Dedekind e por sequências de Cauchy. No que se segue, ficaremos restritos ao conceito de Cortes de Dedekind. Um conjunto de números racionais é dito ser um *corte* (de Dedekind) se: (1) contém um número racional, mas não todos os racionais; (2) todo número racional do conjunto é menor do que todo número racional que não pertença ao conjunto; (3) o conjunto não contém um maior número

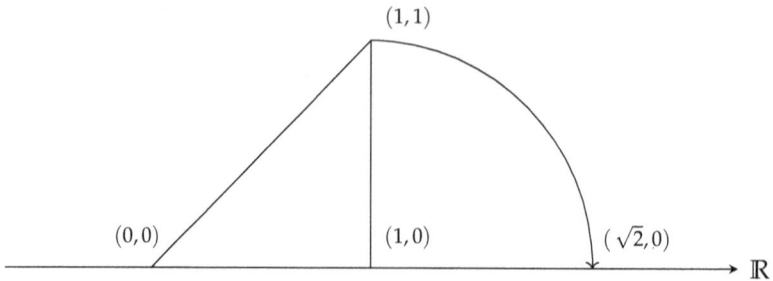

Figura 8.1: O número real $\sqrt{2}$ na reta real, mas não está na escala; você teria que centrar o compasso no ponto (0,0) e, com raio até o ponto (1,1), descer até a reta real.

racional, ou seja, um número racional que seja maior do que qualquer outro número do conjunto.

Intuitivamente, um corte corresponde à parte esquerda da reta racional, quando nela marcamos um ponto. Por definição, chama-se de *conjunto dos números reais* ao conjunto de todos os cortes, o qual é denotado por $\mathbb{R}$. Sendo x e y cortes, define-se uma relação de ordem entre cortes pondo-se

$$x < y := x \subseteq y \tag{8.29}$$

e facilmente se prova que tal relação tem as propriedades desejadas.[35] Considere-se agora um conjunto X de números reais (isto é, $X \subseteq \mathbb{R}$). Diz-se que um número real x é um limite superior de X se $y < x$ para todo $y \in X$. O número x pode ou não pertencer a X; ao menor dos limites superiores de X, chamamos de *supremo* de X (tais definições serão dadas abaixo, à Seção 8.5).[36] Por exemplo, o conjunto (corte)

$$\{x \in Q : x^2 < 2\}$$

tem uma infinidade de limites superiores em **Q** (qualquer racional maior do que 2), mas não tem supremo em **Q**. Já o conjunto (corte)

$$\{x \in \ : x < 3\}$$

tem supremo em Q (a saber, o racional 3).

Os cortes que têm supremo em Q são identificados com tal supremo, sendo portanto considerados como caracterizando números racionais; assim, $\{x \in Q : x < 3\}$ é identificado com o racional 3. Já o corte que consiste na união dos racionais que são negativos ou que pertencem ao conjunto $\{x \in Q : x^2 < 2\}$, não é racional, representando um número irracional (a saber, $\sqrt{2}$). Mas, se o

---

[35]Ver [Lan66, cap.3], [End77, p.113], [Rud71, cap.1].

[36]O leitor não familiarizado pode saltar os detalhes desta Seção e a eles retornar após ler a Seção 8.5.

supremo de tal corte não está em $\mathbb{Q}$, onde estará ele? O teorema abaixo mostra que está em $\mathbb{R}$ acima definido.[37]

Teorema 8.3.3 (Completude). *Todo sub-conjunto X de $\mathbb{R}$ que seja limitado superiormente tem supremo em $\mathbb{R}$.*

A prova do teorema é bastante simples, podendo ser vista em [End77, p.114],[38] e consiste em mostrar que o supremo de X é o conjunto $\bigcup X$, a união de X. Portanto, *todo* corte tem supremo; se for elemento de $\mathbb{Q}$, o corte caracteriza um número racional, caso contrário, um número real. Ao final desta Seção, comentaremos sobre o caráter impredicativo deste teorema, e então falaremos algo acerca de sua demonstração .

Considerando-se o conjunto $\mathbb{R}$ assim definido, pode-se introduzir adequadamente as operações de *adição* e de *multiplicação* de cortes, de sorte que possa-se destacar certos conjuntos que terão propriedades especiais (representarão entidades como os números zero e um, por exemplo).[39] Com a relação de ordem acima definida, pode-se provar que a estrutura

$$\langle \mathbb{R}, +, \cdot, 0, 1, < \rangle \tag{8.30}$$

onde '$+$', '$\cdot$', 0, 1 e $<$ são respectivamente as operações de adição e de multiplicação em $\mathbb{R}$, os números reais zero e um acima referidos e a ordem mencionada, satisfaz os axiomas de um corpo ordenado completo (é um *modelo* de tal axiomática), a completude (no sentido topológico) sendo dada precisamente pelo teorema anterior.

Mais ainda, pode-se mostrar (veja-se [Gle66]) que os outros modelos obtidos por intermédio de sequências de Cauchy ou por outro processo, são isomorfos ao dos Cortes de Dedekind, razão pela qual se diz que (a menos de um isomorfismo) há somente um conjunto de números reais.

Similarmente ao que se fez nos casos anteriores, pode-se mostrar que há uma maneira de associar cada número racional (definido na Seção anterior) a um corte, havendo portanto uma 'cópia isomorfa' a $\mathbb{Q}$ no 'interior' de $\mathbb{R}$, o mesmo se passando obviamente com os números naturais e inteiros.[40]

8.4 Definições impredicativas

Voltemos agora a considerar o que se antecipou no Capítulo 1 acerca das chamadas definições impredicativas. De acordo com Poincaré, *definições impredicativas* são "definições [dadas por] uma relação entre o objeto a ser definido e

---

[37]Os detalhes mais importantes da demonstração deste teorema são comentados na Seção seguinte.

[38]Veja também [Kle52, p.31].

[39]Por exemplo, $0 := \{x \in \mathbb{Q} : x < 0\}$, o 'zero' de dentro do conjunto sendo o número racional zero (uma classe de equivalência de inteiros, como vimos), que não deve ser confundido com o que está sendo definido, que é um corte.

[40]Tais desenvolvimentos não nos interessam aqui. O leitor pode consultar [End77].

todos os objetos de um certo tipo do qual o objeto a ser definido é suposto ser uma parte" [Hat82, p.100]. Por exemplo, uma definição de um certo conjunto é impredicativa se ela envolve referência a uma totalidade à qual o conjunto a ser definido pertence. De outro modo, uma definição nominal[41] escrita em linguagem simbólica é impredicativa se ela define um objeto que é um dos valores de uma variável ligada occorendo na expressão do *definiens* em questão (a expressão que está sendo abreviada; ver também [FBHL73, p.38].

Deve-se reparar que tais definições estão presentes na matemática usual, por exemplo na construção acima dos números reais via cortes de Dedekind. Sem muitos detalhes técnicos, o que se passa é o seguinte. Dados os números racionais, construídos como certas classes de equivalência de pares de números inteiros, construímos os números reais por meio dos *cortes de Dedekind*. Um *corte*, como vimos antes, é nada mais do que um conjunto de números racionais que não contém um maior racional, não contém todos os racionais e que contém todos os racionais menores do que um racional r que pertença ao corte. Define-se então uma álgebra de cortes, de sorte que se pode provar que o conjunto de tais cortes, dotado de tal álgebra, satisfaz os axiomas de corpo ordenado completo (na verdade, trata-se de um *modelo* de tal axiomática). A impredicatividade entra quando se mostra que vale o teorema de completude para o conjunto de cortes, ou seja, que todo sub-conjunto de cortes limitado superiormente tem um supremo que é um corte (teorema 8.3.3).

Com efeito, sendo X um conjunto qualquer de números reais (cortes) limitado superiormente, considere-se o conjunto B, união de todos os números racionais que são os reais (vistos como cortes, logo, como conjuntos de racionais) pertencentes a X. Vimos que o teorema da Seção precedente provou que B é um corte e que é o supremo de X.[42] Pode-se objetar que a totalidade dos números reais (cortes) é estabelecida somente depois que B é caracterizado. Mas B, por sua vez, é definido a partir da totalidade dos números reais, uma vez que devemos tomar cada número real, decidir se ele está em X ou não e, caso afirmativo, juntar seus elementos à união de todos os elementos de X. Porém B, como um real particular, é ou não parte dessa união, aparentemente sendo definido a partir da suposição da sua própria existência.

Apesar de objetável, não há qualquer 'êrro lógico' em tal procedimento (*petitio principii*). Stephen C. Kleene tem um argumento interessante para explicar isso (adaptando-se a notação).

> [A] definição [de número real] faz uso do pressuposto sistema de números racionais $\mathbb{Q}$ para construir os representantes dos reais, sem tomar $\mathbb{Q}$ no sistema resultante $\mathbb{R}$ como subsistema. (Se os membros de $\mathbb{Q}$ são indivíduos, os membros de $\mathbb{R}$ são conjuntos desses indivíduos).

---

[41]Uma definição nominal ou abreviativa é aquela que introduz um novo símbolo ou conceito para abreviar uma certa expressão da linguagem, como por exemplo $x \subseteq y$, que abrevia $\forall z (z \in x \rightarrow z \in y)$.

[42]Para mais detalhes, além das obras citadas anteriormente, o leitor pode ver ainda [Hat82, p.100ss], [Rud71, cap.1].

Nós agora definimos um número real X como sendo um *racional* se $\mathbb{R} \setminus X$ tem um menor elemento x, e em tal caso X é dito *corresponder* ao racional x (do sistema $\mathbb{Q}$). Caso contrário, X é *irracional;*.

Os racionais entre os reais formam um subsistema $Q_\mathbb{Q}$ de $\mathbb{R}$ que é isomorfo ao sistema original $\mathbb{Q}$ ..." [Kle52, p.31]

Este tipo de definição, como já comentado, incomodou sobremaneira os matemáticos. O que se constatou posteriormente, como mostrou Hermann Weyl, é que a Análise Matemática usual não pode ser erigida sem o recurso de tais definições impredicativas. Em um célebre livro intitulado *Das Continuum* [Wey94], Weyl desenvolveu aquilo da matemática tradicional que poderia ser obtida sem o recurso das definições impredicativas, dentro do que ele chamou de 'teoria predicativa'. No entanto, como ele concluiu, mediante tal reconstrução, parte da matemática tradicional necessariamente deveria ser deixada de fora.[43]

O conceito de impredicatividade de Poincaré foi reformulado por Bertrand Russell na forma do que chamou de o Princípio do Círculo Vicioso.[44] Segundo ele, na mesma linha que Poincaré, *todos* os paradoxos, tanto lógicos quanto semânticos, resultam de uma espécie de círculo vicioso, o qual se origina da suposição de que uma certa coleção pode conter membros os quais podem ser definidos unicamente pela referência à coleção total à qual pertencem.

8.5   Ordens e ordinais

Como já dito anteriormente, nosso objetivo é apresentar uma visão geral de alguns dos principais sistemas axiomáticos de teorias de conjuntos. A discussão desses sistemas, no entanto, envolvem conceitos como o de número ordinal. Por esse motivo, e para tornar o texto mais auto-suficiente, daremos as definições principais relacionadas a este conceito, ainda que de modo bastante resumido.

No que se segue, assumiremos a existência (a partir dos axiomas de ZF) dos conjuntos dos números naturais, inteiros, racionais e reais, tais como definidos na seção anterior.

Uma *relação de ordem parcial* (ou simplesmente uma *ordem parcial*) sobre um conjunto X é uma relação binária R sobre X que é reflexiva, anti-simétrica e transitiva. Uma estrutura $\langle X, R \rangle$, sendo R uma ordem parcial sobre X, é dita *estrutura de ordem parcial*; diz-se também que R ordena parcialmente o conjunto X, ou que X é parcialmente ordenado pela relação R, ou ainda, que X é um *poset* ('partially ordered set').

Por exemplo, sendo X um conjunto qualquer, a relação $\Delta_X = \{\langle x, x \rangle : x \in X\}$ é uma ordem parcial sobre X (dita 'identidade', ou 'diagonal' de X), ao passo que a relação 'menor ou igual' sobre o conjunto $\mathbb{R}$ dos números reais,

---

[43]Sobre o trabalho de Weyl, ver [dS89].
[44]Ver [Hat82] páginas citadas e também [Cop71], especialmente às pp. 77ss.

dita *ordem natural* de $\mathbb{R}$, é uma ordem parcial sobre este conjunto. Já a relação $\subseteq$ de inclusão de conjuntos ordena parcialmente o conjunto potência de um conjunto X, para X qualquer. Usualmente, emprega-se a notação $\leq$ ao invés de R para denotar uma ordem parcial sobre X. Quase sempre, adotaremos esta convenção, porém alertando que nem sempre a relação em questão é a relação de 'menor ou igual que' definida entre números.

Uma relação R sobre X é uma *ordem total* (também dita *ordem simples* ou *linear*) sobre X se R é uma ordem parcial sobre X que é conexa (ou 'conectada'); isso significa que, para todos x e y de X, se $x \neq y$, então xRy ou yRx. Em outras palavras, além de ser reflexiva, anti-simétrica e transitiva, deve valer ainda o fato de que dois elementos quaisquer de X devem ser 'comparáveis' pela ordem em questão. Equivalentemente, poder-se-ia escrever uma forma alternativa dessa condição adicional, expressando-a do seguinte modo: R é uma relação de ordem total sobre X se for uma ordem parcial sobre X e se, para todos x, y de X, valer $xRy \vee yRx \vee x = y$. Se R é uma ordem total sobre X, diz-se que X é *totalmente (simplesmente, linearmente) ordenado* por R.

Uma *ordem parcial estrita* sobre um conjunto X é uma relação binária sobre X que é irreflexiva e transitiva em X. Se a relação for ainda conexa, é dita ser uma *ordem total estrita* sobre X.

A *ordem lexicográfica* (também chamada de *ordem do dicionário*) é definida do seguinte modo: sejam $<^A$ e $<^B$ ordens totais estritas sobre A e B respectivamente. Sobre o conjunto $A \times B$, definimos a relação seguinte: $(a,b) < (c,d) := a <^A c \vee (a = c \wedge b <^B d)$. Inicialmente, devemos provar que tal relação é uma ordem total estrita sobre $A \times B$. Em seguida, podemos notar o significado intuitivo desta definição; para tanto, considere o conjunto X das letras do nosso alfabeto: $X = \{a, b, \ldots, z\}$. Note o que significa dizer que a 'ordem do dicionário' é uma ordem total estrita sobre X: tendo em vista a definição precedente, poderíamos escrever: $(a,b) < (c,a)$ e $(a,b) < (a,f)$, etc., posto que num dicionário '*abacate*' vem antes de '*cadeira*', assim como '*abacate*' vem antes de '*afortunado*'

A *ordem anti-lexicográfica* é por sua vez definida como se segue, tendo em vista as considerações anteriores: $(a,b) < (c,d) := b <^B d \vee (b = d \wedge a <^A c)$.

Elementos notáveis de um sistema ordenado

Importante caracterizarmos alguns elementos notáveis em sistemas ordenados.

Seja X parcialmente ordenado por $\leq$ e $Y \subseteq X$. Um elemento $a \in X$ é *minorante* (*limitante inferior* ou *cota inferior*) de Y em X se $a \leq x$ para todo $x \in Y$. Analogamente, $b \in X$ é *majorante* (*limitante superior* ou *cota superior*) de Y em X se $x \leq b$ para todo $x \in Y$.

Observe que um conjunto pode ter ou não minorantes e majorantes, que tais elementos, caso existam, podem não pertencer ao conjunto Y e ainda que pode haver vários (inclusive uma infinidade) deles. Por exemplo, considere $X = \mathbb{R}$ e $Y = [a,b]$ um intervalo fechado qualquer da reta; então qualquer

$x \leq a$ real é minorante de Y em $\mathbb{R}$, assim como qualquer $y \geq b$ é majorante de Y em $\mathbb{R}$. Um conjunto parcialmente ordenado X que tem minorante (respect., majorante) é dito *limitado inferiormente* (respect., *limitado superiormente*).

O maior dos minorantes de um conjunto Y é dito *ínfimo* de Y, denotado $inf(Y)$, enquanto que o menor dos majorantes de Y é o *supremo* de Y, denotado $sup(Y)$; no primeiro exemplo acima, a é i ínfimo de Y, ao passo que b é o seu sup.

Sejam agora $\langle X, \leq \rangle$ um sistema parcialmente ordenado e $Y \subseteq X$. Um elemento $a \in Y$ é *minimal em* Y com respeito a $\leq$ se não existe $b \in Y$ tal que $b < a$. Um elemento $a' \in Y$ é *maximal em* Y com respeito a $\leq$ se não existe $b' \in Y$ tal que $a' < b'$. Por exemplo, sendo X conjunto qualquer, então relativamente ao conjunto de todos os sub-conjuntos não vazios de X, os sub-conjuntos unitários de X são elementos minimais relativos a $\subseteq$.

Se $\langle X, \leq \rangle$ é um sistema parcialmente ordenado e $Y \subseteq X$, um elemento $a \in Y$ é *menor elemento* (*mínimo, primeiro*) de Y se $a \leq x$ para todo $x \in Y$. Analogamente, um elemento $b \in Y$ é *maior elemento* (*máximo, último*) elemento de Y se $x \leq b$ para todo $x \in Y$. Escreve-se $a = min(Y)$ e $b = max(Y)$ respectivamente para denotar tais elementos.

Uma importante definição foi dada por Zermelo em 1908: um sistema parcialmente ordenado $\langle X, \leq \rangle$ é *bem-fundado* se todo sub-conjunto não-vazio $Y \subseteq X$ tem elemento minimal (com respeito a $\leq$). Nesse caso, diz-se que a relação $\leq$ é *bem-fundada* em X. Em outros termos, uma relação R sobre X é bem-fundada se

$$(\forall Y \subseteq X)(Y \neq \emptyset \to (\exists a \in Y)(\neg \exists b \in Y)(b < a) \tag{8.31}$$

Por abuso de linguagem, dizemos que o conjunto X é bem-fundado quando o sistema $\langle X, \leq \rangle$ é bem-fundado.

Suponha que $\langle X, \leq \rangle$ não é bem-fundado. Seja agora $Y \subseteq X$ tal que Y não tem elemento minimal. Seja ainda $x_0 \in Y$. Uma vez que x_0 não é elemento minimal de Y, podemos afirmar que existe $x_1 \in Y$ tal que $x_1 \leq x_0$. Mas tampouco a_1 é elemento minimal de Y, logo existe $a_2 \in Y$ tal que $x_2 \leq x_1$. Procedendo indutivamente, obtemos uma sequência $\ldots \leq x_2 \leq x_1 \leq x_0$. Por outro lado, se admitimos haver uma tal sequência, basta tomar Y como sendo o conjunto $\{x_0, x_1, x_2, \ldots\}$, que claramente não tem elemento minimal. Isso prova que se $\langle X, \leq \rangle$ é um sistema parcialmente ordenado, então $\leq$ é bem-fundada em X se e só se não existe uma sucessão $x_0, x_1, \ldots$ de elementos (não necessariamente distintos) de X tais que $x_{n+1} < x_n$ para todo natural n.

A existência de conjuntos que não são bem-fundados é garantida por um axioma, chamado Axioma da Fundação, ou da Regularidade, o qual foi introduzido na teoria dos conjuntos por von Neumann. A parte da teoria dos conjuntos que estuda conjuntos que não obedecem tal axioma (que não são bem-fundados) tem ganhado atenção recentemente; ver o Capítulo final do livro de Devlin já mencionado.

Uma *boa ordem* sobre um conjunto X é uma relação de ordem total sobre X que é bem-fundada. Um conjunto X é *bem ordenado* se existe uma ordem total $\leq$ sobre X que é bem-fundada. Um conjunto bem ordenado é usualmente denominado de *woset* ('well-ordered set'). Observe que se consideramos $Y = \mathcal{P}(X) \setminus \{\varnothing\}$ (para X não vazio qualquer), então $\subseteq$ é bem-fundada em Y, mas não é uma ordem total (é fácil ver isso se X tiver, por exemplo, três elementos). No entanto, Y não é bem ordenado por tal ordem. Mas se dissermos que a ordem é *total* e ainda bem-fundada, evitamos casos como o desse exemplo, e todo sub-conjunto de Y terá *um único* elemento minimal (que então coincide com o seu mínimo, ou menor elemento), de modo que pela definição precedente Y será bem ordenado. Logo, dizer que a ordem total é bem-fundada é equivalente a dizer que todo sub-conjunto não vazio tem menor elemento. Desse modo, alternativamente, pode-se definir conjunto bem ordenado do seguinte modo: um conjunto X é *bem ordenado* se todo sub-conjunto $Y \subseteq X$ não vazio tem menor elemento.

Um exemplo simples de uma boa-ordem (por exemplo sobre os naturais intuitivos, ω) é a relação 'menor que' usual entre números naturais. Ainda sobre ω, cabe notar que esse conjunto pode ser bem ordenado pela relação R seguinte: se x é ímpar e y é par, então xRy; se x e y são ambos pares ou ímpares, então xRy see x é menor que y. Com isto, **N** fica ordenado do seguinte modo:

$$1,3,5,\ldots ; 0,2,4,6,\ldots$$

Por outro lado, o conjunto $\mathbb{Q}$ dos números racionais pode ser bem ordenado do seguinte modo. Inicialmente, tome $\mathbb{Q}_+ = \{x \in \mathbb{Q} : x \geq 0\}$. Este conjunto pode ser ordenado como se segue: primeiramente, tome os racionais deste conjunto tais que a soma do numerador com o denominador seja igual a 1. Obviamente existe apenas um tal racional, a saber, $0 = 0/1$. Depois, tome os racionais não negativos tais que a tal soma seja igual a 2, considerados em ordem crescente de numeradores. Tem-se então os racionais $0/2$ e $1/1$. Eliminamos o primeiro deles, posto que já foi introduzido no ítem anterior. Depois, tome aqueles cuja soma seja igual a 3, ainda em ordem crescente de numeradores (obtendo $1/2$ e $2/1$), e assim por diante, sempre eliminando os já descritos anteriormente. Este procedimento dá origem a uma sequência $x,y,z,\ldots$ na qual todo racional não negativo aparece. Finalmente, considere a sequência $x,-x,y,-y,\ldots$, que é uma boa-ordem sobre os racionais (evidentemente, deve-se provar isso).

Um exemplo da importância das boas-ordens é o fato de que é precisamente a boa-ordem de ω relativamente à 'ordem natural' que faz funcionar o *Princípio de Indução* (PInd). Esse princípio pode ser enunciado do seguinte modo: se X é um sub-conjunto de ω que satisfaz as seguintes cláusulas:

(i) $0 \in X$ e

(ii) sempre que $n \in X$, resulta que $n + 1 \in X$,

Então $X = \omega$.

A boa-ordem de ω é importante pelo seguinte: como não é possível verificar caso por caso se todos os números naturais são elementos de X (se de fato $X = \omega$, então X é um conjunto infinito), então se algum número natural não pertencesse a X, haveria um menor de tais números em virtude da boa-ordem de ω, digamos n (que não pode ser 0 pois $0 \in X$ por hipótese), e assim $n - 1 \in X$ mas $n \notin X$, o que contrariaria o fato de que se um certo número natural pertence a X, então o seu sucessor também pertence a X, fato esse conhecido como 'passo da indução'. Em outras palavras, se $0 \in X$ e se $(\forall n \in \omega)(n \in X \rightarrow (n+1) \in X)$, então $X = \omega$ pela boa-ordem de ω.

O Princípio da Indução (PInd), no entanto, não tem sua aplicação restrita à aritmética, podendo ser aplicado a qualquer Sistema de Peano; basta que haja um conjunto cujos elementos estejam dispostos numa sucessão que satisfaça as seguintes cláusulas: (1) há um 'primeiro elemento'; (2) há um 'sucessor' de cada elemento do conjunto (exceto desse primeiro elemento) tal que não haja repetições de elementos nessa sucessão (a função sucessor é injetiva), de sorte que qualquer elemento da sucessão possa ser alcançado em um número finito de passos. Um exemplo de um tal conjunto é obviamente ω; outros são os Sistemas de Peano já vistos. Assim, se temos um conjunto (uma sucessão, não necessariamente de números, bastando que a sucessão tenha as características de ser um Sistema de Peano) e se desejamos provar que todos os seus elementos têm uma certa propriedade P, basta que provemos: (1) que o primeiro elemento tem essa propriedade e que (2) sempre que um elemento da sucessão tem a propriedade, o seu sucessor também a tem. Então, poderemos concluir, pelo PInd, que todos os seus membros têm a propriedade P.

Daremos agora um exemplo de como o PInd pode ser aplicado a um conjunto que não contenha números; provaremos que todos os teoremas do Cálculo de Predicados de Primeira Ordem com Igualdade são fórmulas válidas (verdadeiras em todas as interpretações). Para tanto, usaremos uma segunda forma do PInd, equivalente à primeira, conhecida como *Princípio da Indução Completa*, que se enuncia do seguinte modo:

$$\forall n(\forall m(m < n \rightarrow P(m)) \rightarrow P(n)) \rightarrow \forall n P(n) \tag{8.32}$$

onde por $m < n$ devemos entender $\exists z(z \neq 0 \wedge m + z = n)$. Informalmente, esta forma de indução diz que, para provar que todos os números naturais têm uma certa propriedade P, devemos mostrar que, sempre que todos os números menores do que n (para qualquer n) têm a propriedade, então n tem também.

Isso posto, para provar o que nos propusemos, basta que procedamos do seguinte modo [Rog71, pp.115ss]: primeiro, associamos o número 0 a cada um dos axiomas do referido Cálculo. Então, para cada teorema de tal Cálculo, associamos o número de aplicações das regras de inferência que aparecem na mais curta derivação de tal teorema a partir dos axiomas. Isso faz com que a cada teorema (do Cálculo, e os axiomas estão incluídos entre eles) esteja associado um número natural, o que nos permite construir uma sucessão de fórmulas (teoremas), tal que o n-ésimo termo da sucessão é a coleção de todos os teoremas associados ao número n. Agora, basta mostrar que tal sucessão é um Sistema de Peano, ou seja, aplicamos indução sobre a sucessão formada. Com efeito, se pudermos provar que, para cada n, os teoremas associados a n são válidos, então concluiremos que *todos* eles o são.

Aplicando o Pind Completa sobre a sucessão anteriormente formada, devemos assumir inicialmente que todos os teoremas associados a números menores do que n sejam válidos, para daí mostrar que os teoremas associados a n são também válidos. Com efeito, se $n = 0$, como os teoremas associados a 0 são os axiomas do Cálculo, que sabemos serem válidos, o resultado se segue (note que, não havendo números naturais menores do que 0, a hipótese é vacuamente satisfeita). Se $n \neq 0$, mostraremos que não pode haver um teorema associado a n que não seja válido. De fato, seja α um tal teorema associado a n. Então α é obtido mediante uma derivação (prova) envolvendo unicamente os axiomas do Cálculo ou resultados já provados (logo, somente teoremas válidos, uma vez que todos estarão associados a números menores do que n). Acontece que as regras de inferência preservam fórmulas válidas, logo, necessariamente α tem que ser válido. Portanto, pelo Pind Completa, para cada n, os teoremas associados a n são válidos, logo, todo teorema é válido.

Insistamos um pouco mais nas provas por indução, face à sua importância. Para tanto, vamos modificar um pouco o PInd, enunciando-o da seguinte forma: se α é uma fórmula da aritmética tal que x nela ocorre livre, sejam α_0 e α_s as fórmulas obtidas a partir de α substituindo-se todas as ocorrências livres de x por 0 ou por Sx, respectivamente. Então o PInd é o fecho universal de

$$\alpha_0 \wedge \forall x(\alpha \to \alpha_s) \to \forall x\alpha \tag{8.33}$$

Isso posto, prova-se o seguinte resultado: para quaisquer m, n e p em ω, tem-se:

(i) $m + (n + p) = (m + n) + p$

(ii) $m + n = n + m$

Faremos a prova do primeiro ítem, afim de mostrar o seu argumento completo. Inicialmente, façamos a convenção de que α é a fórmula $m + (n + p) = (m + n) + p$, na qual a variável p figura livre (ela desempenha aqui o papel de x na formulação do PInd. Provaremos inicialmente que o teorema vale para $p = 0$, ou seja, provaremos que α_0 é verdadeira. Com efeito, temos sucessivamente:

$$m + (n + 0) = m + n \qquad \text{pela definição 8.10}$$
$$m + (n + 0) = (m + n) + 0 \qquad \text{idem}$$

Assuma agora (hipótese de indução) que o teorema seja verdadeiro para algum p qualquer; provaremos que ele o é também para o sucessor de p. Ou seja, provaremos α_s. Com efeito,

$$m + (n + Sp) = m + S(m + p)$$ pela definição 8.10
$$m + (n + Sp) = S(m + (n + p))$$ idem
$$m + (n + Sp) = S((m + n) + p)$$ pela hipótese de indução
$$m + (n + Sp) = (m + n) + Sp$$ pela definição 8.10

Ora, a derivação acima é uma prova de α_s) usando-se α como hipótese (hipótese de indução). Logo, pelo Teorema da Dedução (suas condições são satisfeitas, como é fácil perceber), temos portanto que $\alpha \to \alpha_s$. Daí, por Gen, obtemos $\forall p(\alpha \to \alpha_p)$. Portanto, temos α e $\forall p(\alpha \to \alpha_p)$; aplicando-se PInd (8.33), obtemos que $\forall p\alpha$ é um teorema, ou seja, provamos que

$$\forall p(m + (n + p) = (m + n) + p)$$

Isso posto, aplicamos Gen duas vezes, obtendo

$$\forall m \forall n \forall p(m + (n + p) = (m + n) + p) \qquad \blacksquare$$

Outros conceitos importantes são os seguintes: Seja $\langle X, \leq \rangle$ um woset e seja $a \in X$. O *segmento inicial* de a em X é o conjunto

$$\chi_a = \{y \in X : y < a\}.$$

Isso posto, pode-se estender o Princípio da Indução para um conjunto bem ordenado qualquer, num processo que é via de regra denominado de *Indução sobre uma Boa-Ordem* ou *Princípio da Indução Transfinita*:

Indução Transfinita Sejam $\langle X, \leq \rangle$ um woset e $Y \subseteq X$. Então:

(I) Se o menor elemento de X pertence a Y

(II) Se para todo $y \in X$, tem-se que sempre que $\chi_y \subseteq Y$ segue-se que $y \in Y$,

entaão resulta que $Y = X$.

Com efeito, suponha por absurdo que $X \neq Y$. Seja x_0 o menor elemento de $X - Y$; por (1), x_0 não é o menor elemento de X. Então, para todo $y \in X$, se $y < x_0$, tem-se que $y \in Y$ pois nenhum elemento estritamente menor do que x_0 pode pertencer a $X - Y$. Mas então, se todo $y < x_0$ pertence a Y, o segmento inicial de x_0 está contido em Y, e portanto, por (2), devemos ter que $x_0 \in Y$, o que contraria a hipótese de que $x_0 \notin Y$.

A título de observação, observemos a 'técnica' utilizada nesta demonstração. Queríamos provar que $(1) \wedge (2) \to X = Y$. Para tanto, supusemos que $X \neq Y$; logo, deveríamos provar a negação da conjunção acima, ou seja, que pelo menos uma dentre (1) ou (2) é falsa. O que foi feito foi assumirmos (1) e (2) (no decorrer da demonstração) e mostrar que essa hipótese implica uma contradição. Esquematicamente, podemos sintetizar o argumento da prova acima do seguinte modo:

Mostramos que de $X \neq Y \wedge (1) \wedge (2)$ derivamos uma contradição (mais especificamente, obtivemos $x_0 \in Y \wedge x_0 \notin Y$). Logo, como de acordo com a lógica clássica nada que implique uma contradição pode ser verdadeiro, a negação da conjunção acima (da qual derivamos a contradição) deve ser verdadeira (pelo Princípio do Terceiro Excluído), ou seja, deve-se ter

$$\neg (X \neq Y \wedge (1) \wedge (2))$$

ou seja,

$$X \neq Y \rightarrow \neg((1) \wedge (2))$$

logo

$$(1) \wedge (2) \rightarrow X = Y$$

Na verdade, desejamos estender também outros fatos, para os quais usamos números naturais, como 'contar' conjuntos, para conjuntos infinitos de maior cardinalidade. Iniciaremos exibindo algumas características comuns aos conjuntos bem ordenados.

Sejam $\langle X, \leq \rangle$ e $\langle X', \leq' \rangle$ wosets. Uma função $f : X \rightarrow X'$ é um *isomorfismo de ordem* entre tais wosets (diremos simplesmente que f é um *iso de ordem* entre X e X') se:

f é bijetiva

para todos x e y de X, tem-se que

$$x < y \rightarrow f(x) <' f(y)$$

Nesse caso, escrevemos $f : X \cong X'$. Resulta então que se $\langle X, \leq \rangle$ é um woset, $Y \subseteq X$ e $f : X \cong Y$, então, para todo $x \in X$, tem-se que $x \leq f(x)$.[45]

Por exemplo, considere $\langle X, \leq \rangle$ como sendo $\langle \omega, \leq \rangle$ e $Y = \{0, 2, 4, \ldots\}$. Se $f : \omega \rightarrow Y$ é definida por $f(x) = 2x$, então $(\forall x \in \omega)(x \leq f(x))$.

Se $\langle X, \leq \rangle$ e $\langle X', \leq' \rangle$ são wosets tais que existe f tal que $f : X \cong X'$, então há exatamente um isomorfismo de ordem entre $\langle X, \leq \rangle$ e $\langle X', \leq' \rangle$. Com efeito, sejam $f : X \cong X'$ e $g : X \cong X'$. Mostraremos que $f = g$. Para tanto, definimos $h = f^{-1} \circ g$, que resulta ser bijetora. O que faremos é verificar inicialmente que $h : X \cong X$. Com efeito, se x e y são elementos de X e $x < y$, então

$$h(x) = (f^{-1} \circ g)(x) = f^{-1}(g(x)) < f^{-1}(g(y)) = h(y)$$

a desigualdade resultando do fato de f e g serem isomorfismos de ordem. Logo, pelo teorema anterior, para todo x,

$$x \leq h(x)$$

---

[45]Veja [Dev93, p.17], [FdO81, p.44].

Aplicando f a ambos o membros e lembrando que f é bijetora, vem

$$f(x) \leq f(h(x)) = f((f^{-1} \circ g)(x)) = g(x)$$

De modo similar, provamos que $g(x) \leq f(x)$. Logo, $f = g$.

Nessa demonstração, a boa-ordem é fundamental (ela foi usada numa demonstração anterior, do qual este último resultado depende). Com efeito, considere o caso seguinte.[46] Admitamos que tanto $\langle X, \leq \rangle$ quanto $\langle X', \leq' \rangle$ sejam o mesmo *toset* ('totally ordered set', ou seja, um conjunto totalmente ordenado) $\langle \mathbf{Z}, \leq \rangle$, o qual não é um woset (por quê?). Então, para cada $m \in \mathbf{Z}$, definimos uma $f_m : \mathbf{Z} \to \mathbf{Z}$ por

$$f_m(n) = n + m$$

para cada $n \in \mathbf{Z}$. Facilmente provamos que

(1) f_m é bijetora e que

(2) Se $x < y$, então $f_m(x) < f_m(y)$ para quaisquer inteiros x e y.

No entanto, se $m \neq m'$, obviamente $f_m(n) \neq f_{m'}(n)$. Em outros termos, perde-se a unicidade anunciada no teorema.

Por outro lado, se $\langle X, \leq \rangle$ é um woset, então não existe isomorfismo de ordem entre X e um segmento inicial de $a \in X$. Mas, se $\langle X, \leq \rangle$ é um woset e $A = \{\chi_a : a \in X\}$, então $\langle X, \leq \rangle \cong \langle A, \subseteq \rangle$.

Um *ordinal* é um woset $\langle X, \leq \rangle$ tal que $\chi_a = a$ para todo $a \in X$. Em outros termos, um ordinal é um woset $\langle X, \leq \rangle$ tal que $a = \{x \in X : x < a\}$ para todo $a \in X$.[47]

Suponha que $\langle X, \leq \rangle$ é um ordinal e que x_0 é o menor elemento de X. Então

$$\chi_{x_0} = \varnothing$$

mas, como $\langle X, \leq \rangle$ é um ordinal, então $x_0 = \chi_{x_0} = \varnothing$. Logo, o primeiro elemento de um ordinal X é $\varnothing$, o qual existe pois por hipótese X é bem ordenado, e desde que X não seja vazio. Quanto ao segundo elemento de um ordinal, se existe, chamemo-lo de x_1; então x_1 é o primeiro elemento de $X - \{x_0\}$, ou seja,

$$\chi_{x_1} = \{y \in X : y < x_1\} = \{x_0\}$$

Intuitivamente, o segmento do primeiro elemento que vem *depois* de x_0 só pode ter um elemento, a saber, o próprio x_0. Logo,

$$x_1 = \chi_{x_1} = \{\varnothing\}$$

---

[46]Ver Devlin 1993, p. 18; Franco de Oliveira, 1981, p. 45.

[47]Quando definimos ordinais em ZFA, a teoria ZF contendo átomos (seção 9.1), temos que tomar o cuidado de inserir uma cláusula dizendo que um ordinal não pode conter átomos entre os seus elementos.

Analogamente, obtemos os demais elementos de um ordinal, caso existam:

$$x_2 = \{\emptyset, \{\emptyset\}\}$$

$$x_3 = \{\emptyset, \{\emptyset\}, \{\{\emptyset\}\}\}$$

e assim por diante.

Seja $\langle X, \leq \rangle$ um ordinal. Então, para quaisquer x e y em X, tem-se:

$$x < y \ \text{ see } \ \chi_x \subset \chi_y \ \text{ see } \ x \subset y$$

A primeira equivalência vale para qualquer woset, ao passo que a segunda vale porque $\langle X, \leq \rangle$ é um ordinal, pois nesse caso $\chi_x = x$ e $\chi_y = y$. Em outras palavras, a relação de ordem em um ordinal é a relação de inclusão. Daqui para frente, suporemos este fato conhecido, de sorte que não mais o repetiremos em cada caso; por exemplo, o teorema abaixo fala que "X é um ordinal", devendo-se entender que há uma relação de ordem conveniente envolvida (a inclusão). Se X é um ordinal e $a \in X$, então é fácil ver que a é um ordinal.

Note que, como se viu acima, se X é um ordinal, então os elementos de X são

$$\emptyset$$
$$\{\emptyset\}$$
$$\{\emptyset, \{\emptyset\}\}$$
$$\{\emptyset, \{\emptyset\}, \{\emptyset, \{\emptyset\}\}\}$$
$$\vdots$$

sendo que cada um deles é um ordinal.

Prova-se então que

(a) Sejam X um ordinal e $Y \subset X$. Então, se Y é um ordinal, existe $a \in X$ tal que $Y = \chi_a$.

(b) Se X e Y são ordinais, então $X \cap Y$ é um ordinal. O que dizer da união? (veja o livro de Devlin, p. 67, Lema 3.1.3).

(c) Dois ordinais quaisquer são sempre *comparáveis* com respeito a $\subseteq$, isto é, ou $x = y$ ou $X \subseteq Y$ ou $Y \subseteq X$. Isso se enuncia do seguinte modo: e X e Y são ordinais e $X \neq Y$, então um deles é segmento do outro.

(c) Se X e Y são ordinais isomorfos, então $X = Y$.

(d) Se $\langle X, \leq \rangle$ é um woset e se para cada $a \in X$, χ_a é isomorfo a um ordinal, então X é isomorfo a um ordinal.

O que mais nos interessa é que tais resultados implicam o seguinte teorema:

Teorema 8.5.1 (Teorema da Contagem). *Todo woset é isomorfo a um único ordinal.*

Esse único ordinal isomorfo a $\langle X, \leq \rangle$ é denotado $Ord(X)$, e dito *ordinal de X*. Obviamente, se $X \cong Y$, então $Ord(X) = Ord(Y)$ e reciprocamente. Esse fato é relevante, pois pode-se usar ordinais para se 'medir o tamanho' de um conjunto bem ordenado, em particular dos conjuntos finitos.[48]
Vejamos o que isso significa.
Sejam X e Y ordinais. Então, do resultados acima, derivamos o seguinte:

(a) $X \subset Y$ se e só se $X = \chi_a$ para algum $a \in Y$. Com efeito, sendo $X \subset Y$, é $X \neq Y$ e então, pelos ítens (a) e (c) do penúltimo teorema, X é isomorfo a um segmento χ_a, com $a \in Y$.

(b) $X \subset Y$ se e só se $X = a$, pois sendo Y um ordinal, $\chi_a = a$.

(c) $X \subset Y$ se e só se $X \in Y$

(d) A existência de $Ord(X)$, que é assegurada se assumirmos o Axioma da Escolha, implica que os elementos de X podem ser discernidos uns dos outros. Isso pode parecer evidente, mas terá implicações importante quando a mecânica quântica entrar em cena (ver a seção 10.4).

A asserção (c) é importante, pois já vimos que a relação de ordem em um ordinal é a inclusão. Agora temos mais: $\subset$ e $\in$ são de certo modo idênticas sobre ordinais, ou seja, podemos dizer também que um ordinal X é bem ordenado pela relação $\in$. Isso significa que se X é um ordinal, não pode haver uma sucessão de conjuntos $X_1, X_2, \ldots$ tal que $\ldots X_2 \in X_1 \in X$.[49] Na verdade, chegamos desse modo a uma definição alternativa de ordinal, expressa do seguinte modo. Um conjunto X é *transitivo* se sempre que $y \in X$, resulta que $y \subseteq X$. Assim,[50] vem que um *ordinal* resulta em ser um conjunto transitivo bem ordenado pela relação de pertinência.

Acima, já vimos quais são os 'primeiros' ordinais: $\varnothing$, $\{\varnothing\}$, $\{\varnothing, \{\varnothing\}\}$, etc., que existem por força dos axiomas de ZF. Resulta ademais que que todo ordinal é o conjunto dos ordinais menores do que ele, ou seja, usando-se letras gregas minúsculas para denotar ordinais, como é comum, e lembrando o significado da relação $<$,

$$\alpha = \{\beta : \beta < \alpha\}$$

Vimos ainda que os primeiros ordinais recebem agora nomes próprios: zero, um dois, ... temos então a seguinte definição alternativa para 'número natural': um *número natural* é um ordinal finito.

---

[48] O caso relativo a conjuntos infinitos, assim como de conjuntos 'em geral' será explicado abaixo.

[49] Conjuntos para os quais existe uma tal sucessão foram chamados de 'extraordinários' já mencionados (ver a seção 7.3).

[50] Os detalhes podem ser vistos em [End77, p.71].

Observando que para cada ordinal α tem-se

$$\alpha = \{\beta : \beta < \alpha\}$$

resulta que o conjunto acima de todos os ordinais *finitos* é precisamente

$$\omega := \{x : x \ \ x \text{ é um ordinal finito}\}$$

Um ordinal (em particular, um número natural) n é, portanto, um conjunto com exatamente n elementos, precisamente os seus 'antecessores'. Então, como vimos anteriormente, todo woset é isomorfo a um único ordinal, e portanto temos uma noção precisa do que significa *contar* os elementos de um certo conjunto finito: é associar-lhe o número natural que é o seu (único) ordinal.

Interessantes questões estão sendo supostas aqui, como por exemplo: o que garante que todo conjunto tenha um ordinal a ele associado? Questões como essa só pode ter uma resposta satisfatória quando se está trabalhando com a teoria de conjuntos axiomáticamente. Mas cabe lembrar o seguinte resultado:

Teorema 8.5.2 (Teorema da Boa-Ordem, Zermelo, 1904). *Todo conjunto pode ser bem ordenado.*

Esta proposição é muito forte, já que responde a indagação acima; na verdade, ela é equivalente ao Axioma da Escolha (AE). O problema é que (como ocorre com o AE) o teorema não 'ensina' a construir uma boa ordem sobre um conjunto X qualquer, mas apenas afirma que ela existe. Por exemplo, pelo teorema, o conjunto **R** dos números reais pode ser bem ordenado, mas não se conseguiu até o momento exibir uma tal boa ordem, que teria que ser definida por uma fórmula da linguagem da teoria, e alguns matemáticos chegam mesmo a acreditar que ela não pode ser exibida.[51]

O ordinais $0, 1, 2, \ldots$ são os ordinais *finitos*. Todos os demais são ordinais *transfinitos*. Mas o que são eles? Antes de vermos isso, precisamos de uma definição: o ordinal do conjunto ω dos números naturais é também denotado (ambiguamente) por ω. Então,

$$\omega := Ord(\omega)$$

---

[51]É preciso cuidado aqui, pois estamos entrando em partes não triviais da teoria de conjuntos, que não serão exploradas. O alerta é que se assumirmos o *modelo construtível*, o universo denominado 'L', de Gödel, podemos mostrar que em L, isso é, assumindo o 'Axioma da Construtibilidade' '$V = L$', que diz que todo conjunto é construtível, podemos encontrar uma fórmula que define uma boa-ordem sobre $\mathbb{R}$. O problema é que o axioma $V = L$ não pode ser provado em ZFC, ainda que seja consistente com essa teoria e desse modo a referida fórmula não vai definir uma boa-ordem sobre os reais em modelos arbitrários de ZFC. Para mais detalhes, consultar textos como [Jec03].

Notamos ademais que sendo α um ordinal, o primeiro ordinal 'depois' de α é

$$\alpha \cup \{\alpha\}$$

o qual é denominado (por analogia com os números naturais) $\alpha + 1$, ou seja,

$$\alpha + 1 := \alpha \cup \{\alpha\}$$

Usando essa terminologia, podemos responder à questão: o que vem depois de $0, 1, 2, \ldots, n, n + 1, \ldots$? Resposta: ω. E depois de ω? Resposta: $\omega + 1$, e assim sucessivamente, de modo que temos (por enquanto)

$$0, 1, \ldots, \omega, \omega + 1, \ldots$$

O que vem depois? Se chamarmos $\omega + \omega$ de $\omega 2$ (importante notar que isso não é equivalente a 2ω, como mostrará a Aritmética Ordinal). Então,

$$\omega 2 := Ord(\{0, 1, \ldots, \omega, \omega + 1, \ldots\})$$

Antes de prosseguirmos, uma definição: um ordinal α é um *sucessor* se existe um ordinal β tal que $\alpha = \beta + 1$. Caso contrário, α é um *ordinal limite*.

Por exemplo, todos os ordinais finitos (números naturais), exceto o zero, são sucessores, no entanto ω não é sucessor, mas um ordinal limite, o mesmo se dando com $\omega 2$. Retornando à sequência acima, vemos que o próximo ordinal limite após $\omega 2$ é $\omega 3$, a saber:

$$\omega 3 := Ord(\{0, 1, \ldots, \omega, \ldots, \omega 2, \omega 2 + 1, \ldots\})$$

e do mesmo modo podemos definir $\omega 4$, $\omega 5$, etc. Prosseguindo o raciocínio, é razoável chamar de ω^2 o ordinal $\omega\omega$. Daí para frente, é possível que você já tenha percebido a ideia; depois disso tudo, vem ainda

$$\omega^2 + 1, \ldots \omega^2 + \omega, \omega^2 + \omega + 1, \ldots \omega^2 + \omega 2, \ldots, \omega^2 + \omega 3, \ldots, \omega^2 + \omega^2 = \omega^2 2$$

Depois, vêm ainda

$$\ldots, \omega^2 3, \ldots, \omega^2 4, \ldots \omega^2 \omega = \omega^3, \omega^3 + 1, \ldots \omega^4, \ldots \omega^\omega$$

e não precisamos parar por aí. Escreve-se ϵ_0 para denotar o ordinal

$$\omega^{\omega^{\omega^{\cdot^{\cdot^{\cdot^\omega}}}}}$$

no qual há precisamente ω potências de ω. Depois disso, vem ainda $\epsilon_0 + 1$ e etc.

Pode-se definir uma 'aritmética' para os números ordinais, introduzindo-se operações de adição, multiplição, potenciação de ordinais, dentre outras, resultando alguns fatos interessantes, posto que as operações não obedecem as propriedades usuais: por exemplo, $1 + \omega = \omega$, mas $\omega + 1 > \omega$. Isso, no entanto, não será apresentado aqui, tendo sido mencionado unicamente para despertar a curiosidade do leitor.[52]

---

[52]Veja o Capítulo 3 de [Dev93].

8.5.1 Cardinais

Intuitivamente, os números cardinais permitem que se tenha um modo de atribuir a um conjunto algo que expresse a sua 'quantidade de elementos'. No caso de conjuntos finitos, tal noção coincidirá com a do número de elementos no conjunto propriamente dito (um número natural); mas, o que dizer dos conjuntos infinitos? Como já dissemos anteriormente, essa foi uma das 'descobertas' de Cantor: ele achou um modo de 'medir' até mesmo conjuntos infinitos por meio de correspondências 1 a 1. Na seção 10.4 falaremos sobre isso.

Falando intuitivamente, o cardinal de um conjunto é algo que o conjunto tem em comum com todos os conjuntos que são a ele equivalentes (no sentido da existência de uma bijeção entre eles). No sentido já aludido da definição de número que se origina com Frege e Russell, o cardinal de um conjunto poderia ser tomado então como sendo a coleção de todos os conjuntos equipotentes a ele. Pelo mesmo motivo já explicado acima, uma tal definição não funciona em ZF, pois não há em tal teoria um conjunto 'tão grande'. É preciso pois partir para outra alternativa. O que se fará, a exemplo do que se fez com relação ao conceito de número acima, será escolher um determinado conjunto para ser o cardinal do conjunto considerado. O fato de que todo conjunto é equivalente a um ordinal será preponderante. Vejamos então como isso pode ser feito.

Se $|X|$ denotar o número de elementos de X, parece sensato requerer-se que tenhamos as seguintes propriedades:

a) $|X| = |Y|$ se e somente se X e Y puderem ser colocados em correspondência 1 a 1. Essa hipótese é denominada de *Princípio de Hume*, e é central por exemplo na filosofia da matemática de Frege.

b) se X é finito, então $|X|$ é um número natural n tal que X possa ser colocado em correspondência 1 a 1 com n.[53]

Uma vez que, como vimos acima, para X conjunto qualquer, existe sempre um ordinal α tal que há uma bijeção de X em α, ou seja, como dito acima, existe um ordinal que é equivalente ao conjunto dado. No entanto, este fato não pode ser usado para generalizar as propriedades acima para conjuntos quaisquer pois, sendo X infinito, pode haver *mais de um* ordinal que satisfaça esse quesito. Por exemplo, ω pode ser colocado em correspondência 1 a 1 com ele mesmo por meio da função identidade, mas também com o ordinal $\omega 2$ por meio da bijeção [Dev93, p.76]

$$f(x) = \begin{cases} x/2 & \text{se } x \text{ é par} \\ \omega + (x-1)/2 & \text{se } x \text{ é ímpar} \end{cases}$$

Escolhendo-se no entanto *o menor* ordinal α tal que exista uma bijeção de X em α, pode-se conseguir algo precioso, já que tal conceito de 'menor' ordinal

---

[53]Lembre que $n := \{0, 1, \ldots, n-1\}$. Em particular, resultará que $|n| = n$.

faz sentido e é definido de modo uńico. De fato, chama-se de *cardinal* de X ao menor ordinal que pode ser colocado em correspondência 1 a 1 com X, e denota-se por $|X|$, ou por $\overline{\overline{X}}$, como fazia Cantor, ou ainda por $|X|$, como fazem grande parte dos textos atuais.

De modo mais preciso, um *cardinal* é um ordinal α tal que não existe ordinal $\beta < \alpha$ tal que haja uma bijeção $f : \beta \to \alpha$. Assim, vê-se que $\omega 2$, $\omega 3$, etc. não são cardinais. Vem então o seguinte teorema, que se prova sem dificuldade (*op. cit.*):

Teorema 8.5.3.

a) Todo número natural (ordinal finito) é um cardinal.

b) ω é um cardinal

c) Todo cardinal infinito (ou seja, que não é um número natural) é um ordinal limite.

A prova de c) vem do fato de que se $\alpha > \omega$, então pode-se definir uma bijeção de α em $\alpha + 1$, o que prova que $\alpha + 1$ não é um cardinal, do seguinte modo:

(i) $f(0) = \alpha$

(ii) $f(n + 1) = n$ para $n < \omega$

(iii) $f(x) = x$ para $\omega < x < \alpha$

Os seguintes resultados sobre cardinais são relevantes. Diz-se que o cardinal λ é menor do que o cardinal κ (e escreve-se $\lambda \leq \kappa$) se existe uma injeção de λ em κ. Se $\lambda \leq \kappa$ e $\kappa \leq \lambda$, então $\lambda = \kappa$.[54]

O teorema acima mostrou que os números naturais (ordinais finitos) são cardinais, e que ω é um cardinal, sendo o único cardinal não finito que provamos existir. No entanto, Cantor provou que há uma infinidade de cardinais não finitos, que se originam essencialmente pelo fato de que pode-se provar que, se λ é um cardinal, então existe um cardinal maior do que λ [Dev93, p.79]. Como os ordinais são ordenados pela relação de pertinência $\in$, assim o são os cardinais, logo, há um único 'menor cardinal' que é maior do que um cardinal dado λ, e é dito *sucessor* de tal cardinal, denotado $\lambda + 1$.

Um ponto importante para o que virá no capítulo 10 diz respeito ao que se denomina de 'contagem' e pode ser assim colocado: para determinar o cardinal de um conjunto, necessitamos que seus elementos sejam todos *distintos uns dos outros*. Isso é verdadeiro nos contextos que estamos analisando, que tratam de conjuntos 'clássicos' que obedecem à caracterização de Cantor de que um conjunto é uma coleção de objetos *distintos* de nossa intuição ou pensamento,

---

[54]Este resultado é conhecido como Teorema de Schröder-Bernstein.

como já vimos antes. Porém, quando tratamos de coleções que visam representar entidades como os sistemas quânticos, essa hipótese pode ser colocada em dúvida, uma vez que há interpretações que os veem como entidades que, em certas situações, não podem ser discernidos, em particular 'contados'. A discussão será posta na seção 10.4.

Alefes

ω, visto como um cardinal, foi chamado por Cantor de $\aleph_0$:[55]

$$\aleph_0 := |\omega|$$

$\aleph_0$ é o primeiro *cardinal transfinito*. Tendo em vista a existência do sucessor de um cardinal, no sentido visto acima, podemos chamar de $\aleph_{n+1}$ o sucessor do cardinal $\aleph_n$, obtendo assim a seguinte sequência de cardinais, já admitindo que os números naturais são também cardinais:

$$0, 1, 2, \ldots, \aleph_0, \aleph_1, \aleph_2, \ldots, \aleph_n, \aleph_{n+1}, \ldots$$

Escrevendo a sequência dos cardinais como acima, tem-se a impressão de que ela se esgota após $\aleph_0$ passos. Isso no entanto não é assim, pois pode-se provar que de κ é um ordinal limite e se $\kappa_\alpha < \kappa$, então $\lambda = \bigcup_{\beta < \alpha} \kappa_\beta$ é um cardinal. Na verdade, a sequência dos cardinais infinitos deve ser assim estabelecida [Dev93, p.80]:

a) $\aleph_0 := \omega$

b) $\aleph_{\alpha+1} :=$ o sucessor de $\aleph_\alpha$

c) $\aleph_\lambda := \bigcup_{\beta < \alpha} \aleph_\alpha$ se α é um ordinal limite.

Pode-se definir operações de adição e de multiplicação de cardinais, e estabelecer a *aritmética cardinal*, que coincide com a aritmética ordinal no caso finito (números naturais), mas não faremos isso aqui. O leitor pode no entanto consultar as referências apontadas. Nosso objetivo é mencionar outros fatos que têm relevância para os fundamentos da teoria de conjuntos.

$\aleph_0$ é o cardinal do conjunto dos números naturais, e de todos os conjuntos denumeráveis. Cantor, através de seu famoso *argumento diagonal*, provou que o cardinal do conjunto dos números reais (o cardinal do *continuum*) é estritamente maior do que $\aleph_0$, tendo conjecturado que é igual a $\aleph_1$. Esta é a Hipótese do Contínuo de Cantor (HC), que alternativamente poderia ser assim formulada: qualquer sub-conjunto infinito de números reais tem ou o cardinal dos números naturais ou o cardinal dos números reais.

De maneira geral, para α cardinal qualquer, a expressão

$$\aleph_{\alpha+1} = 2^{\aleph_\alpha}$$

---

[55]$\aleph$ (lido 'alef'), é a primeira letra do alfabeto hebraico; portanto, $\aleph_0$ é lido 'alef-zero'.

é conhecida como *Hipótese Generalizada do Contínuo* (HGC), da qual a acima é caso particular. Nesta expressão, deve-se ter em conta alguns fatos acerca da exponenciação cardinal, que não foram mencionados acima. Prova-se que $2^\lambda = card(\mathcal{P}(\lambda)$, onde, por definição, $2^\lambda := card(\{f : f : \lambda \to 2\})$.

Vem então a seguinte questão fundamental: será que os axiomas de ZF provam (ou 'desprovam') a Hipótese do Contínuo?

O primeiro dos 23 Problemas de Hilbert já mencionados é precisamente o Problema do Contínuo. Hilbert tentou prová-la, mas sem sucesso. O problema foi atacado por Kurt Gödel, e em 1938, mostrou que se ZF é consistente, então não se pode refutar a Hipótese Generalizada do Contínuo a partir dos axiomas desta teoria. Em outras palavras, Gödel provou que assumir HC (ou HGC) não leva a nenhuma contradição, se esta já não houver em ZF (na verdade, sua prova foi feita para NBG, mas vale também para ZF). Em 1963, Paul J. Cohen provou que os axiomas de ZF não são suficientes para *provar* HGC (e HC); logo, as duas hipóteses são *independentes* dos axiomas de ZF (e de NBG). Voltaremos a esses pontos mais à frente.

8.6 Conjuntos não bem-fundados, mereologia e física

Conjuntos não bem-fundados (hiper-conjuntos) têm sido usados como ferramenta matemática para modelar várias formas de circularidade que aparecem no mndo real.[56] O que objetivamos é enfatizar que o uso dos hiper-conjuntos pode ser ainda mais interessantes se levarmos em conta alguns conceitos de uma forma alternativa de fundamentar a matemática, dita *mereologia*, grosso modo, 'a lógica do todo e das partes' [Sim87], no sentido da possibilidade de se desenvolver uma 'mereologia não bem-fundada' que poderia ter interessantes aplicações em física.[57]

A aplicação de hiper-conjuntos à física pode vir, para citar um exemplo possível, da constatação de que as *resoluções cíclicas* de partículas, o fenômeno *bootstrap* que surge em situações nas quais a auto-referência e a ausência de fundação estão presentes. Na física de partículas elementares uma concepção de simetria, dita *dualidade*, redunda em que possa acontecer que partículas elementares (e.g., quarks) possam ser consideradas como compostas de 'outras' partículas de mesma natureza (no caso, de outros quarks), numa evidente circularidade; como diz Mukerjee, "as partículas elementares parecem ser formadas das próprias partículas que originam" [Muk96].

Para entender melhor o que se passa sob o ponto de vista matemático, vejamos algum detalhe o que se acontece com a 'ausência de fundação' de um

---

[56]Sobre hiper-conjuntos, ver [Acz88], [Dev93, Cap.7] e as referências lá mencionadas, e também [BE87], que adotam a terminologia 'hiper-conjuntos'.

[57]Em mereologia, existe o conceito de *gunk*, que são entidades cujas partes *sempre* têm partes próprias, sendo assim não bem-fundadas em uma certa acepção. Mas não é de *gunks* que queremos falar. Uma *parte própria* de uma entidade mereológica é uma parte dela que não é ela própria.

conjunto. Um conjunto não bem-fundado, como já se viu, pode ter a sí próprio como elemento, ou pode conter elementos que o tenham como elemento, dentre outras inúmeras possibilidades. Por exemplo, os já vistos conjuntos circulares e extraordinários (de Mirimanoff) não são bem-fundados. Tais conjuntos violam o Axioma da Fundação (ou da Regularidade) visto acima. Aplicações à ciência da computação têm sido encontradas [Dev93] e é interessante, não há dúvida, investigar a possibilidade de se encontrar aplicações da teoria dos hiper-conjuntos em outros domínios da ciência, como por exemplo nos fundamentos da física e da biologia.

O problema, no entanto, não pode ser simplificado em demasia. Com efeito, ainda que hiper-conjuntos possam ser usados em certas questões envolvendo dualidade, a relação básica que é não bem-fundada na teoria usual de hiper-conjuntos é a pertinência. No entanto, nas ciências empíricas, sob certo ponto de vista, parece sensato supor que, dentre as relações básicas a serem consideradas, deve figurar, além da pertinência conjuntista, uma relação de 'parte de'; para exemplificar, seria mais adequado não dizer-se que a asa de um pássaro *pertence* ao pássaro no mesmo sentido que o número dois pertence ao conjuntos dos números naturais, mas que a asa é *parte* do pássaro em algum sentido. O mesmo poderia ser dito dos quarks: um quark seria *composto* de quarks, que seriam suas 'partes'. Com adaptações óbvias, o mesmo pode ser dito dos compostos químicos em geral ou de outros objetos comuns em relação aos seus constituintes mais elementares. Com efeito, isômeros são compostos diferentes que apresentam as mesmas fórmulas moleculares, diferindo unicamente na sua 'estrutura'. Por exemplo, C_4H_8 pode dar tanto o ciclobutano quanto o metil ciclopropano, dependendo da disposição estrutural dos átomos de carbono e de hidrogênio; outro exemplo talvez mais fácil de se escrever: C_2H_6O pode dar tanto o álcool etílico (CH_3-CH_2-OH) como o é ter metílico (H_3C-O-CH_3), novamente dependendo da disposição dos átomos. Está claro que tais compostos não podem ser vistos como meros 'conjuntos' (coleções) de átomos, e o mesmo se dá com objetos físicos e geral e com entidades biológicas. No entanto, para que se possa utilizar a matemá tica padrão em ciências como a física, em mecânica um 'corpo' *body* é usualmente descrito como sendo uma variedade diferenciável tri-dimensional satisfazendo determinadas condições; ou seja, do ponto de vista matemático, trata-se de um tipo de *conjunto* ([Tru66, p.2] e os trabalhos já citados de W. Noll). Qual seria a base axiomá tica mais adequada para exprimir que compostos químicos, por exemplo, que não são meros agregados de átomos? Como levar em conta este 'algo mais' para além dos átomos que os formam, e que os identifica como certos compostos, que Erwin Schrödinger chamava de 'forma' (*Gestalt*)? [Sch98, p.123], [Bit96, p.95].

A *lógica do todo e das partes*, dita Mereologia, foi desenvolvida pelo lógico polonês S. Leśniewski no início do século XX, visando precisamente dar conta dessa relação fundamental 'parte de', e tem sido muito estudada desde então. Não obstante haver mereologias variadas, como as apontadas no livro de Simons mencionado anteriormente [Sim87], que eventualmente poderiam ser utilizadas na questão apontada acima, há uma série de dificuldades as serem superadas. Mencionaremos algumas delas.

Uma das dificuldades é que, tendo por base o exemplo citado envolvendo quarks, parece carecer de sentido dizer-se, pura e simplesmente, que o quark que se considera é *o mesmo* quark que seria uma sua 'parte'. Trata-se sem dúvida de um quark que é, para todas as finalidades, 'similar' ao outro, os dois tendo (pelo menos em princípio) todas as mesmas características. O problema é que, como vimos, a lógica e a matemática tradicionais não permitem falar de entidades que possuam *todas* as características em comum sem serem a mesma entidade. Mesmo dois triângulos congruentes, que podem ser sobrepostos um ao outro por uma transformação no plano euclidiano, são *dois* triângulos, e já vimos antes que isso implica que eles são *diferentes*. Dito de outro modo, a lógica e a matemática tradicionais são 'leibnizianas', obedecendo a máxima de Leibniz de que não podem haver 'duas' entidades que difiram *solo numero*, ou seja, sem que haja alguma distinção entre elas, como já mencionamos anteriormente. No caso dos triângulos, se considerados no plano euclidiano, seus centróides ('centro geométrico de uma figura plana') têm coordenadas distintas.

Evidentemente, uma questão importante é precisar o sentido da palavra 'todas' enfatizada acima, e essa questão não é simples, como se poderia ingenuamente pensar, pelo menos em física de partículas, uma vez que envolve, dentre outras coisas, a caracterização do que se entende por 'propriedade', ou 'observável físico', dentre outras difíceis questões .

Cabe insistir que, não havendo, como diz Asenjo, uma lacuna intransponível entre indivíduos e totalidades do mesmo modo como se faz uma distinção entre um conjunto e o conjunto unitário que o tem como elemento [Ase77], a ideia de que um indivíduo (termo esse que é tomado aqui em sentido amplo) e as totalidades que os contêm poderem ser considerados como entidades lógicas de mesmo nível pode ser considerada nas mereologias usuais, sem o risco de contradições, contrariamente ao que ocorre nas teorias usuais de conjuntos bem-fundados. Assim, certas mereologias podem servir para sistematizar a noção de coleções que lembram os hiper-conjuntos, o que mostra haver um vínculo entre mereologia e a teoria de conjuntos não bem-fundados.

A questão crucial 'O que é uma parte?', no entanto, do modo como estamos intuindo a questão, ganha nova dimensão se considerarmos que elas podem ser entidades, como no caso dos objetos físicos acima aludidos, que não são dotadas de individualidade, como parece ocorrer no contexto da fíca quântica. Levando-se em conta esses pontos, percebe-se que as relações entre *todo* e *parte* podem ser questionadas de forma completamente nova, o que motiva o estudo de uma mereologia que se adapte a tais situações, e isso parece ser algo bastante interessante e mesmo crucial. De fato, em uma tal investigação, deve-se levar ainda em conta a questão do *holismo* em física quântica, o que sem dúvida complica consideravelmente a situação (dito por alto, o *todo* -i.e., o objeto físico- pode ser *mais* do que a mera 'soma' de suas partes, como ocorre com os isômeros).

Mais especificamente, vemos dois problemas básicos com relação a uma *mereologia quântica*, como apontado em [Kra12, Kra17a]:

(1) Nas mereologias usuais, as *totalidades* são uma *soma mereológica* de suas partes (há diversos modos de se definir o conceito de 'soma mereológica', mas isso não vem ao caso aqui) e duas entidades são iguais se e somente se tiverem as mesmas partes (extensionalidade). Acontece que, na física quântica, ocorrem coisas como a ionização de um átomo. Tomemos um exemplo; suponha que dispomos de um átomo de Helio He em seu estado fundamental (de menor energia). Podemos *ionizar* o átomo fornecendo a ele uma certa quantidade de energia, o que faz com que um dos elétrons seja eliminado do átomo, tornando-o um ion positivo, He^+. Ora, podemos agora fazer o movimento inverso, 'capturando' um elétron de forma a obtermos um neutro novamente. Vêm as questões: (a) o 'novo' átomo neutro é *o mesmo* átomo que o antigo? (b) o elétron capturado é o mesmo elétron que foi eliminado do átomo? A mecânica quântica não responde a essas questões; aliás, ninguém responde, pois elas não fazem qualquer sentido. Elétrons, assim como quaisquer outros sistemas quânticos (prótons, neutrons, quarks, átomos, moléculas) não têm *individualidade* no sentido de que o atual presidente do Brasil tem uma. De fato, podemos identificar o nosso presidente em diversas situações (ou 'contextos') diferentes, mas isso não pode ser feito com essas entidades. Desse modo, como poderia uma mereologia considerar que uma totalidade é formada por partes que não têm individualidade?

(2) O outro problema é o do *holismo*. Usualmente, para conhecermos uma totalidade, devemos conhecer as suas partes constituintes. Mas na física quântica isso não é desse jeito. O átomo de Helio mencionado antes é formado por 'partes', que são os dois elétrons e os prótons e neutrons de seu núcleo (ignoremos possíveis outras entidades) e fixemos a atenção nos dois elétrons. O estado do sistema formado por esses dois elétrons é descrito por um vetor *anti-simétrico* em um adequado espaço de Hilbert, a saber,

$$|\psi_{12}\rangle = \frac{1}{\sqrt{2}}(|\psi_1\rangle |\psi_2\rangle - |\psi_2\rangle |\psi_1\rangle). \tag{8.34}$$

onde $|\psi_i\rangle$ é a função de onda que descreve o estado do elétron i ($i = 1, 2$). Ora, não podemos saber qual elétron é qual, apesar de que, como férmions que são, não podem apresentar todos os mesmos números quânticos devido ao Princípio de Exclusão de Pauli. Eles têm *spins* opostos em qualquer direção que se considere,[58] e apesar de que podemos considerá-los como 'partes' do átomo, o vetor de estado do sistema dos dois elétrons não pode ser *fatorado* de forma a termos uma descrição isolada de cada um deles. Aliás, essa é a característica inovadora da mecânica quântica na visão

---

[58]O *spin* é uma propriedade intrínseca dos sistemas quânticos. Eles podem ser medidos relativamente a uma direção qualquer, e sempre terão um dentre dois valores, que são denominados de UP e DOWN.

de Schrödinger: os elétrons (ou melhor, seus estados) estão *emaranhados* (*entangled*) e o estado do sistema tem que ser visto 'holisticamente', em sua totalidade e não como 'decomposto' em partes. Como elaborar uma mereologia que leve em conta que uma totalidade tem partes, mas que não podem ser consideradas em isolamento?

(3) Voltamos então à questão das coleções bem-fundadas. Não se sabe se há de fato entidades quânticas que não tenham partes próprias. No momento,a credita-se que os elétrons são desprovidos de partes, mas ninguém sabe ao certo. Assim, teremos que considerar *gunks* em nossa mereologia (veja uma nota anterior na qual falamos dos *gunks*).

Essas são questões que uma mereologia voltada à física quântica deveria resolver. Para tentar resolver ao menos parte desse problemas, apresentamos no final do capítulo 10 um esboço de uma mereologia voltada à física quântica, mas alertamos que isso está sendo aqui colocado mais para despertar o interesse do leitor, já que o trabalho não está terminado.[59]

8.7   Zermelo-Fraenkel com Átomos

Como vimos, Zermelo postulou a existência de um domínio $\mathfrak{B}$ de objetos, os quais dividiam-se entre *conjuntos* e *Urelemente* os seja, *átomos*. Intuitivamente, os átomos são objetos que, em princípio não têm elementos, mas diferem do conjunto vazio.[60] Posteriormente, Fraenkel sugeriu que os átomos fossem eliminados, já que não eram essenciais para o desenvolvimento da matemática, resultando uma teoria 'pura' de conjuntos, como também já tivemos oportunidade de comentar. Nesta seção, daremos uma formulação da teoria de Zermelo-Fraenkel envolvendo átomos, a qual denotaremos por ZFA; uma exposição detalhada de ZFA acha-se em [Sup72], mas pode-se ver também [Jec08, Cap.4].

A linguagem e a lógica subjacente à teoria ZFA são aquelas do cálculo de predicados de primeira ordem com igualdade, exatamente como em ZFC, à qual adicionamos um um predicado unário C; assim, os símbolos primitivos específicos de ZFA ficam sendo os predicados $\in$ (pertinência), binário, e C, unário. Se x é uma variável, a fórmula atômica $C(x)$ diz intuitivamente que x é um *conjunto*. Se $\neg C(x)$, diremos que x é um *átomo*. Os conceitos de variável livre e ligada em uma fórmula, etc. são introduzidos de modo usual. Se quiséssemos, poderíamos fazer uso de uma linguagem bissortida, ou seja, com variáveis de dois tipos, uma para átomos e outra para conjuntos, mas aqui usaremos um só tipo de variáveis; o predicado C fará a diferenciação.

---

[59]Este projeto está sendo realizado em conjunto com Eliza Wajch, da Universidade Siedlce, Polônia.

[60]Veremos abaixo que, dependendo dos axiomas que se adote, os átomos podem também conter elementos, ou 'partes'.

Por simplicidade, usaremos a seguinte convenção, que relativiza os quantificadores a conjuntos:

$$\forall_C x(\dots) \quad \text{significa} \quad \forall x(C(x) \to (\dots))$$

$$\exists_C x(\dots) \quad \text{significa} \quad \exists x(C(x) \wedge (\dots)).$$

Alguns dos conceitos básicos como o de sub-conjunto devem ser escritos com algum cuidado óbvio, aplicando-se somente a *conjuntos*. Assim, por exemplo, sendo x e y *conjuntos*, então $x \subseteq y$ abrevia $\forall z(z \in x \to z \in y)$, onde z é uma variável que percorre tanto conjuntos como átomos. Tendo esses detalhes em mente, que são facilmente percebidos, podemos nos ater aos postulados específicos de ZFA, que são os seguintes (dispensaremos as explicações intuitivas, bem como a notação para os conjuntos que são introduzidos por tal axiomática, que segue aquela de ZFC):

Axioma (ZFA1, Extensionalidade).

$$\forall_C x \forall_C y (\forall z(z \in x \leftrightarrow z \in y) \to x = y)$$

Repare que se não impuséssemos que os quantificadores devem ser relativizados a conjuntos, a teoria não poderia conceber a existência de átomos *distintos*. Com efeito, se x e y designassem átomos, então $z \in x$ seria sempre falso, o mesmo se dando com $z \in y$, uma vez que átomos não têm elementos. Desse modo, o antecedente do condicional seria verdadeiro e portanto o seu consequente também, o que acarretaria que $x = y$.

Axioma (ZFA2, Par).

$$\forall x \forall y \exists_C z \forall t (t \in z \leftrightarrow z \in x \vee z \in y)$$

Axioma (ZFA3, Partes).

$$\forall_C x \exists_C y \forall z(z \in y \leftrightarrow C(z) \wedge z \subseteq x)$$

Axioma (ZFA4, Conjunto vazio).

$$\exists_C x \forall y (y \notin x)$$

Como antes, esse conjunto é denotado por '$\varnothing$' e sua unicidade segue da extensionalidade.

Axioma (ZFA5, Conjunto união).

$$\forall_C x(\forall y(y \in x \to C(y)) \to \exists_C z \forall t(t \in z \leftrightarrow \exists v(v \in x \wedge t \in v)))$$

Axioma (ZFA6, Esquema da separação). *Sendo $\alpha(x)$ uma fórmula na qual x ocorre livre, x, y e z variáveis distintas tais que y não ocorre livre em $\alpha(x)$, então:*

$$\forall_C x \exists_C y \forall z(z \in y \leftrightarrow \alpha(x) \wedge z \in x)$$

Axioma (ZFA7, Infinito).

$$\exists_C x(\emptyset \in x \wedge \forall y(y \in x \to y \cup \{y\} \in x))$$

Axioma (ZFU.8, Esquema da substituição). *Sendo* $\alpha(x,y)$ *uma fórmula na qual* *x e y são variáveis livres, então:*

$$\forall x \exists! y \alpha(x,y) \to \forall_C z \exists_C w \forall y(y \in w \leftrightarrow \exists x(x \in z \wedge \alpha(x,y)))$$

Axioma (ZFA9, Escolha).

$$\forall_C x((\forall y(y \in x \to C(y)) \wedge \forall y \forall z(y \in x \wedge z \in x \to (y \cap z = \emptyset \wedge y \neq \emptyset))$$
$$\to \exists_C w(x \subseteq \cap x \wedge \forall_C u(u \in x \to \exists_C v(t \cap u = \{v\}))))$$

Poderíamos acrescentar à teoria um axioma asseverando explicitamente a existência de átomos:

Axioma (ZFA(A), Existência de átomos).

$$\exists x \neg C(x)$$

Outro axioma que poderia ser acrescentado é aquele que diz serem os átomos 'vazios', ou seja,

Axioma (ZFA(V), Os átomos são vazios).

$$\forall x(C(x) \to \forall y(y \notin x))$$

Um axioma da regularidade, como o abaixo, também poderia ser acrescentado à axiomática de ZFA:

Axioma (ZFA(R), Regularidade).

$$\forall_C x(x \neq \emptyset \wedge \forall y(y \in x \to C(y)) \to \exists z(z \in x \wedge z \cap x = \emptyset))$$

Evidentemente, observações análogas àquelas feitas quando ao sistema ZF podem ser repetidas aqui, *viz.*, a de que a existência do conjunto vazio poderia ser derivada por meio do esquema da separação e este, por sua vez, dispensado em prol do esquema da substituição.

O *universo* correspondente à teoria com átomos não inicia com o conjunto vazio, como na teoria 'pura', mas a partir de um conjunto A de átomos. Formalmente, tal universo, representado na figura 8.2, é obtido por recursão transfinita; para cada ordinal α, definimos um conjunto V_α do seguinte modo:

$$V_0 = A$$
$$V_1 = V_0 \cup \mathcal{P}(V_0)$$

$$\vdots$$

$$V_{n+1} = V_n \cup \mathcal{P}(V_n)$$

$$\vdots$$

$V_\lambda = \bigcup_{\beta < \lambda} V_\beta$, se λ é um ordinal limite, e então

$$V = \bigcup_{\alpha \in On} V_\alpha$$

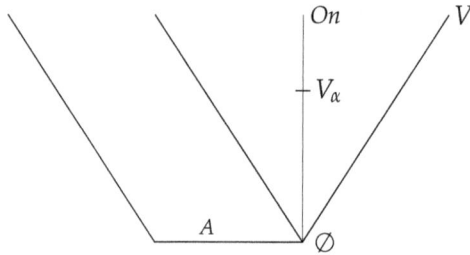

Figura 8.2: O universo conjuntista com átomos. A é o conjunto dos átomos e On é a classe dos ordinais. V_α marca um certo nível de complexidade, onde $\alpha \in On$. Conjuntos 'mais complexos' estão em V_α com α grandes.

8.7.1   Equiconsistência entre ZFC e ZFA.

Pode-se provar sem dificuldade que ZFC é consistente se e somente se ZFA é consistente. Inicialmente, provamos o seguinte:

Teorema 8.7.1. *Se ZFC é consistente, também é consistente a teoria obtida acrescentando-se aos axiomas de ZFA o axioma $\forall x C(x)$, o qual assevera não haver átomos. Daí resulta que ZFA é consistente.*
Demonstração: Obviamente, a classe de todos os conjuntos de ZFC é um modelo para ZFA + $\forall x C(x)$, bastando para tanto interpretarmos o predicado $C(x)$ como $x = x$. Desse modo, se X é uma axioma de ZFA + $\forall x C(x)$ e X' é obtido a partir de X substituindo-se todas as ocorrências de $C(x)$ por $x = x$, então X' é um teorema de ZFC, como é fácil demonstrar. ∎

Teorema 8.7.2. *Se ZFA é consistente, então ZFC é consistente.*
Demonstração: A classe de todos os conjuntos bem-fundados de ZFA é um modelo para ZFC (com o axioma da regularidade). ∎

8.8 Átomos e física

Como temos feito em outras partes deste livro, daremos nesta seção uma ideia de como se pode considerar relações entre as teorias axiomatizadas que estamos estudando e as ciências empíricas, em especial a física. Isso complementa o que já afirmamos antes sobre relações entre essa disciplina e a mereologia. Como ficará claro abaixo, aquilo que se verá nesta seção pode ser transladado adequadamente para certos ramos da biologia.

Como dito anteriormente, o uso que a física faz da matemática, esta erigida em ZF (ou ZFC), faz com que, por assim dizer, *tudo* tenha que ser definido em termos conjuntistas. No entanto, ainda que a ideia intuitiva de um objeto físico nos sugira que ele seja formado por certos 'elementos', sendo portanto uma 'coleção' de alguma coisa' (de partículas, moléculas, etc.), não é exatamente esse o modo pelo qual estas entidades são tratadas nas teorias físicas. Clifford Truesdell fala o seguinte:

> [o]s corpos com os quais a mecânica lida são de muitos tipos: massas puntiformes (*mass-points*), que ocupam um único ponto a cada instante de tempo; corpos rígidos, que nunca deformam; cordas e fluxos, que são unidimensionais; membranas e cascas, que tornam-se meras superfícies; fluidos que preenchem o espaço, sólidos, e muito mais. [Tru77, p.5]

O modo de se tratar tais entidades é variado, dependendo do sistema apresentado. Por exemplo, no livro em apreço, Truesdell considera corpos como entidades primitivas, e define relações entre eles que obedecem propriedades que interessam à física (ver abaixo). Outras abordagens *definem* corpos. Por exemplo, é a seguinte a definição apresentada por Walter Noll (exceto pela notação):

> [u]um *corpo* é um conjunto B munido de uma estrutura definida por: (a) um conjunto Φ de funções de B no espaço euclidiano tridimensional E, e (b) uma função m de valores reais definida sobre sub-conjuntos de B sujeita aos seguintes seis axiomas (. . .) [Nol59, pp.266-281]

Os seis axiomas por ele listados não nos importam diretamente aqui, mas sim constatar que a noção de *corpo* (físico) é tratada em um ambiente conjuntista. Na abordagem de Truesdell, há um *conjunto* de todos os corpos, que ele chama de *universo*, sobre o qual estão definidas as propriedades que interessam. Para Noll, um corpo, sendo uma tripla ordenada da forma $\langle B, \Phi, m \rangle$ conforme citação acima, é igualmente um *conjunto*. No entanto, ainda que descritos como tal, essas caracterizações estão longe de considerar que corpos são 'coleções de alguma coisa'. Tratam-se de dispositivos matemáticos úteis para se alcançar uma conceituação que sirva aos propósitos da física, ainda que possam eventualmente se afastar enormemente da intuição. Aliás, já vimos no antes algo acerca da dificuldade de se considerar tais questões em física, quando falamos sobre os conjuntos não bem-fundados (seção 8.6). Porém, parece patente que as definições de corpo mencionadas acima escondem a ideia intuitiva do que seja de fato um objeto material que temos à nossa frente; parece-nos claro que um tal objeto não é uma 'tripla ordenada', logo um objeto abstrato como são as entidades matemáticas, mas que é algo realmente *composto* de alguma coisa, e essas coisas formam suas *partes* em algum sentido dessa palavra. Assim, um modo 'natural' de considerar essa questão em um ambiente povoado por conjuntos e outras entidades matemáticas, parece ser a de se tentar tomar os átomos, que não são conjuntos, como vimos, para designarem os corpos dos quais se quer tratar, e então definir propriedades relevantes que eles devam obedecer de modo a se conformarem com o que desejam as teorias físicas. É um procedimento desse tipo (dentre vários possíveis) que será indicado no que segue. Dotaremos os átomos de ZFA de uma estrutura tal como descrita por Truesdell na obra citada mas, como se verá, isso não é suficiente para um completo tratamento da questão, servindo no entanto para mostrar o uso que se pode fazer em física da teoria axiomática de conjuntos, e de alguns dos problemas que permanecem para serem tratados nesse contexto.

Consideremos inicialmente a coleção A dos átomos de ZFA. Quando usarmos as variáveis x, y, ..., elas se referem a elementos de A, exceto se explicitamente dito o contrário. Vamos admitir que entre os elementos de A está definida uma relação '$\prec$' tal que, se $x \prec y$, diremos que x é *parte* de y, de forma que '$x \prec y$' é agora uma nova fórmula atômica dessa nova linguagem, que essencialmente é a de ZFA acrescida de $\prec$ (novos símbolos serão introduzidos abaixo, e em todos os casos, admitiremos que a linguagem de ZFA está sendo estendida adequadamente de modo a comportá-los). Deve-se notar que, estritamente falando, não desejamos que $\prec$ seja uma *relação* no sentido conjuntista, ou seja, um certo conjunto de pares ordenados, mas que seja um novo tipo de relação entre os átomos, ainda que continuemos a chamá-la de 'relação ', como se faz usualmente em física.

Postulamos então que $\prec$ satisfaz as seguintes condições (que são exatamente aquelas que definem uma ordem parcial): para todos x e y em A,

(i) $x \prec x$

(ii) $x \prec y \wedge y \prec x \rightarrow x = y$

(iii) $x \prec y \wedge y \prec z \rightarrow z \prec z$

Obviamente, dados dois átomos x e y, nenhum deles necessita ser parte do outro, mas ambos podem ser parte de um terceiro, z, que nesse caso chamaremos, como Truesdell, de *envelope* de x e y. Se além disso z for um envelope de x e y que é parte de qualquer outro envelope de x e y, então dizemos que z é a *junção* de x e y, denotada por $x \sqcup y$. Percebe-se que $x \sqcup y$, quando existe, é o *menor* envelope do qual x e y são partes. Formalmente, isto se escreve assim; $x \sqcup y$ é aquele z (se existir) que satisfaz a seguinte condição:

$$(x \prec z \wedge y \prec z) \wedge \forall w(x \prec w \wedge y \prec w) \to z \prec w. \tag{8.35}$$

Similarmente, se z satisfaz

$$(z \prec x \wedge z \prec y) \wedge \forall w(w \prec x \wedge w \prec y) \to w \prec z, \tag{8.36}$$

então z é dito ser o *encontro* de x e y, denotado $x \sqcap y$. Se $x \sqcap y$ existe, é a 'maior' parte comum de x e de y. Evidentemente, x e y podem ou não ter um encontro ou uma junção mas, se essas entidades existem, é fácil ver que vale o seguinte teorema:

Teorema 8.8.1.

(a) $x \sqcap y = y \sqcap x$; $x \sqcup y = y \sqcup x$

(b) $x \sqcap y \prec x \prec x \sqcup y$

(c) $x \prec y \leftrightarrow x \sqcap y = x \leftrightarrow x \sqcup y = y$

(d) $x \sqcap x = x \sqcup x = x$

(e) $x \prec y \to (x \sqcap z \prec y \sqcap z) \wedge (x \sqcup z \wedge y \sqcup z)$, para todo z.

Os conceitos de junção e de encontro acima definidos podem ser generalizados para uma coleção qualquer B de corpos; as notações $\sqcap_{i \in I} B$ e $\sqcup_{i \in I} B$ são sugestivas, indicando o encontro e a junção dos elementos de B, definidos em sentido óbvio. Em particular, fica justificado o uso de expressões como $x \sqcap y \sqcap z$ e das propriedades respectivas (associatividade dessas operações e a distributividade de uma em relação à outra, por exemplo), que podem ser facilmente demonstradas. Ademais, introduzirmos os conceitos de corpo *nulo* e de corpo *universal*, respectivamente denotados O e ∞, como sendo aqueles corpos que satisfazem o seguinte, para todos os x em A:

$$O \prec x \text{ e } x \prec \infty, \tag{8.37}$$

que em caso de existência podem ser provados serem únicos, podemos obter uma interessante caracterização estrutural para a nossa coleção de átomos. Como efeito, como faz Truesdell, definimos o *fecho universal* da coleção de átomos do seguinte modo:

$$\overline{A} := A \cup \{O, \infty\}. \tag{8.38}$$

De maneira imediata, estendemos a relação $\prec$ a todos os elementos de $\overline{A}$, impondo, em adição ao que se disse acima, que $x \prec O \to x = O$ e $\infty \prec x \to x = \infty$, para todos os x em A. Isto posto, é fácil provar o seguinte

Teorema 8.8.2. *Para todo $x \in A$, tem-se:* $x \sqcap O = O$, $x \sqcup O = x$, $x \sqcap \infty = x$ *e* $x \sqcup \infty = \infty$.

Finalmente, definimos o seguinte: primeiro, sendo x e y corpos quaisquer, se $x \sqcap y = O$, dizemos que x e y são *separados*. Depois, para cada corpo $x \in \overline{A}$, definimos o seu *complemento*, ou *exterior*, como sendo o corpo x' tal que $x \sqcap x' = O$ e $x \sqcup x' = \infty$. Vários fatos podem ser provados a partir dessas novas definições, como os seguintes:

Teorema 8.8.3.

(a) $x \prec x' \to x = O$, $(x')' = x$

(b) $O' = \infty$, $\infty' = O$

(c) $(x' \sqcap y')' = x \sqcup y$, $(x' \sqcup y')' = x \sqcap y$

(d) $x \prec y \to x \sqcap y' = O$

O último item diz que todo corpo é separado de suas partes. A recíproca desse resultado não pode ser demonstrada a partir do que se tem acima, como salienta Truesdell. Esse autor assume essa recíproca como um axioma adicional acerca de corpos: *os únicos corpos separados de x' são as partes de x.*

Importante salientar que, com essas condições todas, e se admitirmos que existem os elementos considerados (o que pode ser feito postulando-se explicitamente esse fato), $\langle \overline{A}, \sqcap, \sqcup, O, \infty \rangle$ é uma álgebra de Boole.[61] Evidentemente, dependendo das finalidades, poderíamos ter procedido diferentemente, por exemplo impondo que as operações e relações acima definidas fossem tais que obedecessem os axiomas não de uma álgebra de Boole, mas, por exemplo, de algum reticulado particular, não necessariamente distributivo e complementado.

Para os propósitos da física, é interessante que se considere outros conceitos relacionados a corpos. Truesdell introduz funções adequadas para exprimir a massa de um corpo e forças que podem agir de um sobre outro, cada uma delas regidas por axiomas adequados. Por exemplo, no caso da massa, considera-se uma subcoleção de $\overline{A}$, denotada A_M, dos corpos que têm massa, e postula-se que existe uma função M que associa um número real não negativo a cada elemento de A_M. Ademais, postulados adicionais dizem que se $x \in A_M$, então $x' \in A_M$, e que se x e y têm massa, então $x \sqcup y$ também tem massa. Disso decorre que O e ∞ têm massa, e que a junção de dois corpos, sempre que existir, igualmente tem massa (ainda que eventualmente a massa de um corpo seja zero). Quanto aos valores dessas massas, postula-se que $M(O) = 0$ (mas não decorre que, se $M(x) = 0$, então necessariamente $x = O$) e que $M(\infty) = M(x) + M(x')$, para todo $x \in A_M$, o que dá as propriedades

---

[61]Tal álgebra, ao invés de ser caraterizada por meio de uma estrutura algébrica, como fizemos, poderia alternativamente ser dada como uma estrutura de ordem, a saber, considerando $\langle \overline{A}, \prec \rangle$, as duas formas sendo obviamente equivalentes.

desejadas. Por exemplo, é fácil provar fatos como $M(x \sqcup y) \leq M(x) + M(y)$, ou que $x \prec y \to M(y) = M(x) + M(y \sqcap x') \geq M(x)$, dentre outros.

Truesdell faz uma observação interessante nesse ponto. Não obstante as propriedades acima refletirem a ideia intuitiva de massa, elas não são suficientes para dar uma definição adequada desse conceito, posto que o que se necessita é estabelecer uma estrutura matemática que reflita o modo pelo qual se possa *medir* massas, o que nos faz recair num campo da matemática denominado *teoria da mensuração* e, para tanto, hipóteses adicionais são necessárias.[62] Vejamos como ele coloca a questão, que tem muito a ver com o que vimos dizendo há algum tempo:

> [e]nquanto as noções de massa e carga elétrica, junto com volume e área, foram destiladas para formar a base para a teoria da medição, essa teoria no seu presente estado presta-se satisfatoriamente apenas para as duas últimas, mas não para as primeiras. Isso se deve ao fato da teoria da medição referir-se a *conjuntos*, enquanto que, como vimos (...), as noções de encontro '⊓' e de junção '⊔' de corpos geralmente não são o mesmo que a interseção '∩' e união '∪' na álgebra de conjuntos, mesmo no caso dos corpos serem de fato conjuntos. Uma boa teoria matemática para massa deveria ser puramente algébrica, assumindo acerca de corpos não mais do que os axiomas [aqui ele se refere aos 'axiomas mencionados' –ainda que não explicitamente– acima] (e preferivelmente não o útimo) [esse é aquele que afirma que existe o encontro de dois corpos quaisquer]. O defeito aqui é mais de claridade e elegância do que de aplicação, desde que (...) os conceitos de forma e movimento permitem-nos usar na mecânica do contínuo a teoria comum de medida de Borel. (Truesdell, *op. cit.*, p. 15)

Vê-se portanto que constatam-se dificuldades com essa abordagem, o que remete Truesdell a escolher um modelo particular da axiomática apresentada, ou seja, uma estrutura matemática na qual se possam encontrar interpretações para as relações e operações acima definidas, e que permitam utilizar o instrumental matemático à disposição . O modelo escolhido por Truesdell consiste em tomar para A o conjunto de fechos de conjuntos abertos em algum espaço topológico, de forma que a função M acima possa ser adequadamente definida como uma medida de Borel sobre os borelianos de tal espaço. A partir daí, pode discutir de forma bastante precisa vários conceitos físicos, como o de movimento, energia cinética, trabalho, etc.

Obviamente, tais conteúdos estão fazendo com que nos afastemos em demasia daquilo que se trata neste livro, motivo pelo qual achamos por bem parar por aqui. Fica no entanto a sugestão ao leitor curioso para prosseguir no estudo do tema, que como se pode ver é fascinante.

---

[62] A referência básica dessa teoria são os livros de P. Suppes e outros; pode-se ter uma boa ideia do que se passa em [Sup98].

Logo após o desenvolvimento do sistema ZF (e de ZFC), que foi como já vimos uma extensão da teoria Z de Zermelo feita independentemente por Fraenkel e Skolem em 1922 com a introdução do Axioma da Substituição, pois a teoria de Zermelo não permitia o tratamento adequado da indução transfinita e nem da aritmética ordinal [Rub67, p.5], outros desenvolvimentos surgiram por mais razões ainda. Segundo Jean Rubin (*op.cit.*), havia ainda a dificuldade de que ZF(C) não é finitamente axiomatizável, o Axioma da Substituição (do qual, como já sabemos, se deriva o Axioma da Separação) é um *esquema*. Além do mais, diz a autora, a distinção entre conjuntos 'que existem', como o conjunto dos números naturais, e aqueles que não são legitimados pela teoria, como a classe *On* dos ordinais (que não é um 'conjunto' de ZF(C)). Surgiram então outras teorias, algumas das quais veremos no capítulo seguinte. A importância delas reside, dentre outras coisas, na constatação da relatividade do conceito de conjunto. A ideia intuitiva de que um conjunto é uma coleção de coisas, que vem desde Cantor, como já sabemos, não é mais admissível na matemática de hoje. Vamos ver tudo isso a seguir.

No tocante às ciências empíricas e a sua axiomatização, a relevância de se considerar tais teorias advém do fato de que muitas vezes não sabemos se as entidades matemáticas que necessitamos, por exemplo em física, 'existem' na base matemática que estamos adotando. Adotar uma 'base qualquer', como pode suspeitar ser lícito fazer seja o físico ou o matemático que não se ocupa de questões de fundamentos, não é uma atitude sensata. Há exemplos de teoremas que importam à física (além de terem valor matemático intrínseco), como as chamadas 'medidas exóticas de Gleason', que não podem ser obtidos em ZFC suposta consistente, pois exigem a existência de um cardinal cuja existência não pode ser demonstrada em ZFC [Sol]. Há muitos outros exemplos que mencionaremos oportunamente.

Capítulo 9

Outros sistemas de teorias de conjuntos e de classes

> "a conquista do infinito atual pode ser considerada uma expansão do nosso horizonte científico não menos revolucionária do que o sistema copernicano ou do que a teoria da relatividade, ou mesmo da teoria quântica e da física nuclear."
>
> A. A. Fraenkel, [Fra66]

NESTE CAPÍTULO entraremos em contato com outras teorias de conjuntos e com a teoria de categorias. Dentre a variedade de teorias disponíveis, trataremos com mais cuidado teoria ZFA (Zermelo-Fraenkel com Átomos), da a teoria NBG, ou teoria von-Neumann, Bernays e Gödel, em virtude do nosso interesse em *classes* e em particular em *classes próprias*, com o sistema NF ('New Foundations') de Quine, na versão Quine-Rosser, com os sistemas KM (Kelley-Morse), ML ('Mathematical Logic'), também de Quine, na versão Quine-Wang, e com a teoria ARC, de Ackermann e Muller.

A teoria de categorias é mencionada face a sua importância nos estudos atuais de fundamentos, e pelo fato de que, como veremos, ela pode ser 'reduzida' a conjuntos em uma teoria adequada (ARC, vista abaixo). Reputamos como importante para o interessado no assunto dos fundamentos da matemática e da ciência adquirir uma noção razoavelmente precisa desses sistemas, ainda que não os estudemos em detalhe, o que as nossas referências permitem fazer.

A teoria ZFA reintroduz átomos, tal como na teoria Z de Zermelo, que haviam sido afastados em ZFC. Tais entidades,, aparentemente são importantes na axiomatização de disciplinas das ciências empíricas que consideram entidades que não são conjuntos mas que podem 'formar' conjuntos e por isso achamos por bem dar uma noção de como eles podem ser considerados. Numa das seções, veremos por alto como a consideração dos átomos pode ser útil em física. O sistema envolvendo tipos lógicos é importante em variadas aplicações, além de ter uma importância histórica muito grande, sendo resultado, em essência, da 'solução de Russell' ao problema dos paradoxos. Essa versão da teoria é uma alternativa àquela apresentada no capítulo sobre a Teoria Simples de Tipos. A teoria NBG incorpora *classes* como entidades que não equivalem, em geral, a conjuntos, o mesmo acontecendo com os sistemas KM, ML e ARC. Como uma das licões deste livro é precisamente a de que o que é ou deixa de ser um 'conjunto' depende dos axiomas que se adota, assim que acreditamos que uma boa olhada nessas teorias ajudará em muito a fixar essa ideia. Além disso, as teorias são intrinsicamente bonitas. O sistema KM parece ser bastante afeito à intuição do matemático, uma vez que lhe dá a liberdade de considerar como 'conjunto' (no caso, como classe) uma enorme variedade de entidades; ademais, ele é forte o suficiente para provar a consistência de ZFC e de NBG. O sistema NF tem a peculiaridade de que nele o axioma da escolha é falso, o que permitirá o leitor entrar em contato com uma teoria de conjuntos que diverge das usuais já vistas, pelo menos nesse quesito. O sistema ML é mencionado mais como uma curiosidade, malgrada a sua importância. Outros sistemas são meramente apontados ou tratados por alto, como a teoria de Tarski-Grothendieck (TG). Deixaremos os detalhes para serem pesquisados pelo leitor curioso, indicando referências adequadas.

9.1   Zermelo-Fraenkel com Átomos

Como vimos antes, Zermelo postulou a existência de um domínio $\mathfrak{B}$ de objetos, os quais dividiam-se entre *conjuntos* e *Urelemente* os seja, *átomos*. Intuitivamente, os átomos são objetos que, em princípio não têm elementos, mas diferem do conjunto vazio.[1] Posteriormente, Fraenkel sugeriu que os átomos fossem eliminados, já que não eram essenciais para o desenvolvimento da matemática, resultando uma teoria 'pura' de conjuntos, como também já tivemos oportunidade de comentar. Nesta seção, daremos uma formulação da teoria de Zermelo-Fraenkel envolvendo átomos, a qual chamaremos de 'ZFA'; uma exposição detalhada acha-se em [Sup72].

A linguagem e a lógica subjacente à teoria ZFA são aquelas do cálculo de predicados de primeira ordem com igualdade, exatamente como em ZF, à qual adicionamos um um predicado unário C; assim, os símbolos primitivos específicos de ZFA ficam sendo os predicados $\in$ (pertinência), binário e C, unário. Se x é uma variável, a fórmula atômica $C(x)$ diz intuitivamente que x é um

---

[1]Veremos abaixo que, dependendo dos axiomas que se adote, os átomos podem também conter elementos, ou 'partes', mas não é esse o caso mais comum.

conjunto. Se $\neg C(x)$, diremos que x é um *átomo*. Os conceitos de variável livre e ligada em uma fórmula, etc. são introduzidos de modo usual.

Por simplicidade, usaremos a seguinte convenção, que relativiza os quantificadores a conjuntos:

$$\forall_C x(\ldots) \quad \text{significa} \quad \forall x(C(x) \to (\ldots))$$

$$\exists_C x(\ldots) \quad \text{significa} \quad \exists x(C(x) \land (\ldots)).$$

Alguns dos conceitos básicos como o de sub-conjunto devem ser escritos com algum cuidado óbvio, aplicando-se somente a *conjuntos*. Assim, por exemplo, sendo x e y *conjuntos*, então $x \subseteq y$ abrevia $\forall z(z \in x \to z \in y)$, onde z é uma variável que percorre tanto conjuntos como átomos. Tendo estes detalhes em mente, que são facilmente percebidos, podemos nos ater aos postulados específicos de ZFA, que são os seguintes (dispensaremos as explicações intuitivas, bem como a notação para os conjuntos que são introduzidos por tal axiomática, como visto anteriormente):

(ZFA.1) [Extensionalidade]

$$\forall_C x \forall_C y(\forall z(z \in x \leftrightarrow z \in y) \to x = y)$$

Como em ZFC, a recíproca segue dos axiomas da identidade (substituição) da lógica subjacente.

(ZFA.2) [Par] $\forall x \forall y \exists_C z \forall t(t \in z \leftrightarrow z \in x \lor z \in y)$

(ZFA.3) [Partes] $\forall_C x \exists_C y \forall z(z \in y \leftrightarrow C(z) \land z \subseteq x)$

(ZFA.4) [Conjunto Vazio] $\exists_C x \forall y(y \notin x)$

(ZFA.5) [União] $\forall_C x(\forall y(y \in x \to C(y)) \to \exists_C z \forall t(t \in z \leftrightarrow \exists v(v \in x \land t \in v)))$

(ZFA.6) [Separação] Sendo $F(x)$ uma fórmula na qual x ocorre livre, x, y e z variáveis distintas tais que y não ocorre livre em $F(x)$, então:

$$\forall_C x \exists_C y \forall z(z \in y \leftrightarrow F(x) \land z \in x)$$

(ZFA.7) [Infinito] $\exists_C x(\emptyset \in x \land \forall y(y \in x \to y\{y\} \in x))$

(ZFA.8) [Substituição] Sendo $F(x,y)$ uma fórmula na qual x e y são variáveis livres, então:

$$\forall x \exists! y F(x,y) \to \forall_C z \exists_C w \forall y(y \in w \leftrightarrow \exists x(x \in z \land F(x,y)))$$

(ZFA.9) [Escolha]

$$\forall_C x((\forall y(y \in x \to C(y)) \land \forall y \forall z(y \in x \land z \in x \to (y \cap z = \emptyset \land y \neq \emptyset))$$
$$\to \exists_C w(x \subseteq \cap x \land \forall_C u(u \in x \to \exists_C v(t \cap u = \{v\}))))$$

Observa-se que o Axioma da Extensionalidade diz respeito unicamente a *conjuntos*. Consequentemente, não há contradição em se assumir em ZFA a existência de átomos distintos.

Poderíamos acrescentar à teoria uma axioma asseverando explicitamente a existência de átomos: definindo $A(x) := \neg C(x)$ para indicar que x é um átomo, pomos

ZFA.(A) [Existência de átomos] $\exists x A(x)$

Outro axioma que poderia ser acrescentado é aquele que diz serem os átomos 'vazios', ou seja,

ZFA.(V) [Átomos são vazios] $\forall x(A(x) \rightarrow \forall y(y \notin x))$

Um axioma da regularidade, como o abaixo, também poderia ser acrescentado à axiomática de ZFU:

ZFA.(R) [Regularidade] $\forall_C x(x \neq \varnothing \wedge \forall y(y \in x \rightarrow C(y)) \rightarrow \exists z(z \in x \wedge z \cap x = \varnothing))$

Evidentemente, observações análogas àquelas feitas quando ao sistema ZF podem ser repetidas aqui, *viz.*, a de que a existência do conjunto vazio poderia ser derivada por meio do Esquema da Separação e este, por sua vez, dispensado em prol do Esquema da Substituição.

O *universo* correspondente à teoria com átomos não inicia com o conjunto vazio, como na teoria 'pura', mas a partir de um conjunto A de átomos. Formalmente, tal universo, representado na figura 9.1, é obtido por recursão transfinita; para cada ordinal α, definimos um conjunto V_α do seguinte modo:

$$V_0 = A$$
$$V_1 = V_0 \cup \mathcal{P}(V_0)$$
$$\vdots$$
$$V_{n+1} = V_n \cup \mathcal{P}(V_n)$$
$$\vdots$$

$V_\lambda = \bigcup_{\beta < \lambda} V_\beta$, se λ é um ordinal limite, e então

$$\mathcal{V} = \bigcup_{\alpha \in On} V_\alpha \tag{9.1}$$

9.1.1 Equiconsistência entre ZFC e ZFA.

Pode-se provar sem dificuldade que ZFC é consistente se e somente se ZFU é consistente. Inicialmente, provamos o seguinte:

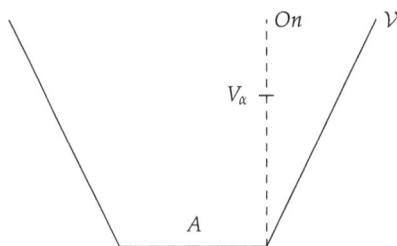

Figura 9.1: O universo de ZFA; *On* é a classe dos ordinais, $\alpha \in On$ e A é o conjunto dos átomos.

Teorema 9.1.1. *Se ZFC é consistente, também é consistente a teoria obtida acrescentando-se aos axiomas de ZFA o axioma $\forall x C(x)$, o qual assevera não haver átomos. Daí resulta que ZFA é consistente.*

Prova: Obviamente, a classe de todos os conjuntos de ZFC é um modelo para ZFA + $\forall x C(x)$, bastando para tanto interpretarmos o predicado $C(x)$ como $x = x$. Desse modo, se X é uma axioma de ZFA + $\forall x C(x)$ e X' é obtido a partir de X substituindo-se todas as ocorrências de $C(x)$ por $x = x$, então X' é um teorema de ZFC, como é fácil provar. ∎

Teorema 9.1.2. *Se ZFA é consistente, então ZFC é consistente.*

Prova: A classe de todos os conjuntos bem-fundados de ZFA é um modelo para ZFC (com o axioma da regularidade). ∎

O desenvolvimento da matemática em ZFA se faz de forma análoga a ZFC; como dissemos, Fraenkel observou que os átomos não são necessários para a matemática padrão. Sua importância reside na consideração das ciências empíricas, como veremos a seguir e no capítulo sobre quase-conjuntos.

9.2   Átomos e física

Como temos feito em outras partes deste livro, daremos nesta seção uma ideia de como se pode considerar relações entre as teorias axiomatizadas que se está estudando e as ciências empíricas, em especial a física. Como ficará claro abaixo, aquilo que se verá nesta seção pode ser transladado adequadamente para certos ramos da biologia.

Como dito anteriormente, o uso que a física faz da matemática, esta erigida em ZF (ou ZFC), faz com que, por assim dizer, *tudo* tenha que ser definido em termos conjuntistas. No entanto, ainda que a ideia intuitiva de um objeto físico nos sugira que ele seja formado por certos 'elementos', sendo portanto uma 'coleção de alguma coisa' (de partículas, moléculas, etc.), não é exatamente esse o modo pelo qual estas entidades são tratadas nas teorias físicas. Clifford Truesdell (1919-2000) fala o seguinte:

[o]s corpos com os quais a mecânica lida são de muitos tipos: massas puntiformes (*mass-points*), que ocupam um único ponto a cada instante de tempo; corpos rígidos, que nunca deformam; cordas e fluxos, que são unidimensionais; membranas e cascas, que tornam-se meras superfícies; fluidos que preenchem o espaço, sólidos, e muito mais. [Tru77, p.5]

O modo de se tratar tais entidades é variado, dependendo do sistema apresentado. Por exemplo, no livro em apreço, Truesdell considera corpos como entidades primitivas, e define relações entre eles que obedecem propriedades que interessam à física (ver abaixo). Outras abordagens *definem* corpos. Por exemplo, é a seguinte a definição apresentada por Walter Noll (exceto pela notação):

[u]um *corpo* é um conjunto B munido de uma estrutura definida por: (a) um conjunto Φ de funções de B no espaço euclidiano tridimensional E, e (b) uma função m de valores reais definida sobre sub-conjuntos de B sujeita as seguintes seis axiomas (...) [Nol59].

Os seis axiomas por ele listados não nos importam diretamente aqui, mas sim constatar que a noção de *corpo* (físico) é tratada em um ambiente conjuntista. Na abordagem de Truesdell, há um *conjunto* de todos os corpos, que ele chama de *universo*, sobre o qual estão definidas as propriedades que interessam.[2] Para Noll, um corpo, sendo uma tripla ordenada da forma $\langle B, \Phi, m \rangle$ conforme citação acima, é igualmente um *conjunto*. No entanto, ainda que descritos como tal, essas caracterizações estão longe de considerar que corpos são 'coleções de alguma coisa'. Tratam-se de dispositivos matemáticos úteis para se alcançar uma conceituação que sirva aos propósitos da física, ainda que possam eventualmente se afastar enormemente da intuição. Aliás, já vimos anteriormente algo acerca da dificuldade de se considerar tais questões em física, quando falamos sobre os conjuntos não bem-fundados. Porém, parece patente que as definições de corpo mencionadas acima escondem a ideia intuitiva do que seja de fato um objeto material que temos à nossa frente; parece-nos claro que um tal objeto não é uma 'tripla ordenada', logo um objeto abstrato como são as entidades matemáticas, mas que é algo realmente *composto* de alguma coisa, e essas coisas formam suas *partes*, e algum sentido desta palavra. Assim, um modo 'natural' de considerar essa questão em um ambiente povoado por conjuntos e outras entidades matemáticas, parece ser a de se tentar tomar os átomos, que não são conjuntos, como vimos, para designarem os corpos dos quais se quer tratar, e então definir propriedades relevantes que eles devam obedecer de modo a se conformarem com o que desejam as teorias físicas. É um procedimento desse tipo (dentre vários outros possíveis) que será indicado no que segue. Dotaremos os átomos de ZFA de

---

[2]Na verdade, Truesdell está introduzindo uma *mereologia*, a 'lógica do todo e de suas partes'; um tratado sobre o assunto é [Sim87].

uma estrutura tal como descrita por Truesdell na obra citada mas, como se verá, isto não é suficiente para um completo tratamento da questão, servindo no entanto para mostrar o uso que se pode fazer em física da teoria axiomática de conjuntos e de alguns dos problemas que permanecem para serem tratados nesse contexto.

Consideremos inicialmente a coleção A dos átomos de ZFA. Aqui, quando usarmos as variáveis x, y, etc., elas se referem a elementos de A, exceto se explicitamente dito o contrário. Vamos admitir que entre os elementos de A está definida uma relação $\prec$ tal que, se $x \prec y$, diremos que x é *parte* de y, de forma que $x \prec y$ é agora uma nova fórmula atômica desta nova linguagem, que essencialmente é a de ZFA acrescida de $\prec$ (novos símbolos serão introduzidos abaixo por definição). Deve-se notar que, estritamente falando, não desejamos que $\prec$ seja uma *relação* no sentido conjuntista, ou seja, um certo conjunto de pares ordenados, mas que seja um novo tipo de relação entre os átomos, ainda que continuemos a chamá-la de 'relação', como se faz usualmente em física.

Postulamos então que $\prec$ satisfaz as seguintes condições (que são exatamente aquelas que definem uma ordem parcial): para todos x e y em A,

(i) $x \prec x$

(ii) $x \prec y \wedge y \prec x \to x = y$

(iii) $x \prec y \wedge y \prec z \to z \prec z$

Obviamente, dados dois átomos x e y, nenhum deles necessita ser parte do outro, mas ambos podem ser parte de um terceiro, z, que nesse caso chamaremos, como Truesdell, de *envelope* de x e y. Se além disso z for um envelope de x e y que é parte de qualquer outro envelope de x e y, então dizemos que z é a *junção* de x e y, denotada por $x \sqcup y$; em outras palavras, a junção de x e y é o *menor* envelope de ambos. Percebe-se que $x \sqcup y$, quando existe, é o *menor* envelope do qual x e y são partes. Formalmente, isto se escreve assim; $x \sqcup y$ é aquele z (se existir) que satisfaz a seguinte condição :

$$(x \prec z \wedge y \prec z) \wedge \forall w(x \prec w \wedge y \prec w) \to z \prec w. \tag{9.2}$$

Similarmente, se z satisfaz

$$(z \prec x \wedge z \prec y) \wedge \forall w(w \prec x \wedge w \prec y) \to w \prec z, \tag{9.3}$$

então z é dito ser o *encontro* de x e y, denotado $x \sqcap y$. Se $x \sqcap y$ existe, é a 'maior' parte comum de x e de y. Evidentemente, x e y podem ou não ter um encontro ou uma junção, mas, se essas entidades existem, é fácil ver que vale o seguinte teorema:

Teorema 9.2.1.

(a) $x \sqcap y = y \sqcap x$; $x \sqcup y = y \sqcup x$

(b) $x \sqcap y \prec x \prec x \sqcup y$

(c) $x \prec y \leftrightarrow x \sqcap y = x \leftrightarrow x \sqcup y = y$

(d) $x \sqcap x = x \sqcup x = x$

(e) $x \prec y \rightarrow (x \sqcap z \prec y \sqcap z) \wedge (x \sqcup z \wedge y \sqcup z)$, para todo z.

Os conceitos de junção e de encontro acima definidos podem ser generalizados para uma coleção qualquer B de corpos; as notações $\sqcap_{i \in I} B$ e $\sqcup_{i \in I} B$ são sugestivas, indicando o encontro e a junção dos elementos de B, definidos em sentido óbvio. Em particular, fica justificado o uso de expressões como $x \sqcap y \sqcap z$ e das propriedades respectivas (associatividade dessas operações e a distributividade de uma em relação à outra, por exemplo), que podem ser facilmente demonstradas. Ademais, se introduzirmos os conceitos de corpo *nulo* e de corpo *universal*, respectivamente denotados "O e '∞', como sendo aqueles corpos que satisfazem o seguinte, para todos os x em A:

$$O \prec x \text{ e } x \prec \infty, \tag{9.4}$$

que em caso de existência podem ser provados serem únicos, podemos obter uma interessante caracterização estrutural para a nossa coleção de átomos. Como efeito, como faz Truesdell, definimos o *fecho universal* da coleção de átomos do seguinte modo:

$$\overline{A} := A \cup \{O, \infty\}. \tag{9.5}$$

De maneira imediata, estendemos a relação $\prec$ a todos os elementos de $\overline{A}$, impondo, em adição ao que se disse acima, que $x \prec O \rightarrow x = O$ e $\infty \prec x \rightarrow x = \infty$, para todos os x em A. Isto posto, é fácil provar o seguinte

Teorema 9.2.2. *Para todo* $x \in A$, *tem-se:* $x \sqcap O = O$, $x \sqcup O = x$, $x \sqcap \infty = x$ *e* $x \sqcup \infty = \infty$.

Finalmente, definimos o seguinte: primeiro, sendo x e y corpos quaisquer, se $x \sqcap y = O$, dizemos que x e y são *separados*. Depois, para cada corpo $x \in \overline{A}$, definimos o seu *complemento*, ou *exterior*, como sendo o corpo x' tal que $x \sqcap x' = O$ e $x \sqcup x' = \infty$. Vários fatos podem ser provados a partir dessas novas definições , como os seguintes:

Teorema 9.2.3.

(a) $x \prec x' \rightarrow x = O$, $(x')' = x$

(b) $O' = \infty$, $\quad \infty' = O$

(c) $(x' \sqcap y')' = x \sqcup y$, $\quad (x' \sqcup y')' = x \sqcap y$

(d) $x \prec y \rightarrow x \sqcap y' = O$

O último resultado diz que todo corpo é separado de suas partes. A recíproca desse resultado não pode ser demonstrada a partir do que se tem acima, como salienta Truesdell. Esse autor assume esta recíproca como um axioma adicional acerca de corpos: *os únicos corpos separados de x' são as partes de x.*

Importante salientar que, com essas condições todas, e se admitirmos que existem os elementos considerados (o que pode ser feito postulando-se explicitamente esse fato), $\langle \overline{A}, \sqcap, \sqcup, O, \infty \rangle$ é uma álgebra de Boole.[3] Evidentemente, dependendo das finalidades, poderíamos ter procedido diferentemente, por exemplo impondo que as operações e relações acima definidas fossem tais que obedecessem os axiomas não de uma álgebra de Boole, mas, por exemplo, de algum reticulado particular, não necessariamente distributivo e complementado. Tudo isso vai depender do que desejamos entender por 'corpos' e suas características.

Para os propósitos da física, é interessante que se considere outros conceitos relacionados a corpos. Truesdell introduz funções adequadas para exprimir a massa de um corpo e forças que podem agir de um sobre outro, cada uma delas regidas por axiomas adequados. Por exemplo, no caso da massa, considera-se uma subcoleção de $\overline{A}$, denotada A_M, dos corpos que têm massa, e postula-se que existe uma função M que associa um número real não negativo a cada elemento de A_M. Ademais, postulados adicionais dizem que se $x \in A_M$, então $x' \in A_M$, e que se x e y têm massa, então $x \sqcup y$ também tem massa. Disso decorre que O e ∞ têm massa, e que a junção de dois corpos, sempre que existir, igualmente tem massa (ainda que eventualmente a massa de um corpo seja zero). Quanto aos valores dessas massas, postula-se que $M(O) = 0$ (mas não decorre que, se $M(x) = 0$, então necessariamente $x = O$) e que $M(\infty) = M(x) + M(x')$, para todo $x \in A_M$, o que dá as propriedades desejadas. Por exemplo, é fácil provar fatos como $M(x \sqcup y) \leq M(x) + M(y)$, ou que $x \prec y \rightarrow M(y) = M(x) + M(y \sqcap x') \geq M(x)$, dentre outros.

Truesdell faz uma observação interessante neste ponto. Não obstante as propriedades acima refletirem a ideia intuitiva de massa, elas não são suficientes para dar uma definição adequada desse conceito, posto que o que se necessita é estabelecer uma estrutura matemática que reflita o modo pelo qual se possa *medir* massas.[4] Vejamos como ele coloca a questão , que tem muito a ver com o que vimos dizendo há algum tempo:

[e]nquanto as noções de massa e carga elétrica, junto com volume e área, foram destiladas para formar a base para a teoria da medição, esta teoria na seu presente estado presta-se satisfatoriamente ape-

---

[3]Tal álgebra, ao invés de caraterizada por meio de uma estrutura algébrica, como fizemos, poderia alternativamente sê-lo como uma estrutura de ordem, a saber, considerando $\langle \overline{A}, \prec \rangle$ (dotando-se $\prec$ de axiomas adequados), as duas formas sendo obviamente equivalentes face às definições dadas.

[4]Patrick Suppes e colaboradores desenvolveram um extenso estudo da *Teoria das Mensurações*; ver [Sup98]. Não se deve confundir 'teoria da medida', parte da matemática, com 'teoria da mensuração', desenvolvida por esses autores e que diz respeito ao modo como 'medições' são (ou podem) ser consideradas nas ciências empíricas.

nas para as duas últimas, mas não para as primeiras. Isto se deve ao fato da teoria da medição referir-se a *conjuntos*, enquanto que, como vimos (. . .), as noções de encontro ⊓ e de junção ⊔ de corpos geralmente não são o mesmo que a interseção ∩ e união ∪ na álgebra de conjuntos, mesmo no caso dos corpos serem de fato conjuntos. Uma boa teoria matemática para massa deveria ser puramente algébrica, assumindo acerca de corpos não mais do que os axiomas [aqui ele se refere aos axiomas mencionados – ainda que não explicitamente – acima] (e preferivelmente não o último) [este é aquele que afirma que o encontro de dois corpos quaisquer existe]. O defeito aqui é mais de claridade e elegância do que de aplicação, desde que (. . .) os conceitos de forma e movimento permitem-nos usar na mecânica do contínuo a teoria comum de medida de Borel. [Tru77, p.15]

Vê-se portanto que constatam-se dificuldades com essa abordagem, o que remete Truesdell a escolher um modelo particular da axiomática apresentada, ou seja, uma estrutura matemática na qual se possam encontrar interpretações para as relações e operações acima definidas, e que permitam utilizar o instrumental matemático à disposição. O modelo escolhido por Truesdell consiste em tomar para A o conjunto de fechos de conjuntos abertos em algum espaço topológico, de forma que a função M acima possa ser adequadamente definida como uma medida de Borel sobre os borelianos de tal espaço. A partir daí pode discutir de forma bastante precisa vários conceitos físicos, como o de movimento, energia cinética, trabalho, etc.

Obviamente, tais conteúdos estão fazendo com que nos afastemos em demasia daquilo que se trata neste livro, motivo pelo qual achamos por bem parar por aqui. Fica no entanto a sugestão ao leitor curioso para prosseguir no estudo do tema, que como se pode ver é fascinante.

Cabe insistir que tratamento alternativo a questões como a mencionada definição de massa e de outra quantidades foram desenvolvidas por Patrick Suppes e colaboradores desde a década de 50. A bibliografia é vasta, e alguma é indicada em Suppes 1959.[5].

9.2.1   Mereologia e física quântica

A mereologia delineada acima segue estritamente a imagem intuitiva que temos da física clássica, na qual os objetos, vistos como totalidades, comportam partes que podem ter partes, e assim por diante.[6] Mas o que acontece no escopo da física quântica? Veremos nesta seção que não é simples formular uma

---

[5]Veja-se também os artigos em [Sup57, Sup98]

[6]Não há consenso se as partes podem ter partes 'ao infinito'. Quando uma entidade tem partes próprias que também têm partes próprias, as quais por sua vez também têm partes próprias, e assim por diante, é denominada de *gunk* [Kra12].

mereologia para entidades quânticas; as dificuldades a contornar são (pelo menos) a indiscernibilidade, o *holismo* e a *forma*.

A mereologia, ou 'lógica das totalidades e de suas partes', foi desenvolvida inicialmente por Stanislaw Leśniewski em 1916, ainda que as ideias venham da antiguidade [Var19]. Nas abordagens mais comuns, são tratadas segundo duas linhas principais: fazendo-se uso de alguma teoria de conjuntos à qual os conceitos e operações mereológicos são adicionados, ou são tratadas independentemente de qualquer teoria de conjuntos, como um sistema formal. A mereologia que propomos faz uso da teoria de quase-conjuntos, mas não será apresentada aqui; o leitor interessado deve procurar [Kra12, Kra17a]. Exploraremos unicamente as ideias básicas e apontaremos as dificuldades.[7]

A primeira dificuldade vem do fato de que as mereologias 'extensionais' usuais postulam que duas totalidades são iguais (são *a mesma* totalidade) se e somente se tiverem as mesmas partes [Sim87, p.1]. No entanto, em física quântica há um resultado fundamental, conhecido como Postulado da Indistinguibilidade, que dito por alto apregoa que quando se mede uma propriedade qualquer de um sistema quântico que se apresenta em um certo estado, o resultado da medição é o mesmo se realizamos ou não uma permutação (uma troca) entre as partículas de mesmo tipo que compõem o sistema [RT91, FK06]. Por exemplo, se temos um átomo de Helio (He) em seu estado fundamental (de menos energia) e o ionizamos fornecendo energia, eliminamos um dos dois elétrons e obtemos um íon He^+. Podemos repetir o experimento e eliminar o outro elétron. Mas depois, se quisermos, podemos inverter o processo e fazer com que aquilo que restou do átomo absorva novamente dois elétrons, obtendo um átomo neutro novamente. Ora, qualquer coisa que meçamos nesse átomo neutro ou no que tínhamos antes da ionização conduzirá a exatamente os mesmos resultados. Não há qualquer distinção perceptível entre os dois átomos neutros ou entre os elétrons que foram eliminados e os que foram absorvidos (eles são *indistinguíveis*, ou *indiscerníveis*).[8]

Veja a diferença para com o caso de objetos 'clássicos'; se minha mão esquerda for amputada e se me for transplantada uma outra mão, eu não serei mais o mesmo de antes; serei eu mas com uma nova mão: minhas partes mereológicas mudaram, logo (de acordo com as mereologias extensionais usuais) o meu todo mudou. Uma vez que, como dizia Erwin Schrödinger, a noção usual de identidade não se aplica a entidades quânticas, como assumir nesse campo o que pregam as mereologias usuais? Como dizer que uma totalidade, como um átomo de hélio, muda se mudarmos as suas partes? Essa é a primeira dificuldade.

A segunda dificuldade tem a ver com o *holismo quântico*. Permitam-me mencionar o importante filósofo da física Richard Healey, que diz o seguinte:

---

[7]Um projeto de desenvolvimento de uma *mereologia quântica* está em curso, em parceria com Eliza Wajch.

[8]Como veremos no capítulo 10, não há qualquer sentido em se pretender afirmar que os 'dois' átomos de hélio sejam 'o mesmo átomo'.

muitos fenômenos na física da matéria condensada são explicados
aplicando-se a mecânica quântica diretamente a sistemas compostos de um número muito grande de partículas subatômicas: somente em casos especiais a teoria pode ser aplicada ao nível desses componentes (...) na mecânica quântica, o estado de um sistema composto não é sempre determinado pelos estados de seus
componentes: cada falha na determinação na mecânica quântica
é um exemplo do *holismo de estado*. Schrödinger chamou os sub-
sistemas em um tal estado composto de *emaranhados* [*entangled*].
Assumindo que o estado de um sistema especifica suas propriedades, o holismo de estado implica em um holismo de propriedades.
[Hea09]

Em outras palavras, não podemos conhecer as propriedades de uma totalidade em física quântica 'olhando-se' (descrevendo-se) para suas partes, pois
elas não nos estão acessíveis isoladamente; na maior parte dos casos, essas
partes não podem ser 'separadas' umas das outras para serem analisadas em
separado. Voltemos ao nosso átomo de hélio. O estado dos dois elétrons é
descrito por uma função de onda anti-simétrica[9]

$$|\psi_{12}\rangle = \frac{1}{\sqrt{2}} \left(|\psi_1\rangle \otimes |\psi_2\rangle - |\psi_2\rangle \otimes |\psi_1\rangle \right). \tag{9.6}$$

O produto tensorial '$\otimes$' não é comutativo, assim o vetor acima não é nulo.
Esse é um típico exemplo de um *estado emaranhado*. Tecnicamente, constata-se
que ele não pode ser decomposto em dois vetores, um pertencente ao espaço
de Hilbert de cada uma das partículas. Temos que ver o todo, nos sendo impossível 'ver' as suas partes isoladamente (cada uma em seu espaço de Hilbert). Ora, como podemos dizer que uma totalidade é 'composta' por partes
que *somam* a totalidade sem que possamos (dito informalmente) 'tomar as partes e somá-las mereologicamente'? Lembremos que um dos principais conceitos mereológicos é justamente o de *soma mereológica*, ou *fusão*, que diz de que
forma partes podem ser fundidas de modo a formar totalidades. Na mecânica
quântica, temos a totalidade dada pelo vetor acima, mas não podemos separar as suas partes. S definição de 'soma mereológica quântica' tem que ser
diferente das usuais.

Como se vê, há dificuldades em se elaborar uma mereologia que se adapte
aos sistemas quânticos (a mesma observação pode ser feita relativamente a
entidades biológicas). Nossa abordagem é feita assumindo que 'totalidades'
são compostas por 'partes' tais que se uma dessas partes for 'permutada' por
uma que lhe seja indiscernível, o todo permanece também indiscernível do
original. Há porém uma outra dificuldade, a *forma*. Um sistema físico (ou

---

[9]A anti-simetria significa que se permutarmos as partículas, o vetor $|\psi_{21}\rangle$ é tal que $|\psi_{12}\rangle = -|\psi_{21}\rangle$, mas isso não é relevante. A teoria leva em conta os quadrados desses vetores, que forne-
cem as probabilidades relevantes, e então $\|\psi_{12}\|^2 = \|\psi_{21}\|^2$.

biológico) não é uma mera soma ou fusão de partes. Essas têm que ser 'funcionais'. É errado dizer que a minha mão *pertence* a mim da mesma forma que o número 2 pertence ao conjunto dos números naturais; minha mão é *parte* de mim. Mas vamos à química, onde é mais fácil dar exemplos. Uma molécula como C_2H_6O pode dar tanto álcool etílico quanto o éter metílico, dependendo de como esses átomos estejam dispostos na *fórmula estrutural* do composto:

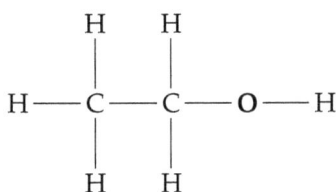

$$
\begin{array}{ccccc}
& \text{H} & & \text{H} & \\
& | & & | & \\
\text{H} - & \text{C} - & \text{C} - & \text{O} - & \text{H} \\
& | & & | & \\
& \text{H} & & \text{H} &
\end{array}
\qquad
\begin{array}{ccccc}
& \text{H} & & \text{H} & \\
& | & & | & \\
\text{H} - & \text{C} - & \text{O} - & \text{C} - & \text{H} \\
& | & & | & \\
& \text{H} & & \text{H} &
\end{array}
$$

Figura 9.2: Etanol   Figura 9.3: Éter dimetílico

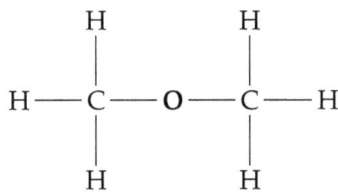

Aliás, Schrödinger já havia antecipado que a aparente identidade que atribuímos aos objetos que nos cercam se deve à *forma* (*Gestalt*) e não ao 'conteúdo', que é formado por entidades sem identidade; como disse ele,

> É claramente a forma peculiar (em alemão: *Gestalt*) que origina a identidade para além de qualquer dúvida, e não o conteúdo material. [Sch98, p.123]

Assim, vê-se que uma mereologia quântica deve superar pelo menos essas três dificuldades. A questão ainda está aberta; apesar de haver tentativas de se elaborar uma tal mereologia, ainda há o que fazer.

9.3   O sistema von Neumann-Bernays-Gödel

Em uma carta a Richard Dedeking, datada de 1899, Cantor diz o seguinte [vH67, pp.113-117]:

> Se começamos com a noção de uma multiplicidade definida (um sistema, uma totalidade) de coisas, é necessário, como descobri, distinguir entre duas espécies de multiplicidades (por isso eu entendo multiplicidades *definidas*). Como uma multiplicidade pode ser tal que a assunção de que *todos* os seus elementos 'estão juntos' leva a uma contradição, é impossível conceber essa multiplicidade como uma unidade, como 'uma coisa acabada'. Tais multiplicidades eu chamo de *absolutamente infinitas* ou *multiplicidades inconsistentes*.

Esta citação mostra a ideia informal da distinção entre diferentes tipos de coleções na teoria de conjuntos, que aparentemente remonta à distinção de

Cantor entre *multiplicidades inconsistentes* e *multiplicidades consistentes*, ou *conjuntos*, colocada a fim de se evitar alguns paradoxos já conhecidos à época. As primeiras, dizia ele, são aquelas que, se consideradas 'como uma unidade', levam a uma contradição, como por exemplo a coleção de 'todas as coisas pensáveis', ao passo que as segundas poderiam ser consideradas como uma totalidade. No entanto, foi somente com von Neumann, a partir de 1923, que a ideia de 'separar' entre certas coleções foi desenvolvida em maiores detalhes e de modo preciso.

Em 1923, von Neumann apresentou uma formulação axiomática da teoria de conjuntos, em parte motivada pelo uso de funções, feito por Fraenkel, para introduzir o conceito de propriedade definida. Como vimos anteriormente, Fraenkel substituiu o conceito de propriedade *definit* pela noção de função *definitorish*; falando por alto, trata-se de uma função f tal que seu valor $f(x)$ pode ser obtido a partir de um conjunto x, do conjunto vazio e do conjunto dos números naturais por iteração finita das operações de união, conjunto potência e par não ordenado [Moo82, p.264ss]. O sistema de von Neumann caracteriza-se, em primeiro lugar, pelo fato de que conjuntos não constituem as entidades fundamentais da teoria, mas são obtidos a partir das noções primitivas de função e argumento.

Uma tal possibilidade se explica pelo fato de que há basicamente duas maneiras de se expressar as noções da teoria dos conjuntos que são usadas em matemática: numa linguagem de *conjuntos* propriamente dita, como fez Zermelo, ou numa linguagem de funções e seus argumentos, como preferiu von Neumann (a abordagem via teoria de categorias será abordada à frente). Obviamente as duas abordagens são equivalentes, uma vez que toda função é um conjunto (em contextos extensionais) e todo conjunto pode ser caracterizado pela sua função característica. Usando uma tal linguagem de funções, von Neumann foi capaz de postular a existência de dois universos interconectados, contrariamente a Fraenkel, que admitia unicamente um universo de conjuntos (sem átomos). Para von Neumann, havia um universo de argumentos e outro de funções, e por meio de tal distinção foi capaz de dar os passos decisivos no sentido de se formular uma teoria mais geral do que ZF, que na realidade é uma extensão conservativa dessa teoria.[10]

Para os propósitos deste texto, a contribuição de von Neumann que importa ressaltar é a possibilidade de admitir em seu sistema coleções 'muito grandes', as quais foram mais tarde denominadas de *classes próprias* por Gödel. Em seu artigo de 1928,[11] von Neumann critica as soluções propostas até então para se contornar os paradoxos; da linha de Russell, aponta para

---

[10]Esse fato foi provado por Mostowski; uma teoria T' é uma *extensão conservativa* de uma teoria T se os símbolos não lógicos da linguagem de T estão entre os símbolos não lógicos de T', e toda fórmula de T que seja teorema de T' é também teorema de T. Assim, a teoria de von Neumann 'envolve' ZF, e o resultado continua valendo de considerarmos o Axioma da Escolha em ambas as teorias. Para detalhes acerca do sistema original de von Neumann, ver os trabalhos arrolados nas nossas referências.

[11]Traduzido [vH67, pp.393-413].

a necessidade de se considerar o "altamente problemático" Axioma da Redutibilidade.[12] Descarta também a abordagem que segue a linha intuicionista por essa "rejeitar sistematicamente boa parte da matemática e da teoria dos conjuntos como destituída de sentido". Seria demasiado adentrarmos ao intuicionismo aqui, posto que isso estenderia por demais o texto; veja [BP64], [dC92, cap.II]. Em resumo, a abordagem intuicionista requer que, para algo 'exista' em matemática deve ser apresentado um modo de se obter essa coisa, algo que está fora do modo 'clássico' de proceder, para o qual (enfatizada por Hilbert), algo existe se não originar uma inconsistência, mesmo que não tenhamos como dizer como essa coisa possa ser obtida. Um exemplo ilustra o ponto. Há um teorema que diz haver dois números irracionais a e b tais que a^b é racional. Uma demonstração 'clássica' pode ser a seguinte: admita que $a = b = \sqrt{2}$. Então $a^b = \sqrt{2}^{\sqrt{2}}$ é racional ou irracional (segundo o Princípio do Terceiro Excluído). Se $\sqrt{2}^{\sqrt{2}}$ for racional, conseguimos o que queríamos, e a demonstração está encerrada. Mas, se $\sqrt{2}^{\sqrt{2}}$ não for racional ou seja, se for irracional, podemos refazer nossa escolha, pegando agora $a = \sqrt{2}^{\sqrt{2}}$ (que por hipótese é irracional) e $b = \sqrt{2}$. Assim, temos

$$\left(\sqrt{2}^{\sqrt{2}} \right)^{\sqrt{2}} = \left(\sqrt{2} \right)^2 = 2,$$

que é racional, e a demonstração está acabada. Um intuicionista, ou um matemático *construtivista* [Cal79], jamais aceitaria essa demonstração, posto que ela não nos diz se $\sqrt{2}^{\sqrt{2}}$ é racional ou não. No entanto, eles aceitariam a prova 'construtiva' seguinte: tome $a = \sqrt{2}$ e $b = 2\log_2(3)$, que é irracional, como se pode constatar. Então $a^b = 2^{\log_2 3} = 3$, que é racional. Como se vê, o que se aceita como um resultado lícito em matemática depende do que se considera como sendo 'matemática'.

Da abordagem que segue a linha iniciada por Zermelo, von Neumann aponta a grande restrição que a doutrina da limitação de tamanho impõe (aquela advinda do uso do Esquema da Separação, como vimos à página 148), uma vez que proíbe a existência de boa parte das coleções que são admitidas pela teoria intuitiva. Propõe então a sua teoria, a qual foi posteriormente revisada e simplificada por P. Bernays e A. Robinson na década de 30 e, finalmente, por Kurt Gödel em 1940. O sistema resultante é conhecido como NBG, vindo das iniciais de Newmann, Bernays e Gödel.

A ideia básica é a de que não há necessidade de se restringir as coleções a serem consideradas do modo como propôs Zermelo em sua doutrina da limitação de tamanho, advinda do uso do Esquema da Separação. Pode-se admitir coleções 'grandes' como a *classe* de todos os objetos que satisfazem uma certa propriedade, as quais são afastadas pela teoria ZF, porém deve-se dar a elas

---

[12]Vale recordar que na doutrina de tipos (Teoria de Tipos), o Axioma da Redutibilidade apregoa que qualquer função proposicional é equivalente a uma função predicativa, o que contesta fortemente a tese logicista de que toda a matemática se reduz à lógica. Para detalhes, ver [FBHL73], [Rus67].

um outro *status*, distinguindo-as dos *conjuntos*. Por exemplo, aparentemente é de interesse podermos considerar a classe dos ordinais, *On*, como algo lícito dentro de nossa matemática, e não somente em nossa metamatemática. Tendo isso em vista, diferenciar-se-á entre *classe* e *conjunto*, contrariamente às abordagens anteriores, que não faziam essa distinção. No entanto, a teoria NBG não admite classes que tenham outras classes como elementos, algo que é contornado por teorias ainda mais gerais, como KM, NBGA ou ARC, que veremos.

Inicialmente, cabe observar que uma teoria que incorpore o conceito de *classe* pode ser levada a cabo de diversas maneiras; von Neumann, e depois Bernays e Gödel, admitiam que classes são tão 'reais' como conjuntos, isso é, *fazem parte* do universo de objetos que a teoria vai descrever. Quine [Qui63], por outro lado, assim como A. Levy [Lév59] seguem uma abordagem inicialmente proposta por Bernays em 1958, adotando um procedimento alternativo; enquanto que na abordagem de von Neumann e seguidores há axiomas acerca de existência de classes (ou seja, *quantifica-se* sobre classes), para Quine e Levy considera-se apenas os axiomas que assertam sobre a existência de *conjuntos*. Do ponto de vista matemático, não há grandes diferenças entre uma e outra abordagem; na de Quine e Levy, uma vez que a quantificação é realizada sobre variáveis para conjuntos somente, permanece-se com, por assim dizer, uma única teoria de conjuntos subjacente, a saber, ZF. Nessa abordagem, apesar da linguagem permitir 'formalmente' que se fale de classes, as expressões da linguagem estendida (que fala de classes) são vistas como abreviações de expressões da linguagem básica (essencialmente, a de ZF). Ademais, pode-se apresentar regras que nos digam como se deve interpretar as fórmulas da linguagem estendida na linguagem básica [Lév59, p.11]. Desse modo, portanto, para Quine e Levy, classes não têm existência 'real', como dito acima, mas permanece-se com uma única teoria fundamental, ZF (ou ZFC). Nesta seção, seguiremos a linha propugnada por von Neumann, Bernays e Gödel que, como dissemos, incorpora axiomas para existência de classes.

A teoria que se verá na sequência baseia-se na formulação apresentada por Gödel em 1940, e não será desenvolvida completamente; apenas os axiomas e alguns dos principais resultados serão enfatizados.[13]

9.3.1 O sistema NBG

Os conceitos primitivos específicos de NBG na formulação que adotaremos,[14] são *classe*, *conjunto* e a relação de *pertinência*. *Conjuntos* são aquelas classes que pertencem a outras classes; as classes que não pertencem a outras classes são chamadas de *classes próprias*. Para tanto, Gödel usa dois símbolos para predicados unários, $\mathcal{C}ls$ e $\mathcal{M}$, além de um símbolo de predicado binário, $\in$.

---

[13]Seguiremos [Göd90], ainda que mudemos um pouco a sua notação e [Men97] onde há uma exposição detalhada dessa teoria.

[14]O capítulo 4 de [Men97] traz uma formulação diferente, mas também muito clara. Aqui, faremos uma mescla dessas duas abordagens mencionadas.

A linguagem do sistema NBG é portanto, mais uma vez, a do Cálculo de Predicados de Primeira Ordem com Igualdade, tendo como símbolos específicos (não-lógicos) os predicados mencionados. Usam-se as letras maiúsculas $X, Y, Z, \ldots, A, B, \ldots$ como variáveis para denotar classes, e as minúsculas $x, y, z, \ldots, a, b, c, \ldots$ para denotar conjuntos. Intuitivamente, $\mathfrak{Cls}(X)$ diz que X é uma classe, $\mathfrak{M}(X)$ diz que X é um conjunto ('Menge' em alemão), enquanto que $X \in Y$, $X \in y$, $x \in Y$, $x \in y$ terão seu significado usual do objeto denotado pela primeira variável ser elemento (membro) do objeto denotado pela segunda.

Os axiomas são dados por Gödel em quatro grupos, A, B, C e D.

Axiomas do Grupo A

1. $\mathfrak{Cls}(x)$

2. $X \in Y \to \mathfrak{M}(X)$

3. $\forall x (x \in X \leftrightarrow x \in Y) \to X = Y$

4. $\forall x \forall y \exists z \forall u (u \in z \leftrightarrow u = x \lor u = y)$

O primeiro axioma diz que todo conjunto é uma classe. Em outras palavras, 'tudo' é classe em NBG. O segundo diz que se uma classe é elemento de alguma outra classe, essa classe é um conjunto. Os dois últimos axiomas são os axiomas da Extensionalidade (para classes) e do Par (dizendo que, dados dois *conjuntos* quaisquer, existe um *conjunto* que os contém como elementos e somente a eles, denotado $\{x, y\}$, o qual pode ser provado ser único pelo axioma da extensionalidade). Note que a extensionalidade diz que duas classes são iguais quanto têm os mesmos *conjuntos*, já que em NBG uma classe não pode pertencer a outra classe. Isso será contornado na teoria ARC que veremos.

Como se vê, conjuntos são classes particulares, precisamente aquelas classes que são membros de outras classes. As classes que não são membros de outras classes são chamadas *classes próprias*, dadas pela seguinte definição:

Definição 9.3.1. $\mathcal{Pr}(X) := \neg \mathfrak{M}(X)$

Os conceitos de conjunto unitário, par ordenado (e então tripla ordenada, etc.), bem como os de inclusão, classes 'mutuamente exclusivas' (disjuntas), classe vazia e para a classe *unívoca*, são os seguintes:

Definição 9.3.2.

1. $\{x\} := \{x, x\}$
2. $\langle x, y \rangle := \{\{x\}, \{x, y\}\}$
3. $X \subseteq Y := \forall u (u \in X \to u \in Y)$, $X \subset Y := X \subseteq Y \land X \neq Y$.
4. $\mathcal{E}x(X, Y) := \forall u \neg (u \in X \land u \in Y)$

5. $\mathcal{E}m(X) := \forall u \neg (u \in X)$

6. $\mathcal{U}n(X) := \forall x \forall y \forall z (\langle y, x \rangle inX \wedge \langle z, x \rangle \in X \rightarrow y = z)$

Se X é unívoca (ítem 6 da definição precedente) então, para cada x, há no máximo um y tal que $\langle x, y \rangle \in X$. Do conceito de par ordenado, pode-se provar a 'propriedade fundamental', *vis.*, que $\langle x, y \rangle = \langle u, v \rangle$ se e somente se $x = u \wedge y = v$.

Isto posto, vêm os axiomas do Grupo B, que dizem respeito à existência de classes.

Axiomas do Grupo B

1. $\exists A \forall x \forall y (\langle x, y \rangle A \leftrightarrow x \in y)$ (axioma da relação $\in$)

2. $\forall A \forall B \exists C \forall u (u \in C \leftrightarrow u \in A \wedge u \in B)$ (axioma da interseção)

3. $\forall A \exists B \forall u (u \in B \leftrightarrow \neg(u \in A))$ (axioma do complemento)

4. $\forall A \exists B \forall y (y \in B \leftrightarrow \exists x (\langle x, y \rangle \in A))$ (axioma 'do domínio' de A)[15]

5. $\forall A \exists B \forall x \forall y (\langle y, x \rangle \in B \leftrightarrow x \in A)$ (axioma do 'produto direto')

6. $\forall A \exists B \forall x \forall y (\langle y, x \rangle \in B \leftrightarrow \langle x, y \rangle \in A)$

7. $\forall A \exists B \forall x \forall y \forall z (\langle x, y, z \rangle \in B \leftrightarrow \langle y, z, x \rangle \in A)$

8. $\forall A \exists B \forall x \forall y \forall z (\langle x, y, z \rangle \in B \leftrightarrow \langle x, z, y \rangle \in A)$

Os três últimos axiomas são ditos axiomas de 'inversão' por Gödel. Pode-se provar, usando o axioma da extensionalidade, que as classes introduzidas pelos axiomas 2-4 são únicas, o que justifica a introdução dos conjuntos interseção de A e B, de complemento de A em relação a B e do domínio de A respectivamente:

Definição 9.3.3.

1. $x \in A \cap B \leftrightarrow x \in A \wedge x \in B$

2. $x \in -A \leftrightarrow \neg(x \in A)$

3. $x \in \mathcal{D}(A) \leftrightarrow \exists y (\langle x, y \rangle \in A)$

Podemos introduzir os seguinte conceitos, onde '$\emptyset$' denota a classe vazia (que é única por extensionalidade):

Definição 9.3.4.

---

[15]Na verdade, Gödel postula o contrário, ou seja, que $\langle y, x \rangle \in A$. Preferimos o modo indicado no texto, por ele se conformar mais com a notação usual de que os elementos do domínio são os primeiros elementos dos pares ordenados. Isso, no entanto, é apenas convencional.

1. $A \cup B := -(-A \cap -B)$ (união de A e B)

2. $V := -\emptyset$ (classe universal)

3. $X - Y := X \cap -Y$ (diferença)

e os teoremas correspondentes podem ser demonstrados sem dificuldade. Os axiomas do Grupo C dizem respeito à existência de conjuntos:

Axiomas do Grupo C

1. $\exists a(\neg \mathcal{E}m(a) \wedge \forall x(x \in a \to \exists y(y \in a \subset y)))$ (axioma do conjunto infinito)

2. $\forall x \exists y \forall u \forall v(u \in v \wedge v \in x \to u \in y)$ (conjunto união de x)

3. $\forall x \exists y \forall u(u \subseteq x \to u \in y)$ (existência do conjunto potência de um conjunto)

4. $\forall x \forall A(Un(A) \to \exists y \forall u(u \in y \leftrightarrow \exists v(v \in x \wedge \langle v, u \rangle \in A)))$ (axioma da substituição)

O axioma do conjunto infinito garante existir um *conjunto* não vazio a tal que, dado qualquer elemento $x \in a$, há um outro elemento $y \in a$ do qual x é um sub-conjunto próprio. Da mesma forma, o axioma 2 acima garante a existência do *conjunto* união de um conjunto x qualquer, ao passo que o terceiro axioma diz que existe o conjunto dos sub-conjuntos de um conjunto dado. O axioma da substituição implica que se A é unívoco, então a classe dos segundos elementos dos pares ordenados cujos primeiros elementos pertencem a A é um conjunto. Então, se A é uma *função* (cf. definição dada abaixo), isso acarreta que a imagem da restrição de A a um domínio que é um conjunto é por sua vez um conjunto.

Resultado interessante é o seguinte. O esquema da substituição de ZF implica que se o domínio de uma condição funcional é um conjunto, a sua imagem também é. Logo, se X é uma classe que tem a mesma cardinalidade que um conjunto x, então X é um conjunto, pois haverá uma correspondência 1 a 1 entre eles que é uma condição funcional (função). Logo, nenhuma classe própria de NBG pode ser colocada em correspondência 1 a 1 com um conjunto. É nesse sentido que se diz que as classes próprias são 'grandes demais' para serem conjuntos.

Os axiomas acima assertam a existência de certos *conjuntos*, uma vez dados alguns outros. Em particular, a união de um conjunto é um conjunto, e que a coleção de todos os sub-conjuntos de um conjunto é um conjunto. Mas o que dizer da união de uma classe, ou da coleção de todas as subclasses de uma classe? Tais fatos não precisam ser postulados, resultando do seguinte teorema, que fala da existência (mais geral) de classes e conjuntos. Para enunciá-lo, suponha que $\phi(X_1, \ldots, X_n, Y_1, \ldots, Y_m)$ é uma *função proposicional primitiva*, para usar a terminologia de Gödel, ou uma *fórmula predicativa*, como a denominou Wang (cf. [Qui63, p.310]. Mendelson *op.cit.* usa essa terminologia.

Isso significa que ϕ é uma fórmula da linguagem de NBG cujas variáveis livres estão entre $X_1, \ldots, X_n, Y_1, \ldots, Y_m$, mas que apenas aquelas que denotam conjuntos são quantificadas. Então o teorema asserta o seguinte:

Teorema 9.3.1 (Teorema Geral de Existência). *Nas condições acima,*

$$\exists A(\langle x_1, \ldots, x_n \rangle \in A \leftrightarrow \phi(x_1, \ldots, x_n, Y_1, \ldots, Y_m)$$

Para entender melhor esse resultado, imagine que ϕ tenha uma única variável livre x que denota conjuntos. Então o teorema diz que existe uma classe A tal que, para todo x, $x \in A$ se e somente se $\phi(x)$. Note que trata-se de um *esquema*, posto que obtemos um resultado para cada ϕ. No sistema KM (Kelley-Morse), que veremos à frente, as variáveis quantificadas de ϕ podem percorrer também classes, e a expressão $\exists A \forall x(x \in A \leftrightarrow \phi(x))$ será o 'axioma característico' de KM.

À luz desse teorema, podemos obter algumas classes de interesse, como por exemplo as seguintes. Seja $\phi(X, Y, Z)$ a fórmula

$$\exists u \exists v(X = \langle u, v \rangle \wedge u \in Y \wedge v \in Z). \tag{9.7}$$

Pelo teorema, existe uma classe A tal que $x \in A$ se e somente se $\exists u \exists v(x = \langle u, v \rangle \wedge u \in Y \wedge v \in Z)$, e tal A pode ser provado ser único por extensionalidade. Tal classe pode muito bem ser dita ser o *produto cartesiano* das classes Y e Z, e denotada $Y \times Z$. Denotando por A^2 a classe $A \times A$ e por A^n a classe $A^{n-1} \times A$, podemos chamar de *relação binária* a qualquer classe $R \subseteq V^2$, sendo V^2 a classe de todos os pares ordenados. Do mesmo modo, tomando subclasses de V^n, definimos uma *relação n-ária* como sendo um conjunto $R \subseteq V^n$.

Outra classe interessante que pode ser provada existir a partir do teorema acima é a classe de todos os sub-conjuntos de uma classe dada. Com efeito, seja $\phi(X, Y)$ a fórmula $X \subseteq Y$. Então, pelo teorema acima,

$$\exists Z \forall x(x \in Z \leftrightarrow x \subseteq X), \tag{9.8}$$

a qual pode ser provada ser única por extensionalidade. A classe Z é a *classe potência* da classe Y, denotada $\mathcal{P}(Y)$.

De modo semelhante, sendo $\phi(X)$ a fórmula $\exists v(X \in v \wedge v \in Y)$, obtemos pelo teorema acima a *classe união* da classe Y, denotada $\bigcup Y$, que é única por extensionalidade.

O Grupo D de axiomas, na versão de Gödel, consta de um único axioma o Axioma da Regularidade.

Axioma D

$$\neg \mathcal{E}m(A) \to \exists u(u \in A \wedge \mathcal{E}m(u \cap A)),$$

o qual diz que toda classe não vazia A contém um elemento que não tem membros em comum com A. Este axioma é equivalente à não existência de sequências $\ldots x_2, x_1$ tais que $x_{i+1} \in x_i$, e implica em particular que para todo x, $\neg(x \in x)$. Com efeito, se houvesse tal x, ele teria um elemento em comum com $\{x\}$. Mas então, tomando A como sendo $\{x\}$ e usando o axioma acima, x não pode ter elemento em comum com tal A (ou seja, com $\{x\}$), contrariando a hipótese.

Gödel ainda considera um Axioma E, o axioma da escolha, na forma seguinte:

Axioma E

$$\exists A(\mathcal{U}n(A) \land \forall x(\neg \mathcal{E}m(x) \to \exists y(y \in x \land \langle x,y \rangle \in A))).$$

Como ele mesmo diz (*op. cit.*, p. 39), trata-se de uma versão muito forte do dito axioma, implicando em especial que todo o universo de conjuntos pode ser bem ordenado. Nesta versão, o axioma diz intuitivamente que de cada conjunto x do universo em consideração, pode-se 'escolher' um elemento por meio de uma relação unívoca A. O sistema envolvendo os axiomas dos grupos de A a D é designado por Gödel de sistema σ; o fato dele não incorporar o axioma da escolha em tal sistema se deve ao fato de que σ foi considerado justamente para provar que o axioma da escolha é consistente com os axiomas A-D, ou seja, se tais axiomas são consistentes, o mesmo se dará com o sistema A-D + E. Este é um dos resultados mais célebres alcançados em lógica, devido a este grande gênio da ciência de nosso século. Falaremos mais sobre tais questões em capítulo posterior.

Não vamos prosseguir com o desenvolvimento de NBG , uma vez que não é esta a nossa finalidade, mas tão somente fazer o leitor ganhar alguma habilidade com o trato de sistemas axiomáticos envolvendo conjuntos. Para detalhes, ver a obra de Mendelson já mencionada. No entanto, é interessante mostrar que os paradoxos conhecidos não podem ser derivados em NBG, se esta teoria for consistente. Vejamos o caso do Paradoxo de Russell.

Chamando de *classe se Russell* a classe $Y = \{x : x \notin x\}$, a qual pode ser provada existir em NBG pelo teorema acima. Então, tem-se que $\forall x (x \in Y \leftrightarrow x \notin x)$ ou, usando variáveis para classes, $\forall X(M(X) \to (X \in Y \leftrightarrow X \notin X))$.

Se fosse $\mathfrak{M}(Y)$, resultaria $Y \in Y \leftrightarrow Y \notin Y$, donde se deriva uma contradição. Logo, se NBG for consistente, deve-se ter $\neg\mathfrak{M}(Y)$. O caso dos demais paradoxos é resolvido de modo similar; por exemplo, suponha que On fosse um conjunto. Como é transitivo e bem ordenado pela relação de pertinência, é um ordinal, assim $On \in On$. Mas isso contraria o fato de $\in$ ser uma boa-ordem sobre On, logo, On não pode ser um conjunto.

Sobre NBG, vale ainda dizer que é uma teoria *finitamente axiomatizável*, não contendo *esquemas* de axiomas. Mesmo o axioma da substituição é formulado como um axioma estrito senso, contrariamente ao que se fez em ZF, que por esse motivo não é finitamente axiomatizável. Além do mais, NBG é uma *extensão conservativa* de ZFC, isso é, todo teorema de NBG escrito na linguagem de ZFC é um teorema de ZFC.[16]

---

[16]O verbete 'von Neumann-Bernays-Gödel set theory' da Wikipedia está bem interessante.

Em [Rub67], Jean Rubin apresenta uma versão de NBG contendo átomos, que esboçamos a seguir, porém permitindo que haja classes de classes. Assim, na verdade é um passo na direção de KM.

9.4 O sistema KM, versão de Rubin

Ems eu livro de 1967 [Rub67], Jean Rubin diz que trata do que ela chama da "teoria NBG com uma pequena modificação"(p.31n), a qual permite que haja classes contendo classes como elementos. Assim, ela estende a teoria NBG acima; essa teoria é usualmente denominada de 'KM', para 'Kelley-Morse', e foi originalmente proposta por A. P. Morse e depois apresentada por J. L. Kelley, e veremos a versão de Kelley na seção seguinte. A teoria de Rubin admite átomos. Vamos ver a seguir uma versão de seus axiomas, adaptados para que não precisemos introduzir muita notação adicional. No seu livro, ela mostra de que modo podemos obter toda a matemática padrão sistema que apresenta.

Os conceitos básicos (não lógicos) são os seguintes: um predicado unário 'A' para 'átomos', um predicado unário 'Cl' para 'classes'. As variáveis individuais $X, Y, Z, \ldots$ denotam tanto classes como átomos, mas ela usa $x, y, z, \ldots$ especificamente para conjuntos e átomos; ademais, há a relação de pertinência '$\in$'. Ao escrever, Rubin faz uso de outra notação, valendo-se de variáveis $u, v, w, \ldots$ as quais não especifica o domínio; entende-se que podem denotar tanto classes como conjuntos ou átomos.

Definição 9.4.1 (Conjuntos e classes próprias). *Temos as seguintes definições:*

(1) $S(X) := Cl(X) \wedge \exists Y(Cl(Y) \wedge X \in Y)$ *(X é um conjunto)*

(2) $Pr(X) := Cl(X) \wedge Y(Cl(Y) \wedge X \notin Y)$ *(X é uma classe própria)*

Os axiomas são os seguintes, onde, como Rubin, suprimimos os quantificadores universais desnecessários (os axiomas são o fecho universal das fórmulas a seguir):

(A1) Caracterização dos átomos: átomos não são classes e não têm elementos.

$$A(X) \to \neg Cl(X) \wedge \forall Y(Y \notin X) \tag{9.9}$$

(A2) Extensionalidade: classes com os mesmos elementos são iguais.

$$Cl(X) \wedge Cl(Y) \to (\forall u(u \in X \leftrightarrow u \in Y) \to X = Y) \tag{9.10}$$

(A3) Esquema de axiomas para a construção de classes (Esquema de Compreensão para Classes). Se P é uma fórmula na qual a variável X não figura livre, então cada uma das instâncias do esquema abaixo é um axioma:

$$\exists X(Cl(X) \wedge \forall u(u \in X \leftrightarrow P(u))) \tag{9.11}$$

Repare que P pode ter vaiáveis para classes, contrariamente ao que acontece em NBG, onde os elementos de uma classe devem ser conjuntos. Seguem dos axiomas anteriores que podemos derivar os seguintes fatos [Rub67, p.31]:

(1) $\exists! X(Cl(X) \wedge \forall u(u \in X \leftrightarrow u \neq u)$

(2) $\exists! X(Cl(X) \wedge \forall u(u \in X \leftrightarrow u = u)$

O primeiro nos dá a classe vazia '$\emptyset$', cuja unicidade vem do Axioma da Extensionalidade. O segundo nos fornece a classe universal, que podemos denotar por 'V'. Não vamos desenvolver todos os detalhes aqui, mas o leitor pode se deliciar com a bela exposição de Rubin, que vai obtendo os conceitos paulatinamente mediante os axiomas introduzidos.

Para o próximo axioma, devemos saber que $Y \subseteq Y$ indica a inclusão de classes, definida de modo óbvio, e que $\mathcal{P}(X)$ indica a classe potência de X, de sorte que $u \in \mathcal{P}(X)$ se e somente se $u \subseteq X$. Então,

(A4) Axioma do conjunto potência, que diz que se X é um conjunto, então a sua classe potência é também um conjunto.

$$S(X) \rightarrow S(\mathcal{P}(X)) \tag{9.12}$$

(A5) Axioma do par: dados u e v, existe um conjunto que contém u e v como elementos e somente eles;

$$\exists X S(X) \wedge \forall u(u \in X \leftrightarrow u = v \vee u = w) \tag{9.13}$$

Seguem as definições usuais de conjunto unitário, par ordenado, etc. Escrevamos, como faz Rubin, '$Func(F)$' para dizer que F é uma função, ou seja, uma classe cujos elementos são pares ordenados tais que se $\langle u, v \rangle \in F$ e $\langle u, w \rangle \in F$, então $v = w$. Ainda mais, pomos

(1) $\mathscr{D}(F) := \{u : \exists v(\langle u, v \rangle \in F\}$ (*o Domínio de F*)

(2) $\mathscr{R}(F) := \{v : \exists u(\langle u, v \rangle \in F\}$ (*a Imagem de F*)

Isso posto, temos o

(A6) Esquema de axiomas da substituição. Como já sabemos, esse esquema diz que sempre que tivermos uma função agindo (aplicando-se) sobre um conjunto, as imagens dos elementos vão também formar um conjunto:

$$Func(F) \wedge S(\mathscr{D}(F)) \rightarrow S(\mathscr{R}(F)) \tag{9.14}$$

(A7) Axioma da união. Se algo é um conjunto, a sua união é também um conjunto.

$$S(X) \rightarrow S(\bigcup X) \tag{9.15}$$

(A8) Axioma da escolha.

$$(Cl(X) \wedge X \neq \emptyset \wedge \forall u(u \in X \rightarrow (S(u) \wedge u \neq \emptyset)) \wedge Pr(Dis(X))$$
$$\rightarrow \exists C(C \subseteq \bigcup X \wedge \forall u(u \in X \rightarrow \exists v(v \in u \wedge C \cap u = \{v\})))) \quad (9.16)$$

Agora vem o Axioma da Regularidade, que é estabelecido assim:

(A9) Axioma da Regularidade

$$Cl(X) \wedge X \neq \emptyset \wedge \forall u(u \in X \rightarrow S(u)) \rightarrow$$
$$\exists u(u \in X \wedge x \cap X = \emptyset) \quad (9.17)$$

O Axioma do Infinito é o único axioma que afirma a existência de um conjunto, e dele resulta que $\emptyset$ é um conjunto;

(A10) Axioma do Infinito

$$\exists x(S(x) \wedge \emptyset \in x \wedge \forall u(u \in x \rightarrow u \cup \{u\} \in x)) \quad (9.18)$$

Depois disso, Rubin desenvolve a teoria dos números naturais e os demais sistemas numéricos, falando de ordens e de ordinais, de cardinais, apresentando diferentes modos de se definir o cardinal de um conjunto, chegando a tópicos mais interessantes, como uma discussão sobre o Axioma da Escolha e da Hipótese (Generalizada) do Contínuo e de cardinais inacessíveis e o Axioma da Construtibilidade.

No capítulo em que discute cardinais, Rubin apresenta alguns modos de introduzir esse conceito, a saber: primeiramente, postulando a existência de uma determinada função f que cumpre as seguintes condições [Rub67, p.266]:

(1) $S(x) \rightarrow x \in \mathcal{D}(f)$

(2) $S(x) \wedge S(y) \rightarrow (f(x) = f(y) \leftrightarrow x \sim y)$, onde $x \sim y$ indica que x e y são equinumerosos (equipolentes), ou seja, há uma bijeção entre eles, e

(3) $S(x) \rightarrow S(f(x))$

Podemos então denotar $f(x)$ por '$|x|$', ou por '$\overline{\overline{x}}$' para indicar o cardinal de x, enquanto que 'Cn' indica a classe de todos os números cardinais. Essa maneira de se introduzir cardinais é atribuída a Tarski e independe do Axioma da Escolha.

O segundo modo utiliza o Axioma da Escolha. O cardinal e introduzido por definição da seguinte maneira: denotando os números ordinais por letras gregas minúsculas, trata-se de uma função g tal que

$$g(x) := \alpha \leftrightarrow (x \sim \alpha \wedge \forall \beta(\beta \sim \alpha \rightarrow \alpha \leq \beta)). \quad (9.19)$$

Em palavras, $g(x)$ é o menor número ordinal que é equinumeroso a x. A terceira maneira é aquela que se fundamenta no Axioma da Regularidade e é 'truque de Scott', devido a Dana Scott, e visto à página 289.

9.5 O sistema KM, versão de Kelley

O sistema KM (Kelley-Morse) é exatamente o sistema acima, que de outra forma pode ser obtido a partir de NBG retirando-se a restrição de que as únicas variáveis quantificadas da fórmula ϕ no Teorema Geral de Existência de NBG são variáveis para conjuntos, além de uma evidente adequação dos axiomas.

Dito de modo breve, para se obter KM, substituímos os axiomas do Grupo B de NBG pelo axioma seguinte esquema de axiomas:

$$\exists Y \forall x (x \in Y \leftrightarrow \phi(x)) \tag{9.20}$$

onde $\phi(x)$ é agora uma fórmula qualquer da linguagem de NBG, não necessariamente predicativa, sendo que Y não figura livre em $\phi(x)$. Os axiomas do Grupo B podem agora ser provados como teoremas. Portanto, NBG é uma subteoria de KM.

Note que o esquema acima é muito geral, uma vez que permite a quantificação inclusive sobre classes próprias. Por este motivo, há quem diga que o sistema KM é muito próximo do que requer o matemático que não se ocupa com as sutilezas da teoria axiomática de conjuntos (e.g. [Men97, p. 287]). O fato é que mesmo com tal generalidade, não há mais risco de se chegar a uma contradição em KM do que há em NBG, como provou A. Mostowski (ou seja, se NBG é consistente, assim o é KM).[17]

De forma breve, resumiremos o sistema KM apresentado por Kelley na obra supra citada, ainda que não preservemos a sua notação original, que será aqui bastante simplificada. Como símbolos não lógicos, Kelley usa o símbolo de pertinência '$\in$', entendido como um símbolo predicativo de peso 2, e o *classificador*, que é outro símbolo de predicados de peso 2, denotado '$\{\dots : \dots\}$', e lido "a classe de todos os ... tais que $\cdots$". Na definição de fórmula, há a imposição de que '$\dots$' deva ser ocupado por uma variável, e '$\cdots$' por uma fórmula. Ademais, a definição assegura que são fórmulas cada uma das seguintes expressões, onde x e y são variáveis e α e β são fórmulas:

(i) $x = y$, $x \in y$, $\alpha \vee \beta$, $\alpha \to \beta$, $\alpha \wedge \beta$, $\alpha \leftrightarrow \beta$,

(ii) $\forall x \alpha$, $\exists x \alpha$,

(iii) $y \in \{x : \alpha\}$, $\{x : \alpha\} \in y$, $\{x : \alpha\} \in \{y \in \beta\}$.

A teoria de Kelley é mais um exemplo de uma axiomática formal no sentido discutido anteriormente, ou seja, ela tem um 'universo de classes' apenas como um modelo intencional. Isso se vê pela sua observação seguinte de Kelley:

---

[17]Para uma exposição deste sistema, pode-se ver o apêndice de [Kel55], ou consultar [Hat82, p.178], [Men97, p.287], [Qui63, pp.299ss]. Como vimos, em [Rub67], há exposição detalhada do desenvolvimento da matemática em KM.

"[o] termo ['classe'] não aparece em qualquer axioma, definição ou teorema, mas a interpretação primária dessas sentenças é que são asserções acerca de classes (agregados, coleções). Consequentemente, o termo 'classe' é usado na discussão para sugerir esta interpretação ." [Kel55, p.251]

Os axiomas são os seguintes:

Axioma 1 [Extensionalidade] Exatamente como em ZF.

Definição 9.5.1. *x é um conjunto se e somente se, para algum y, $x \in y$.*

Axioma 2 [Esquema para o Classificador] Sendo α uma fórmula e β obtida a partir de α pela substituição de cada ocorrência da variável x por y, então o seguinte é um axioma: para cada x e y, $y \in \{x : \alpha\}$ se e somente se y é um conjunto e β é verdadeira.

A restrição de que y deva ser um conjunto é essencial pelo seguinte motivo. Seja $\mathcal{R} = \{x : x \notin x\}$. Então , pelo Esquema acima, $\mathcal{R} \in \mathcal{R}$ se e somente se $\mathcal{R} \notin \mathcal{R}$ e $\mathcal{R}$ é um conjunto (note que o esquema impõe este último fato). Logo, se $\mathcal{R}$ for um conjunto, resulta uma contradição $\mathcal{R} \in \mathcal{R} \wedge \mathcal{R} \notin \mathcal{R}$. Assim, com a restrição feita, se KM for consistente, devemos inferir que $\mathcal{R}$ não é um conjunto, e então temos a derivação em KM da existência de pelo menos uma classe que não é um conjunto (depois veremos outras).

Com esses dois axiomas, já se pode introduzir os conceitos de união e de interseção de classes, bem como do complemento de uma classe, do seguinte modo: $\bigcup x := \{y : \exists z(y \in z \wedge z \in x)\}$, $\bigcap x := \{y : \forall z(z \in x \rightarrow y \in z)\}$, bem como os casos particulares $x \cap y := \{z : z \in x \wedge z \in y\}$ e $x \cup y := \{z : z \in x \vee z \in y\}$. O complemento de x é $\sim x := \{z : z \notin x\}$. Todos esses conceitos têm as propriedades conhecidas.

A *classe vazia*, denotada por $\emptyset$, é definida pondo-se: $\emptyset := \{x : x \neq x\}$, e a classe universal, ou *universo*, é $\mathcal{U} := \{x : x = x\}$. Feito isto, pode-se provar, além das propriedades usuais relacionadas à classe vazia, que $\sim \emptyset = \mathcal{U}$; $\sim \mathcal{U} = \emptyset$, $\bigcap \emptyset = \mathcal{U}$ e $\bigcup \emptyset = \emptyset$. Importante fato é o seguinte, que resulta da definição de conjunto: $x \in \mathcal{U}$ se e somente se x é um conjunto [Kel55, p.255], Teorema 19, que será usado abaixo.

A noção de *subclasse* é a usual: $x \subseteq y$ se e somente se para cada z, se $z \in x$, então $z \in y$.

Axioma 3 [Axioma dos sub-conjuntos] Se x é um conjunto, então existe um conjunto y tal que, para todo z, se $z \subseteq x$, então $z \in y$. Este conjunto é denotado 2^x.

Segue-se da definição de conjunto dada acima que o z do axioma anterior é um conjunto, ainda que na formulação do axioma não se tenha requisitado que y seja um conjunto. Deste resultado, segue que se $x \in \bigcap \mathcal{U}$, então x é um conjunto e, como $\emptyset \subseteq x$, vem que $\emptyset$ é um conjunto; assim, $\emptyset \in \mathcal{U}$ e cada membro de $\mathcal{U}$ é elemento de $\varnothing$, logo $\cap\mathcal{U} = \varnothing$. Raciocínio adequado mostra que $\bigcup\mathcal{U} = \mathcal{U}$, que se $x \neq \varnothing$, então $\cap x$ é um conjunto.

Outros resultados interessantes são os seguintes. Cada elemento de $2^{\mathcal{U}}$ é um conjunto, logo, pertence a $\mathcal{U}$; assim, cada elemento de $\mathcal{U}$ é um conjunto que está contido ($\subseteq$) em $\mathcal{U}$ (como é fácil provar), assim que pertence a $2^{\mathcal{U}}$; logo, $\mathcal{U} = 2^{\mathcal{U}}$. Se x é um conjunto, tem-se que 2^x é um conjunto, mas $\mathcal{U}$ não é um conjunto. Isso se vê do seguinte modo: anteriormente, constatamos que a classe R das classes que não pertencem a si mesmas não é um conjunto, mas certamente está contida em $\mathcal{U}$. Logo, do fato acima estabelecido de que toda subclasse de um conjunto é um conjunto, vem que $\mathcal{U}$ não pode ser um conjunto.

Definindo-se o *unitário* de x por $\{x\} := \{y : x \in \mathcal{U} \to y = x\}$, que diz ser $\{x\}$ a classe cujo único elemento é x, resultam os seguintes fatos, de fácil provar (como mostra Kelley): se x é um conjunto, então o mesmo se dá com $\{x\}$; por outro lado, se x não é um conjunto, então pelo Teorema 19 de Kelley, acima referido, $x \notin \mathcal{U}$, e portanto o antecedente do condicional na definição de $\{x\}$ é verdadeiro, logo $\{x\} = \mathcal{U}$. Em outras palavras, completando adequadamente o raciocínio exposto, vê-se que $\{x\} = \mathcal{U}$ se e somente se x não é um conjunto.

Axioma 4 [Axioma da União] Se x e y são conjuntos, assim é $x \cup y$.

Pondo $\{x,y\} := \{x\} \cup \{y\}$ como o *par não ordenado* de x e y, vem que sendo x e y conjuntos, tal par é um conjunto, mas $\{x,y\} = \mathcal{U}$ se x ou y forem classes. Analogamente, sendo x e y conjuntos, assim são $\cap\{x,y\}$ e $\bigcup\{x,y\}$, mas $\cap\{x,y\} = \varnothing$ e $\bigcup\{x,y\} = \mathcal{U}$ se ao menos um deles não for um conjunto.

Pares ordenados são introduzidos de modo usual, e face ao que se disse, resulta que $\langle x,y \rangle = \mathcal{U}$ se x ou y não forem conjuntos. As demais propriedades se assemelham àquelas usuais. Em particular, o *produto cartesiano* de duas classes x e y é a classe $x \times y := \{\langle u,v\rangle : u \in x \wedge v \in y\}$. *Relações* são classes cujos elementos são pares ordenados, e a operação de *composição de relações* e de *relação inversa* são introduzidas sem dificuldade do modo usual, satisfazendo as propriedades comuns. Uma *função* é igualmente definida como de hábito, como sendo uma relação f tal que se $\langle x,y \rangle \in f$ e $\langle x,z \rangle \in f$, então $y = z$. Chama-se *domínio* de f à classe $dom(f) := \{x : \exists y(\langle x,y \rangle \in f)\}$, e a *imagem* de f é a classe $img(f) := \{y : \exists x(\langle x,y \rangle \in f)\}$.

Axioma 5 [Substituição] Se f é uma função e seu domínio é um conjunto, então sua imagem é igualmente um conjunto.

Axioma 6 [Amalgamento][18] Se x é um conjunto, assim é $\bigcup x$.

Estes axiomas, como é evidente, garantem a existência de entidades importantes para o desenvolvimento da teoria, como introdução dos conceitos de ordem e boa-ordem, que veremos abaixo, dentre outros. O próximo axioma é o seguinte:

---

[18]Kelley chama de *Axiom of Amalgamation*.

Axioma 7 [Regularidade] Se $x \neq \emptyset$, então existe $y \in x$ tal que $x \cap y = \emptyset$.

Como já deve ter sido antevisto pelo leitor, resulta que para qualquer x, tem-se $x \notin x$. Outro fato é o seguinte: vimos que R acima não é um conjunto, mas que $R \subseteq \mathcal{U}$. Portanto, pelo axioma da regularidade, $R = \mathcal{U}$, o que constitui outra prova de que $\mathcal{U}$ não é um conjunto. Conjuntos circulares, como aqueles mencionados nos capítulos precedentes, também são excluídos pelo último axioma, como era de se esperar. Para efeito da obtenção dos números naturais, é postulado um axioma do infinito:

Axioma 8 [Infinito] Existe um conjunto y tal que $\emptyset \in y$ e sempre que $x \in y$, resulta que $x \cup \{x\} \in y$.

Voltando ao conceito de relação , pomos por definição $E := \{\langle x,y \rangle : x \in y\}$, que é denominada de *relação de pertinência* (ou relação -$\in$). Com a ajuda do axioma da regularidade, prova-se sem dificuldade que E não é um conjunto. Ademais, se chamarmos de *classe transitiva* aquele x tal que cada membro de x é também uma subclasse de x, e que uma relação r *conecta* x se para cada u e v em x, tem-se que $u\,r\,v$ ou $v\,r\,u$ ou $u = v$, então a relação r é dita ter um *primeiro elemento* z em x se e somente se é falso que $y\,r\,z$ para cada $y \in x$. Ademais, r é uma *boa-ordem* sobre x se e somente se conecta x e se, para cada $y \subseteq x$ tal que $y \neq \emptyset$, r tem um primeiro elemento em y.

Isto posto, diz-se que x é um *ordinal* se e somente se x é transitiva e E conecta x. Note que esta definição é consoante com a dada em ZF. Resulta que x é um ordinal se e somente se E é uma boa-ordem sobre x.

O leitor já deve ter percebido que podemos ir obtendo paulatinamente os demais conceitos da matemática padrão em KM, e de forma bastante próxima do modo intuitivo de proceder da matemática informal. Um último axioma é posto por Kelley, o axioma da escolha. Para tanto, aceitemos a definição seguinte: chamamos uma função c de *função escolha* se $c(x) \in x$ para cada membro $x \in dom(c)$. Aqui, usou-se o fato de que, para uma função qualquer f, logo em particular para c, $f(x) := \cap\{y : \langle x,y \rangle \in f\}$. O axioma é então o seguinte:

Axioma 9 [Escolha] Existe uma função escolha c cujo domínio é $\mathcal{U} - \{\emptyset\}$, sendo a operação de diferença entre classes definida como de hábito.

Em outras palavras, esta função 'escolhe' um elemento de cada conjunto não vazio. O livro de Kelley, publicado originalmente em 1955, faz menção ao fato, resultante do que demonstrou Gödel em 1938, de que o axioma da escolha é consistente com os demais axiomas de KM, ou seja, se uma contradição é erigida a partir do seu uso, ela pode ser obtida também sem o axioma em tela. Se KM é consistente sem o axioma da escolha, o é com ele igualmente (Kelley ainda se refere à Hipótese do Contínuo). Interessante é que a reedição do livro, feita em 1975, não traz sequer uma nota editorial comentando o extraordinário resultado de Paul J. Cohen de 1963, que acarreta ser a negação do axioma da escolha igualmente consistente com os demais axiomas de KM.

Disso no entanto nos ocuparemos no próximo capítulo.

9.5.1 KM e a consistência de ZFC e de NBG

Falaremos unicamente de ZFC, mas o que dissermos pode ser transferido, *mutatis mutandis*, para NBG. Sabemos que um dos modos de se provar a consistência de uma teoria é assumir o que se chama de *consistência relativa*. Ou seja, uma teoria T é *consistente relativamente* a uma teoria T' se há um modelo de T em T'. Por exemplo, as geometrias de Lobachewski e de Riemann são consistentes relativamente à geometria euclidiana, uma vez que há 'modelos euclidianos' dessas geometrias (a pseudo-esfera ou o plano de Poincaré para a primeira, a superfície de uma esfera para a segunda – ver [DH81] para uma exposição elementar). A consistência *absoluta* de T é obtida demonstrando-se que em T não se consegue derivar (demonstrar) duas proposições contraditórias (uma sendo a negação da outra). Uma prova de consistência absoluta de uma teoria de conjuntos é algo que não pode ser obtido; temos que nos contentar com provas de consistência relativa. É nesse sentido que KM prova a consistência de ZFC; pode-se encontrar um modelo de ZFC em KM.[19]

9.6 Teorias Baseadas em Hierarquias de Tipos

No Capítulo 1 comentamos que a 'doutrina dos tipos' foi a solução preconizada por Russell para o problema dos paradoxos; como disse ele, "... the distinction of logical types (...) is the key to the whole mystery." [Rus10]. O que se mostrará nesta seção não corresponde precisamente à teoria tal como a formulou Russell, tratando-se de uma versão alternativa da teoria simples de tipos (conforme terminologia introduzida no Capítulo 1) que se coaduna com o que vimos desenvolvendo neste livro.

Grosso modo, na Teoria de Tipos, Russell propõe que se estabeleça uma hierarquia no domínio do discurso, de forma que os objetos do domínio não tenham mais o mesmo '*status* lógico'. Intuitivamente, podemos supor uma coleção básica de *indivíduos*, que são pensados como sendo entidades de *tipo* 0. A seguir, considera-se todos os conjuntos de objetos de tipo 0, os quais têm tipo 1. Conjuntos cujos elementos são objetos de tipo 1 (logo, podendo ter como elementos tanto objetos de tipo 0 quanto objetos de tipo 1) terão tipo 2, e assim por diante. Depois, impõe-se que em uma expressão como $x \in y$, x e y não podem ter o mesmo tipo, mas y deve ser de tipo $i + 1$, onde i é o tipo de x. Deste modo, o Paradoxo de Russell não pode ser formulado.[20]

A linguagem da teoria que chamaremos de 'TT' contém portanto, além das

---

[19]Detalhes podem ser vistos no blog de Joel David Hamkins http://jdh.hamkins.org/km-implies-conzfc/

[20]Os demais paradoxos conhecidos também são evitados, como mostrado por Russell nos trabalhos já citados anteriormente.

constantes lógicas usuais,[21] uma hierarquia enumerável de variáveis, $x^i, y^i, \ldots$
para cada $i = 0, 1, 2, \ldots$, e admite-se que $x^i \in y^j$ é uma expressão bem formada
se e somente se $j = i + 1$. Note que cada variável da linguagem de TT pertence
a um e um só nível da hierarquia. Nesta seção, as palavras classe e conjunto
podem ser consideradas como sinônimas.

As *fórmulas* em geral devem ser então obtidas recursivamente a partir da
restrição imposta acima, e desse modo expressões como $x \in y \wedge y \in x$ não
são bem formadas, posto que exigiria que x e y tivessem *tipos* diferentes numa
mesma expressão.

A identidade é definida do modo seguinte:

Definição 9.6.1 (Identidade). *Para todo tipo i e para todos x^i e y^i, tem-se que:*

$$x^i = y^i := \forall z^{i+1}(x^i \in z^{i+1} \leftrightarrow y^i \in z^{i+1})$$

Deve-se notar que a definição precedente introduz um conceito de identidade para cada tipo; a definição envolve o que Russell denominava de uma
"typical ambiguity". A teoria passa agora a ter axiomas relativizados a cada
tipo i. Por exemplo, o Axioma da Extensionalidade fica:

(TT.1) [Extensionalidade]

$$\forall x^i \forall y^i (\forall z^{i-1}(z^{i-1} \in x^i \leftrightarrow z^{i-1} \in y^i) \rightarrow x^i = y^i)$$

enquanto que o Esquema da Abstração é formulado do seguinte modo:

(TT.2) [Abstração] Para toda fórmula $F(x^i)$, sendo y^{i+i} uma variável que não
ocorre livre em $F(x^i)$, a fórmula seguinte é uma axioma:

$$\exists y^{i+1} \forall x^i (x^i \in y^{i+1} \leftrightarrow F(x^i)),$$

O Axioma da Extensionalidade diz quando é que dois conjuntos são o
mesmo conjunto, ao passo que o Esquema da Abstração introduz explicitamente a existência de conjuntos de objetos que satisfazem uma certa condição.
Por intermédio desses axiomas, as noções conjuntistas usuais podem ser introduzidas, como os números naturais, os ordinais, e etc. Há no entanto algumas
dificuldades que trazem dissabores aos matemáticos, como por exemplo a excessiva 'multiplicação ' de conceitos. Por exemplo, tomado $F(x^i)$ no axioma
acima para ser $x^i \notin x^i$, o axioma nos dá um conjunto, que podemos chamar de
conjunto vazio de tipo $i + 1$, que será denotado por Λ^{i+1}, definido abaixo.

O mencionado 'problema' (que na realidade é inócuo para as finalidades
matemáticas) é que há um conjunto vazio para cada tipo, com exceção do
tipo 0. Do mesmo modo, haverá um 1, um 2 para cada tipo, e etc. Abaixo
indicaremos como a aritmética pode ser derivada em TT.

---

[21]Com exceção do símbolo de igualdade, já que o conceito de identidade pode aqui ser introduzido por definição, como veremos na sequência.

Obviamente que o Paradoxo de Russell não pode ser reproduzido em TT, pois $x \notin x$ não é bem formada. Do mesmo modo, paradoxos como o de Cantor não podem ser derivados, pois não há nessa teoria uma fórmula que corresponda à expressão 'a classe (ou conjunto) de todas as classes (de todos os conjuntos)'. De fato, o máximo que se pode assertar é acerca da 'classe de todos os objetos de tipo i'. Do mesmo modo, mostra-se que as demais antinomias conhecidas não podem ser derivadas em TT, como já dito.

A título de exemplo, vamos reproduzir aqui o argumento apresentado por Fraenkel, Bar-Hillel e Levy [FBHL73, p.158], que mostra como o Paradoxo de Cantor não pode ser reproduzido em TT. Com efeito, para obter o Paradoxo de Cantor, necessitamos provar a existência de um conjunto x (o conjunto universal) que contenha todos os conjuntos como elementos. Mas tal conjunto não pode existir, pois como cada variável da linguagem de TT pertence a exatamente um nível (têm um certo tipo), tudo o que podemos dizer em TT é que as entidades de um certo nível (tipo) pertencem a x, o que é expresso por $\forall x^i(x^i \in x)$, portanto x tem que pertencer ao nível $i + 1$. Note-se ademais que, tomando $F(x^i)$ do Esquema da Abstração como sendo $x^i = x^i$, obtemos um conjunto x^{i+1} tal que $\forall x^i(x^i \in x^{i+1})$, o que mostra que o x acima existe (mas não como entidade do mesmo tipo que seus elementos).

Para as finalidades de se derivar a matemática, TT incorpora ainda os axiomas do infinito e da escolha para os vários níveis.

TT.3 [Axioma do Infinito]

$$\exists w^{i+3}((\exists x^i \exists y^i (\langle x^i, y^i \rangle \in w^{i+3}) \wedge \forall x^i \forall y^i \forall z^i (\langle x^i, x^i \rangle \notin w^{i+3} \wedge (\langle x^i, y^i \rangle \in w^{i+3} \wedge$$

$$\wedge \langle y^i, z^i \rangle \in w^{i+3} \rightarrow \langle x^i, z^i \rangle \in w^{i+3} \wedge (\langle x^i, y^i \rangle \in w^{i+3} \rightarrow \exists t^i (\langle y^i, t^i \rangle \in w^{i+3})))))$$

Intuitivamente, o axioma assevera que existe uma relação binária w^{i+3} sobre os conjuntos de objetos de tipo i. Note que os pares ordenados $\langle x^i, y^i \rangle$ são definidos como de hábito (a la Kuratowski), ou seja, são conjuntos da forma $\{\{x^i\}, \{x^i, y^i\}\}$, isto é, objetos de tipo $i + 2$. Uma tal relação não pode ser definida sobre domínios finitos, logo, cada nível i contém uma infinidade de objetos. O Axioma da Escolha será indicado abaixo, logo após termos introduzido os números naturais.

9.6.1 A aritmética em TT

Nesta subseção, daremos uma ideia de como se pode definir os conceitos primitivos da Aritmética de Peano ('zero', 'sucessor' e 'número natural') em TT.

Para B. Russell, o número cardinal $card(x)$ de uma classe (ou conjunto) x (em particular, um número natural) é a classe de todas as classes equinumerosas a x: 0 é portanto a classe de todas as classes equinumerosas à classe vazia;[22] 1 é a classe de todas as classes equinumerosas à classe unitária, e assim sucessivamente.[23]

Na formulação que estamos dando a TT, os números naturais podem ser introduzidos do seguinte modo. A partir do nível 2, podemos considerar infinitos números cardinais em cada nível que se considere os conjuntos entre eí equinumerosos. Em outros termos, cada nível terá o seu próprio 'conjunto universal', assim como o seu próprio conjunto vazio, e assim por diante, como antecipado acima.

Por exemplo, o conjunto vazio pode ser definido como se segue:

Definição 9.6.2 (Conjunto Vazio de tipo i).

$$\Lambda^{i+1} := \{x^i : x^i \neq x^i\},$$

ao passo que a classe (conjunto) universal (para cada tipo), fica

Definição 9.6.3 (Conjunto Universal de tipo i).

$$\mathcal{V}^{i+1} := \{x^i : x^i = x^i\}.$$

O complemento de uma classe também não é 'universal', mas é constituído por aqueles elementos que não pertecem à classe considerada, devendo estar restritos a um determinado tipo, ou seja, o complemento de x, denotado $\bar{x}$, contém não aqueles elementos que não pertencem à classe considerada, mas tão somente aqueles que a ela não pertencem mas que são do mesmo tipo que os seus elementos:

Definição 9.6.4.

$$\overline{x^{i+1}} := \{y^i : \neg(y^i \in x^{i+1}\}$$

Do mesmo modo, teremos uma definição de união de uma de interseção de classes para cada nível considerado:

Definição 9.6.5.

$$x^{i+1} \cup y^{i+1} := \{y^i : y^i \in x^{i+1} \vee y^i \in y^{i+1}\}$$

$$x^{i+1} \cap y^{i+1} := \{y^i : y^i \in x^{i+1} \wedge y^i \in y^{i+1}\}$$

Essa 'multiplicação' de conceitos vai originar, por assim dizer, uma matemática para cada tipo, e isto aparentemente é um dos fatores pelos quais os matemáticos não veem com bons olhos a teoria de tipos. Além do mais, trabalhar numa teoria de conjuntos é muito mais prático, como amplamente reconhecido.

---

[22]Para Frege, um número natural era uma classe de *conceitos* equivalentes. Na presença do Axioma da Extensionalidade, não há distinção substancial entre as definições de Frege e de Russell [Cop71, pp.41-42].

[23]Note que essa definição não pode ser usada nas teorias usuais de conjuntos: se 1 é o conjunto de todos os unitários, ∪1 seria o conjunto universal.

Evidentemente que pode-se assumir o que Whitehead e Russell chamavam de *typical ambiguity* e não mencionar os tipos das variáveis, mas assumir implicitamente que as formulas devem respeitar a convenção feita anteriormente. Isso corresponderia a subentender que, à frente de cada expressão, estivesse escrito 'considerando-se que os termos envolvidos sejam de tipos adequados ...'[24]

Adotaremos o critério de ambiguidade, ou seja, não mais escreveremos os super-índices para indicar os tipos em questão, estes ficando subentendidos pelo contexto, podemos introduzir a seguinte definição:[25]

Definição 9.6.6.

(i) $0 := \{\Lambda\}$ (Zero)

(ii) $Sn := \{x : \exists y(y \in x \wedge x \cap \overline{\{y\}} \in n\}$ (Sucessor de n)

(ii) $N := \{x : \forall y(0 \in y \wedge \forall m(m \in y \to Sm \in y))\}$ (Conjunto dos Números Naturais)

Enfatizemos que Λ do ítem 1 é escrito 'ambiguamente'. Na verdade, estamos definindo um 'zero' para cada tipo, e em cada definição particular, deve-se considerar a Definição 9.6.2. O mesmo se dá para os ítens seguintes. Tem-se portanto um conjunto de números naturais para cada tipo. Pela definição acima, resulta:

$$1 := S0 := \{x : \exists y(y \in x \wedge x \cap \overline{\{y\}} \in \{\Lambda\}) \tag{9.21}$$

ou seja, 'um' (o sucessor de 'zero') é a classe de todos as classes (de um certo tipo) que têm justamente um elemento. A classe (conjunto) dos números naturais (de um certo tipo) fica sendo a 'menor' classe que contém 0 e o sucessor de cada um de seus elementos.[26]

Acima foi dito que o Axioma do Infinito deveria ser introduzido em TT a fim de nela se poder derivar a matemática. Vejamos o que isso significa. Para tanto, reintroduziremos momentaneamente os superíndices para indicar o tipo considerado, afim de evitar mal entendidos.

Suponha que $i = 2$ é o tipo em questão (o 'menor' no qual se pode definir os números naturais) e que haja somente cinco indivíduos no universo. Assim, no tipo 2, o natural 5 é a classe $\{\mathcal{V}^1\}$, a classe universal, que contém todos os indivíduos (pois só há cinco deles). Levando em conta a definição acima (ítem 2), o sucessor de 5, ou seja, 6 (no tipo 2), é a classe

$$6 := \{x^1 : \exists y^0 \in x^1 \wedge x^1 \cap \overline{\{y^0\}} = \mathcal{V}^1\} \tag{9.22}$$

---

[24]Mesmo assim há polêmica em se interpretar a teoria resultante, que para alguns não passaria de uma 'teoria de conjuntos', como comentam Fraenkel *et. al.* 1973, pp. 141-142.

[25]Essencialmente devida a Frege. Para mais detalhes, ver Quine 1963, pp. 81ss e Copi 1971.

[26]Uma tal definição já foi vista no Capítulo sobre ZFC.

Mas toda expressão da forma $y \in x \wedge x \cap \overline{\{y\}} = \mathcal{V}$ é contraditória em TT, desde que nesta teoria os elementos de y (sendo $y \in z$) não podem pertencer a z devido à restrição imposta ao conceito de fórmula.[27] Assim, elementos $w \in y$ não podem pertencer a z e então $z \cap \{y\}$ não conterá tais elementos, que no entanto pertencem ao universo. Logo, o conjunto 6 acima resulta ser vazio, ou seja, é Λ^2. Analogamente, 7, ou seja, $S6$, redunda em ser também Λ^2, e assim $Sx = x$ para $x = 6$ ou mais. Portanto não pode haver mais do que cinco indivíduos.

Como observa Quine [Qui63, pp.280ss], esse argumento é geral. Se um tipo tem menos do que k elementos, o número k, dois tipos acima, será igual ao seu sucessor (ambos idênticos a Λ) e, consequentemente, pelo que já se viu anteriormente, a aritmética não pode ser desenvolvida. Mas isso não é tudo. Como não pode ocorrer que haja uma infinidade de indivíduos de um certo tipo e apenas um número finito de indivíduos de um tipo maior do que ele, resulta ainda que se há somente um número finito de indivíduos de um certo tipo, todos os tipos terão somente um número finito de indivíduos, e então não haveria como desenvolver a aritmética. Assim, a fim de se poder desenvolvê-la, é preciso postular um Axioma do Infinito.

A título de curiosidade, reproduzimos aqui uma passagem do livro de Quine *op. cit.*, na qual ele discute acerca de uma questão que pode muito bem estar se passando na mente do leitor:

> [o] axioma [do Infinito] foi decretado sobre o fundamento de que a questão de se há ou não infinitos indivíduos é uma questão mais da física e da metafísica do que da matemática, e seria absurdo fazer com que a aritmética dependesse dela. (*op. cit.*, p. 280).

O Axioma da Escolha é formulado aqui do seguinte modo:

$$\forall z^{i+1} \forall x^i \forall y^i ((x^i \in z^{i+1} \wedge y^i \in z^{i+1} \rightarrow x^i \cap y^i = \Lambda^i) \rightarrow \\ \exists w^i \forall u^i ((u^i \in z^{i+1} \wedge \neg(u^i = \Lambda^i)) \rightarrow (w^i \cap u^i \in 1^i)). \tag{9.23}$$

Intuitivamente, diz que, relativamente a cada tipo considerado, para cada conjunto z de conjuntos dois a dois disjuntos, há um 'conjunto escolha' w contendo um elemento de cada um dos membros de z. Isso é dito mediante a última expressão; dizendo que $w^i \cap u^i \in 1^i$, estamos afirmando que w^i e u^i têm em comum apenas um elemento (de tipo $i - 1$, que é o tipo dos seus elementos).

Evidentemente, pode-se ir em TT para além da aritmética, mas isso não será feito aqui. Para tanto, o leitor pode consultar obras mais abrangentes, como [Qui63].

A doutrina de tipos, tal como preconizada por Russell, como já se disse, não foi desenvolvida como acima. Nos *Principia Mathematica*, Whitehead e

---

[27]Tal restrição não ocorre, no entanto, em outras formulações da teoria de tipos, como na original de Russell. Em TT, isso se deve ao uso que estamos fazendo do símbolo de pertinência.

Russell nos apresentam as *definições contextuais*, que permitem definir 'contextualmente' um símbolo, este aparecendo mais como uma 'ficção simbólica', para usar as palavras do lorde inglês,[28] podendo ser eliminado se necessário. É deste modo que o conceito de *conjunto* (classe) aparece na Teoria de Tipos tal como originalmente formulada. Em outras palavras, a noção de classe, ou conjunto, bem como os demais conceitos matemáticos, aparecem meramente como tais 'ficções'; é por esse motivo que a teoria russeliana é muitas vezes denominada de 'no class theory' (teoria *sem* classes, ou conjuntos).

Um exemplo de uma definição contextual é a do *descritor* '$\imath$':

Definição 9.6.7. $\phi(\imath x \psi x) := \exists u (\phi(u) \wedge \psi(u) \wedge \forall w (\psi(w) \to w = u))$,

que significa que, numa fórmula ϕ, que aqui representa o 'contexto', se nela aparece a expressão $\imath x \psi x$, onde $\imath$ é denominado de *descritor*, então essa expressão pode ser eliminada em favor da expressão do *definiens*. Intuitivamente, para falar um pouco do exemplo escolhido, diz-se que $\imath x \psi x$ denota o (único) objeto x que tem a propriedade ψ, se é que um tal objeto existe. Se ele não existe, ou se há mais de um objeto que satisfaça ψ, geralmente assume-se que $\imath x \psi x$ não denota nada.[29]

Usando o descritor, pode-se introduzir o conceito de *classe*, ou conjunto, do seguinte modo, em uma linguagem que tenha $\in$ como símbolo primitivo, ou que o tenha definido:[30]

Definição 9.6.8. $\hat{x}\phi(x) := \imath y (\forall x (x \in y \leftrightarrow \phi(x)))$,

ou seja, a 'classe' dos x tais que $\phi(x)$ é aquele (único) objeto que tem como elementos a entidades que satisfazem ϕ, e somente elas (por extensionalidade). Vê-e então que *conjunto* (ou classe) passa a ser um conceito definido.

Isso mostra, por um lado, que o conceito de conjunto não é absolutamente imprescindível para se desenvolver a matemática tradicional (ou parte dela, já que a Teoria de Tipos é mais fraca, num sentido que não discutiremos aqui, que a teoria de conjuntos).[31] Cabe lembrar que a Teoria de Categorias, já mencionada, fornece outro modo de se erigir a matemática padrão prescindindo-se do conceito de conjunto. No entanto, pela sua praticidade, as teorias de conjuntos ainda hão de ser consideradas durante bom tempo como o 'alicerce' natural da matemática padrão, notadamente devido à possibilidade de 'redução' da teoria de categorias a uma teoria de conjuntos, como veremos com ARC.

Com o seu sistema envolvendo a distinção de tipos, Russell visava não apenas dar conta dos paradoxos, mas vindicar a tese de Frege de que a mate-

---

[28]É ilustrativo ler a Introdução dos *Principia Mathematica*.

[29]A Teoria das Descrições, também originada com Russell, é considerada por ele mesmo como sendo a sua maior contribuição à lógica. Veja [Kra17b].

[30]Aqui, 'classe' e 'conjunto' são sinônimos.

[31]Apenas para dar uma ideia, já que o tópico é demasiado técnico, na Teoria de Tipos não se pode definir certos conceitos, como os chamados ordinais de segunda ordem, que podem no entanto ser 'alcançados' por exemplo em ZF.

mática é redutível à lógica (tese do Logicismo, já comentada). A teoria original foi posteriormente chamada Teoria *Ramificada* de Tipos, e dividia cada tipo acima do 0 em uma outra hierarquia, das chamadas *ordens*. Assim, as funções de um mesmo tipo podiam ainda pertence a ordens diferentes, e a necessidade deste fato se devia essencialmente ao Princípio do Círculo Vicioso, que devemos lembrar surge quando supomos que uma certa coleção de objetos pode conter elementos que somente podem ser definidos por intermédio desta coleção total. O que importa para a presente discussão é que para desenvolver os seus propósitos, Russell fez uso de um princípio, conhecido como Axioma da Redutibilidade (a sua formulação não nos importa aqui), que mais tarde foi reconhecido como altamente problemático no sentido de dar suporte à tese do logicismo.

9.7   O sistema NF de Quine-Rosser

Como vimos anteriormente, a teoria dos tipos traz o inconveniente de que muitos conceitos, como os de classe universal, classe vazia, número cardinal, etc. são multiplicados a cada tipo considerado. Esse sistema, no entanto, é relativamente seguro, tendo em vista a impossibilidade de se derivar as (conhecidas) antinomias em seu escopo, como mostrado por Russell em seu artigo de 1908 [Rus67] e depois nos *Principia Mathematica* [WR97].

Restava então a questão natural: como evitar aquela inconveniente multiplicação de conceitos sem no entanto abandonar a relativa segurança alcançada pela teoria dos tipos? Uma resposta a essa questão foi esboçada por W. Quine em um artigo de 1937 intitulado 'New Foundations for Mathematical Logic'; o sistema nele apresentado, que ficou conhecido como NF, foi extensamente estudado e desenvolvido por B. Rosser [Ros53]; ver [Hat82, cap.7], [FBHL73, cap.3].

NF incorpora em sua linguagem variáveis de um único tipo, $x, y, z, \ldots$, o símbolo de pertinência $\in$ (como um símbolo de predicado binário). Os objetos aos quais os termos da linguagem de NF fazem referência (intuitivamente) são denominados de *conjuntos*, ou *classes*.

A igualdade é introduzida do modo habitual por meio da definição seguinte:

Definição 9.7.1. $x = y := (\forall z)(x \in z \leftrightarrow y \in z)$,

para todos x e y. Como é usual, $x \neq y$ denota $\neg(x = y)$. Um conceito importante em NF é o de *fórmula estratificada*, dada pela seguinte definição:

Definição 9.7.2. *Seja* α *uma fórmula da linguagem de NF. Dizemos que* α *é estratificada se podemos atribuir números naturais às variáveis de* α *do seguinte modo:*[32]

---

[32]Quando a duas variáveis x é y é atribuído mesmo número natural, dizemos que x e y têm o mesmo *tipo* (não confundir com o conceito de 'tipo' da teoria dos tipos).

(i) *A todas as ocorrências de uma mesma variável livre atribui-se o mesmo número natural.*

(ii) *A todas as ocorrências de uma variável as quais são ligadas pelo mesmo quantificador deve ser atribuído o mesmo número natural.*

(iii) *Para toda sub-fórmula de α da forma $x \in y$, o número natural atribuído a y deve ser uma unidade maior do que o número natural atribuído a x.*

Desse modo, por exemplo $x \in y \wedge y \in x$ não é estratificada. Tendo em vista esta definição, pode-se manter o Esquema da Compreensão como um dos axiomas de NF; na verdade, os dois únicos axiomas específicos desse sistema são o Esquema da Compreensão, restrito a fórmulas estratificadas, e o Axioma da Extensionalidade. Mais especificamente, temos:

(NF.1) [Axioma da Extensionalidade]

$$\forall x \forall y (\forall z (z \in x \leftrightarrow z \in y) \rightarrow x = y)$$

(NF.2) [Esquema da Compreensão] Para qualquer fórmula estratificada $\alpha(x)$, sendo y variável que não ocorre livre em $\alpha(x)$, o fecho universal da expressão seguinte é um axioma:

$$(\exists y)(\forall x)(x \in y \leftrightarrow \alpha(x))$$

O símbolo $\{\ldots : \cdots\}$ é o *abstrator*, nosso conhecido. Usando-o, podemos considerar em NF expressões $\{x : \alpha(x)\}$ como que abreviando certas fórmulas de NF. Assim, o conjunto y dado pelo axioma precedente (para uma certa fórmula $\alpha(x)$, pode ser escrito

$$\{x : \alpha(x)\} \tag{9.24}$$

e desse modo podemos aplicar o conceito de fórmula estratificada a expressões envolvendo abstratores, o que é bastante conveniente.

Em NF, as teorias dos números naturais, cardinais e ordinais são desenvolvidas de modo similar a como se faz na teoria de tipos, mas agora não há mais aquela 'multiplicação' de conceitos. Com efeito, há um só conjunto vazio, denotado Λ, que pode ser definido (usando-se o abstrator) do seguinte modo:

$$\Lambda := \{x : x \neq x\} \tag{9.25}$$

e há também uma só classe universal

$$\mathcal{V} := \{x : x = x\} \tag{9.26}$$

O número natural 1, por exemplo, é definido (a la Frege e Russell) por

$$1 := U(\mathcal{V}) \tag{9.27}$$

sendo

$$U(X) := \{x : (\exists y)(y \in X \land x = \{y\}\} \tag{9.28}$$

a coleção de todos os conjuntos unitários (que têm um só elemento).

Como se pode provar em NF que $\mathcal{V} \in \mathcal{V}$, a teoria é distinta de ZFC, KM ou NBG. Ademais, desde que $x \notin x$ não é estratificada, o paradoxo e Russell não pode ser aqui reproduzido. Além disso, toda a teoria de conjuntos e a matemática padrões podem ser desenvolvidas em NF, como mostrado em [Ros53].

Tendo em vista os axiomas acima, pode-se ser levado a concluir que somente fórmulas estratificadas podem dar origem a conjuntos em NF; isso é falso, pois certas fórmulas que não são estratificadas podem também originar conjuntos cuja existência pode ser provada em NF. Vejamos um caso: suponha que a fórmula (estratificada) $\alpha(x)$ seja $x \in z \lor x = u$. Usando o no Esquema da Compreensão, podemos provar que para todos z e u, o conjunto $z \lor \{u\}$ existe e então, em particular, o conjunto $z \lor \{z\}$ existe em NF, apesar de $z \lor \{z\}$ não ser estratificada. Na verdade, o que está acontecendo é que a condição de estratificação requerida para a fórmula $\alpha(x)$ no Esquema da Compreensão pode ser restringida à variável x e às variáveis *ligadas* de $\alpha(x)$. Então, isso posto, qualquer instância do esquema da compreensão é teorema de NF, como ocorre no caso de $z \cup \{z\}$.

NF tem, no entanto, algumas propriedades 'estranhas', como as seguintes:

9.7.1   O teorema de Cantor em NF

O chamado 'Teorema de Cantor', a saber, $card(A) \prec card(\mathcal{P}(A))$ não vale irrestritamente em NF, como ocorre nas demais teorias anteriormente vistas. Isso se deve ao fato de que um conjunto que é fundamental para a demonstração desse fato é tal que as suas condições de definição não são extratificáveis.

Com efeito, a demonstração desse resultado em ZFC por exemplo inicia assumindo por absurdo que existe uma bijeção de A em $\mathcal{P}(A)$. Considere agora o conjunto B dos elementos de A que não pertencem às suas imagens pela bijeção descrita, ou seja,

$$B = \{x : x \in A \land \forall z(\langle x, z \rangle \in f \to x \notin z)\}. \tag{9.29}$$

Então $B \subseteq A$, e assim deve estar relacionado, pela bijeção, a algum elemento $x \in A$. Se $x \in B$, então x não pode pertencer à classe com a qual está relacionado (uma vez que B foi definido de tal modo a conter como elementos exatamente tais x). Mas a subclasse de A com a qual x está relacionado é B, e assim $x \notin B$. Portanto, a suposição de que $x \in B$ leva a $x \notin B$. Mas se por outro lado $x \notin B$, ou seja, x não pertence à classe à qual está relacionado, pela definição de B ele deve pertencer a B, ou seja, isso implica que $x \in B$. Em outras palavras, deriva-se uma contradição a partir da hipótese assumida, a qual portanto deve ser rejeitada.

Acontece que em NF não podemos fazer essa demonstração, pois a fórmula que define o conjunto B acima não é estratificada, resultando que B não pode ser formado. Vejamos o motivo com algum detalhe. Em NF, uma fórmula $F(x,y)$ não determina uma relação a menos que $F(x,y)$ seja extratificada e que x e y tenham o mesmo tipo. Por outro lado, uma relação binária R é uma função se e somente se $\forall x \forall y \forall z (xRy \wedge xRz \rightarrow y = z)$.

Ora, se a imagem de x pela função f é por exemplo X, então $\langle x, X \rangle \in f$, e necessariamente x e X devem ter o mesmo tipo. Mas, na definição do conjunto B acima (ou seja, na fórmula que o caracteriza), devemos considerar aqueles x tais que $x \notin X$, e assim x não pode ter o mesmo tipo dos elementos de X (pois tem o mesmo tipo que X)[33] e assim não se pode dizer se x é ou não elemento de X, pois isso requer usar-se a identidade de x com algum elemento de X. Consequentemente, o conjunto dos objetos de A que não pertencem às respectivas imagens pela bijeção acima não pode ser assumido existir, e a prova não se segue.

O teorema de Cantor, no entanto, vale para casos particulares:

Definição 9.7.3. *Dizemos que um conjunto x é cantoriano (na acepção de Rosser) se x é equinumeroso com o conjunto de seus sub-conjuntos unitários.*[34]

Se x é cantoriano no sentido acima, então, para tal x, tem-se que $x \prec \mathcal{P}(x)$. Em outras palavras, vale o seguinte resultado:

Teorema 9.7.1. *Qualquer que seja x, se x é cantoriano, então é falso que x seja equinumeroso a $\mathcal{P}(x)$.*
Prova: *Admita que x é cantoriano e que x é equinumeroso a $\mathcal{P}(x)$. Então x é equinumeroso ao conjunto de seus sub-conjuntos unitários por ser cantoriano e, ainda, x é equinumeroso a $\mathcal{P}(x)$ pela hipótese assumida. Isso implica (pela comutatividade e pela transitividade da relação 'ser equinumeroso a') que $\mathcal{P}(x)$ é equinumeroso ao conjunto dos sub-conjuntos unitários de x, o que é uma contradição em NF (Cf. Teorema XI.1.6, p. 347 de [Ros53]).* ∎

No entanto, para conjuntos não cantorianos, como $\mathcal{V}$, o resultado do teorema pode não se aplicar; disso resulta, como se pode provar, que em particular $\mathcal{V}$ é equinumeroso ao seu conjunto potência (ao conjunto de todos os seus sub-conjuntos). Ademais, o cardinal de $U(\mathcal{V})$ é menor do que o de $\mathcal{V}$, posto que o cardinal de $U(\mathcal{V})$ é menor do que o de $\mathcal{P}(\mathcal{V})$ (que é igual ao de $\mathcal{V}$).

Há no entanto uma consequência interessante do fato de que o paradoxo de Cantor, que baseia-se no exposto acima, não poder ser derivável em NF. Com efeito, se provássemos que $A \prec \mathcal{P}(A)$, desde que $\mathcal{P}(\mathcal{V}) = \mathcal{V}$,[35] obtería-

---

[33]Em NF, se R é uma relação, então xRy é estratificada se e somente se x e y têm o mesmo tipo, o qual deve ser uma unidade menor do que o tipo de R (cf. [Ros53, p.286]).

[34]Pode-se provar que há conjuntos não-cantorianos em NF, como por exemplo $\mathcal{V}$.

[35]Tais provas podem ser vistas em [Hat82, p.117].

mos uma contradição $\mathcal{V} \prec \mathcal{P}(\mathcal{V})$, e isso implicaria na inconsistência de NF. Como observa Hatcher (*op. cit.*, p. 225), "é somente o fato de que a estratificação falha para pares ordenados da forma $\langle y, \{y\} \rangle$ que evita uma prova direta de uma contradição em NF."

O teorema de Cantor vale no entanto em uma forma que se adapta ao o conjunto dos 'unitários' de A; mais precisamente, tem-se que se $U(A) := \{x : (\exists y)(y \in A \wedge x = \{y\}\}$, como já definido anteriormente, então $U(A) \prec \mathcal{P}(A)$ (note que não é $\mathcal{P}(U(A))$, pois senão recairíamos no caso proibido pela negativa do teorema de Cantor). Então, sendo $A = \mathcal{V}$, resulta que $U(\mathcal{V}) \prec \mathcal{V}$; ou seja, $\mathcal{V}$ tem a característica peculiar de não ser equinumeroso ao conjunto de seus sub-conjuntos unitários.

9.7.2   O axioma da escolha em NF

Foi provado por Specker em 1953 que o axioma da escolha é falso em NF. Intuitivamente, podemos entender o resultado de Specker do seguinte modo: dada uma coleção x de conjuntos não vazios e dois a dois disjuntos, o axioma da escolha assevera que existe um 'conjunto-escolha' para x contendo um e somente um elemento de cada um dos conjuntos que constituem x. Isso implica que tal conjunto-escolha está em correspondência 1-1 com x, uma vez que cada um de seus elementos pode ser associado ao conjunto do qual é membro. No entanto, admita que x é a coleção de todos os sub-conjuntos unitários de um conjunto qualquer não vazio y; nesse caso, o conjunto-escolha de x seria precisamente y, e então y estaria em correspondência 1-1 com o conjunto de seus sub-conjuntos unitários, o que não é sempre verdadeiro em NF, pois tal resultado não vale para os conjuntos não-cantorianos.

No entanto, se restringirmos a atenção unicamente aos conjuntos cantorianos, então não há prova de que esse fato leve a uma contradição; aparentemente, pode-se então assumir o axioma da escolha nesse caso restrito e derivar-se em NF a matemática clássica. Em outros termos, os 'conjuntos' de ZFC, por exemplo, seriam cópias dos conjuntos cantorianos de NF.

O argumento acima de que o axioma da escolha leva a uma contradição em NF não constitui uma *prova* desse fato, estritamente falando. A prova de Specker é mais complicada, envolvendo outros conceitos; dito de modo breve, Specker considerou o axioma da escolha como dizendo que a coleção dos números cardinais em NF é bem ordenada pela relação $\prec$ definida do seguinte modo: $x \prec y$ se e somente se $x \leq y \wedge \neg(x \equiv y)$, sendo '$\equiv$' a relação de equinumerosidade. Então, provou que a coleção dos cardinais não pode ser bem-ordenada em NF, o que contraria o axioma da escolha na versão acima mencionada.

9.7.3 O axioma do infinito

Pode-se provar que em NF o conjunto de todos os cardinais finitos é bem ordenado.[36] Como no entanto resulta da prova de Specker acima mencionada
que o conjunto de *todos* os cardinais não é bem ordenado, segue-se que há cardinais que não são finitos. Isso mostra que a existência de conjuntos infinitos
não precisa ser postulada por axioma extra, como ocorria nas teorias vistas
anteriormente.

9.7.4 A aritmética em NF

Em todo o desenvolvimento acima, afirmou-se uma série de resultados sobre
NF sem que se desse a devida justificativa matemática. Também não faremos
isso aqui, posto que tal fato nos obrigaria a um desenvolvimento muito por-
menorizado da teoria, o que não é nosso objetivo. No entanto, a fim de tornar
o texto mais auto-suficiente, indicaremos por alto o 'caminho' a ser trilhado
para se desenvolver a aritmética (e daí, toda a matemática) nesse sistema,
ainda que sem todas as demonstrações. Muito do que se disse acima será aqui
reprisado, logo o que se segue pode muito bem complementar a seção como
um todo.

Inicialmente, listamos algumas definições e teoremas de NF:

Definição 9.7.4.

(i) $x \subseteq y =: \forall z (z \in x \to z \in y)$

(ii) $\mathcal{P}(x) =: \{y : y \subseteq x\}$

(iii) $\{x\} =: \{y : y = x\}$

(iv) $\{y_1, \ldots, y_n\} =: \{z : z = y_1 \vee \ldots \vee z = y_n\}$

(v) $x \cup y =: \{z : z \in x \vee z \in y\}$

(vi) $x \cap y =: \{z : z \in x \wedge z \in y\}$

(vii) $\overline{x} =: \{y : y \notin x\}$

Teorema 9.7.2.

(i) $\forall x (x \in \mathcal{V})$

(ii) $\mathcal{V} \in \mathcal{V}$

(iii) $\forall x (x \subseteq \mathcal{V})$

(iv) $\mathcal{P}(\mathcal{V}) = \mathcal{V}$

---

[36]Para definições precisas de 'cardinal' (em NF), etc., ver as obras citadas de Rosser e de Hatcher
. Nossos argumentos podem ser seguidos tendo-em em mente os conceitos intuitivos de cardinal,
conjunto finito, número natural, etc.

(v) $\forall x(x \notin \Lambda)$

Note que cada uma das fórmulas das definições acima é estratificada, assim como são estratificadas cada uma das fórmulas que aparecem nas definições abaixo.

Para definirmos os números naturais, lembremos o que já foi dito acima, a saber, que os números naturais 0, 1, etc. não podem ser definidos como se fez em ZFC; o motivo é que o sucessor de x, definido *a la* von Neumann em ZF como sendo o conjunto $x \cup \{x\}$, não pode ser aqui considerado pois teria que ser o conjunto $\{y : y \in x \lor y = x\}$, e a fórmula que caracteriza este conjunto não é estratificada. Então, a fim de introduzir os númerso naturais, vem a seguinte definição:

Definição 9.7.5.

(i) $0 := \{\Lambda\}$

(ii) $S(x) := \{z : \exists y(y \in z \land z \cap \overline{\{y\}} \in x)\}$, sendo y e z variáveis distintas que não ocorrem no termo x.

(iii) $\mathcal{N} := \{x : \forall y(0 \in y \land \forall z(z \in y \to S(z) \in y) \to x \in y\}$

(iv) $Fin := \{x : \exists y(y \in \mathcal{N} \land x \in y\}$

(v) $Inf := \overline{Fin}$

$S(x)$ denota o sucessor de x, ao passo que $\mathcal{N}$ representa o conjunto dos números naturais em NF. O modo de se introduzir esses conceitos remonta a Frege: zero é o conjunto de todos os conjuntos que não têm elementos, $\{\Lambda\}$ (há um só tal conjunto, como é fácil provar). Dado um número natural x, o seu sucessor $S(x)$ é o conjunto de todos os conjuntos que têm exatamente n elementos (i.e., pertencem a x) quando um de seus elementos é removido. O conjunto dos números naturais é portanto o menor conjunto contendo 0 e o sucessor de cada um de seus elementos, ao passo que Fin tem como elementos todos os conjuntos que pertencem a algum número natural; Fin é o conjunto dos conjuntos finitos, e Inf o dos 'infinitos' (i.e., aqueles que não são finitos).

Isso posto, os axiomas de Peano podem ser facilmente derivados em NF, e a aritmética se desenvolve a partir daí (os quantificadores nas expressões abaixo percorrem números naturais):

Teorema 9.7.3.

(i) $0 \in \mathcal{N}$

(ii) $\forall x(x \in \mathcal{N} \to S(x) \in \mathcal{N})$

(iii) $\forall x(0 \neq S(x))$

(iv) $\forall x \forall y(S(x) = S(y) \to x = y)$

(v) $\forall x(0 \in x \land \forall y(y \in x \land y \in \mathcal{N} \to S(y) \in x) \to \mathcal{N} \subseteq x)$

9.7.5 Sobre os modelos de NF

B. Rosser e H. Wang provaram, em 1950, que todo modelo de NF deve ser *não-standard* [RW50]. Por 'modelo não standard' entende-se um modelo tal que pelo menos uma das características seguintes seja verificada (tal caracterização foi dada por L. Henkin em 1947):

(i) A relação no modelo que representa a igualdade na teoria considerada (no caso, em NF) não é a identidade entre os objetos do modelo.

(ii) Aquela porção do modelo que supostamente representa os números naturais da teoria não é bem ordenado pela relação $\leq$.

(iii) Aquela porção do modelo que supostamente representa os números ordinais da teoria não é bem ordenado pela relação $\leq$.

O argumento de Rosser e Wang se dá mostrando-se que não há modelo standard para NF. Com efeito, vamos tentar encontrar um modelo standard; para tanto, suponha-se inicialmente que NF é consistente, pois caso contrário não teria modelo. Ademais, NF tem um predicado de igualdade. Os modelos para os quais a relação de igualdade não representa a identidade de NF são todos não-standard, e devem portanto ser descartados no momento. Em NF, pode-se provar cada um dos seguintes teoremas, sendo *Fin* a classe de todos os cardinais finitos:[37] $0 \in Fin$, $1 \in Fin$, $2 \in Fin$, etc., além de $0 \neq \Lambda$, $1 \neq \Lambda \wedge 1 \neq 0, \neq \Lambda \wedge 2 \neq 0 \wedge 2 \neq 1$, etc.

Como cada uma dessas asserções deve ser verdadeira em qualquer modelo, então *Fin* deve ser representada por um conjunto infinito do modelo. Ademais, a relação $\leq$ de NF deve ser tal que a relação que a representa no modelo possa provar um dos teoremas de NF, a saber, para todos x e y em *Fin*, tem-se $x < y \vee x = y \vee x > y$ (cf. [Ros39, T27]. Pelas cláusulas de Henkin acima, se esta relação de ordem não é uma boa ordem, não teremos um modelo standard; assim, vamos supor que existe um modelo de NF no qual a relação que representa $\leq$ é uma boa ordem. Em tal modelo, denotemos por *Fin** a classe que representa *Fin* e por 0^*, 1^*, 2^*, etc. os representantes de $0, 1, 2, \ldots$ respectivamente.

Suponha agora que $a \in Fin^*$ mas que a não é nenhum dos elementos 0^*, $1^*, 2^*$, etc. Se a fosse um representante de Λ em *Fin**, então, em virtude de um teorema de NF que assevera que $\forall x(x \in Fin \to x \neq \emptyset) \vee \exists x(x \in Fin \vee \mathcal{V} \in x)$ [Ros39, T10], deve haver um $b \in Fin^*$ que é um representante de $\mathcal{V}$. No entanto, em NF pode-se provar que $\mathcal{V} \notin 0$, $\mathcal{V} \notin 1$ e assim por diante, e portanto b não pode ser qualquer um dentre 0^*, 1^*, 2^*, etc. e nem ser um representante de Λ. Porém, pode-se provar em NF que todo elemento de *Fin*, distinto de 0 e de λ, tem um predecessor que não é Λ, e portanto o elemento a de *Fin** cuja existência acabamos de provar deve ter um predecessor que não é um

---

[37]Lembramos que não estamos reproduzindo aqui todos os conceitos de NF; o argumento pode no entanto ser seguido com tais conceitos assumidos em sua acepção intuitiva.

representante de Λ. Este predecessor, ademais, não pode ser um dentre 0^*, 1^*, 2^*, etc, porque neste caso, adicionando-se uma certa quantidade de 1's, chegaríamos à conclusão de que a seria um dentre 0^*, 1^*, 2^*, etc. Repetindo o raciocínio, obtemos um predecessor do predecessor, etc, contrariando a hipótese de que Fin^* é bem ordenado.

Em resumo, acabamos de mostrar que a classe Fin^* que representa os cardinais finitos não pode ser bem-ordenada, o que contraria a cláusula 2 da definição de Henkin mencionada acima. Rosser e Wang vão mais longe, mostrando que também a cláusula 3 é violada, mas não seguiremos seu raciocínio aqui.

9.7.6   Outros fatos sobre NF

Há vários resultados interessantes acerca de provas de consistência relativa envolvendo NF ou algumas modificações desse sistema e os outros sistemas já vistos. Algumas delas são as seguintes, aqui somente mencionadas.[38]

(i) Se NF mais um axioma que asserte a existência de um cardinal inacessível é consistente, então ZFC é consistente.

(ii) Se NF mais um axioma que asserte a existência de um conjunto cantoriano é consistente, então ZFC menos o esquema da substituição é consistente.

(iii) Até hoje não se sabe se a consistência de ZFC implica a de NF.

(iv) Em NF, como já se viu, prova-se que para qualquer x, $U(x) \prec \mathcal{P}(x)$. Se $x = \mathcal{V}$, vem então que $U(\mathcal{V}) \prec \mathcal{P}(\mathcal{V})$, mas por outro lado vimos que $\mathcal{P}(\mathcal{V}) = \mathcal{V}$, e portanto $U(\mathcal{V}) = \mathcal{V}$. Isso mostra que V não é cantoriano. No entanto, V é um conjunto infinito, e vem então a questão: há conjuntos não cantorianos *finitos*? Foi provado por Orey que se acrescentarmos à axiomática e NF o chamado Axioma de Rosser (AR), a saber,

$$\forall x \forall y (x \in y \wedge y \in \mathcal{N} \to Can(x)) \qquad (9.30)$$

ou seja, todo elemento de um número natural é cantoriano, então de NF + AR, pode-se provar a consistência de NF. Logo, tendo em vista o segundo teorema de incompletude de Gödel,[39] não se pode derivar AR em NF; consequentemente, acrescentando-se aos axiomas de NF a negação do axioma de Rosser, chegamos à conclusão de que em NF pode haver conjuntos finitos que não sejam cantorianos. No entanto, nenhum desses conjuntos foi até o momento exibido.

---

[38]Estes fatos são aqui mencionados para se dar uma ideia da riqueza do sistema de Quine-Rosser.

[39]Dito de modo bastante informal, de uma certa teoria, formulada de forma a satisfazer alguns requisitos explicitados por Gödel (dentre eles, de ser possível, em tal teoria, exprimir a aritmética elementar e que em T todas as funções e relações recursivas sejam *representáveis*), não se pode provar em T a sua própria consistência.

9.8 O sistema ML

O sistema ML de Quine-Wang, inicialmente proposto por Quine em um livro denominado *Mathematical Logic* [Qui82] (original de 1940), daí o seu nome, grosso modo, é obtido de NF incorporando-se-lhe classes próprias, de modo similar ao que se fez a partir de ZF para se obter NBG. Todos os conjuntos de NF são agora classes, mas há classes em ML que não podem ser elementos de qualquer classe. O sistema original apresentado por Quine permitia derivar o paradoxo de Burali-Forti (era portanto inconsistente), como mostrado por Rosser em 1942, e foi devidamente 'consertado' por Hao Wang em 1950.

ML é uma teoria de primeira ordem cujo único símbolo específico é a pertinência $\in$. Como em NBG, usam-se variáveis $X, Y, \ldots$ para classes e $x, y, \ldots$ para conjuntos. O conceito de *conjunto* é o seguinte: define-se $M(X) := \exists Y(X \in Y)$. Os axiomas são os seguintes:

(ML.1) [Extensionalidade] $\forall X \forall Y \forall Z(X = Y \wedge X \in Z \rightarrow Y \in Z)$

(ML.2) $\exists Y \forall x(x \in Y \leftrightarrow \phi(x))$

onde $\phi(x)$ é uma fórmula qualquer da linguagem de ML.

Para o terceiro axioma, considere que $\phi(x)$ é uma fórmula tal que somente quantificam-se variáveis que denotam conjuntos. Em outros termos, $\phi(x)$ é uma fórmula predicativa estratificada. Se todas as variáveis livres de $\phi(x)$ figuram entre $x, y_1, \ldots, y_n$ e z não ocorre nesta fórmula, então:

(ML.3) $\forall y_1 \ldots \forall y_n \exists z \forall x(x \in z \leftrightarrow \phi(x))$

Este axioma diz que dada uma condição predicativa estratificada qualquer cujas variáveis percorram conjuntos, existe um *conjunto z* cujos elementos são precisamente aqueles objetos que satisfazem a condição. Em especial, todos os conjuntos de NF são conjuntos em ML.

Alguns fatos de interesse sobre ML são os seguintes. Como vimos, o Axioma da Escolha falha em NF pois há conjuntos não-cantorianos cujos elementos são conjuntos dois a dois disjuntos mas que não admite conjunto escolha. Em ML, o axioma continua falhando no caso de conjuntos, mas até o momento não se sabe se ele poderia ser consistentemente assumido no caso de classes, por exemplo na forma: *Toda classe cujos elementos são conjuntos não vazios e dois a dois disjuntos admite uma classe escolha* [Qui63, p.308].

O teorema de Cantor, por outro lado, pode ser provado em ML sem restrições e se evita o Paradoxo de Cantor em virtude de que neste sistema (contrariamente a NF, como vimos), não há conjunto universal. Como todos os teoremas de NF podem ser provados em ML, se ML for consistente, assim o será NF. Em 1950, Wang provou que qualquer fórmula fechada de NF que seja demonstrável em ML é demonstrável em ML. Isso mostra que ML é uma extensão conservativa de NF.

Sistemas como ML, bem como os demais vistos anteriormente, para não falarmos de tantos outros que sequer foram tocados neste texto, trazem de modo natural a questão de se indagar acerca da relativa liberdade que o matemático tem de 'inventar' sistemas os mais variados. É bem verdade, como já visto, que segundo Hilbert o matemático deve investigar todos os sistemas logicamente possíveis, como ele disse [Hil76]. No entanto, há matemáticos que advogam uma espécie de 'volta às aplicações ', como o já mencionado Vladimir I. Arnol'd. Abaixo, discutiremos alguns aspectos desta polêmica.

9.9 O sistema Ackermann-Muller

O filósofo da matemática e da física Fred A. Muller (1962 –) discute os fundamentos da matemática em [Mul01]. Dentre outras coisas, apresenta uma extensão da teoria de conjuntos de Wilhelm Ackermann (1896-1962) com a finalidade de obter uma fundamentação para *toda* a matemática, incluindo a teoria de categorias. Ele não apresenta os detalhes de como essa teoria pode ser obtida na teoria ARC que elabora, mas indica as ideias principais.

'ARC' é a denominação que Muller dá para uma modificação da teoria de Ackermann (que seria o 'A') acrescida de um axioma da regularidade ('R') e uma versão do axioma da escolha ('C'). Nesta seção, apresentaremos um resumo dessa teoria, com a finalidade de mostrar uma teoria que é capaz de oferecer a possibilidade de uma 'redução' de categorias a conjuntos, mostrando a força da noção de conjunto.

A teoria de Ackermann-Muller é interessante por permitir que classes próprias possam ser elementos de outras classes próprias (o que é impedido em NBG), mas notadamente após sua extensão com um axioma de existência de classes de classes e os axiomas da regularidade e da escolha [40] sendo capaz de abrigar até mesmo a teoria de categorias. Se chamarmos, como faz Muller, de A' a teoria de Ackermann [Lév59] e de A a sua extensão com o esquema da separação para classes mencionado abaixo, denotaremos (como faz esse autor) por ARC a versão obtida de A adicionando-se-lhe os axiomas da regularidade e da escolha, onde 'R' recorda 'regularidade' e 'C' lembra 'choice' (escolha). Delinearemos essa teoria a seguir, apontando para algumas e suas características. O importante é constatar a sua relativa 'simplicidade' em relação a uma teoria com universos no sentido de Grothendieck, como aliás destacado por Muller e que comentaremos abaixo, e de sua abrangência, posto que ela pode fundamentar toda a matemática conhecida hoje.

Há que se justificar o uso de classes. Muller refere-se dentre outras coisas à sua generalidade, aplicabilidade universal, não ficando restritas à doutrina da 'limitação de tamanho' de Zermelo.[41] Ademais, como sustenta Muller, trata-se

---

[40]No seu artigo, Muller cita um trabalho anterior seu [Mul98], que no entanto não foi encontrado por mim.

[41]Recorde, leitor, que para evitar a derivação de paradoxos que se originavam da hipótese da existência de 'conjuntos' demasiadamente grandes como o conjunto de Russell $\mathcal{R} = \{x : x \notin x\}$, Zermelo apresentou o Axioma da Separação, que diz que conjuntos devem ser 'separados' (por propriedades) de outros já existentes. Veja as páginas 148 e 166.

de um retorno ao programa logicista, que considerava coisas mais amplas do que os conjuntos zermelianos; Frege, por exemplo, quando se referia à extensão de um conceito, certamente se referia a uma classe, e não a um conjunto. A teoria ARC, no entanto, é ainda mais ampla, envolvendo também a teoria de categorias e a arquitetônica bourbakista estendida a classes (veja a 'condição 5' abaixo).

Já sabemos que podemos fortalecer teorias como ZFC com universos no sentido de Grothendieck, ou (equivalentemente) com a suposição da existência de cardinais inacessíveis, mas isso não conforta Muller.[42] Segundo esse autor, a alternativa de se supor a existência de universos ou de tais cardinais é 'superabundante', uma vez que, havendo uma quantidade enorme (mais do que há números naturais) de cardinais inacessíveis, ficamos com uma quantidade enorme de possíveis modelos para a fundamentação da matemática, quando, segundo ele, deveríamos dispor de *uma* fundamentação segura, que seria ARC.

Segundo Muller, os requisitos para uma teoria de fundamentos da matemática são seis; vejamos um resumo das seis condições.

Condição (1, Reducionismo). *Todo objeto matemático é uma classe cuja existência pode ser mostrada.*

A teoria ARC é uma toria de *classes*; conjuntos são, como em NBG, classes particulares, a saber, são aquelas classes que pertencem a outras classes, mas agora ARC admite que uma classe possa ter outras classes como elementos (devido ao axioma da regularidade, uma classe não poderá conter ela própria como elemento). As classes que não são conjuntos são, como em NBG, chamadas de 'classes próprias'. Isso também explica a condição seguinte. Como *todo* objeto matemático deve ser elemento de alguma classe e como categorias são objetos matemáticos, a teoria fundacionista deve portanto envolver a teoria de categorias.

Condição (2, Classes e conjuntos). *Conjuntos são casos particulares de classes; são bem-fundados, bem ordenados, têm um único número ordinal e um único cardinal, e há classes que não são conjuntos.*

Condição (3, Paraíso de Cantor). *Há uma classe que desempenha o papel da hierarquia cumulativa, que será denotada por 'V' na teoria.*

Condição (4, Teoria de categorias). *A teoria de categorias deve poder ser fundamentada na teoria envolvendo classes e conjuntos sem que haja 'superabundância' típica do procedimento advindo dos universos de Grothendieck, como comentado acima.*

Condição (5, Bourbakismo). *A teoria bourbakista das espécies de estruturas deve poder ser desenvolvida, estendendo-a a 'classe-estruturas', ou seja, as estruturas podem também ser classes. Segundo Muller, a incorporação da teoria de categorias em ARC faz com que apareçam mais estruturas fundamentais para a matemática além*

---

[42]Veremos isso na seção 9.10 abaixo.

das estruturas mães de Bourbaki, que eram conjuntos (página 269), aparecendo as estruturas categoriais [Mul01, p.568].

Condição (6). *Coisas que dificultam a obtenção da matemática padrão, como a exigência da predicatividade (Russell) ou da estratificação (Quine) devem ser evitadas. A matemática que se deseja, segundo ele, é a usual, repleta de impredicatividades e de definições envolvendo fórmulas não estratificadas. Com efeito, a matemática usual é impredicativa, como atestam várias situações como a definição de número real por meio dos cortes de Dedekind. Hermann Weyl, como já sabemos, tentou restringir a matemática à predicatividade, mas com isso teve que limitar muito o seu escopo; pode-se consultar [dS89]. Restrições similares acontecem se nos restringirmos à estratificação.*

Alguns comentários adicionais são os seguintes. Vimos que, tendo em vista a 'redução' da teoria de categorias a conjuntos de ARC que esse autor sugere, pode-se entender a primeira condição como exigindo que aquilo que se considera parte da matemática ou da contraparte matemática de uma teoria física deva 'existir' em alguma teoria de conjuntos. Isso parece bastante razoável: se assumimos alguma entidade matemática, devemos estar em condições de provar que ela existe, ainda que isso possa ser feito, para a matemática usual, de modo não construtivo. Expliquemos.

Na matemática 'construtiva' [Cal79], o uso do princípio do terceiro excluído é restringido, o que impede o uso irrestrito das demonstrações por redução ao absurdo. Para admitirmos a existência de alguma entidade matemática, nessa matemática devemos exibir um 'método' que permita 'construir' essa entidade, como vimos na página 235. Na matemática usual, no entanto, seguindo Hilbert, algo 'existe' se a sua não existência implica uma contradição. Assim, uma boa-ordem sobre $\mathbb{R}$ existe, pois em caso contrário contradiríamos o Axioma da Escolha de ZFC.[43]

A condição 2 assume o Axioma da Escolha (AE). Sem esse axioma, podemos ter conjuntos que não apresentam qualquer boa-ordem, dentre outras 'entidades estranhas'. Como o estudo da matemática sem o AE é feita por muitos matemáticos, a condição 2 é bastante restritiva.

Nada a objetar quanto à condição 3, ainda que ela imponha uma grande restrição, fazendo-nos ficar limitados ao universo cantoriano, e já sabemos que, desde Cohen, o estudo de matemáticas *não-cantorianas* é um fato incontestável. A condição 4 envolve a redução dessa teoria a uma teoria de conjuntos, e a 'superabundância' que Muller critica na abordagem de Grothendieck se refere ao fato de que se κ é um cardinal inacessível, então V_κ é um modelo de ZFC. E como há infinitos cardinais inacessíveis, teremos a referida abundância de modelos para a matemática que desejamos. Saliente-se que a existência de cardinais inacessíveis é equivalente à existência de universos de Grothendieck.

---

[43]O axioma da escolha implica que todo conjunto pode ser bem ordenado. O problema é que não é possível exibir uma boa ordem sobre $\mathbb{R}$ (há uma infinidade delas) por meio de uma fórmula da linguagem de ZFC.

Quanto à condição 5, já vimos antes as críticas de muitos matemáticos ao procedimento 'estilo Bourbaki'. A matemática *que está sendo feita*, a matemática informal, via de regra não é axiomática, é sujeita a erros e correções, em um processo muito bem descrito por Imre Lakatos em seu livro [Lak78]. Aliás, muito da matemática aceitável não está devidamente axiomatizada; peguemos o exemplo da demonstração, feita pelo matemático britânico Andrew Wiles que tem como corolário o último teorema de Fermat. É reconhecido que poucas pessoas, mesmo com formação em matemática, conseguem acompanhar a demonstração, dada a sua complexidade e variedade de assuntos que engloba.[44] É de se supor (é uma conjectura, pois eu também não conheço a demonstração em detalhes) que toda ela 'caiba' em ZFC, mas isso precisaria ser mostrado. Em todo caso, mesmo que a demonstração de Wiles seja de fato algo que possa ser feita em ZFC (ou em alguma outra teoria de conjuntos), não se descarta a possibilidade de haver *algo* em matemática que não se encaixe em qualquer das estruturas conhecidas, como algo que dependa de conceitos que não podem ser formulados em ZFC, bastando que sejam utilizados, por exemplo, cardinais que não podem ser obtidos em ZFC. Aliás, já comentamos que o próprio Bourbaki salientou que suas estruturas mães eram provisórias e que o futuro poderia apresentar situações em que novas estruturas fossem requisitadas. Em todo caso, em termos de fundamentos da matemática, que é o que Muller objetiva, é aceitável que devamos explicitar as estruturas requeridas.

Ele tem completa razão quanto à condição 6. Se nos limitarmos a coisas predicativas ou estratificadas apenas, estaremos restringindo em muito a matemática que usualmente se aceita. Basta lembrar que Hermann Weyl tentou restringir-se à matemática predicativa, e sabe-se que isso restringe em muito o que usualmente se aceita. O mesmo pode ser dito quanto à estratificação.

Assim, com relação aos fundamentos da matemática, podemos sugerir que *não há fundamentos estabelecidos para a matemática atual*. Parte dela 'cabe' em ZFC, parte dela cabe em teorias não-cantorianas ou não bem-fundadas de conjuntos, ou então podemos supor que há matemática baseada em lógicas não clássicas, como as paraconsistentes, e assim por diante. Não há abordagem geral à matemática que a capte *in totum*, uma vez que simplesmente não sabemos em que consiste toda a matemática: não temos a parede toda, mas somente mosaicos, teorias parciais que funcionam como pequenos azulejos que, juntos, preenchem o muro todo, mas que entre eles pode haver até inconsistências. Isso faz parte da matemática viva.

9.9.1 A teoria ARC

A linguagem da teoria ARC é bissortida, contendo o símbolo de pertinência, variáveis para conjuntos $A, B, C, \ldots$, com $X, Y, \ldots$ para nos referirmos a elas

---

[44]Um resultado incrível em matemática pura é o teorema que estabelece a classificação dos chamados grupos simples finitos, feito em mais de 10.000 páginas em mais de 500 revistas e por mais de 100 autores. O teorema foi finalizado em 1981; as referências podem ser facilmente encontradas na web.

e, para classes, $\mathcal{A}, \mathcal{B}, \mathcal{C}, \ldots$; usaremos $\mathcal{X}, \mathcal{Y}, \ldots$ para nos referirmos aos objetos designados por essas variáveis. Há ainda uma constante para classes, V, que intuitivamente indica a classe de todos os conjuntos, ou seja, $\mathcal{X} \in V$ se e somente se $\mathcal{X}$ é um conjunto.[45] Essa constante não pode ser eliminada, o que mostra que a teoria é distinta das demais nossas conhecidas [Mul01]. A noção de identidade (igualdade) para classes diz que $\mathcal{X} = \mathcal{Y}$ se e somente se elas têm os mesmos elementos e são membros das mesmas classes. Os conceitos de sub-classe, de classe-potência, classe-união, as entidades normalmente usadas na teoria de categorias, morfismos, funtores, etc. podem ser todas obtidas em ARC (*op.cit.*) e abaixo.

Por uma *classe*, ou *coleção*, entendemos simplesmente a extensão de um predicado $\psi(\mathcal{X})$; trata-se portanto da coleção de todas as coisas que satisfazem o predicado, e é completamente determinada pelos seus membros. Se denominarmos de C uma classe determinada por ψ, temos o *esquema de Church* (lembrado por Muller), $x \in C \leftrightarrow \psi(\mathcal{X})$, ou simplesmente $\mathcal{X} \in V$. Um *conjunto*, por outro lado, é algo codificado pelos axiomas de alguma teoria, e trata-se de uma totalidade de elementos *distintos* uns dos outros, conforme a famosa 'definição' de Cantor já vista antes.

Os axiomas são os seguintes:

Axioma (1. Extensionalidade, Ext). *Duas classes são iguais se e somente se têm os mesmos elementos. Em símbolos,*

$$\forall \mathcal{A} \forall \mathcal{B} (\forall \mathcal{X} (\mathcal{X} \in \mathcal{A} \leftrightarrow \mathcal{X} \in \mathcal{B}) \rightarrow \mathcal{A} = \mathcal{B}. \tag{9.31}$$

Axioma (Existência de classes, ClsExt). *Este axioma foi usado por Ackermann e permite que se obtenham classes cujos elementos são conjuntos mediante um predicado $\varphi(X)$ que tenha uma variável para conjuntos. O axioma afirma que, dado um tal predicado, existe a classe dos conjuntos que ele define, chamemo-la de $\mathcal{A}$. Então $\mathcal{A} \subseteq V$ e sua unicidade segue da extensionalidade. Importante salientar que os parâmetros que ocorrem em φ são parâmetros para conjuntos: dada $\varphi(X)$, então*

$$\exists \mathcal{A} \forall X (X \in \mathcal{A} \leftrightarrow \varphi(X)). \tag{9.32}$$

Esse axioma vai ser descartado por Muller em prol de um axioma mais forte que apregoa a existência de classes que possam ter classes como elementos, e do qual o axioma acima pode ser derivado. Trata-se do seguinte:

Axioma (2. Esquema da separação para classes, ClsSep). *Dada uma condição $\varphi(\mathcal{X})$ e dada uma classe $\mathcal{Z}$, existe uma classe $\mathcal{A}$ cujos elementos são exatamente aqueles elementos de $\mathcal{Z}$ que cumprem a condição dada.*

$$\exists \mathcal{A} \forall \mathcal{X} (\mathcal{X} \in \mathcal{A} \leftrightarrow \varphi(\mathcal{X})). \tag{9.33}$$

---

[45]Em seu sistema, Ackermann fazia uso de um operador **M** tal que **M**$\mathcal{X}$ indicaria que $\mathcal{X}$ é um conjunto ('M' para *Menge*). A abordagem de Ackermann é seguida em [FBHL73].

Assim, enquanto o axioma 9.9.1 afirma que existe uma classe $\mathcal{A}$ que contém exatamente todos os *conjuntos* que satisfazem φ, o axioma anterior diz que existe uma classe que contém exatamente todas as *classes* que satisfazem φ; nesse último caso, a fórmula φ pode conter parâmetros representando classes. Ademais, tomando $\mathcal{Z}$ para ser V, recuperamos o axioma 9.9.1 de Ackermann.

Muller chama de *fracamente delineadas* (*unsharply delineated*) aquelas classes que são equinumerosas a V, ou seja, as classes propriamente ditas; as *rigidamente delineadas* (*sharply delineated*) são os conjuntos, os elementos de V. A sua *doutrina de rigidez* (*sharpness doctrine*) é a hipótese de que as classes rigidamente delineadas coincidem com os conjuntos, mas salienta que, para as finalidades da matemática, as classes fracamente delineadas também devem ser admitidas. O axioma da completude, visto a seguir, vai afirmar que os elementos de uma classe rigidamente delineada não podem ser fracamente delineadas; em particular, subclasses de conjuntos são também conjuntos.[46]

Axioma (3. Completude, Compl). *Todas as classes em V são conjuntos. Ou seja, V é completa.*

No entanto, a classe V não pode ser rigidamente delineada, pois se fosse esse o caso, seria um conjunto, e recuperaríamos o paradoxo de Russell.

Para o próximo axioma, necessitamos de uma definição. Dizemos que um predicado é *seguro* (*safety predicate*) se contém unicamente parâmetros conjuntistas e V não figura no predicado. O axioma então diz o seguinte:

Axioma (4. Esquema da existência de conjuntos, AckSet). [47] *Para qualquer fórmula φ que contenha unicamente um úmero finito de parâmetros para conjunto e nenhum parâmetro para classes, e todos os objetos que satisfazem φ são conjuntos, então a classe de todos esses conjuntos é ainda um conjunto.* Muller abrevia:

$$\text{Se } S \text{ é seguramente delineado } \land \ S \subset V \to S \in V. \tag{9.34}$$

O próximo axioma é o da regularidade, assim enunciado:

Axioma (Regularidade, Reg). *Todo conjunto não vazio tem um elemento que lhe é disjunto.*

Finalmente, o axioma da escolha

Axioma (Escolha, Cho). *Para todo conjunto X que não contém o conjunto vazio como elemento e cujos elementos são dois a dois disjuntos, existe um conjunto-escolha não vazio contendo um único elemento de cada um dos elementos de X.*

Portanto, os axiomas específicos de ARC são **Ext, ClsSep, Compl, AckSet, Reg** e **Cho**.

---

[46]Repare que o sentido de 'completa' usado aqui difere dos usos anteriores dessa palavra.
[47]Muller ressalta que esse axioma advém da teoria de Ackermann, daí o 'Ack' na notação.

9.9.2 ARC e a teoria de categorias

Segundo o clássico livro de Robert Goldblack [Gol84, p.24], temos a seguinte definição, aqui adaptada:

Definição 9.9.1 (Categoria). *Uma categoria $\mathscr{C}$ comporta*

(1) *uma coleção de coisas (**things**) chamadas de $\mathscr{C}$-objetos*

(2) *uma coleção de coisas chamadas de $\mathscr{C}$-flechas (**arrows**),* normalmente chamadas de **morfismos** de $\mathscr{C}$,

(3) *uma operação atribuindo a cada $\mathscr{C}$-morfismo um $\mathscr{C}$-objeto $a = dom(f)$ (o 'domínio' de f) e um $\mathscr{C}$-objeto $b = cod(f)$ (o 'co-domínio' de f), e denotamos isso da seguinte maneira:*

$$f : a \to b \text{ ou } a \xrightarrow{f} b \tag{9.35}$$

(4) *uma operação atribuindo a cada par $\langle g, f \rangle$ de $\mathscr{C}$-morfismos com $dom(g) = cod(f)$ um $\mathscr{C}$-morfismo $g \circ f$, o **composto** de f e g tendo $dom(g \circ f) = dom(f)$ e $cod(g \circ f) = cod(g)$, isso é, $g \circ f : dom(f) \to cod(g)$ e a seguinte condição é verificada:*

Lei Associativa: dada a configuração

$$a \xrightarrow{f} b \xrightarrow{g} c \xrightarrow{h} d$$

de $\mathscr{C}$-objetos e morfismos, então $h \circ (g \circ f) = (h \circ g) \circ f$.

(5) *para cada $\mathscr{C}$-objeto b, uma atribuição de um $\mathscr{C}$-morfismo $\mathbf{1}_b : b \to b$, chamado de **morfismo identidade sobre** b, tal que vale a lei a seguir:*

Lei da Identidade: para quaisquer $\mathscr{C}$-morfismos $f : a \to b$ e $g : b \to c$, tem-se que

$$\mathbf{1}_b \circ f = f \text{ e } g \circ \mathbf{1}_b = g.$$

Exemplos de categorias são as seguintes, repetindo aqui o que já foi visto na página 140:

(1) **Set**, a categoria dos conjuntos, na qual os objetos são os conjuntos e os morfismos são as funções entre conjuntos

(2) **Grp**, a categoria dos grupos, onde os objetos são os grupos e os morfismos são os homomorfismos entre grupos

(3) **Top**, a categoria dos espaços topológicos, na qual os objetos são os espaços topológicos e os morfismos são funções contínuas entre esses espaços.

(4) **Hil**, a categoria dos espaços de Hilbert, onde os objetos são os espaços de Hilbert e os morfismos são as transformações lineares entre eles.

(5) **Vet**, a categoria dos espaços vetoriais, onde os objetos são os espaços vetoriais e os morfismos são as transformações lineares (homomorfismos) entre tais espaços.

Muller, no artigo referido acima, coloca a seguinte questão básica: quando os especialistas em teoria de categorias dizem que uma categoria *consiste* de objetos e morfismos, o que exatamente eles querem dizer com isso? Essa obervação é sutil e importante. Claro que, para darmos um exemplo de uma categoria, ou um modelo dos axiomas acima, devemos especificar o que são os objetos e os morfismos, e isso de tal modo que os axiomas sejam verificados. No primeiro exemplo, o da categoria **Set**, tomamos os objeto como os conjuntos, os morfismos como a funções entre conjuntos. Isso posto, a composição de duas funções $f : A \to B$ e $g : B \to C$ é definida de modo usual, $(g \circ f)(x) = g(f(x))$, que é associativa. Dado um conjunto B qualquer, a função identidade sobre B faz o papel requerido pela cláusula (5) da definição.

É evidente que temos que ter os conjuntos e as funções para que isso faça sentido, e claramente podemos assumir V na metamatemática e dizer: os conjuntos são os elementos de V (o universo conjuntista). Mas, como já sabemos, V não 'existe' em boa parte das teorias de conjuntos; por exemplo, não existe em Z, ZF, ZFC. Como ficamos então? É aí que Muller diz

> "A adoção de ARC significa que os especialistas em categorias podem falar abertamente de classes e seus elementos e dispensar seus movimentos estravagantes (*gaudy turning-movements*)."

A afirmativa é um pouco estravagante, mas clara. Indica que as entidades que os categoricistas desejam podem ser encontradas como elementos de ARC sem que precisemos recorrer a hipóteses de existência de entidades fora da matemática que estamos usando (por exemplo, a de ZFC), e é nesse sentido que essa teoria fundamenta a teoria de categorias.

9.10 A teoria Tarski-Grothendieck

Dentre outras possibilidades, há ainda uma outra teoria de conjuntos que se presta a fornecer as entidades que a teoria de categorias requer, a saber, aquela que é obtida adicionando-se a uma teoria 'usual' como ZFC, com a qual estamos mais acostumados, um axioma assumindo a existência de universos.

Já vimos à página 141 em que consistem os universos de Grothendieck. Especificamente, se acrescentarmos um axioma a ZFC dizendo que existem universos de Grothendieck, obtemos uma teoria extremamente forte, capaz de provar a consistência de ZFC e de incorporar a teoria de categorias no sentido da seção anterior. Veremos essa teoria na versão de Alfred Tarski, que denominaremos 'TG'.

O axioma ao qual nos referimos é denominado de *Axioma de Tarski* (T), e pode ser assim formulado:

(T)   Para cada conjunto x, existe um universo U ao qual x pertence.

Esse axioma implica a existência de cardinais inacessíveis, e a teoria resultante, ZFC + (T) é uma extensão *não-conservativa* de ZFC, ou seja, tem mais teoremas do que ZFC, oferecendo assim uma ontologia mais rica que a daquela teoria.

Uma desvantagem de TG é que, face à existência de uma quantidade enorme de universos, ela proporciona uma tal quantidade de 'modelos', algo que não é de todo aconselhável em se tratando de fundamentos, como comentamos quando vimos a teoria ARC. Outra desvantagem, segundo alguns,[48] é que ela não pode ser provada consistente relativamente a ZFC, uma teoria que 'conhecemos' e que supostamente nos daria conforto relativamente a TG. Ademais, salienta Blass, presentemente há muitas outras hipóteses de existência de *grandes cardinais*, uma área de estudo bem definida e que oferece inúmeros outros universos conjuntistas [Kan03, Kan10].

Porém, uma de suas vantagens, e foi para isso que ela foi proposta, é que permite expressar a teoria de categorias no sentido da seção anterior. Mas detalhes especificamente sobre universos e categorias podem ser vistos em [Bou69].

Mas, será que qualquer dessas teorias pode ser usada para a fundamentação matemática das teorias físicas? Relativamente às teorias 'clássicas',[49] não temos nada a objetar, uma vez que essas teorias não lidam com conjuntos imensos e todos os conceitos matemáticos de que necessitam podem ser buscados em uma teoria como ZFC; isso pode ser atestado observando-se as axiomatizações das teorias relativistas inclusive, em [dCD22]. Esses autores (da Costa e Doria) fazem ainda uma incursão à mecânica quântica em [dCD22] e em [dC16].

A sua apresentação de uma estrutura que modela o predicado conjuntista que sugerem (página 27 de [dC16]) é construída em ZFC e faz uso de um conjunto S' de n partículas. Ora, já sabemos que, segundo determinadas interpretações, é inconveniente assumir que uma coleção de partículas, como sistemas quânticos emaranhados, forme um *conjunto* no sentido das teorias usuais. Levando em conta esse fato, o capítulo seguinte apresenta uma teoria baseada em uma lógica alternativa (dita *lógica não-reflexiva*) que permite tratar de coleções de entidades tomadas *ab initio* como indiscerníveis.

Uma outra teoria com universos proposta para dar conta a teoria de categorias é a de Solomon Feferman, mas ela não será comentada aqui; o leitor pode consultar [FK69] ou o blog The n-Category Café.

---

[48]Como o lógico norte-americano Andreas Blass.

[49]A literatura em filosofia da física considera 'clássica' qualquer teoria física distinta da teoria quântica.

Capítulo 10

A teoria de quase-conjuntos

> Qualquer 'nova lógica' para a Física permanecerá infundada até que alguém produza uma tal lógica e a use em Física de algum modo que não seja possível para a lógica clássica.
>
> Saunders MacLane, 1940

A FRASE DE MACLANE posta acima tem sua razão de ser: se queremos dizer que a lógica clássica ou que alguma teoria de conjuntos não é adequada para alguma parte de uma disciplina científica, como a física, temos a obrigação de não somente apresentar um novo sistema como de mostrar suas vantagens relativamente aos sistemas 'clássicos'. Neste capítulo, faremos isso com relação a uma teoria de 'conjuntos' alternativa que tem motivação na física quântica. Sua aplicação a essa disciplina, no entanto, envolve muitos detalhes técnicos, e será mostrada com alguns detalhes no capítulo seguinte; as referências fornecem aquilo que aqui ficar faltando.[1]

Comecemos com a frase de Dalla Chiara e de Toraldo di Francia, que trataram desse assunto em vários trabalhos:

> Considere os elétrons de um átomo. Geralmente sabemos perfeitamente bem quantos elétrons há, mas não sabemos qual é qual. É costume falar do 'conjunto' dos elétrons de um átomo. Mas, constituem eles realmente um conjunto? Certamente não no sentido clássico. Como podemos verificar que as coleções de tais elétrons (...) satisfazem, digamos, os axiomas de Zermelo-Fraenkel sem que possamos distinguir um elemento de outro? [DCTdF93]

---

[1]Nossa Bibliografia fornece mais detalhes, mas o leitor pode se contentar em acompanhar [dBHK23] para verificar muitas das razões para que se leve a indiscernibilidade das entidades quânticas a sério, além do que é dito no decorrer deste capítulo e no próximo.

Dado que, como colocou Cantor, um conjunto é uma coleção de objetos *distintos* uns dos outros, o que os autores acima sugerem é que devemos procurar uma teoria alternativa que permita tratar de coleções de entidades que não podem ser entre si diferenciadas. Será isso possível? Se seguirmos a orientação de Hilbert de que o matemático (ou o filósofo) deve investigar todas as teorias possíveis, somos tentados a fazer uma tentativa ao menos. E isso tem sido feito no sentido do desenvolvimento de uma teoria de *quase-conjuntos*, que são coleções nas quais o conceito usual de identidade carece de sentido para certos elementos.

A questão colocada de que as entidades quânticas seriam melhor descritas não como fazendo parte de conjuntos 'cantorianos' mas de coleções de outra natureza foi enfatizada pelo físico e matemático russo Yuri I. Manin em 1976. Vamos contextualizar, porque isso é relevante para o que se verá.

10.1   O Problema de Manin

Denominamos de Problema de Manin a proposta feita por Manin da elaboração de uma teoria *não cantoriana* de conjuntos que pudesse dar conta de coleções de entidades indiscerníveis, típicas da física quântica.[2]

Em 1974, a American Mathematical Society patrocinou um evento dirigido à análise dos impactos e consequências das pesquisas relacionadas à lista de 23 Problemas da Matemática, proposta por David Hilbert no II Congresso Internacional de Matemáticos, realizado em Paris em 1900 [Hil76]. Hilbert, como um dois maiores (senão o maior) matemático do momento, sugeriu uma série de questões que demandavam resposta como um legado do século XIX ao século que se iniciaria. Dentre as questões propostas por Hilbert estão a solução do problema da Hipótese do Contínuo (problema 1), que já conhecemos havia sido aventada por Cantor e sem solução à época, a demonstração da consistência da análise (problema 2), que era como à época se denominava a aritmética, ou então o décimo problema, que requeria a demonstração da existência (ou da não existência) de um (hoje chamado de) algoritmo para se decidir, dada uma equação diofantina, se ela tem solução em números inteiros.[3] Apresentar uma solução para algum desses problemas era dar um passo certo na direção da Medalha Fields, como ocorreu com vários matemáticos. De particular interesse para este capítulo é o Sexto Problema já visto antes, o da axiomatização das teorias "que fazem uso essencial da matemática", como as teorias da física.

Em 1974, uma nova lista de problemas foi lançada com a colaboração de vários matemáticos [Bro76]; o primeiro deles é o de Yuri Manin, e diz o se-

---

[2]Destaque-se que a expressão 'não-cantoriana' já foi apontada em outro sentido, aquele proposto por Paul Cohen de uma matemática que rejeite o Axioma da Escolha.

[3]Uma equação diofantina é uma equação polinomial com coeficientes inteiros e com um número finito de incógnitas, como $3x^2y + 2xz^3 - xy + 3 = 0$. O problema foi atacado por Martin Davis, Julia Robinson e Hilary Putnam, culminando com a demonstração da não existência de um tal algoritmo por Yuri Matiyasevich em 1970.

guinte:

> Deveríamos considerar a possibilidade do desenvolvimento de uma linguagem totalmente nova para falar do infinito [lembramos que a teoria de conjuntos é conhecida como 'teoria do infinito'] (...)
>
> Eu gostaria de afirmar que essa [a teoria de conjuntos] é antes uma extrapolação da física usual, na qual podemos distinguir as coisas, contá-las, colocá-las em uma certa ordem, etc. A nova física quântica tem nos exibido modelos de entidades com um comportamento muito diferente. Mesmo 'conjuntos'[4] de fótons em uma cavidade refletora [*looking glass box*], ou de elétrons em uma peça de níquel, são muito menos Cantorianos do que um 'conjunto' de grãos de areia. Em geral, uma 'infinidade física' altamente probabilística parece ser mais complicada e interessante do que uma simples infinidade de 'coisas'. [Man76]

Essa citação mostra claramente que Manin não vê uma coleção de 'objetos quânticos' como um conjunto no sentido das teorias usuais de conjuntos, que ele denomina de 'cantorianas'. Lembremos que Georg Cantor afirmou o que entendia por conjunto, repetindo aqui o que já dissemos antes: um conjunto é (para Cantor) uma coleção de objetos *distintos* de nossa intuição ou pensamento (ver a página 35).

Esse conceito intuitivo de que os elementos de um conjunto devam ser distintos uns dos outros é compatível com a visão de Frege sobre a identidade em *O Sentido e a Referência*; nesse trabalho, Frege sustenta que a identidade é algo que se aplica a objetos. Podemos então entender uma sentença como '$a = b$', caso verdadeira, como indicando que estamos na presença de uma só entidade (referência) que pode comportar dois nomes próprios a e b (dois sentidos). O seu célebre exemplo 'A estrela da manhã = A estrela da tarde' é frequentemente usado para expressar esse fato [Fre48]. Após a axiomatização da teoria, por Zermelo, a introdução do Axioma da Extensionalidade, somado aos dois axiomas da identidade da lógica elementar, completaram a teoria da identidade das teorias de conjuntos.

Mas, por que questionar a identidade? O motivo é o de que a teoria usual da identidade diz que se a e b são *idênticos*, ou seja, $a = b$, então *nada* os distingue e assim (essa é a tese clássica) eles são *o mesmo objeto*. Claro que isso não precisa ser desse modo; é metafisicamente possível admitirmos que mesmo sem poderem ser discernidos, a e b não precisam ser 'a mesma coisa'; esse seria o caso de entidades indiscerníveis, porém não idênticas. A teoria de quase-conjuntos assume essa hipótese, como veremos abaixo. Mas, por enquanto, podemos indagar: por que teríamos motivos para questionar as teorias usuais de conjuntos? Como dar sentido preciso às frases de Manin e

---

[4] [Repare o leitor que Manin coloca a palavra entre aspas, sugerindo que as coleções de entidades quânticas não seriam conjuntos como nas teorias usuais.]

de Dalla Chiara e Toraldo di Francia mencionadas acima? Veremos isso na seção a seguir.

10.2   Estruturas rígidas e estruturas deformáveis

Uma das questões importantes, como se viu acima, é a do tratamento matemático de entidades indistinguíveis, ou indiscerníveis em física quântica. Vamos mostrar em que sentido podemos dizer que as teorias 'clássicas' de conjuntos, como ZF, ZFC, NBG e KM são teorias de *indivíduos*. Já vimos o sentido informal da palavra 'indivíduo' à página 54, mas é bom recordar: um indivíduo é qualquer entidade que cumpre as seguintes condições: (1) é uma unidade de um certo tipo: uma pessoa, um livro, uma cadeira; (2) pode receber significativamente um nome próprio ou ser caracterizado por uma descrição definida. Por 'significativa' entendemos que (3) o nome próprio designa *o mesmo* indivíduo em todos os mundos possíveis nos quais ele exista. Em outros termos, um indivíduo é re-identificável como tal em outros contextos.

Por exemplo, Barak Obama é um indivíduo e além do seu nome, pode ser identificável pela descrição definida 'o 44° presidente norte-americano'. A re-identificabilidade significa que ele pode ser identificado como sendo *a mesma pessoa* em diferentes contextos: na Casa Branca (quando lá estava), na ONU, etc. Uma porção de água em um copo, por exemplo, não é re-identificável nesse sentido; se esvaziarmos o copo no mar, jamais seremos capazes de identificar novamente *aquela* porção de água. As entidades quânticas carecem igualmente dessa característica fundamental: se ionizamos um átomo e dele expurgamos um elétron, jamais seremos capazes de identificar 'aquele' elétron novamente.[5] Como necessitamos de uma definição formal, adotamos a seguinte:

Definição 10.2.1 (Indivíduo). *Um **indivíduo** é qualquer entidade que obedece a Teoria Standard da Identidade da Magna Lógica clássica.*

Recorde que por Magna Lógica queremos dizer a lógica clássica estendida à lógica e ordem superior clássica ou a uma das teorias de conjuntos mencionadas antes. Nesse contexto, *quaisquer dois indivíduos são diferentes*, apresentando uma característica que lhe é peculiar, e não se consideram quaisquer formas de substrato (ver a página 54). Vejamos a seguir de que forma podemos estabelecer esse resultado de forma precisa. Isso se sará mostrado (ou melhor, simplesmente afirmado, pois não faremos a demonstração detalhada) constando-se que o *universo de conjuntos* é uma estrutura rígida.

Seja $\mathfrak{A} = \langle D, R_i \rangle$ ($i \in I$) uma estrutura em uma teoria de conjuntos T, que pode ser qualquer uma das anteriores. Um *automorfismo* de $\mathfrak{A}$ é uma função

---

[5]Saliente-se que existe a Mecânica Quântica de David Bohm, na qual os sistemas quânticos possuem identidade, podendo ser discernidos pelas suas posições. No entanto, essas posições não podem ser conhecidas, sendo dadas por 'variáveis ocultas'.

bijetiva $f : D \to D$ que cumpre a condição seguinte: para cada R n-ária da estrutura, tem-se que

$$R(x_1, \ldots, x_n) \leftrightarrow R(f(x_1), \ldots, f(x_n)). \tag{10.1}$$

Em palavras, f 'preserva' as relações da estrutura. A função identidade é trivialmente um automorfismo. Se apenas a função identidade é um automorfismo de $\mathfrak{A}$, a estrutura é **rígida**, e é **não-rígida** ou **deformável** em caso contrário. Um exemplo de uma estrutura deformável é o grupo aditivo dos inteiros, $\mathcal{Z} = \langle \mathbb{Z}, + \rangle$. Com efeito, além da função identidade, essa estrutura ainda admite a função $f(x) = -x$ como um automorfismo (a demonstração desse fato é bastante fácil). O que acontece em uma estrutura deformável? A resposta é que podemos ter, *dentro da estrutura*, elementos que se passam como indiscerníveis.

Por exemplo, em $\mathcal{Z}$ (isso é, 'dentro' de $\mathcal{Z}$) não conseguimos discernir entre um número inteiro e seu oposto, como 2 e -2. Eles são **indistinguíveis** em $\mathcal{Z}$, uma vez que $f(2) = -2$, ainda que não o sejam quando vistos 'de fora' (da estrutura). Em outros termos, temos que os elementos a e b do domínio da estrutura $\mathfrak{A}$ são $\mathfrak{A}$-**indiscerníveis** se existe um automorfismo h da estrutura tal que $h(a) = b$. Como uma bijeção é sempre inversível e a inversa de um automorfismo é um automorfismo, resulta que $h^{-1}(b) = a$.

A importância disso reside primeiro em que podemos demonstrar que o universo conjuntista $\mathcal{V} = \langle V, \in \rangle$ vista acima e que será definida à frente, é rígida; para a demonstração, o interessado pode consultar [Jec03, p.66].

O que isso significa? Ora, isso diz que, no universo conjuntista, um objeto (um conjunto) é indistinguível somente dele mesmo, já que há somente o automorfismo trivial (função identidade). Em outras palavras, o universo conjuntista é um universo de **indivíduos**, de entidades **dotadas de identidade**. Para considerarmos objetos **indistinguíveis**, temos que nos restringir a alguma estrutura deformável. É isso o que fazemos nos *modelos de permutação*, em ZFA quando átomos distintos 'são feitos' indiscerníveis no interior desses modelos.

Acontece que nesses ambientes *qualquer estrutura pode ser estendida a uma estrutura rígida* pela adição de novas relações à estrutura. Ou seja, se $\mathfrak{A} = \langle D, R_i \rangle$ é deformável, existem relações R'_j ($j \in J$) tais que $\mathfrak{B} = \langle D, R_i \cup R_j \rangle$ é rígida. A demonstração desse fato é feita do seguinte modo. Se D for finito, acrescente-se à estrutura todos os conjuntos unitários dos elementos de D ou, equivalentemente, todas as relações unárias I_a definidas por $I_a(x) := x \in \{a\}$, para $a \in D$, e a estrutura resultante será rígida. Se D for não enumerável, podemos assumir a mesma coisa, mas teremos que considerar uma linguagem infinitária na metamatemática. Agora, se assumimos o Axioma da Escolha na nossa metamatemática, basta acrescentar à estrutura uma boa-ordem sobre D.

O que isso mostra? Bem, mostra aquilo que afirmamos acima: mesmo que *dentro* de uma estrutura (deformável) não possamos distinguir dois elementos, isso pode ser feito *de fora*, em qualquer estrutura rígida que estenda a estrutura dada. Em outras palavras, nesses ambientes, *todas as entidades são indivíduos*. Portanto, se queremos tratar de não-indivíduos sem fazer o truque de nos confinarmos a uma estrutura deformável, temos que mudar de matemática, por exemplo adotando a teoria a seguir.

10.3   A teoria de quase-conjuntos

O 'núcleo' da teoria de quase-conjuntos, que denotaremos por '$\mathfrak{Q}$', é a teoria de conjuntos ZFA. Ela incorpora essa segunda teoria quando algumas restrições são feitas, de modo que todos os teoremas de ZFA são também teoremas de $\mathfrak{Q}$. Uma extensão importante dessa teoria foi desenvolvida pela matemática polonesa Eliza Wajch incorporando *quase-classes* [Waj23], e comentaremos isso mais à frente. Envolvendo ZFA, pode-se erigir em $\mathfrak{Q}$ toda a matemática 'usual' que se pode admitir em ZFA. A novidade está em que, além dos átomos de ZFA, a teoria incorpora um segundo tipo de átomos, os quais têm como interpretação pretendida os sistemas quânticos mas, claro, admitindo também outras interpretações. A teoria faz com que esses átomos (e os 'quase-conjuntos') que os têm como elementos possam ser indiscerníveis sem que resultem ser o mesmo átomo ou quase-conjunto, como aconteceria em um ambiente 'clássico'. Ou seja, a teoria proporciona uma separação importante entre as noções de *identidade* e *indistinguibilidade* (ou *indiscernibilidade*, aqui tomadas como sinônimas), as quais são feitas equivalente na lógica clássica (Logica Magna). A importância dessa separação será evidenciada abaixo, mas antecipa-se a fundamentalidade da noção de indiscernibilidade em física quântica e a problemática que há na tentativa de vinculá-la à identidade.

Os dois tipos de átomos são chamados de m-átomos e de M-átomos; os M-átomos espelham os átomos de ZFA, tendo exatamente as propriedades desses. Os m-átomos, por outro lado, são concebidos diferentemente. Para eles, a teoria standard da identidade da lógica clássica não vale, de sorte que $x = y$ não é uma fórmula (expressão bem-formada) se x ou y denotam m-átomos. Consequentemente, podemos ter que $\forall F(F(x) \to F(y))$, que é um dos lados da Lei de Leibniz e que expressa a indiscernibilidade, sem que isso acarrete que $x = y$. Em outros termos, podemos ter entidades indiscerníveis sem que sejam a mesma entidade, como acarretaria a lógica clássica, que por uma razão a ser explicada abaixo, são denominados de *não-indivíduos*. A indiscernibilidade de duas entidades é expressa por meio de uma símbolo binário primitivo, '$\equiv$', tal que '$x \equiv y$' é lido '*x é indiscernível (ou indistinguível) de y*'. A relação que $\equiv$ representa tem as propriedades de uma relação de equivalência (reflexiva, simétrica e transitiva), mas não obedece irrestritamente a substitutividade, diferenciando-se assim da relação comum de identidade.[6] A relação usual de pertinência '$\in$' é também um predicado binário primitivo. Com esse movimento, a teoria de quase-conjuntos realiza o que foi proposto em 1963

---

[6]Em particular, se temos que $x \in y$ e que $w \equiv x$, isso não implica que $w \in y$.

pelo filósofo da física Heinz Post, a saber, que na discussão sobre as entidades quânticas, "a não-individualidade deve ser introduzida desde o início"[Pos73] (veja [FK06] para uma ampla discussão).

Conjuntos são quase-conjuntos particulares, mais precisamente, são aqueles quase-conjuntos em cujo fecho transitivo não figura m-átomos, e correspondem exatamente aos conjuntos de ZFA, ou de ZFC se eliminarmos também os M-átomos. Usamos um predicado unário Z de forma que $Z(x)$ diz que x é um conjunto. Finalmente, há um símbolo funcional unário, qc, que expressa a *quase-cardinalidade* de um quase-conjunto; os quase-cardinais são cardinais em sentido habitual, porém podemos contar com quase-conjuntos de m-átomos indistinguíveis que têm um quase-cardinal mas não um ordinal associado. Portanto, ainda que possamos falar na 'quantidade de elementos' de um quase-conjunto por meio de seu quase-cardinal, esse elementos não poderão ser ordenados ou 'contados' pelos procedimentos usuais, uma vez que não podem ser (nessas situações) discernidos uns dos outros. No entanto, os m-átomos podem ser de diferentes 'tipos' ou 'espécies' e dois m-átomos de diferentes espécies podem ser discernidos escrevendo-se '$\neg(x \equiv y)$', ou '$x \not\equiv y$', mas não haverá sentido em se dizer que eles são *diferentes*, uma vez que não podemos usar a noção de identidade (ou de diferença) de modo significativo entre eles.

Um dos problemas mais intrincados com a teoria de quase-conjuntos é o da atribuição de um quase-cardinal a uma dessas coleções (veja a seção 10.4). Para tomarmos o caso mais emblemático, pensemos em um quase-conjunto A cujos elementos são m-átomos indiscerníveis. Suponha que o quase-cardinal de A é 4. Para 'contar' seus elementos, a teoria standard de conjuntos (ZFA) constrói uma bijeção $f : 4 \to A$, sendo '4' o ordinal de von Neumann $4 = \{0, 1, 2, 3\}$, que é também um cardinal (todos os ordinais finitos são cardinais). Mas se os elementos de A são indiscerníveis, o que seriam $f(0)$, $f(1)$, $f(2)$ e $f(3)$? É claro que não podemos especificar tais coisas pois não podemos discernir os elementos de A. Ou seja, 'contar' em $\mathfrak{Q}$ não pode ser entendido do modo usual.

Lembramos que situações como essa não são estranhas à ciência. Em química, por exemplo, quando estudamos a distribuição eletrônica dos elétrons em um átomo, *determinamos* a quantidade de elétrons em cada um dos níveis de energia do átomo *sem* identificar os elétrons e *sem individualizá-los*. A quantidade de elétrons em cada um dos níveis é dado pelas soluções da equação de Schrödinger correspondente, e o que se obtém são *quantidades* apenas: 2 para o primeiro nível de energia (o nível $1s^2$), 8 para o segundo nível ($2s^2\ 2p^6$), e assim por diante [Mah75, Cap.10]. A teoria de quase-conjuntos captura essa ideia, que não pode ser mapeada em uma teoria de conjuntos padrão.[7] Desse

---

[7]O fato da química (na verdade, a mecânica quântica) ser alicerçada na matemática padrão, e portanto em uma teoria usual de conjuntos, não afasta o problema da contagem. Se admitirmos que os elétrons de um átomo formam um *conjunto* (digamos, de ZFC), eles terão que ser discerníveis, mas não é isso o que a física apregoa. Infelizmente, os cientistas não estão ocupados com essas coisas. Sobre 'contagem', ver à frente, seção 10.4.

modo, a teoria satisfaz o requisito imposto por MacLane na frase do início (mas há muito mais do que isso, como veremos).

Um pouco mais sobre a física. A ideia intuitiva que temos e que aprendemos na escola é a de que existem certos "orbitais"e que os elétrons dos átomos vão preenchendo esses orbitais à medida em que o número de elétrons vai aumentando. Assim, temos algo como a figura abaixo, extraída de [Mah75, p.453]:

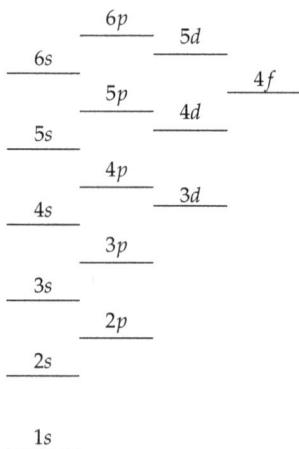

Figura 10.1: Esquema dos níveis de valência para um átomo neutro. Temos a impressão de que os níveis de energia são como salas de aula vazias esperando os alunos (o seu preenchimento com elétrons), mas essa imagem é equivocada, como mostra o texto.

No entanto, como esse mesmo autor salienta,

> Uma palavra de alerta a respeito da interpretação da Fig. 10.21 [nossa Figura 10.1] e a ideia de elétrons 'alimentando' os orbitais faz-se necessária. Enquanto é útil descrever átomos qualitativamente dizendo que há elétrons 'em' certos orbitais, e enquanto é algumas vezes útil pensar nos átomos como sendo construídos 'colocando-se' elétrons em um conjunto de orbitais vagos, essa linguagem não deve ser considerada literalmente. Os orbitais de um átomo não são um conjunto permanente de 'caixas' colocadas rigidamente em uma escala de energia como a Fig. 10.21 [10.1] pode parecer sugerir. Quando dizemos que um elétron está 'em um orbital' estamos dizendo unicamente que um elétron está se comportando de uma certa maneira, e nesse sentido um orbital existe fisicamente somente se um elétron 'está nele'. Além do mais, cada átomo e íon tem um único conjunto de níveis de energia determinado pela sua carga nuclear e pelo número de elétrons. Consequentemente, a energia associada com um dado orbital depende

de outros orbitais estarem ocupados, e não é a mesma para todos os átomos. Então o padrão de energia dos orbitais mostrados na Fig. 10.21 [10.1], ainda que útil, tem unicamente um significado qualitativo.

O 'comportando-se de uma certa maneira' da citação acima significa que os elétrons podem formar coleções, por exemplo quando orbitais estão preenchidos, mas não há qualquer possibilidade de individualização dos elétrons; eles não podem ser discernidos uns dos outros, apesar de não poderem ter todos os números quânticos em comum (Princípio de Exclusão de Pauli). Tudo leva a crer que estamos na presença de entidades de uma natureza ontológica completamente nova, fora de qualquer analogia que possamos tentar fazer com os objetos que nos cercam ou com as entidades lidadas pela física clássica.

Voltando à teoria de quase-conjuntos, em sua linguagem temos a seguinte categoria de símbolos não lógicos: três predicados unários m, M e Z (m-átomos, M-átomos e conjuntos), dois predicados binários $\equiv$ e $\in$ (indistinguibilidade e pertinência) e um símbolo funcional unário, qc (quase-cardinalidade). Se $x, y, z, \ldots$ denotam as variáveis individuais, os termos da linguagem são essas variáveis e as expressões da forma $qc(x)$. As fórmulas atômicas são do tipo $m(x)$, $M(x)$, $Z(x)$, $x \equiv y$ e $x \in y$. As demais fórmulas são obtidas de modo usual.

Definição 10.3.1. *Uma primeira definição introduz conceitos úteis:*

1. $Q(x) := \neg m(x) \wedge \neg M(x)$

2. $x =_E y := (M(x) \wedge M(y) \wedge \forall_Q z(x \in z \leftrightarrow y \in z)) \vee (Q(x) \wedge Q(y) \wedge \forall z(z \in x \leftrightarrow z \in y))$

3. $E(x) := \forall y(y \in x \rightarrow Q(y))$

4. $\mathscr{P}(x) := Q(x) \wedge \forall y(y \in x \rightarrow m(y)) \wedge \forall y \forall z(y \in x \wedge z \in x \rightarrow y \equiv z)$

5. $\mathscr{D}(x) := M(x) \vee Z(x)$

A primeira cláusula afirma que um quase-conjunto é algo que não é nem um m-átomo e nem um M-átomo. A segunda introduz a *identidade extensional* que vale unicamente para M-átomos e quase-conjuntos; repare que é exatamente a identidade em ZFA, e não se aplica a m-átomos. Note que o quantificador universal está relativizado a quase-conjuntos, e não a conjuntos somente. Isso de deve ao fato de que queremos que, quando x e y denotam coisas idênticas, isso seja atestado pelo fato de, sendo M-átomos, pertencerem a todos os conjuntos *e* a todos os quase-conjuntos, não deixando margem para qualquer 'identidade relativa' a conjuntos somente. A terceira definição é uma abreviação útil; fala de quase-conjuntos cujos elementos são unicamente quase-conjuntos, e a quarta introduz os quase-conjuntos *puros*, que têm como elementos unicamente m-átomos indiscerníveis. Finalmente, (5) introduz um predicado para podermos falar unicamente de M-átomos e de conjuntos, *Dinge* na terminologia de Zermelo.

Uma imagem intuitiva do *universo de quase-conjuntos* é dada pela Figura 10.2 seguinte.

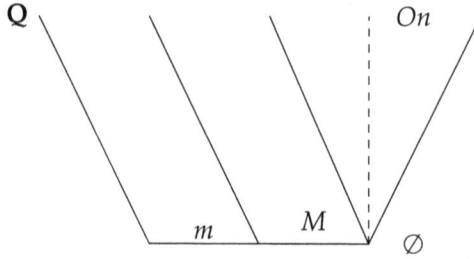

Figura 10.2: O universo **Q** de quase-conjuntos é definido por recursão transfinita (veja a definição à página 295); a parte 'clássica' desconsidera *m* e é um modelo de ZFA. Se eliminarmos ainda o conjunto *M*, obtemos uma cópia de ZFC 'pura'. *On* representa a classe dos ordinais.

Os postulados de $\mathfrak{Q}$ são aqueles da lógica clássica de primeira ordem sem igualdade, mais os seguintes.

Axioma (Q1). $\forall x \neg (m(x) \wedge M(x))$ *Nada é simultaneamente um m-átomo e um M-átomo.*

Axioma (Q2). *Este axioma é a conjunção das seguintes cláusulas:*

(a) $\forall x \forall y (m(x) \wedge y \equiv x \rightarrow m(y))$

(b) $\forall x \forall y (M(x) \wedge y \equiv x \rightarrow M(y))$

Em palavras, aquilo que é indiscernível de um m-átomo é um m-átomo e o mesmo se dá com respeito aos M-átomos.

Axioma (Q3). *Temos o seguinte com respeito à relação de indiscernibilidade:*

(a) $\forall x (x \equiv x)$

(b) $\forall x \forall y (x \equiv y \rightarrow y \equiv x)$

(c) $\forall x \forall y \forall z (x \equiv y \wedge y \equiv z \rightarrow x \equiv z)$

(d) $\forall x \forall y (x =_E y \rightarrow (\alpha(x) \rightarrow \alpha(y)))$, *sendo* $\alpha(x)$ *uma fórmula na qual x figura livre e* $\alpha(y)$ *é obtida da anterior pela substituição de y no lugar de x em algumas ocorrências livres desta.*

(e) $\forall x \forall y (x =_E y \rightarrow x \equiv y)$

(f) $\forall_{\mathscr{D}} x \forall_{\mathscr{D}} y (x \equiv y \rightarrow x = y)$

Nota-se que a recíproca de (e) não vale para m-átomos. O item (f) diz que essa recíproca vale para M-átomos e para conjuntos. Portanto, levando-se em conta (a), que para M-átomos e conjuntos se torna $\forall_{M,Z} x(x =_E x)$ e (d), concluímos que a igualdade (ou identidade) extensional tem as mesmas propriedades da igualdade em ZFA.

Axioma (Q4). $\forall x(\forall y(y \in x \to \mathscr{D}(y)) \leftrightarrow Z(x))$

Axioma (Q5). $\exists_Q x \forall y(y \notin x)$

Axioma (Q6). *Também é dado por duas cláusulas:*

(a) $\forall_Z x \forall_Z y \forall_{\mathscr{D}} z(z \in x \leftrightarrow z \in y) \to x =_E y)$

(b) $\forall_M x \forall_M y \forall_Z z(x \in z \leftrightarrow y \in z) \to x =_E y)$

Como a lógica subjacente a $\mathfrak{Q}$ é, com exceção da igualdade, a lógica clássica, podemos raciocinar do seguinte modo. Suponha que x seja um quase-conjunto que não tenha elementos (cuja existência podemos derivar do Esquema da Separação, como faremos abaixo, assim tornando (Q5) redundante). Então resulta de (Q4) que esse quase-conjunto é um conjunto.[8] A sua unicidade resulta como teorema, como veremos, pois para os *Dinge* vale o axioma da extensionalidade de ZFA, que é precisamente (Q6).

Esse axioma é importante. Ele assegura que os elementos de um quase-conjuntos forem 'objetos clássicos' (*Dinge*), então o quase-conjunto é um conjunto. Mas note que para que isso aconteça os elementos de x também não podem ter m-átomos como elementos, nem os elementos de seus elementos, e assim por diante, pois senão não seriam *Dinge*. Assim, esse axioma garante o que afirmamos informalmente acima: para que um quase-conjunto seja um conjunto, o seu 'fecho transitivo' não pode conter m-átomos.

Axioma (Q7). *Seja $\alpha(x)$ uma fórmula na qual x figura livre. Então postulamos que*

$$\forall_Q z \exists_Q y \forall x(x \in y \leftrightarrow x \in z \wedge \alpha(x)).$$

Trata-se do Esquema da Separação para $\mathfrak{Q}$. Reservaremos a notação usual da teoria comum de conjuntos, $A = \{x \in y : \alpha(x)\}$, para *conjuntos* em $\mathfrak{Q}$, mas o caso geral será denotado assim:

$$[x \in z : \alpha(x)],$$

usando-se '[' e ']' ao invés de chaves.

Cumprimos agora uma promessa feita linhas acima: tome '$x \neq x$' como nossa $\alpha(x)$ e aplique o esquema acima, para z sendo um *conjunto* qualquer (disso resulta que a identidade e a diferença fazem sentido para os seus elementos). Resulta que existirá um y que não tem elementos e que, como vimos acima, é um conjunto e é único. Ele será denotado, como é usual, por '$\varnothing$'.

---

[8]Se x é tal que para todo y tem-se que $y \notin x$, vem que a primeira sentença do bi-condicional em (Q4) é verdadeira, pois o seu antecedente é falso, resultando que $Z(x)$ deve ser o caso.

Axioma (Q8).

$$\forall_Q x(E(x) \to \exists_Q y(\forall z(z \in y \leftrightarrow \exists w(z \in w \wedge w \in x))))$$

Trata-se obviamente do axioma da união; o quase-conjunto postulado existir é denotado por '$\bigcup x$'.

Note agora o seguinte. No esquema da separação, tome $\alpha(x)$ como $x \equiv y \vee x \equiv v$. Resulta que obtemos um quase-conjunto que tem u e v como elementos, ainda que possivelmente esses não sejam os seus únicos elementos. Na verdade, pode haver 'outros' indiscerníveis de x ou de y; denotaremos esse quase-conjunto do seguinte modo:

$$[u, v]_z,$$

e se $x \equiv y$, por

$$[u]_z.$$

Esse último é o quase-conjunto dos indiscerníveis de u que pertencem a z e é chamado de *unitário fraco* de u. É como se estivéssemos falando de um quase-conjunto $[e^-]_{Li}$ formado pelos 11 elétrons de um átomo de lítio, ou então, no caso anterior, dos elétrons e dos prótons desse átomo, $[e^-, p]_{Li}$.

Se tomarmos, como comum, $x \subseteq y$ como abreviação de $\forall z(z \in x \to z \in y)$, temos:

Axioma (Q9).

$$\forall_Q x \exists_Q y \forall z(z \in y \leftrightarrow z \subseteq x).$$

Esse quase-conjunto é denotado por $\mathcal{P}(x)$. Consideremos agora o quase-conjunto $[u]_z$ como acima, bem como $\mathcal{P}([u]_z)$. Pomos então o seguinte:

Definição 10.3.2 (Unitário forte). *Se $[u]_z$ como acima, ou seja, o quase-conjunto de todos os indiscerníveis de u que pertencem a z. Seja S_u o quase-conjunto de todos os sub-quase-conjuntos de $[u]_z$ que têm u como elemento. Considere agora a interseção de todos esses sub-quase-conjuntos, que denotaremos por $[\![x]\!]_z$. A esse quase-conjunto, chamamos de **unitário forte** de u relativo a z. Simbolicamente,*

(1) $S_u := [x \subseteq z : u \in x]$

(2) $[\![u]\!]_z := \bigcap_{t \in S_u} t$

Assim, $[\![u]\!]_z$ é a interseção de todos os sub-quase-conjuntos de $[u]_z$ que têm u como elemento. Por definição, esse é o unitário forte de u. O problema é que não podemos garantir que $[\![u]\!]_z$ tenha um só elemento; a intuição diz que sim, mas devemos por enquanto colocá-la sob judice. Mais abaixo, quando falarmos dos quase-cardinais, postularemos que dado um quase-conjunto com quase-cardinal λ, existe um seu sub-quase-conjunto com quase-cardinal μ para todo $\mu \leq \lambda$. Assim, se o quase-cardinal de $[x]_z$ é maior ou igual a 1, haverá (pelo menos) um sub-quase-conjunto com quase-cardinal 1, e teremos todas as razões para tomarmos esse(s) quase-conjuntos para serem os unitários fortes.

Algumas propriedades do unitário forte são as seguintes (outras podem ser vistas em [FK06, §7.2.5], [Waj23].

Teorema 10.3.1. *Sejam z um quase-conjunto e $x \in z$. Então,*

(1) *Se $x \in [\![u]\!]_z$, então $x \equiv u$. Note no entanto que não podemos afirmar que $x = u$ porque a identidade não pode ser usada com m-átomos.*

(2) *Se $x \in z$, então $[\![x]\!]_z \subseteq z$*

Axiomas como os do infinito e da regularidade podem ser assumidos aqui sem nenhum problema, já que dizem respeito a *conjuntos*, sendo portanto os mesmos que os de ZFA. São nossos axiomas (Q10) e (Q11).

Quando se fala em 'par ordenado', essencial para que possamos definir relações e funções, há aqui um problema dada a possível indiscernibilidade dos m-átomos. Em princípio, procedemos como usual, falando de um 'par ordenado' ao estilo de Wiener-Kuratowski, a saber,[9]

Definição 10.3.3 (Par ordenado). *Para quaisquer x e y em z, pomos*

$$\langle x, y \rangle_z := [[x]_z, [x,y]_z]_{\mathcal{P}(z)}$$

Ou seja, trata-se da coleção (quase-conjunto) dos indiscerníveis de x e dos indiscerníveis de y; claro está que se $x \equiv y$, então $\langle x, x \rangle_z$ equivale a $[x]_z$.

Funções e relações não podem ser definidos como usual devido à possível indiscernibilidade dos m-átomos. Por isso, algo mais geral para cada caso.

Definição 10.3.4 (Quase-relação). *Uma quase-relação entre os quase-conjuntos A e B é um quase-conjunto de pares da forma $\langle x, y \rangle_{A \cup B}$ com $x \in A$ e $y \in B$. A definição pode ser estendida para quase-relações n-árias.*

Definição 10.3.5 (Quase-função). *Seja R uma quase-relação entre A e B como na definição precedente. Uma quase-função f de A em B é uma quase-relação R que cumpre o seguinte:*[10]

$$(\forall x \in A)(\exists y \in)(\langle x, y \rangle_{A \cup B} \in f \wedge \langle x', y' \rangle_{A \cup B} \in f \wedge x' \equiv x \to y' \equiv y)$$

Isso indica que indiscerníveis de A são levados em indiscerníveis de B. Se só há *Dinge* envolvidos, a indiscernibilidade se torna a identidade e a definição colapsa na de função em sentido usual. Em analogia ao que se faz nas teorias usuais de conjuntos, podemos definir quase-injeções, quase-sobrejeções e

---

[9]Devo o fato de que devemos considerar $\mathcal{P}(z)$ e não simplesmente z a Eliza Wajch.

[10]Daqui em diante, para facilitar a notação, escreveremos $(\forall x \in A)\alpha$ para $\forall x(x \in A \to \alpha)$, e algo semelhante será usado para o quantificador existencial.

quase-bijeções, como mostrado em [FK06]. Informalmente, podemos dar uma ideia do que acontece com essas definições.

Uma q-função associa indistinguíveis a indistinguíveis. As cores na figura a seguir indicam que os elementos são indistinguíveis.

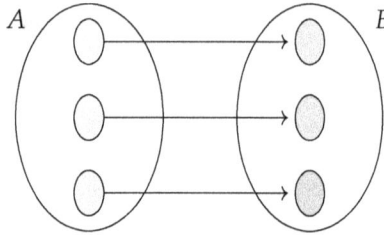

Figura 10.3: Uma q-função. Elementos indiscerníveis do primeiro qset são levados em elementos indiscerníveis do segundo.

Uma quase-injeção (q-injeção) pode ser entendida com a figura 10.4. Em uma q-injeção, qsets *discerníveis* não podem ser associados a um 'mesmo' qset de elementos indistinguíveis, como indicam as cores diferentes.

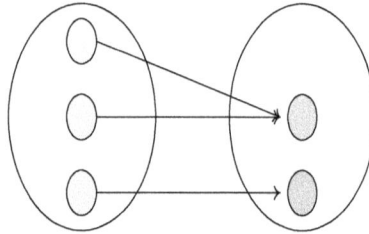

Figura 10.4: Em uma q-injeção, o que mostra a figura *não* pode acontecer.

10.3.1   O axioma das 'quase'-escolhas

Axioma (Q12, 'Quase'-escolha). *Uma versão do axioma da escolha também pode ser apresentada como segue.*

$$\forall_Q x (E(x) \wedge \forall y \forall z (y \in x \wedge z \in x \wedge y \neq \varnothing \wedge z \neq \varnothing \to y \cap z =_E \varnothing)$$
$$\to \exists_Q u \forall y \forall v (y \in x \wedge v \in y$$
$$\to \exists_Q w (w \subseteq [v]_y \wedge qc(w) = 1 \wedge w \cap y \equiv w \cap u)))$$

O que esse axioma está dizendo? Suponha que temos um quase-conjunto x cujos elementos são todos quase-conjuntos ('$E(x)$') não vazios e disjuntos. Então existe um quase-conjunto u tal que, dado um elemento $v \in y$ ($y \in$

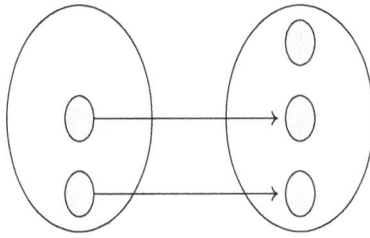

Figura 10.5: Em uma q-sobrejeção, *isso* não pode acontecer.

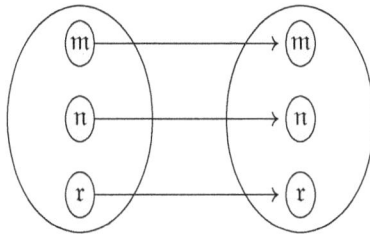

Figura 10.6: Uma q-bijeção relaciona a mesma quantidade (dada pela igualdade dos quase-cardinais, indicados pelas letras góticas) de elementos indistinguíveis à mesma quantidade de elementos indistinguíveis. Por exemplo, *duas* moléculas de ácido sulfúrico, vistas como qsets, são indistinguíveis e não iguais. Assim, podemos escrever $H_2SO_4 \equiv H_2SO_4$, mas nunca $H_2SO_4 = H_2SO_4$, o que indicaria que temos uma só molécula.

x) qualquer, existe um sub-quase-conjunto *w* de indiscerníveis de *v* (em *y*) com quase-cardinal 1 e cuja interseção com *u* é indiscernível de sua interseção com *y*, ou seja, ele toma *um* indiscernível de *v* em *y* para formar *u*. Assim, podemos dizer que existe uma *quase-função escolha* agindo sobre *x* que toma um elemento indiscernível de um elemento de cada um de seus elementos para formar um novo quase-conjunto.

A figura 10.3.1 tenta ajudar a compreensão do axioma.

Restam agora os axiomas para quase-cardinais. Como mencionado antes, há um gramde problema aqui já mencionado antes. Nas teorias usuais de conjuntos, como ZFC, um cardinal é um ordinal especial, a saber, é um ordinal que não é ordem-isomorfo a nenhum ordinal menor do que ele. Ou seja, um cardinal é um ordinal, e isso envolve a distinção dos elementos do conjunto, posto que um ordinal é um conjunto bem ordenado. Mas aqui não queremos isso, pois desejamos atribuir um cardinal a uma coleção (quase-conjunto) sem que tenhamos que impingir um ordinal ao mesmo tempo. Uma solução seria aplicar o 'truque de Scott', devido ao matemático americano Dana Scott (1932 –). O truque é o seguinte.

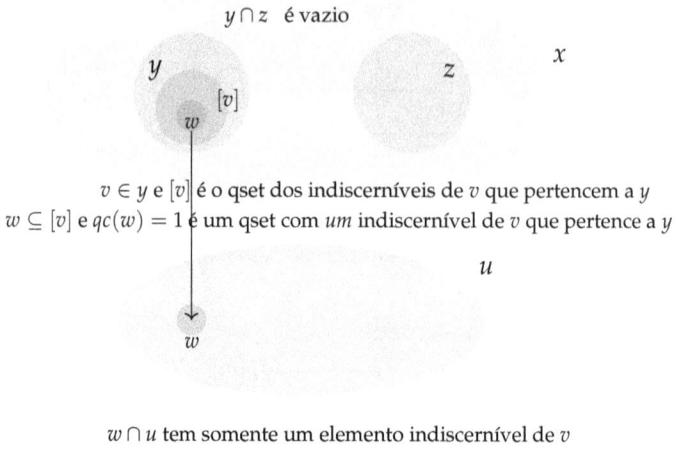

$y \cap z$ é vazio

$v \in y$ e $[v]$ é o qset dos indiscerníveis de v que pertencem a y

$w \subseteq [v]$ e $qc(w) = 1$ é um qset com *um* indiscernível de v que pertence a y

$w \cap u$ tem somente um elemento indiscernível de v

Figura 10.7: A ideia intuitiva de como o axioma das quase-escolhas funciona. De uma família de qsets disjuntos e não vazios, 'escolhemos' um elemento indiscernível de algum elemento de cada um dos membros da família.

Iniciamos com o chamado Princípio de Hume, que diz que sendo A e B dois conjuntos e se $|A|$ e $|B|$ indicam seus cardinais, escrevamos '$A \approx B$' para dizer que eles são equinumerosos, ou seja,

$$|A| = |B| \text{ se e só se } A \approx B. \tag{10.2}$$

A definição de Frege e Russell de cardinal estabelece que o cardinal de um conjunto é a classe de todos os conjuntos equinumerosos a ele, como já sabemos. Por exemplo, '2' é a classe de todas as duplas. O problema é que isso origina uma classe própria e não um conjunto (de ZFC por exemplo). Levando isso em conta, Scott encontrou um modo de caracterizar um conjunto em ZF (que é ZFC sem o axioma da escolha, mas fazendo uso do axioma da regularidade) que se passa por uma classe própria mas que ainda é um conjunto de ZF. Como ele fez isso? Ele notou que para qualquer conjunto A da hierarquia cumulativa de von Neumann há um menor ordinal α tal que $A \in V_{\alpha+1}$. Esse α é chamado de *rank* do conjunto A, e por assim dizer mede a sua 'complexidade'. Então Scott tomou o conjunto (que de fato é um conjunto) de todos os conjuntos em $V_{\alpha+1}$ que são equinumerosos a A para ser o cardinal de A. Isso independe do axioma da escolha e então mesmo conjuntos que não são bem ordenados podem ter um cardinal.

Mas isso não funciona aqui, pois introduz os ordinais pela porta dos fundos, uma vez que o conceito de *rank* baseia-se no de ordinais. Como proceder então para podermos dizer que um qset pode ter um cardinal? A solução que encontramos foi a de considerar o conceito de quase-cardinal como primitivo, coincidindo com o de cardinal quando estivermos lidando com *Dinge*; na seção 10.4 abaixo voltamos a falar dos cardinais dos qsets). É certo mencionar que a mesma ideia foi feita independentemente por Dalla Chiara e Toraldo di Francia em sua teoria de *qua-conjuntos*.[11] Os axiomas de quase-cardinais e suas justificativas são os seguintes, onde assumimos que os seguintes conceitos são definidos na parte correspondente a ZFA que está embutida em $\mho$: $Cd(x)$ diz que x é uma cardinal, $card(x)$ indica o cardinal de x, e lembremos que $qc(x)$ representa o quase-cardinal de x.

Axioma (Q13).

$$\forall_Q x (\exists_Z y (y = qc(x)) \to \exists! y (Cd(y) \wedge$$
$$y = qc(x) \wedge (Z(x) \to y = card(x)))$$

O que diz esse axioma? Em palavras, se x é um quase-conjunto que tem um quase-cardinal,[12] então esse quase-cardinal é um cardinal e se x for um conjunto, então esse quase-cardinal é seu (único) cardinal em sentido usual. Sendo *Dinge* (objetos 'clássicos') que estão em ZFA, podemos tratar os quase-cardinais como conjuntos dessa teoria e usar a igualdade usual '=' para eles. É o que faremos doravante.

Axioma (Q14).

$$\forall_Q x (x \neq \emptyset \to qc(x) \neq 0).$$

Se um quase-conjunto tem um quase-cardinal, então seu quase-cardinal não é zero se o quase-conjunto não for o conjunto vazio. Como o quase-conjunto vazio é um conjunto, advém que seu quase-cardinal é zero.

Axioma (Q15).

$$\forall_Q x (\exists_Z \alpha (\alpha = qc(x)) \to \forall \beta (\beta \leq \alpha \to \exists_Q z (z \subseteq x \wedge qc(z) = \beta)))$$

Se x tem quase-cardinal α, então para qualquer cardinal $\beta \leq \alpha$, existe um sub-quase-conjunto de x com o tal quase-cardinal. Isso faz com que se supusermos os 11 elétrons de um átomo de lítio como formando um quase-conjunto, possamos pensar em sub-quase-conjuntos com quase-cardinais de 0 até 11.

Nos axiomas remanescentes, quando nos referirmos ao quase-cardinal de um quase-conjunto, assumiremos que ele existe.

Axioma (Q16).

$$\forall_Q x \forall_Q y (y \subseteq x \to qc(y) \leq qc(x))$$

---

[11]Uma comparação entre essa teoria e a teoria de quase-conjuntos é feita em [?].

[12]Como veremos, na física quântica nem sempre se pode atribuir uma quantidade definida de elementos a um sistema.

Axioma (Q17).

$$\forall_Q x \forall_Q y (Fin(x) \wedge x \subset y \to qc(x) < qc(y))$$

Onde $Fin(x)$ diz que o quase-cardinal de x é um número natural.

Axioma (Q18).

$$\forall_Q x \forall_Q y (\forall w (w \notin x \vee w \notin y) \to qc(x \cup y) = qc(x) + qc(y))$$

Axioma (Q19).

$$\forall_Q x (qc(\mathcal{P}(x)) = 2^{qc(x)})$$

Repare que nesse axioma podemos usar a igualdade de ZFA posto que os quase-cardinais são *Dinge* pelo axioma Q13.

O próximo axioma é chamado de Axioma da Extensionalidade Fraca e complementa o axioma da extensionalidade visto acima que se aplica unicamente a *Dinge*. Aqui, temos um correspondente que vale para quase-conjuntos que contenham m-átomos em seu 'fecho transitivo', e se reduz ao anterior se os m-átomos forem eliminados. Para melhor formulá-lo, necessitamos de dois conceitos extra:

Definição 10.3.6.

(i) $Sim(x, y) := \forall z \forall w (z \in x \wedge w \in y \to z \equiv w)$

(ii) $Qsim(x, y) := Sim(x, y) \wedge qc(x) = qc(y)$.

(iii) $x/\equiv := [y \in x : y \equiv x]_z$

A primeira diz que dois quase-conjuntos x e y são *simétricos* se os seus elementos são indiscerníveis, enquanto que a segunda diz que eles são simétricos e de mesma quase-cardinalidade. A terceira introduz o quase-conjunto quociente de x pela ralação de indistinguibilidade.

Axioma (Q20, Extensionalidade Fraca).

$$\forall_Q x \forall_Q y ((\forall z (z \in x/\equiv \to \exists t (t \in y/\equiv \wedge Qsim(z, t)))) \tag{10.3}$$
$$\wedge \forall t (t \in y/\equiv \to \exists z (z \in x/\equiv \wedge \wedge Qsim(t, z))) \to x \equiv y)$$

Em palavras, dois quase-conjuntos são indiscerníveis quando contêm 'a mesma quantidade' (expressa por meio de quase-cardinais) de elementos do 'mesmo tipo'. Por exemplo, podemos considerar duas moléculas de ácido sulfúrico como indiscerníveis escrevendo '$H_2SO_4 \equiv H_2SO_4$', o que não faz delas a mesma molécula, o que aconteceria se usássemos a igualdade.

A definição de quase-função vista antes motiva a seguinte:

Definição 10.3.7 (Condição quase-funcional). *Seja $\alpha(x,y)$ uma fórmula na qual as variáveis x e y figuram livres. Se para cada x houver um y tal que $\alpha(x,y)$ valha e se sempre que $x' \equiv x$ for tal que existe y' tal que $\alpha(x',y')$ implique que $y' \equiv y$, dizemos que α define uma condição quase-funcional.*

Axioma (Q21, Substituição). *Se $\alpha(x,y)$ é uma condição quase-funcional, seja q um quase-conjunto relativamente ao qual x faz referência, ou seja, x 'percorre' q. Então a coleção de todos os y tais que $\alpha(x,y)$ vigore forma um quase-conjunto p. Em símbolos,*

$$(\forall_Q q)(\forall x \in q)\Big((\exists y)\alpha(x,y) \rightarrow (\forall z \in q)(z \equiv x$$

$$\rightarrow (\exists w)(w \equiv y)\alpha(z,w)) \rightarrow \exists_Q p (\forall y \in p) \rightarrow (\exists x \in q)\alpha(x,y)\Big)$$

Um teorema importante que reflete o fato de que se em quase-conjunto 'substituirmos' um elemento que a ele pertence por um que lhe seja indiscernível, em um certo sentido 'nada acontece'. Lembre do que dissemos acima sobre a ionização de um átomo neutro de Hélio; o próximo teorema reflete esse fato, mas antes necessitamos de um lema.

Lema. *Sejam x e y quase-conjuntos tais que x é finito, ou seja, $qc(x) \in \mathbb{N}$. Então $y \subseteq t$ acarreta $qc(x - y) = qc(x) - qc(y)$.*
Demonstração: Por definição, $t \in x - y$ se e somente se $t \in x \wedge t \notin y$. Então $(x - y) \cap y = \emptyset$. Portanto, pelo axioma Q19, $qc((x-y) \cup y) = qc(x-y) + qc(y)$, a qual, uma vez que $y \subseteq x$ e que $(x - y) \cup y = x$, implica que $qc(x - y) = qc(x) - qc(y)$. ∎

Teorema 10.3.2 (Permutações não são observadas). *Seja t um quase-conjunto e seja z um m-átomo em t. Admita que $x \subset [z]_t$ mas que não contém todos os elementos de t que são indiscerníveis de z. Seja ainda w um elemento de t que é indiscernível de z mas que não pertence a x. Então estabelece-se que*

$$(x - [\![z]\!]_t) \cup [\![w]\!]_t \equiv x$$

Repare o que o teorema está dizendo com uma analogia com um caso em ZFA; suponha que t é um conjunto, que $z \in t$ e então $x = [z]_t$ será o conjunto unitário de z, $\{z\}$. Se $w \in t$, então $(x - \{z\}) \cup \{w\} = x$ se e somente se $w = z$, ou seja, a igualdade é reservada se e somente se trocarmos um elemento de t 'por ele mesmo', já que na teoria usual de conjuntos, um objeto só é indiscernível dele próprio, o que não acontece em $\mathfrak{Q}$, onde podemos ter coleções de indiscerníveis com quase-cardinal maior do que a unidade.

Demonstração: Caso 1: o único elemento de $[\![z]\!]_t$ não pertence a x. Então $x - [\![z]\!]_t = x$. Seja w tal que seu único elemento pertence a x (por exemplo, ele pode ser z). Então $(x - [\![z]\!]_t) \cup [\![w]\!]_t = x$, e temos o teorema. Caso 2: o único elemento de $[\![z]\!]_t$ pertence a x. Então $qc(x - [\![z]\!]_t) = qc(x) - 1$ pelo lema anterior. Seja $[\![w]\!]_t$ tal que seu único elemento é w, logo $(x - [\![z]\!]_t) \cup [\![w]\!]_t = \emptyset$. Portanto, pelo axioma Q19, $qc(x - [\![z]\!]_t) = qc(x)$. Logo, pela extensionalidade fraca, segue o teorema. ∎

Antes de prosseguirmos para a parte final da frase se MacLane colocada no início, que faz referência a não somente criar uma teoria de 'conjuntos' que seja adaptável a situações físicas, mas a que se mostre como ela pode ser usada nesse campo obtendo algum resultado que não pode ser obtido 'classicamente', vamos ver mais alguns detalhes da teoria de quase-conjuntos. Salientamos no entanto que o teorema 10.3.2 já oferece um de tais resultados, posto que assegura que podemos intercambiar elementos indiscerníveis entre quase-conjuntos sem que isso altere o quase-conjunto, que permanece indiscernível do original; isso não pode ser obtido em uma teoria 'clássica' de conjuntos como qualquer uma das vistas anteriormente.

10.3.2 Consistência relativa

Podemos mostrar facilmente de que forma ZFA pode ser obtida em $\mathfrak{Q}$, conforme afirmado acima. Basta que definamos uma *tradução* da linguagem de ZFA na linguagem de $\mathfrak{Q}$ de modo que as traduções dos axiomas de ZFA possam ser demonstrados como teoremas de $\mathfrak{Q}$. Não faremos os detalhes aqui, mas apenas mostramos a tradução. Suponha que na linguagem de ZFA haja um predicado unário C para 'conjuntos', e que tenhamos ainda $\in$ como símbolo não lógico. Pomos então a seguinte definição:

Definição 10.3.8 (Tradução de ZFA para $\mathfrak{Q}$). *Chamemos de α uma fórmula da linguagem de ZFA e de α^* a sua tradução para a linguagem de $\mathfrak{Q}$, dada pelas seguintes cláusulas:*

1. *se α é $C(x)$, então α^* é $Z(x)$*

2. *se α é $\neg C(x)$, então α^* é $M(x)$*

3. *se α é $x = y$, então α^* é*

$$(M(x) \wedge M(y) \wedge x =_E y) \vee (Z(x) \wedge Z(y) \wedge x =_E y)$$

4. *se α é $\neg \beta$, então α^* é $\neg \beta^*$*

5. *se α é $\alpha \rightarrow \beta$, então α^* é $\alpha^* \rightarrow \beta^*$*

6. *se α é $\forall x \beta$, então α^* é $\forall x (M(x) \vee Z(x) \rightarrow \beta)$*

Essas cláusulas asseguram as traduções de $\alpha \vee \beta$, $\alpha \wedge \beta$ e $\exists x \alpha$. O trabalho braçal é agora mostrar que os axiomas de ZFA, assim vertidos, tornam-se teoremas de $\mathfrak{Q}$. Vem então a pergunta óbvia: é possível demonstrar a recíproca, ou seja, que $\mathfrak{Q}$ pode ser 'mergulhada' em ZFA? A resposta é afirmativa, e será delineada a seguir, mostrando que a estrutura obtida será tal que, em seu interior, podemos simular a indiscernibilidade (a estrutura não é *rígida*). Face a esse resultado, vem a inevitável questão filosófica: para que então irmos para $\mathfrak{Q}$ se ZFA dá conta do que pretendemos considerar acerca dos objetos quânticos? A resposta é exatamente que ZFA não é assim tão boa para expressar a suposição de que os objetos quânticos são não-indivíduos. Em outras palavras, ainda que se possa fazer uma matemática adequada para a física quântica dentro de uma estrutura não rígida, na qual a indiscernibilidade possa ser representada, ZFA não expressa a metafísica correspondente, segundo a qual os objetos quânticos *são* não-indivíduos e não entidades 'mascaradas' de não-indivíduos. Essa é a principal vantagem de $\mathfrak{Q}$, e para a qual ela foi construída.

Não é necessário que trabalhemos em ZFA; ZFC é suficiente. Mostraremos de que modo podemos definir uma tradução da linguagem de $\mathfrak{Q}$ na linguagem de ZFC de modo que os axiomas de $\mathfrak{Q}$, uma vez traduzidos, sejam teoremas de ZFC. Seja $X = m \cup M$ um conjunto com $m \cap M = \varnothing$, e seja $\sim$ uma relação de equivalência sobre m, e denotemos por $C_1, C_2, \ldots$ as classes de equivalência correspondentes. Designamos por D_x à classe à qual x pertence, $x \in m$. Designemos agora por $\hat{x}$ o seguinte conjunto: $\hat{x} = \langle x, C_c \rangle$, formado por um elemento e pela classe de equivalência à qual ele pertence. Seja agora $\hat{m}$ o conjunto de todos esse pares $\langle x, C_x \rangle$. Para M como acima, definamos $X = \hat{m} \cup M$, e não haverá perda de generalidade se supusermos que $\hat{m}$ e M têm o mesmo *rank*. Sobre um tal X, erigimos agora por recursão transfinita sobre On a seguinte hierarquia de conjuntos:

Definição 10.3.9. *Pondo* $X = \hat{m} \cup M$*, definimos (em ZFC); veja a figura 10.8*

$Q_0 := X$

$Q_1 := X \cup \mathcal{P}(X)$

$\vdots$

$Q_\lambda := \bigcup_{\beta < \lambda} Q_\beta$ *se* λ *é um ordinal limite*

$\mathbf{Q}^V := \bigcup_{\alpha \in On} Q_\alpha$

Repare em uma coisa importante: a hierarquia inicia com X, cujos elementos são os de $\hat{m}$ ou de M. Assim, os elementos de m *ficam fora* da hierarquia, consequentemente, nada 'dentro' do universo $\mathbf{Q}$ pode ser dito sobre os elementos de m, em particular que eles são discerníveis.[13] Porém, como elementos de um modelo para ZFC no qual essa hierarquia está sendo construída, eles são *indivíduos*, entidades que podem sempre ser discernidas de outras. No entanto, 'dentro' da estrutura construída, eles parecem ser indiscerníveis. O que faremos será definir uma tradução da linguagem de $\mathfrak{Q}$ para a linguagem de ZFC considerando essa hierarquia e mostraremos (na verdade, aqui somente afirmaremos) que ela é um modelo para a teoria de quase-conjuntos.

Para tornar a definição mais acessível, vamos admitir uma outra hierarquia, agora construída a partir da coleção M somente, à qual chamaremos de $\mathbf{Q}^M$, a qual conterá os átomos usuais e os 'conjuntos clássicos'.

---

[13]Tecnicamente, dizemos que os elementos de m têm *rank* menor do que os elementos da hierarquia construída; o *rank* de um conjunto mede algo como a sua posição na hierarquia: quanto mais 'complicado' for o conjunto, maior é o seu rank (que é um ordinal). Assim, os elementos de um conjunto têm rank menores do que o conjunto (na hipótese de valer o Axioma da Regularidade).

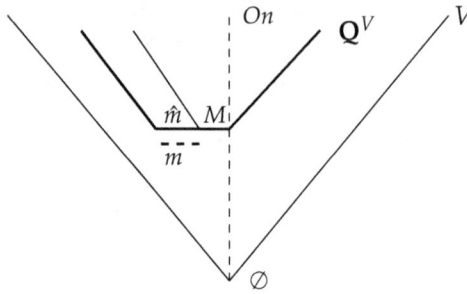

Figura 10.8: Uma cópia do universo **Q** em um modelo de ZFC (chamda de $\mathbf{Q}^V$). Repare que o conjunto m (linha pontilhada horizontal) não faz parte da estrutura, que inicia 'acima' de seu *rank*. Desse modo, não podemos considerar a identidade de seus elementos enquanto estivermos 'dentro' da estrutura $\mathbf{Q}^V$.

Definição 10.3.10. *Definimos*

$$Q_0^M := M$$

$$Q_1^M := M \cup \mathcal{P}(M)$$

$$\vdots$$

$$Q_\lambda^M := \bigcup_{\beta < \lambda} Q_\beta^M \text{ se } \lambda \text{ é um ordinal limite}$$

$$\mathbf{Q}^M := \bigcup_{\alpha \in On} Q_\alpha^M$$

Definição 10.3.11 (Tradução de $\mathfrak{Q}$ para ZFC). *Seja α uma fórmula atômica da linguagem de $\mathfrak{Q}$ e seja α^* a sua tradução para a linguagem de ZFC, definida como segue:*

1. *se α é $m(x)$, então α^* é $x \in \hat{m}$*

2. *se α é $M(x)$, então α^* é $x \in M$*

3. *se α é $Z(x)$, então α^* é tal que x pertence a algum conjunto em $\mathbf{Q}^M$ (cuja formulação 'formal' evitamos aqui).*

4. *se α é $x \equiv y$, então α^* é $x = y$*

5. *se α é $x \in y$, então α^* é $x \in y$*

As demais fórmulas são traduzidas de modo usual. Ao termo $qc(x)$, associamos a expressão $card(x)$, que designa o cardinal do elemento correspondente a x.

É fácil ver, ainda que tedioso, que todas as sentenças da linguagem de $\mathfrak{Q}$ se transformam em sentenças de ZFC sobre conjuntos, e que os axiomas de $\mathfrak{Q}$, assim traduzidos, são teoremas de ZFC. Mas o mais interessante é que a estrutura $\mathbf{Q}$ não é rígida, ou seja, admite outros automorfismos além da função identidade, mas a demonstração desse fato está além do que pretendem estas notas. O fato intuitivo é que para constatarmos que todos os automorfismos do modelo V de ZFC são triviais (coincidem com a função identidade), nos valemos do fato de que se h é um automorfismo e $x \in V$, então $h(y) = y$ para todo $y \in x$. Assim, $h(x) = \{h(y) : y \in x\} = \{y : y \in x\} = x$ e, por $\in$-indução, mostramos que h é trivial.[14] Mas veja; agora, uma vez que os elementos de $\hat{m}$ podem estar em uma relação de equivalência $\sim$, não necessitamos exigir que $h(y) = y$, bastando $h(y) \sim y$ para o caso desses elementos. Assim, um elemento de $\hat{m}$ não necessita ser levado nele mesmo, bastando que seja levado em um 'indistinguível' dele. O procedimento é parecido com a construção de *modelos de permutação* em ZFA, onde toda permutação de átomos conduz a um automorfismo de todo o universo.

10.3.3 Quase-classes

Podemos estender a teoria $\mathfrak{Q}$ de modo a acomodar o que denominaremos de *quase-classes*. Falando informalmente, uma quase-classe é simplesmente a extensão de um predicado; se $\varphi(x)$ é um tal predicado, sendo x uma variável que nele figura livre, então podemos escrever a quase-classe como $[x : \varphi(x)]$, e temos que

$$y \in [x : \varphi(x)] \text{ se e somente se } \varphi(y).$$

Adaptando os axiomas de NBG, chegamos a uma teoria de quase-classes cujos elementos são quase-conjuntos. Mas seria possível ir além? Matematicamente sim, ainda que não saibamos de uma aplicação 'física' para isso; podemos imitar o sistema de Ackermann e formar quase-classes de quase-classes acrescentando postulados adequados a uma adaptação 'quase-conjuntista' de **ARC**, que podemos chamar de **QRC**, mas não desenvolveremos essa teoria aqui. Cabe ressaltar no entanto o trabalho de Eliza Wajch em quase-classes e quase-cardinais [Waj23].

10.4 Sobre 'contagem'

Um dos pontos centrais da teoria de quase-conjuntos é a atribuição de um quase-cardinal a um qset. Na nossa formulação, o conceito de quase-cardinal

---

[14]A $\in$-indução generaliza a indução comum e pode ser assim descrita: se $\varphi(x)$ é uma fórmula tal que $\varphi(x)$ se segue do fato de que $\varphi(y)$ para todo $y \in x$, então concluímos que φ vale para todos os conjuntos ou, em símbolos,

$$\forall x((\forall y \in x)\varphi(y) \rightarrow \varphi(x)) \rightarrow \forall z\varphi(z).$$

é primitivo, e os axiomas que regem essa noção foram apresentados acima.[15]
Mas qual seria o problema?

Primeiramente, note que não dizemos que todo qset tem um q-cardinal, como é deixado claro no axioma [Q13]. Isso se deve ao fato de que se a teoria for utilizada em física quântica, podemos estar interessados em considerar os chamados processos de *criação* e de *aniquilação* de partículas, momento em que uma coleção dessas entidades pode não ter um cardinal bem determinado (como veremos no capítulo 11). Na mecânica quântica ortodoxa (não relativista), no entanto, o número de sistemas é sempre constante em cada caso, e em situações como essa o q-cardinal pode existir e ser um cardinal finito.

Filósofos da física como Mauro Dorato, Matteus Morganti, Benjamin Jantzen, por exemplo,[16] sustentam que uma vez que uma coleção de objetos tenha um cardinal, esses objetos têm que ser dotados de identidade, em particular devendo ser discerníveis uns dos outros. Isso é facilmente explicado dentro de um contexto 'clássico', ou seja, em uma teoria de conjuntos padrão, mesmo que adotemos o truque de Scott. Para sermos claros, vamos repetir aqui um raciocínio já exposto antes à página 281. Suponha que temos os dedos de uma de nossas mãos e que desejamos contá-los. O que fazemos? Bom, devemos aprender com Patrick Suppes que "não podemos simplesmente pegar um número em nossas mãos e 'aplicá-lo' a um objeto físico" [Sup98]. Ele desenvolveu com colaboradores um imenso trabalho sobre a Teoria da Mensuração para dar conta de, dito de modo resumido, mas como ele mesmo se expressa, *atribuir números às coisas*. Para tanto, certas *álgebras* têm que ser desenvolvidas, de modo a se provar que essas 'estruturas que captam um conjunto de fenômenos' são isomorfas a certas estruturas numéricas. Em nosso caso, isso é feito de modo extremamente simplificado do seguinte modo.

Matematicamente, formamos um *conjunto* representando os nossos dedos, digamos $D = \{a, b, c, d, e\}$. A seguir, mostramos que há uma *bijeção* entre esse conjunto e algum segmento inicial do conjunto ordenado dos números naturais $\omega = \{0, 1, 2, 3, 4, 5, 6, \ldots\}$, no caso, com $5 = \{0, 1, 2, 3, 4\}$, usando-se o conceito de ordinal no sentido de von Neumann. Todo número natural é um ordinal e é um cardinal; assim, '5' é também um cardinal. A bijeção pode ser a seguinte (há várias delas, como se constata facilmente); uma $f : 5 \to \{a, b, c, d, e\}$ pode ser definida por:

$$f(0) = a$$
$$f(1) = b$$
$$f(2) = c$$
$$f(3) = d$$
$$f(4) = e$$

Isso posto, dizemos que o conjunto D tem cinco elementos. Note que, para

---

[15]Saliente-se que a matemática polonesa Eliza Wajch prefere apresentar a noção de uma forma alternativa; veja [Waj23].

[16]Ver [DM13], [Jan11, Jan17].

definirmos a bijeção f, necessitamos discernir entre os elementos de D e é precisamente nisso que repousa o argumento dos filósofos mencionados.

Ora, já vimos anteriormente que na física quântica não se vai 'preenchendo' os orbitais de um átomo pegando-se elétrons de algum lugar e paulatinamente *colocando-se* esses elétrons nos orbitais por meio de algo que simule uma bijeção como f acima. Não é isso o que acontece por que os elétrons *não são* pequenas coisas dispostas em algum lugar para serem buscadas quando quisermos. Os elétrons 'aparecem' nos orbitais em função da carga nuclear do átomo, como se viu na citação feita de Bruce Mahan à página 282. Essa carga de energia fornece os *números quânticos* e é em função deles que sabemos quantos elétrons 'cabem' em cada nível de energia. Por exemplo, já sabemos que em um átomo de sódio (Na), temos a seguinte distribuição eletrônica: $1s^2\ 2s^2\ 2p^6\ 3s^1$. Nada de ir colocando os elétrons um a um como na contagem dos nossos dedos. Os autores mencionados, portanto, erram em supor que nos portamos na física quântica como se estivéssemos na matemática clássica, onde as coisas são distinguíveis. A teoria de quase-conjuntos mostra precisamente que o caso da física quântica pode ser levado em consideração *sem que se precise discernir* os elementos de um qset.

Para corroborar o que dissemos, valemo-nos do que disseram Graciela Domenech e Federico Holik em [DH07] em outro contexto relacionado ao modo segundo o qual podemos saber que um átomo de He (hélio) tem dois elétrons se ter que atribuir-lhes uma identidade:

> Coloque um átomo [de He] em uma câmara de nuvens e use radiação para ionizar o átomo. Poderíamos observar traços de um ion e de um elétron, e é óbvio que o traçado do elétron representa um sistema de uma partícula, mas não podemos indagar sobre a identidade do elétron (uma vez que ele simplesmente não tem identidade), mas a contagem do processo não depende disso. A única coisa que importa é que estejamos seguros de que o traço é devido ao estado de um elétron singular, e para esse propósito, a identidade do elétron não importa. Se ionizamos o átomo novamente, veremos o traço de um novo elétron (de carga 2e) e um novo traçado. Qual elétron é responsável por esse segundo traço? Essa pergunta está mal definida, mas ela ainda não importa. Mas a contagem dessas etapas pode se encerrar, uma vez que não podemos mais extrair elétrons. O processo termina em duas etapas, e assim dizemos que um átomo de Helio tem dois elétrons.

É importante ressaltar que o 'não importa' quer dizer 'não é possível' (atribuir uma identidade ao elétron), pois se isso fosse assim, ele poderia ser identificado mais tarde como sendo *aquele* elétron, e não há como isso possa ser feito. Aliás, trabalhos recentes nos fundamentos da física quântica têm mostrado que não é conveniente nomear as entidades quânticas. Por exemplo, Wang e colegas, bem como Compagno et al. [Wan22], [CCLF18] mostram que (pelo menos para os resultados que obtêm) tratar os sistemas quânticos como destituídos de rótulos, logo de identificação, é conveniente. Saliente-se que uma tal abordagem já foi feita há algum tempo por G. Domenech, F. Holik, L. Kniznik e por este autor em 2008 [DHK08, DHKK10] usando-se a teoria de quase-conjuntos, como mostramos antes (ver também [dBHK23].

Aliás, há vários resultados em física quântica que são obtidos via experimentos, logo dificilmente refutáveis, que necessitam da indistinguibilidade das entidades para que ocorram; muito disso é apresentado em [dBHK23]. Aparentemente, os filósofos que creem que a existência de um cardinal acarreta na discernibilidade das entidades, bem como aqueles que sustentam que a identidade é um conceito que não pode ser ignorado, não estão ao par desses novos desenvolvimentos.

Nesse sentido, contestamos também fortemente a afirmativa de que

> A filosofia quântica, uma doença peculiar do século XX, é responsável pela maioria da praga confusa nos fundamentos da física quântica. Quando essa filosofia é deixada de lado, chega-se naturalmente à mecânica bohmiana, que é o que emerge da equação de Schrödinger para um sistema não relativístico de partículas quando insistimos que 'partículas' significa simplesmente 'partículas'. [DGZ95]

Os autores escreveram mais tarde um livro com o mesmo título, "Física Quântica sem Filosofia Quântica" [DGZ13] no qual defendem a mesma tese. Isso daria uma boa discussão, mas não é aqui o espaço para isso; o interessado pode consultar o já mencionado [dBHK23] onde restrições à mecânica bohmiana são mencionadas, e onde se enfatiza o papel preponderante da noção de indistinguibilidade, que leva não à mecânica de Bohm (muito pelo contrário), mas a uma abordagem que considera as 'partículas' como não-indivíduos (cf. o capítulo a seguir).

Porém, o mais importante é o papel conceitual da teoria $\mathfrak{Q}$ já mencionado antes; ela mostra que uma metafísica (e uma ontologia) diferente da clássica é possível, uma metafísica que aceita que os objetos quânticos são não-indivíduos e que a discussão filosófica sobre essa disciplina é realmente fundamental [KAB22]. Vejamos esse ponto com algum detalhe; para mais detalhes sobre a utilização de $\mathfrak{Q}$ nesse contexto, peço que observem [FK06] e [dBHK23], e toda a bibliografia lá indicada.

Capítulo 11

Quase-conjuntos e mecânica quântica

> [In] microphysics, [the] most striking characteristic from the
> semantical point of view is that there are no proper names.
>
> M. L. Dalla Chiara e G. Toraldo di Francia [DCTdF93]

PARA MOSTRARMOS de que modo a teoria de quase-conjuntos pode ser usada em um contexto física, o melhor é apresentarmos uma forma de esquematizar a mecânica quântica com os recursos da teoria $\mathfrak{Q}$. Os detalhes podem ser vistos nos trabalhos de Federico Holik (da Universidade de La Plata) e Graciela Domenech (da Universidade de Buenos Aires), posteriormente com a colaboração deste autor e de Laura Kniznik (da Universidade de Buenos Aires) [DHK08], [DHKK10].

Já sabemos que na mecânica quântica usual os estados de um sistema físico são descritos por vetores de um espaço de Hilbert separável e que os estados de sistemas contendo muitas 'partículas' são descritos por vetores de um espaço de Hilbert que é o produto tensorial dos espaços dos estados de cada um dos sistemas. Se as partículas são indiscerníveis, um *postulado de simetrização* diz que os estados disponíveis são unicamente os estados *simétricos* e os *anti-simétricos* (que espelham as estatísticas B-E e F-D respectivamente). Isso é feito porque, para nos referirmos às partículas, não temos outro jeito que não nomeá-las como $p_1, p_2, \ldots$ e então impomos esse princípio para fazer com que esses rótulos não sirvam para discerní-las; trata-se de um truque matemático muito eficiente.

Esse procedimento de primeiro identificar as partículas pelos seus rótulos e depois mascará-las pela simetrização pode ser criticado, e seria mais adequado de um ponto de vista fundacional se pudéssemos trabalhar com essas entidades sem supor a sua individualidade; isso foi aventado por exemplo por M. Redhead e Paul Teller em [RT91, RT92], e mais tarde no livro de Teller [Tel95]. A ideia intuitiva é simples; em um espaço de Fock, que é um tipo especial de espaço de Hilbert, as entidades não são 'nomeadas', como se verá abaixo, de modo que (pelo menos é o que se diz) podemos alcançar um formalismo livre de rótulos individualizadores. No entanto, como teremos a chance de mostrar, isso não é bem assim; parodiando Redhead, podemos dizer que *o sorriso dos nomes próprios ainda está presente.*[1]

Para contornar essa objeção, apresentamos uma formulação alternativa fazendo uso da teoria $\mathfrak{Q}$, na qual a indiscernibilidade, como vimos, pode ser considerada *ab initio*. Como nessa teoria efetivamente não há rótulos para m-átomos indiscerníveis, ela se afigura como adequada para essa fundamentação livre de nomes próprios que se deseja alcançar. Porém, antes de usarmos a teoria de quase-conjuntos, é conveniente que vejamos, ainda em um 'ambiente clássico' (como ZFC), como se define um *espaço de Fock*, para depois retornarmos ao tema.

11.1 Espaços de Fock

Estamos em ZFC (ou em NBG, ou em KM). Iniciaremos indicando os pontos principais que conduzem ao formalismo dos espaços de Fock. Denotaremos por $v, w, \ldots$, com ou sem índices, os vetores dos espaços considerados. Como não é comum encontrar um tal desenvolvimento em textos em português, veremos este exemplo com algum detalhe.

Consideraremos o caso de n bósons indistinguíveis. O caso de férmions será tratado no decorrer do texto. Seja H um espaço de Hilbert cujos vetores representam estados de sistemas de uma só partícula e seja $\{v_i\}$, $i = 1, 2, 3, \ldots$ uma base ortonormal para H na qual os v_i são autovetores de algum operador auto-adjunto $\hat{A}$ sobre H. Essa simples consideração já demanda algum cuidado. Com efeito, admitimos por simplicidade que H admite uma base discreta (é dito *separável*). Espaços de Hilbert não separáveis não teriam 'estado do vácuo' e neles não se poderiam definir 'operadores número de ocupação' no sentido que se verá abaixo [Tel95].[2] Além disso, cabe alertar que a base escolhida depende do operador $\hat{A}$, o que nos fará ter cuidado com o significado intuitivo dos 'números de ocupação' tais como definidos na sequência.

Chamemos de H^n o espaço de Hilbert que é produto tensorial de H por si próprio n vezes, ou seja,

$$H^n := \bigotimes_{i=1}^{n} H_i. \tag{11.1}$$

---

[1]Podemos novamente resgatar Redhead e falar do 'sorriso dos nomes próprios' aqui também; lembre o que já falamos na página xiii.

[2]Um espaço de Hilbert é separável quando admite uma base ortonormal enumerável.

Os vetores desse espaço representarão os estados do sistema de n partículas indistinguíveis que se está considerando. Mais uma observação acerca das sutilezas envolvidas: repare o leitor que, dizendo isso, de certo modo estamos comprometendo os conceitos que estamos veiculando com uma interpretação pretendida, pois nada na descrição da teoria implica esta interpretação. A rigor, o sistema proposto poderia ter outros modelos, além daquele tipicamente 'quântico'. Porém, continuemos como de hábito.

Como se está tomando o *mesmo* espaço n vezes, uma outra hipótese está implícita, a saber, a de que assume-se que um certo conjunto de 'variáveis dinâmicas', que descrevem o comportamento de uma única partícula, pode ser usado para um sistema contendo n partículas indistinguíveis. Essa simplificação se deve, segundo os especialistas, ao fato de que a solução da equação de Schrödinger para n partículas que interagem (mesmo para $n = 3$) ser de extrema dificuldade.[3]

Um vetor típico de H^n pode ser escrito $v_1 \otimes \cdots \otimes v_n$. Tendo em vista que todos os sistemas físicos que se considera são descritos ou por vetores simétricos ou por anti-simétricos, consideraremos prioritariamente dois sub-espaços de H^n, denotados por H^n_σ e H^n_τ, ditos *sub-espaço simétricos* e *sub-espaço anti-simétrico* respectivamente, definidos como segue. Para cada $i = 1, 2, \ldots$, introduzimos uma aplicação $\sigma^n : H^n \to H^n$ tal que

$$\sigma^n(v_1 \otimes \cdots \otimes v_n) := (1/n!) \sum_P P(v_1 \otimes \cdots \otimes v_n) \tag{11.2}$$

na qual P é um elemento do grupo de permutações de H^n. Por exemplo, $\sigma^2(v_1 \otimes v_2) = (1/2)(v_1 \otimes v_2 + v_2 \otimes v_1)$, enquanto que $\sigma^3(v_1 \otimes v_2 \otimes v_3) = (1/6)(v_1 \otimes v_2 \otimes v_3 + v_1 \otimes v_3 \otimes v_2 + v_2 \otimes v_1 \otimes v_3 + v_2 \otimes v_3 \otimes v_1 + v_3 \otimes v_1 \otimes v_2 + v_3 \otimes v_2 \otimes v_1)$. O fator $1/n!$ garante a idempotência de σ^n, o que é necessário para que ele seja um operador de projeção. Com efeito, se não houvesse tal fator, então (para $n = 2$), $\sigma^2(v_1 \otimes v_1) = 2(v_1 \otimes v_1)$, enquanto que $\sigma^2(\sigma^2(v_1 \otimes v_1)) = 4(v_1 \otimes v_1) \neq \sigma(v_1 \otimes v_1)$ e assim por diante. Isso posto, o sub-espaço simétrico de H^n é definido por

$$H^n_\sigma := \{\sigma^n(v) : v \in H^n\}. \tag{11.3}$$

Pode-se provar que σ^n é um operador projeção sobre H^n e comuta com todos os observáveis do sistema de n bósons indistinguíveis [Jau68, p.280], [Ger85, p.115].

O caso de férmions pode ser tratado de modo similar definindo-se funções $\tau^n : H^n \to H^n$ tais que

$$\tau^n(v_1 \otimes \cdots \otimes v_n) =_{\text{def}} (1/n!) \sum_P s^P P(v_1 \otimes \cdots \otimes v_n), \tag{11.4}$$

sendo s^P a *assinatura* de P, isto é, s^P é +1 se P é par e -1 se P ímpar [vF91, p.386]. Por exemplo, $\tau^2(v_1 \otimes v_2) = (1/2)(v_1 \otimes v_2 - v_2 \otimes v_1)$, enquanto que

---

[3] A equação de Schrödinger descreve a dinâmica do sistema.

$\tau^3(v_1 \otimes v_2 \otimes v_3) = (1/6)(v_1 \otimes v_2 \otimes v_3 - v_1 \otimes v_3 \otimes v_2 - v_2 \otimes v_1 \otimes v_3 + v_2 \otimes v_3 \otimes v_1 + v_3 \otimes v_1 \otimes v_2 - v_3 \otimes v_2 \otimes v_1)$.

Então, em analogia com o caso simétrico, definimos o sub-espaço anti-simétrico de H_τ^n por

$$H_\tau^n := \{\tau^n(v) : v \in H^n\}. \tag{11.5}$$

Não há razão para se supor que o número de *quanta* (partículas) seja fixo; assim, é conveniente que os estados do sistema sejam considerados como dados por vetores no espaço de Hilbert seguinte, o *espaço de Fock*, donotado por $\mathcal{F}$, que é o espaço das teorias quânticas de campos. Tal espaço é a soma direta dos espaços de Hilbert definidos acima, para n arbitrário. Mais especificamente,

$$\mathcal{F} := \bigoplus_{n=0}^{\infty} H^n. \tag{11.6}$$

Aqui, H^0 é um espaço de Hilbert unidimensional, dito espaço dos *estados de vácuo* [Jau68, p.282]. Algumas vezes toma-se o espaço complexo $\mathcal{C}$ para representá-lo [Ger85, p.115]. Pela definição acima, tem-se portanto que $H^0 = \mathcal{C}, H^1 = H, H^2 = H \otimes H$, e assim sucessivamente.

As operações básicas de $\mathcal{F}$ são as seguintes, definidas para todos vetores $v = (v_0, v_1, v_2, \ldots), w = (w_0, w_1, w_2, \ldots)$ em $\mathcal{F}$ e escalar k em $\mathcal{C}$:

(a) Adição de vetores: $v + w := \sum_i (v_i + w_i)$

(b) Produto de vetor por escalar: $k.v := \sum_i k.v_i$

(c) Produto interno de vetores: $\langle v|w \rangle := \sum_i \langle v_i|w_i \rangle$.

A definição é tal que para qualquer $v \in \mathcal{F}$, $\|v\|^2$ é finito e tal que $\|v\| = \sum_i \|v_i\|$, sendo que todas as operações dos segundos membros são realizadas nos espaços H^n.

Observe-se que, escrevendo os vetores de $\mathcal{F}$ da forma $v = (v_0, v_1, v_2, \ldots)$, sendo $v_i \in H^i$, $i = 0, 1, 2, \ldots$ e sendo $H^0 = \mathcal{C}$, v_0 denota o *estado com nenhum quanta*, v_1 denota o *estado com um quanta*, e assim por diante, mas não se especifica, por exemplo, *qual* quanta é descrito por v_1.[4] Consequentemente, o vetor $v_1 \otimes v_1 \otimes v_3$, que representa um estado com três *quanta*, dois deles no estado v_1 e os demais no estado v_3,[5] reaparece em $\mathcal{F}$ como $(0, 0, 0, v_1 \otimes v_1 \otimes v_3, 0, 0, \ldots)$, enquanto que um vetor $v_1 \otimes v_2$, caracterizando um sistema com dois *quanta*, é apresentado como $(0, 0, v_1 \otimes v_2, 0, 0, \ldots)$. Isso ainda mostra de modo imediato que vetores que caracterizam sistemas como números de *quanta* distintos são ortogonais (relativamente ao produto interno canônico). Além disso, vetores como $v = (0, 0, v_1 \otimes v_2, 0, \ldots)$ e $w = (0, 0, v_2 \otimes v_1, 0, \ldots)$ em H^2 são distintos

---

[4]Percebe-se que as 'interpretações pretendidas' desses vetores são *coleções* de 'quanta'. Essa constatação será importante à frente.

[5]Este modo de 'ler' o vetor está sujeito a algumas restrições, que mencionaremos abaixo.

quando $v_1 \neq v_2$. No entanto, se tomarmos o sub-espaço simétrico H_σ^2, então apesar de nem v e nem w serem vetores de H_σ^2, ambos são 'projetados' sobre o mesmo vetor $(0, 0, (1/2)(v_1 \otimes v_2 + v_2 \otimes v_1), 0, \ldots)$, e a necessária distinção anteriormente feita por força da linguagem usada 'desaparece'. Caso similar ocorre no caso anti-simétrico.

O formalismo dos espaços de Fock distingue ainda entre dois tipos básicos de vetores, os quais correspondem a bósons e a férmions. Com efeito, suponha que $v \in H$, isto é, v representa o estado de um sistema com *uma* partícula. (Insistimos em que, dizendo isso, estamos dando ao vetor uma interpretação, ainda que informal.) Se $(0, 0, v \otimes v, 0, \ldots) \in \mathcal{F}$ denota um estado de um sistema com *duas* partículas, ambas no mesmo estado v, então usando-se os vetores $\sigma^2(v \otimes v) \in H_\sigma^2$ e $\tau^2(v \otimes v) \in H_\tau^2$, obtemos os seguintes vetores em $\mathcal{F}$: $(0, 0, v \otimes v, 0, \ldots)$ e $(0, 0, (1/2)(v \otimes v - v \otimes v, 0, 0, \ldots) = (0, 0, \ldots)$. Desse modo, observando o caso anti-simétrico, podemos dizer que na verdade não dispomos de uma situação na qual duas partículas anti-simétricas possam 'estar no mesmo estado'. Esse resultado expressa o Princípio de Exclusão de Pauli [Ger85, p.116].

Podemos então definir os sub-espaços *simétrico* e *anti-simétrico* de $\mathcal{H}$ como segue:[6]

$$\mathcal{F}^\sigma := \bigoplus_{n=0}^{\infty} H_\sigma^n, \tag{11.7}$$

e

$$\mathcal{F}^\tau := \bigoplus_{n=0}^{\infty} H_\tau^n. \tag{11.8}$$

A restrição de estados possíveis a simétricos e anti-simétricos leva a uma restrição dos operadores que representam os observáveis físicos. No entanto, alguns autores apresentaram uma alternativa de se restringir não os operadores,[7] mas os estados físicos que são acessíveis ao sistema, que por sua vez acarretaria uma restrição nos operadores. Do nosso ponto de vista, uma ou outra alternativa pode ser considerada. O que resulta é que considerando-se apenas estados simétricos e anti-simétricos, estaremos aceitando implicitamente um Postulado da Indistinguibilidade que, grosso modo, assevera que permutações de partículas não têm efeitos observáveis.[8] Em outras palavras, aceitar unicamente estados simétricos e anti-simétricos é um modo de 'eliminar' a individualidade das entidades básicas em consideração. Mas, mesmo assim, ainda se está admitindo que elas suportam 'rótulos conceituais', uma vez que

---

[6]Alternativamente, esses espaços podem ser escritos assim, sendo ω o conjunto dos números naturais: $\mathcal{F}^\sigma = \{v \in \mathcal{F} : (\exists w \in \mathcal{F})(\exists n \in \omega)(v = \sigma^n(w))\}$ e $\mathcal{F}^\tau = \{v \in \mathcal{F} : (\exists w \in \mathcal{F}(\exists n \in \omega)(v = \tau^n(w)))\}$.

[7]Ver os artigos de Redhead e Teller na Bibliografia.

[8]Esse postulado aparece de várias formas, e sua discussão não será vista aqui; para detalhes, acompanhar [FK06]. Dito de forma não muito rigorosa, isso significa que o 'valor esperado' da medida de qualquer observável é o mesmo antes ou depois de uma permutação das partículas.

continuamos tendo em mente uma interpretação intuitiva quando nos referi-remos a coisas como 'partículas (*quanta*) no estado v'. Essa maneira de falar deve ainda ser eliminada. Enfatizemos isso: anteriormente, exemplificamos com o caso de que os vetores $v = (0, 0, v_1 \otimes v_2, 0, \dots)$ e $w = (0, 0, v_2 \otimes v_1, 0, \dots)$ em H^2 são distintos (se $v_1 \neq v_2$), devendo representar sistemas físicos distin-tos. Isso implica uma 'individuação' dos *quanta*, motivo pelo qual opta-se por considerar apenas estados simétricos e anti-simétricos. Este ponto será retomado à frente. Na sequência, apresentaremos um espaço de Fock cujos vetores, supõe-se, são livres desse problema.

Antes de irmos em frente, um alerta. Em geral, fala-se de 'partículas', sem que no entanto se queira fazer qualquer analogia com 'corpúsculos' ou coisas desse tipo. A antiga imagem de uma *partícula* já não existe na física atual, que encerra o que se pode chamar de uma 'ontologia de campos', o caráter 'partícula' aparecendo (por exemplo, quando um feixe de tais entidades deixa marcas em um aparato) como certas manifestações desses campos. Este tema é complexo e importante, mas sua análise é longa e deve ser precedida de ampla discussão, que não será aqui mencionada. Isso porém não nos impede de compreender alguns dos fatos mais básicos envolvendo esses conceitos, ainda que tenhamos que usar uma linguagem inadequada fora do formalismo matemático. No capítulo 6 de [Fal07], é mostrada a 'metamorfose' do conceito de partícula, desde a física clássica até a moderna física de partículas (Modelo Standard).

11.2   Números de Ocupação

Se $\{v_i\}$ é uma base ortonormal para H, então $\{v_{i_1} \otimes \cdots \otimes v_{i_n}\}$ é uma base ortonormal para H^n, mas as projeções desses vetores no sub-espaço H^n_σ, isto é, os vetores $\sigma^n(v_{i_1} \otimes \cdots \otimes v_{i_n})$, não são necessariamente unitários, ainda que sejam ortogonais entre si. Caso similar ocorre com o subespaço dos vetores anti-simétricos [Jau68, p.281]. A procura por um fator de normalização suge-rirá uma notação alternativa que é muito útil, uma vez que ela nos 'livrará' do compromisso com entidades 'rotuláveis', pelo menos é o que se supõe.

Inicialmente, tomemos o vetor $v = v_{i_1} \otimes \cdots \otimes v_{i_n}$, e definamos funções n_v, ditas *funções números de ocupação*, as quais associam a cada número natural i o número $n_v(i)$ de índices, dentre $i_1, \dots, i_n$, que são iguais a i. Escreveremos muitas vezes n_i ao invés de $n_v(i)$, deixando implícito o vetor v. Por exemplo, se nossa base original é $\{v_1, v_2, v_3\}$, então para $v = v_2 \otimes v_2 \otimes v_3$, temos $n_1 = 0$, $n_2 = 2$ e $n_3 = 1$, enquanto que para $v = v_1 \otimes v_1 \otimes v_3$, temos $n_1 = 2$, $n_2 = 0$ e $n_3 = 1$.

Cada um desses *números de ocupação* n_i é relacionado a um 'estado puro' $v_i \in H$. Isto é, n_i (de fato, $n_v(i)$) é o número de ocupação do i-ésimo autovalor do operador $\hat{A}$ no estado v, sendo $v = v_1 \otimes \cdots \otimes v_n$ um vetor da base de H^n. O vetor que caracteriza um sistema de n *quanta* pode então ser escrito fazendo-se referência aos particulares números n_i, $i = 1, 2, \dots$, e ao número

total n do seguinte modo:
$$|n\rangle = |n_1 n_2 \ldots\rangle. \tag{11.9}$$

Esta notação (devida a Dirac) é adequada por vários motivos, mas merece alguma atenção. Com efeito, poderíamos ser tentados a pensar em $|n\rangle$ como o estado de uma coleção de n partículas, estando n_i delas no estado puro v_i, $i = 1, 2, \ldots, n$. No entanto, deve-se observar que para chegar ao espaço de Fock, iniciamos supondo um operador auto-adjunto $\hat{A}$, cujos autovalores são (por exemplo) $a_1, a_2, \ldots$, os quais se usa, *a la* Dirac, para rotular os autovetores correspondentes: $|a_1\rangle$, $|a_2\rangle$ .... Deste modo, $|n_1 n_2 \ldots\rangle$ estaria representando o estado de um sistema com n_1 *quanta* com autovalor a_1, n_2 *quanta* com autovalor a_2, e assim por diante [Tel95, cap.3]. O estado de um sistema com n *quanta* seria então escrito $|n_1 n_2 \ldots n_k\rangle$, sendo n_i *quanta* no estado $|a_i\rangle$, $i = 1, 2, \ldots, k$, com $\sigma n_i = n$. Deste modo, os número de ocupação agem como se estivessem fornecendo o número de *quanta* em cada estado. Porém, como alerta van Fraassen [vF91, p.444], poderíamos ter admitido um outro operador $\hat{B}$ ao invés de $\hat{A}$ para formar o espaço de Fock e, mais ainda, um tal $\hat{B}$ poderia não comutar com $\hat{A}$ (isso significa que não poderiam ser 'medidos' simultaneamente). Obviamente que $\hat{B}$ originaria uma outra base para H e então apesar de que poderíamos chegar a um espaço $\mathcal{F}$ como base distinta, e consequentemente os autovetores correspondentes também não seriam necessariamente iguais aos originais, dando origem a uma confusão na interpretação dos números de ocupação.

Ademais, poderíamos ter admitido que a coleção de partículas é descrita por um vetor que representa uma 'superposição de estados'. Por exemplo, suponha que um sistema de duas partículas está no estado $v_1 \otimes v_2 + v_2 \otimes v_1$ (a menos de um fator de normalização). Então, apesar dos números de ocupação serem $n_1 = n_2 = 1$, não se pode dizer que uma delas está no estado v_1 e que a outra está no estado v_2: *ambas estão em ambos os estados*,[9] e esse é um dos pressupostos mais fundamentais da física quântica. Como diz van Fraassen, "nós definitivamente não podemos podemos pensar no vetor $|n_1 n_2 \ldots\rangle$ como descrevendo o estado de um sistema de uma coleção de partículas com n_1 delas no estado v_1, e assim por diante" [vF91, p.441]. Tal observação impõe restrições à pretensão de se usar o formalismo dos espaços de Fock para se poder falar unicamente da 'quantidade' de partículas, sem nomeá-las individualmente.

De qualquer modo, neste formalismo pode-se derivar o que se segue:[10]

(i) Para cada v, $n_1 + \cdots + n_n = n$

(ii) $\sum^n(v) = \sum^n(v')$ se e somente se $n_v(i) = n_{v'}(i)$ para todo $i = 1, 2, \ldots, n$. Situação análoga vale no caso anti-simerico: $\tau^n(v) = \tau^n(v')$ se e somente se $n_v(i) = n_{v'}(i)$ para todo i.

---

[9]Esse palavreado é um abuso de linguagem; um sistema não pode estar em mais de um estado de uma só vez. Essa é o que Schrödinger chamou de 'a' novidade quântica, os estados de superposição, e que Dirac dizia que não podemos descrevê-los usando a física clássica.

[10]Por exemplo como em [Jau68, p.281], [vF91, p.437].

(iii)

$$\left\| \sum_{}^{n}(v) \right\|^2 = \frac{n_1!n_2!\cdots}{n!}.$$

No caso anti-simétrico, temos: $\| \tau^n(v) \|^2 = 1/n!$

O ítem (iii) provê o modo pelo qual podemos normalizar os vetores $\sigma^n(v_{i_1} \otimes \cdots \otimes v_{i_n})$ tanto no estado simétrico quanto no estado anti-simétrico. Desse modo, podemos escrever os vetores ortonormais que formam as bases para os espaços de Fock simétrico e anti-simétrico fazendo referência unicamente aos números de ocupação do seguinte modo:[11]

$$|n_1 n_2 \ldots\rangle := \sqrt{\frac{n_1!n_2!\cdots}{n!}} \sum_P P(v_1 \otimes \cdots \otimes v_n) \qquad (11.10)$$

e, para o caso anti-simétrico,

$$|n_1 n_2 \ldots\rangle := (\sqrt{n!})^{-1} \sum_P s^p P(v_1 \otimes \cdots \otimes v_n). \qquad (11.11)$$

Nesta notação, o estado do vácuo é escrito $|0,0,\ldots\rangle$, abreviado por $|0\rangle$.

11.2.1   Os operadores Número de Ocupação

Seja $v \in \mathcal{F}$. Introduziremos uma classe de operadores N_i^v, $i = 1,2,\ldots$, ditos *operadores número de ocupação*, definindo-os em conexão com o vetor v do seguinte modo:

$$N_i^v |n_1 n_2 \ldots n_i \ldots\rangle := n_i |n_1 n_2 \ldots n_i \ldots\rangle. \qquad (11.12)$$

Em palavras, os autovalores são precisamente os números de ocupação correspondentes ao índice do operador.[12] Como é usual, eliminaremos os índices superiores e escreveremos simplesmente N_i para denotar tais operadores, mas lembremos que eles dependem do vetor escolhido v.

Um postulado fundamental diz que os operadores N_i formam um 'conjunto completo' de operadores auto-adjuntos que comutam para o sistema físico em consideração. Intuitivamente, isso significa que se os números de ocupação n_i são obtidos 'medindo-se' os observáveis representados por tais operadores (i.e., resolvem-se as suas equações em autovalores), então o estado do sistema como um todo está determinado [Mer79, p.509], [LL59, p.215]

Em outras palavras, se fossemos 'ler' o resultado acima, esquecendo a observação anteriormente feita acerca do cuidado que se deve ter a respeito dos estados de superposição, diríamos, como é comum nos textos de física, que

---

[11]Ver também o volume 3 de [LL59, p.215].
[12]A existência de tais operadores pode ser provada como em van Fraassen [vF91, p.439].

'tudo o que precisamos e podemos saber' para descrever o estado de um sistema físico composto de n partículas é a quantidade delas em cada estado particular, os quais constituem o sistema todo. Essa leitura, no entanto, não é implicada pelo formalismo matemático, sendo mais uma interpretação intuitiva do postulado de assevera que os operadores número de ocupação constituem um sistema completo de variáveis dinâmicas.

11.2.2 Os operadores de Criação e de Aniquilação

Uma outra classe interessante de operadores que pode ser introduzida sobre $\mathcal{F}$ é a que contém os operadores de *criação* e de *aniquilação*. Em síntese, eles agem sobre os números de ocupação n_i transformando-os em $n_i + 1$ ou em $n_i - 1$. Importante é que tais operadores não agem sobre as coordenadas das partículas, ou seja, sobre *elas* como indivíduos. Esse fato importante é uma das vantagens desta abordagem, e foi o motivo pelo qual Schrödinger optou pelo formalismo dos espaços de Fock; seu célebre exemplo para explicar a natureza das estatísticas quânticas, envolvendo três estudantes, Tom, Dick e Harry, para os quais se deve distribuir dois brindes, ficou famoso, e por meio desse exemplo ele pretendeu indicar a necessidade de uma mudança de ontologia, na qual a ênfase deixa de ser nos *quanta* para se dar atenção aos *estados*; as partículas deixam de ser os sujeitos das construções gramaticais para se tornarem os predicados.[13] Assim, ao em vez de falarmos que 'a partícula 1 está no estado $|\alpha\rangle$ (de um espaço de Hilbert)', devemos dizer 'o estado v (de um espaço de Fock) está n_i vezes excitado', sendo n_i um número de ocupação.

Como alerta Teller, esses operadores não podem ser entendidos como 'criando' ou 'aniquilando' partículas, mas aumentando ou diminuindo em uma unidade o nível de excitação das oscilações que constituem o campo, e são essas oscilações que são chamados *quanta*, ou 'partículas' [Tel83].

De modo mais preciso, os operadores *criação* e de *aniquilação*, denotados

---

[13]O exemplo está em seu 'What is an elementary particle?' [Sch57] e se refere a uma explicação das estatísticas quânticas. Supõe ele que há três estudantes, Tom, Dick e Harry, para quem devemos distribuir dois presentes, duas medalhas com retratos de Newton e Shakespeare respectivamente. Obviamente, podemos dar ambas para um deles, ou uma para um e outra para outro, deixando sempre um deles sem receber nada. Há então nove possibilidades de distribuição, o que reflete a estatística clássica de Maxwell-Boltzmann. Numa segunda situação, há (digamos) duas notas de dez reais. Podemos então dar ambas para um deles, ou uma para um e outra para outro, sem que no entanto faça qualquer diferença *qual* seja a nota entregue, já que o que importa é o seu valor. Isso dá um total de seis possibilidades de distribuição, o que reflete a estatística de Bose-Einstein. Por outro lado, suponha que os prêmios sejam duas vagas no time de futebol da escola. Nesse caso, somente dois podem entrar, um em cada vaga, havendo portanto somente três possibilidades, o que reflete a estatística de Fermi-Dirac. Interessante é a constatação de Michel Bitbol de que, na formulação usual da mecânica quântica, são as partículas que figuram como sujeito nas orações; são *elas* que entram em certos estados. Com o exemplo em tela, Schrödinger mostra que os presentes representam as partículas, e os estudantes representam os estados. A pergunta que se pode fazer, segundo esse autor, é: por que as pessoas não podem desempenhar o papel das partículas? A resposta vem do fato de que as partículas não podem ser representadas por coisas *identificáveis*, como são os estudantes por seus nomes. Há portanto uma inversão ontológica fundamental, pois os *estados* é que passam a ser os sujeitos da investigação [?, p.392ss].

respectivamente por $a_i^\dagger$ e a_i, $i = 1, 2, \ldots$ podem ser definidos do seguinte modo:

$$a_i^\dagger |n_1 n_2 \ldots n_i \ldots\rangle := \sqrt{n_i + 1}\, |n_1 n_2 \ldots (n_i + 1) \ldots\rangle \qquad (11.13)$$

$$a_i |n_1 n_2 \ldots n_i \ldots\rangle := \sqrt{n_i}\, |n_1 n_2 \ldots (n_i - 1) \ldots\rangle \qquad (11.14)$$

Sem muita dificuldade, verifica-se o seguinte (estes ítens serão importantes na seção seguinte):

(I) $a_i^\dagger a_i = N_i$, portanto $a_i^\dagger a_i$ é hermitiano.

(II) $a_i a_i^\dagger = N_i + I^\sigma$, sendo I^σ o operador identidade sobre $\mathcal{F}^\sigma$.

Então, estabelecem-se as seguintes *relações de comutação* e de *anti-comutação* [Mer79, p.513]:

[Relações de Comutação]

$$\begin{cases} a_i a_i^\dagger - a_i^\dagger a_i = I^\sigma \\ a_i^\dagger a_j^\dagger - a_j^\dagger a_i^\dagger = 0 & \text{para} \ \ i \neq j \\ a_i a_j - a_j a_i = 0 & \text{para} \ \ i \neq j \end{cases}$$

Para férmions, relações interessantes podem ser obtidas usando-se o sinal '+', sendo I^τ o operador identidade sobre $\mathcal{F}^\tau$:

[Relações de Anti-Comutação]

$$\begin{cases} a_i a_i^\dagger + a_i^\dagger a_i = I^\tau \\ a_i^\dagger a_j^\dagger + a_j^\dagger a_i^\dagger = 0 & \text{para} \ \ i \neq j \\ a_i a_j + a_j a_i = 0 & \text{para} \ \ i \neq j \end{cases}$$

Da segunda dessas relações, se tomarmos $i = j$, resulta $a_i^\dagger a_i^\dagger = 0$, uma vez mais o Princípio de Pauli. Aplicando-se reiteradas vezes os operadores de criação, pode-se obter qualquer vetor $|n_1 n_2 \ldots\rangle$ a partir do estado do vácuo. Por exemplo,

(a) $|1, 0, \ldots\rangle = a_1^\dagger |0, 0, \ldots\rangle$

(b) $|2, 0, \ldots\rangle = \frac{1}{\sqrt{2}}\, a_1^\dagger |1, 0, \ldots\rangle$

(c) $|2, 1, 0, \ldots\rangle = a_2^\dagger |2, 0, 0, \ldots\rangle$

(d) $|2, 2, 0, \ldots\rangle = \frac{1}{\sqrt{2}}\, a_2^\dagger |2, 1, 0, \ldots\rangle$, e assim por diante. Em outras palavras, qualquer vetor $|n_1, n_2, n_3, \ldots\rangle$ pode ser escrito

$$|n_1, n_2, n_3, \ldots\rangle = \prod_i (\sqrt{n_i!})^{-1} a_1^\dagger \ldots a_1^\dagger a_2^\dagger \ldots a_2^\dagger \ldots |0\rangle, \qquad (11.15)$$

sendo que há n_i ocorrências de $a_i^\dagger$ no segundo membro.

Pode-se mostrar que os operadores de criação e os de aniquilação (de mesmo índice) são conjugados hermitianos uns dos outros. Basta, portanto, que se considere uma dessas classes (isso tem interesse para o ponto de vista axiomático). Ademais, outros operadores importantes podem ser definidos a partir dos operadores de criação e de aniquilação, como o hamiltoniano. Pode-se ainda expressar a equação de Schrödinger por meio de tais operadores, além se se obter todos os detalhes da teoria quântica vista sob o ponto de vista da teoria dos espaços de Fock. Isso no entanto não será feito aqui, uma vez que não tencionamos *desenvolver* a teoria, mas tão somente apontar seus princípios básicos.[14]

Podemos agora chamar de uma *estrutura de Fock* o seguinte par ordenado, que vai constituir uma classe de modelos para um predicado conjuntista:

$$\mathfrak{F} := \langle \mathcal{F}, a_i^\dagger \rangle_{i \in I}, \qquad (11.16)$$

sendo:

(a) $\mathcal{F}$ é um espaço de Fock obtido como acima. Seus elementos serão denotados $|n_1 n_2 \ldots n_k\rangle$, $k = 1, 2, \ldots$, já feitas todas as restrições quanto à notação.

(b) Os $a_i^\dagger$, com $i \in I$ são operadores hermitianos sobre $\mathcal{F}$ que obedecem as relações de comutação acima mencionadas.

Uma estrutura de Fock é algo como uma estrutura matemática adequada para a mecânica quântica axiomatizada por meio da teoria dos espaços de Fock [Tel95], [RT91]. Nesse formalismo, pode-se agora introduzir os observáveis do sistema em termos dos operadores de criação e de aniquilação (esses definidos a partir dos anteriores), em particular os operadores número de ocupação, os quais podem ser escritos $N^i = a_i^\dagger a_i$ para todo i, como indicado acima.[15]

Note portanto que a abordagem via espaços de Fock inicia com um estado fundamental $|0\rangle$, o *estado do vácuo* que é um autovetor de um *operador número de ocupação* $N_k = a_k^\dagger a_k$ sendo 0 o correspondente autovalor, $a_k^\dagger$ e a_k os operadores de *criação* e de *aniquilação* de partículas do tipo k, os quais satisfazem as relações de comutação e de anti-comutação respectivamente. Uma base para o espaço de Fock $\mathcal{F}$ é obtida pela aplicação sucessiva do operador de criação

---

[14]Pode-se no entanto consultar as seções 62 e 63 de [LL59] ou a seção 7.4 de [Mat76].

[15]Para detalhes, ver [LL59, pp.218ff], [Mat76].

ao estado do vácuo. Ademais, todos os operadores e funções de onda (vetores de estado) podem ser escritos em termos dos operadores de criação e de aniquilação.

Esse desejo de que haja uma desvinculação dos rótulos atribuídos aos sistemas quânticos não vem sem consequências. Estando em uma teoria como ZFC, sabemos de antemão que isso não é possível, uma vez que pelo menos em princípio qualquer entidade nesse ambiente pode ser identificada de algum modo. O que o formalismo dos espaços de Fock consegue é encontrar um ambiente (em ZFC) no qual os rótulos não desempenhem papel significativo, mas eles não são elimináveis na teoria de conjuntos como um todo. Ademais, quando se assumiu para início de conversa um espaço de Hilbert $\mathcal{H}$, isso já dizia que havia algum sistema físico em vista, ou seja, já havia uma identificação prévia. A escolha habilidosa de se tomar o mesmo espaço repetidas vezes para se formar os produtos tensoriais mascara essa identificação, nos dando a impressão de que as entidades quânticas não podem ser identificadas. Mas não esqueçamos que estamos em um ambiente 'clássico' como ZFC, de sorte que, independentemente do modo como as caracterizemos, as entidades ainda são indivíduos. Em resumo, a abordagem é extremamente interessante e eficaz, mas falaciosa. Um modo adequado de se proceder é utilizar a teoria de quase-conjuntos, como veremos a seguir.

É precisamente essa desvinculação com os rótulos identificadores que a teoria $\mathfrak{Q}$ permite obter, e nos trabalhos mencionados desenvolvem-se espaços de Fock para estados simétricos e anti-simétricos, mostrando que podemos desenvolver a mecânica quântica sem que seja necessário postular simetrias dos estados, simetrias essas que 'saem naturalmente' quando se leva em conta a indiscernibilidade *ab initio*. Os postulados adotados determinam, no sentido visto anteriormente, um predicado formulado na linguagem da teoria $\mathfrak{Q}$, podendo então ser denominado de *predicado quase-conjuntista* para a MQ.

11.3   Entra a teoria $\mathfrak{Q}$

Veremos agora de que modo podemos *realmente* dispensar quaisquer rótulos aos sistemas quânticos (que continuaremos chamando de 'partículas' com todo o abuso de linguagem que isso implica). Esta seção, na qual os detalhes serão omitidos, é baseada em [DH07], [DHK08], [DHKK10]. Trataremos dos $\mathfrak{Q}$-espaços.

Para inciar, analisemos como a mecânica quântica lida com um sistema de dois sistemas quânticos indiscerníveis com o propósito de motivar a construção a ser feita (na verdade, apenas esboçada).[16] O formalismo da teoria diz que aos dois sistemas são atribuídos espaços de Hilbert separáveis $\mathcal{H}_1$ e

---

[16]Além dos trabalhos mencionados no parágrafo anterior, veja também o capítulo 9 de [FK06] e a discussão em [dBHK23], onde se acentua a necessidade de que a indiscernibilidade deve ser levada a sério.

$\mathcal{H}_2$ (sobre o mesmo corpo dos complexos), e que os estados do sistema composto são descritos por vetores do produto tensorial $\mathcal{H}_1 \otimes \mathcal{H}_2$, cujos vetores são denotados por $|\psi\rangle_1 \otimes |\psi\rangle_2$, que muitas vezes escreveremos simplesmente $|\psi_1\rangle \, |\psi\rangle_2$ ou, mais simplificadamente ainda, $|\psi_1, \psi_2\rangle$. Se $\{|\psi\rangle_i\}$ é uma base de $\mathcal{H}_1$ e $\{|\varphi\rangle_j$ é uma base de $\mathcal{H}_2$, então $\{|\psi\rangle_1 \otimes |\varphi\rangle_j\}$ é uma base para $\mathcal{H}_1 \otimes \mathcal{H}_2$. O produto interno nesse espaço produto é definido por

$$\langle \psi \otimes \varphi | \psi' \otimes \varphi' \rangle := \langle \psi | \psi' \rangle_{\mathcal{H}_1} \langle \varphi_1 | \varphi' \rangle_{\mathcal{H}_2}, \tag{11.17}$$

sendo os produtos internos de cada espaço indicados no definiens da igualdade. Em geral omitiremos os sub-índices, deixando o contexto explicitá-los. Lembremos ademais que o produto tensorial não é comutativo, o mesmo se dando para o produto escalar definido acima. Em virtude disso, alguma forma de simetrização tem que ser assumida, dizendo que se estamos tratando de sistemas indiscerníveis, assim que qualquer permutação de partículas indiscerníveis conduz ao mesmo resultado.

Nesse desenvolvimento, rotulamos os espaços como 'espaço da partícula 1' e 'espaço da partícula 2', dando-lhes, de alguma forma, uma distinção, que depois é mascarada pelos postulados de simetria. Na nossa abordagem, consideramos a máxima de Heinz Post de que a indiscernibilidade deve ser atribuída às partículas *right from the start*, ou seja, as partículas de mesma espécie devem ser assumidas indiscerníveis desde o princípio, e não 'feitas indiscerníveis' por meio de postulados de simetria, e para isso utilizamos os recursos da teoria de quase-conjuntos.

Vamos portanto assumir a teoria $\mathfrak{Q}$. Suponha que dispomos de um *conjunto* (discriminado por meio do predicado Z) $\epsilon =_E \{\epsilon_i\}$, com $i \in I$, sendo I um conjunto arbitrário de índices. Assumimos que os ϵ_i são auto-valores de algum observável físico que nos está interessando considerar, como por exemplo, o observável que representa a energia do sistema, o hamiltoniano H, de modo que $H(|\psi_i\rangle) = \epsilon_i |\psi_i\rangle$. Suponha que $\mathscr{P}$ representa o quase-conjunto de todos os qsets puros finitos e seja $f : \epsilon \to \mathscr{P}$ uma quase-função tal que se $\langle \epsilon_i, x \rangle \in f$ e $\langle \epsilon_j, y \rangle \in f$ e $i \neq j$, então $x \cap y =_E \emptyset$, e assumimos ainda que os quase-cardinais são finitos. Se $\langle \epsilon, x \rangle \in f$, dizemos que o nível energético ϵ tem número de ocupação $qc(x)$. Denotaremos por $\mathscr{F}$ o qset de todas essas funções f.

Essas quase-funções, que serão utilizadas para construirmos os estados quânticos, e isso será feito sem que necessitemos indexar os sistemas quânticos com rótulos (nomes). As q-funções serão escritas com a notação $f_{\epsilon_1, \epsilon_2, \ldots, \epsilon_m}$ e isso indicará que os níveis energéticos $\epsilon_1, \ldots, \epsilon_m$ estão ocupados. Se um mesmo ϵ_k aparece mais de uma vez nessa notação, isso significa que o nível energético ϵ_k tem o número de ocupação correspondente ao número de vezes que ele figura na notação feita; assim, $f_{\epsilon_1 \epsilon_1 \epsilon_1 \epsilon_2 \epsilon_2 \epsilon_3}$ nos diz que o nível energético ϵ_1 tem número de ocupação 3, enquanto que ϵ_2 tem número de ocupação 2 e ϵ_3 tem número de ocupação 1. Com isso, a única referência que temos dos sistemas quânticos é aquela dada pelos números de ocupação, e não por quaisquer rótulos que nomeariam essas entidades, identificando-as. Ademais, com essa notação, qualquer permutação de partículas não interfere em nada. Por exemplo, $f_{\epsilon_1\epsilon_1\epsilon_1\epsilon_2\epsilon_2\epsilon_3}$ é um qset de pares ordenados (em $\mathfrak{Q}$) $\langle\epsilon_1, x\rangle$, $\langle\epsilon_2, y\rangle$, $\langle\epsilon_3, z\rangle$, com $qc(x) =_E 3$, $qc(y) =_E 2$ e $qc(z) =_E 1$. Obviamente, assumimos que para $n > 3$, temos $\langle\epsilon_n, \varnothing\rangle$.

A notação $f_{\epsilon_1...\epsilon_m}$ não faz menção à ordem dos índices, mas uma ordenação pode ser introduzida do seguinte modo. Para cada q-função $f \in \mathscr{F}$, seja $\sup(f) = \{\epsilon_1, \ldots, \epsilon_m\}$ o *suporte* de f, a saber, o qset (que na verdade é um conjunto em $\mathfrak{Q}$) formado pelos elementos ϵ_i que cumprem $\langle\epsilon_i, x\rangle \in f$, com $qc(x) \neq_E 0$. Seja $\langle o, f\rangle$ tal que

$$o : \sup(f) \rightarrow \{1, 2, \ldots, m\} \tag{11.18}$$

é uma q-função bijetiva. Cada uma dessas 'o' define uma ordenação em $\sup(f)$; se $f \in \mathscr{F}$ e $qc(\sup(f)) =_E m$, então haverá $m!$ ordens.

Seja $\mathcal{OF} := \{\langle o, f\rangle : o \in \mathscr{P} \wedge o \in \sup(f)\}$. Então se dizemos que $f_{\epsilon_1...\epsilon_m} \in \mathcal{OF}$, estamos nos referindo a uma ordenação particular do conjunto $\{\epsilon_{i_1}, \ldots, \epsilon_{i_m}\}$. Como salientado em [DHK08], é importante notar que esses índices não estão rotulando as partículas.

A estrutura de espaço vetorial pode ser introduzida como segue. Equipamos $\mathcal{OF}$ com as operações de adição de vetores (que serão as funções f) e produto de vetor por escalar, definidas como segue. Seja $\mathcal{C}$ a coleção (qset) de todos os pares ordenados $\langle f, \lambda\rangle$ com $f \in \mathscr{F}$ e $\lambda \in \mathbb{C}$ (o conjunto dos números complexos). Seja $\mathcal{C}_0 \subseteq \mathcal{C}$ tal que se $c \in \mathcal{C}_0$, então $c(f) =_E 0$ para toda $f \in \mathscr{F}$ exceto para um número finito de q-funções. Então, em $\mathcal{C}_0$ definimos as seguintes operações, sendo $\alpha, \beta\gamma \in \mathcal{C}$, $c, c_1, c_2 \in \mathcal{C}_0$:

$$\begin{aligned}(\alpha \cdot c)(f) &:= \alpha(c(f)) \\ (c_1 + c_2)(f) &:= c_1(f) + c_2(f).\end{aligned} \tag{11.19}$$

O leitor não deve confundir os dois sinais de adição na segunda equação: o primeiro é a soma de vetores que está sendo definida, enquanto que a segunda é a soma de números complexos. É imediato verificar que a estrutura $\langle\mathcal{C}_0, +, \cdot\rangle$ é um espaço vetorial complexo (ou seja, modela os axiomas de espaço vetorial). A interpretação das q-funções $c \in \mathcal{C}_0$ é a seguinte. Se $c \in \mathcal{C}_0$ e $c \neq_E c_0$, então $f_1, \ldots, f_n$ são funções de $\mathcal{C}_0$ tais que $c(f_i) \neq_E 0$; se $\{\lambda_i\}$ é uma coleção de números complexos tais que $c(f_i) =_E i$, então c pode ser representada por $\lambda_1 f_1 + \ldots + \lambda_n f_n$. Informalmente, a q-função representa um estado puro que é uma superposição (combinação linear) de estados representados pelas q-funções f_i.

Produtos internos são necessários para que possamos exprimir as probabilidades, e isso vai nos dar a estrutura de espaço de Hilbert (desde que haja completude relativamente às normas advindas desses produtos internos). Para defini-los (teremos um para 'bósons' e outro para 'férmions'), mudaremos um pouco a notação para podermos enfatizar o papel desempenhado pelos índices. Sejam $f_{\epsilon_{i_1}\epsilon_{i_2}\ldots\epsilon_{i_n}}$ e $f_{\epsilon_{i_1'}\epsilon_{i_2'}\ldots\epsilon_{i_n'}}$ dois vetores e chamemos de p uma permutação dos índices dessas segundas q-funções, ou seja, se dentamos $i' = \langle i_1', \ldots, i_n'\rangle$, então $pi' = \langle pi_1', \ldots, pi_n'\rangle$ indica uma permutação dos índices. Definimos então (sendo δ_{ij} o delta de Kronecker) o produto interno para o caso de bósons:

$$f_{\epsilon_{i_1}\epsilon_{i_2}\ldots\epsilon_{i_n}} \circ f_{\epsilon_{i_1'}\epsilon_{i_2'}\ldots\epsilon_{i_n'}} := \delta_{nm} \sum_p \delta_{i_1 pi_1'} \ldots \delta_{i_n pi_n'} \tag{11.20}$$

E, para o caso de férmions,

$$f_{\epsilon_{i_1}\epsilon_{i_2}\ldots\epsilon_{i_n}} \bullet f_{\epsilon_{i_1'}\epsilon_{i_2'}\ldots\epsilon_{i_n'}} := \delta_{nm} \sum_p \sigma_p \delta_{i_1 pi_1'} \ldots \delta_{i_n pi_n'} \tag{11.21}$$

sendo

$$\sigma_p := \begin{cases} 1 & \text{se } p \text{ é par} \\ -1 & \text{se } p \text{ é ímpar} \end{cases}$$

De [DHKK10], extraímos a seguinte citação (adaptada):

> O resultado desse segundo produto é uma soma anti-simétrica dos índices que aparecem nas q-funções. Para que o produto esteja bem definido, as q-funções devem pertencer a $\mathcal{OF}$, e uma vez que ele esteja definido sobre as q-funções que forma uma base [para o espaço vetorial que estamos considerando], podemos estendê-lo de um modo similar para bósons. Se o número de ocupação de um produto é maior do que 1, então o vetor terá norma nula, e nesse caso o produto interno desse vetor por qualquer outro dará zero, e então a probabilidade de se observar um sistema nesse estado se anula. Isso significa que podemos adicionar a qualquer estado físico uma combinação linear arbitrária de vetores de norma nula uma vez que eles não contribuem para o produto interno, que é uma quantidade significativa.

> Com essas ferramentas e usando a linguagem de $\mathfrak{Q}$, o formalismo da mecânica quântica pode ser totalmente re-escrito, oferecendo uma resposta simples ao problema de se encontrar um formalismo que envolva a indiscernibilidade *right from the start*, sem que haja necessidade da introdução de postulados adicionais [postulados se simetria]. $(\ldots)$

Como se vê, conseguimos com $\mathfrak{Q}$ oferecer uma resposta adequada à demanda de MacLane posta no início do capítulo 10: construímos uma 'lógica' (na verdade, uma Logica Magna) distinta da lógica clássica e mostramos de que modo ela pode trazer novidades a uma teoria física, apontando para algo que não é possível de ser realizado com a (Magna) lógica clássica, a saber, o tratamento essencial de entidades indiscerníveis. Os detalhes, como dito, ultrapassam os objetivos deste livro e recomendamos os trabalhos citados para quem tiver curiosidade.

Capítulo 12

Conclusão

"É mais fácil praticar a ciência do que entendê-la. É mais fácil ser um físico e adquirir um conhecimento correto da física do que explicar o que alguém faz quando pratica a física."

C. F. von Weizsäcker

QUALQUER ciência ou disciplina científica está associada a uma variedade de dimensões. Por exemplo, há a questão ética, muito presente em biologia, medicina, agronomia e em outras áreas. A dimensão econômica é igualmente importante e está associada a questões éticas: por exemplo, tendo em vista toda a miséria que há no mundo, devemos financiar pesquisas como a recente da NASA que enviou um foguete para desviar a direção de um asteroide, com a finalidade de futuramente a Terra ter que ser protegida de um evento desses? Aparentemente ninguém sensatamente objetaria quando a isso, mas o que dizer sobre o financiamento de pesquisas puramente teóricas sobre grandes cardinais ou filosóficas como aquelas associadas à metafísica das teorias quânticas? Isso é discutível, mas saliente-se que a história da ciência mostra que muitos desenvolvimentos tidos inicialmente como 'puramente teóricos' se mostraram depois como relevantes em aplicações, como a geometria riemanniana, usada por Einstein na relatividade geral ou a teoria de números, usada hoje em várias atividades, como na criptografia, segurança de sistemas, dentre outras. Ademais, se formos pensar unicamente em aplicações, praticamente não teremos ciência.

Há muitas outras dimensões da ciência e das disciplinas científicas que o leitor facilmente recordará. Mas há aquelas que dizem respeito aos fundamentos matemáticos e lógicos das diversas teorias. Uma vez que estejamos interessados em *entender* a ciência e suas teorias, é perfeitamente lícito que nos preocupemos com essa dimensão.

É praticamente impossível levar em conta todas essas dimensões no estudo de uma disciplina, exceto se fossemos propor algo como um *sistema filosófico* digno dos grandes filósofos. Mas acredito que hoje em dia nem mesmo alguém como Hegel ou Leibniz seria capaz de abordar todos os aspectos da ciência ou mesmo de uma disciplina como uma teoria física complexa como a teoria quântica. Desse modo, nos restringimos acima a aspectos lógicos, matemáticos e muitas vezes metafísicos de algumas disciplinas, procurando mostrar a você leitor o que existe na base matemática e lógica de algumas das principais teorias de hoje. Mesmo assim, muito do que poderia ou deveria ser abordado foi deixado de lado para não estendermos ainda mais este texto; por exemplo, nada foi dito sobre as teorias da relatividade. Esperamos porém ter dado alguma contribuição para o estudo da filosofia da ciência em nossa língua.

Mas afinal, respondendo à questão proposta já no Prefácio acerca do papel relevante da teoria (ou das teorias) de conjuntos nos fundamentos das disciplinas da ciência atual, podemos elencar os seguintes argumentos:

(1) **Força expressiva.** As teorias de conjuntos apresentadas acima são suficientemente fortes para permitir que nelas se expressem todos os conceitos que não necessários nas disciplinas comuns. Podemos reduzir 'tudo' a conjuntos: funções, derivadas, integrais, álgebras, os mais variados 'espaços' (topológicos, vetoriais, de Hilbert, poloneses, etc.), variedades, matrizes, etc etc. e até mesmo a teoria de categorias.

(2) **Facilidade de expressão.** A linguagem das teorias de conjuntos, ainda que destoem umas das outras em detalhes, é de fácil entendimento e manuseio. Pense na Teoria de Tipos, na qual há uma infinidade de conjuntos vazios e de '1's, de cada conceito matemático, além de ser limitada em possibilitar a descrição de partes mais avançadas da matemática. Mesmo a teoria de categorias, que muitos preferem, não é intuitiva como é o tratamento conjuntista e ademais, como vimos, pode ser expressa em uma adequada teoria de conjuntos, como ARC ou TG.

(3) **Possibilidade de sustentar um pluralismo.** Podemos nos mover facilmente de uma teoria para outra, indo de Z, ZF, ZFC para NBG ou KM se for necessário, de modo a termos 'conjuntos maiores', ou então ir a NF, Ω ou a outras teorias se quisermos mudar o nosso paradigma metafísico.

Poderíamos elencar mais fatos que atestam que um estudo dos fundamentos da(s) teoria(s) de conjuntos se afigura importante para o filósofo e para o cientista que dá valor aos fundamentos de sua disciplina e não somente às suas aplicações imediatas.

Referências Bibliográficas

[Acz88]   Peter Aczel. *Non-Well-Founded Sets*. CSLI Lecture Notes, n.14. Center for the Study of Language and Information, CSLI, Stanford, 1988.

[AdC56]   José Anastácio da Cunha. Ensaio sobre os problemas da mechanica. *O Coimbra*, 4(18/20):212–214/222/223/236–238., 15 Dez 1855/15 Jan 1856 1807/1855,1856.

[AGV69]   Michael Artin, Alexandre Grothendiek, and Jean-Louis Verdier, editors. *Séminaire de Géometrie Algébrique du Bois Marie - 1963-64: Théorie des topos et cohomologie étale des schémas (SGA 4)*, Berlin and New York, 1969. Springer-Verlag.

[Alc96]   Paulo Alcoforado. Os antigos lógicos gregos. *Ciência e Filosofia*, 5:51–65, 1996.

[Arn97]   V. Arnol'd. Interview with s. h. lui. *Notices of the American Mathematical Society*, 4:432–438, 1997.

[Ase77]   F. G. Asenjo. Lesniewski's work and nonclassical set theories. *Studia Logica*, 36(4):249–255, 1977.

[Ass20]   American Mathematical Association. Mathematics subject classification, 2020.

[Aug84]   Bruno W. Augenstein. Hadron physics and transfinite set theory. *International Journal of Theoretical Physics*, 23(12):1197–1205, 1984.

[Aug96]   Bruno W. Augenstein. Links between physics and set theory. *Chaos, Solitons and Fractals*, 7(11):1761–1798, 1996.

[Bag11]   Jim Baggott. *The Quantum Story: A History in 40 Moments*. Oxford University Press, Oxford, 2011.

[Bar77]   Jon Barwise, editor. *Handbook of Mathematical Logic*. Studies in Logic and the Foundations of Mathematics, 90. North Holland, Amsterdam, New York, Oxford, 7th reimpression (1991) edition, 1977.

[BE87]   Jon Barwise and J. Etchemendy. *The Liar: An Essay on Truth and Circularity.* Oxford Un. Press, Oxford, 1987.

[Bel81]   John L. Bell. Category theory and the foundations of mathematics. *British Journal for the Philosophy of Science,* 32:349–358, 1981.

[Bet66]   Evert W. Beth. *The Foundations of Mathematics: A Study in the Philosophy of Science.* Harper and Row, New York, 1966.

[Bit96]   Michel Bitbol. *Schrödinger's Philosophy of Quantum Mechanics.* Boston Studies in the Philosophy of Science, 188. Kluwer Ac. Pu., Dordrecht, Boston, London, 1996.

[Bli89]   Weyne D. Blizard. Multiset theory. *Notre Dame J. Formal Logic,* 38(1):36–66, 1989.

[Bou48]   Nicolas Bourbaki. L'architeture des mathématiques. In F. Le Lionnais, editor, *Les Grands Courants de la Pensée Mathématique,* L'Humanism Cientifique de Demain, pages 35–47. Cahiers du Sud, Fountenay-aux-roses, 1948.

[Bou58]   Nicolas Bourbaki. *Éléments de mathématique: Théorie des Ensembles, Fascicule de Résultats.* Hermann, Paris, 1958.

[Bou69]   Nicolas Bourbaki. Univers. In Michael Artin, Alexandre Grothendiek, and Jean-Louis Verdier, editors, *Séminaire de Géometrie Algébrique du Bois Marie - 1963-64: Théorie des topos et cohomologie étale des schémas (SGA 4),* volume 1 of *Lecture Notes in Mathematics 269,* pages 185–207, Berlin and New York, 1969. Springer-Verlag.

[Bou94]   Nicolas Bourbaki. *Elements of the History of Mathematics.* Springer-Verlag, Berlin and Heidelberg, 1994.

[Bou98]   Nicolas Bourbaki. *Algebra I : Chapters 1-3.* Elements of Mathematics. Springer, Berlin, Heidelberg, New York, 1998.

[Bou04a]   Nicolas Bourbaki. *Theory of Sets.* Springer, Heidelberg and New York, (reprint of the original edition, 1968) edition, 2004.

[Bou04b]   Nicolas Bourbaki. *Theory of Sets.* Springer-Verlag, Berlin and Heidelberg, 2004.

[Bou06]   Nicolas Bourbaki. *Théorie des Ensembles.* Springer-Verlag, Berlin and Heidelberg, original from 1970 by hermann, paris edition, 2006.

[Boy74]   Carl B. Boyer. *História da Matemática.* McGraw Hill do Brasil, São Paulo, 1974.

[BP64]   Paul Benacerraf and Hilary Putnam, editors. *Philosophy of Mathematics: Selected Readings.* Cambridge University Press, Cambridge, 1964.

[Bro76]   Felix E. Browder, editor. *Proceedings of Symposia in Pure Mathematics: Mathematics Arising from Hilbert Problems,* volume V.1 and 2. American Mathematical Society, Rhode Island, 1976.

[Bun67]   Mario Bunge. *Foundations of Physics.* Springer Tracts in Natural Philosophy, v.10. Springer, 1967.

[Cal79]   Allan Calder. Constructive mathematics. *Scientific American,* October:146–171, 1979.

[Can55]   Georg Cantor. *Contributions to the Founding of the Theory of Transfinite Numbers.* Dover Pu., New York, 1955.

[Car]   Rudolf Carnap. *Philosophycal Foundations of Physics.* Basic Books, New York and London.

[Car58]   Rudolf Carnap. *Introduction to Symbolic Logic and Its Applications.* Dover Pu., New York, 1958.

[Cas76]   Ettore Casari. *Questioni di Filosofia della Matematica.* Feltrenelli Ed., Milano, 3a.ed. edition, 1976.

[CCLF18]   Giuseppe Compagno, Alessia Castellini, and Rosario Lo Franco. Dealing with indistinguishable particles and their entanglement. *Philosophical Transactions of the Royal Society A,* 376(2017.0317), 2018.

[CH67]   Paul J. Cohen and Reuben Hersh. Non-cantorian set theory. *Scientific American,* 217(6):104–116, 1967.

[Chu56]   Alonzo Church. *Introduction to Mathematical Logic,* volume 1. Princeton University Press, Princeton, New Jersey, 1956.

[Cop71]   Irving M. Copi. *The Theory of Types.* Routledge and Kegan Paul, London, 1971.

[Cor92]   Leo Corry. Nicolas bourbaki and the concept of mathematical structure. *Synthese,* 92(3):315–348, 1992.

[Cor97]   Leo Corry. David hilbert and the axiomatization of physics. *Arch. Hist. Exact Sci.,* 51:83–198, 1997.

[Cor04]   Leo Corry. *David Hilbert and the Axiomatization of Physics (1898-1918): From Grundlagen der Geometrie to Grundlagen der Physik.* Archimedes, v.10. Springer-Science, Dordrecht, 2004.

[Dau90]   Joseph W. Dauben. *Georg Cantor: His Mathematics and Philosophy of the Infinite*. Princeton Un. Press, Princeton, New Jersey, 1990.

[DB15]   Itala M.L. D'Ottaviano and Fábio M. Bertato. George berkeley e os fundamentos do cálculo diferencial e integral. *Cadernos de Históra e Filosofia da Ciência*, 1(1):33–73, Série 4 2015.

[dBHK23]   José A. de Barros, Federico Holik, and Décio Krause. *Distinguishing indistinguishabilities: Differences Between Classical and Quantum Regimes*. Springer, forthcoming, 2023.

[dC80]   Newton C. A. da Costa. *Ensaio sobre os Fundamentos da Lógica*. HUCITEC-EdUSP, São Paulo, 1980.

[dC92]   Newton C. A. da Costa. *Introdução aos Fundamentos da Matemática*. Hucitec, São Paulo, 3a.ed. edition, 1992.

[dC00]   José A. da Costa, Newton C. A. e Baeta Segundo. Sebastião e silva e o conceito de distribuição. *Revista Brasileira de Ensino de Física*, 22(1):114–121, 2000.

[dC16]   Francisco A. da Costa, Newton C. A. e Doria. *Fragmentos: Física Quântica*. Revan, Rio de Janeiro, 2016.

[dCB96]   Newton C. A. da Costa and Jean-Yves Béziau. Théories paraconsistentes des ensembles. *Logique et Anayse*, 153-154:51–67, 1996.

[dCBB98]   Newton C. A. da Costa, Jean-Yves Béziau, and Otávio Bueno. *Elementos de Teoria Paraconsistente de Conjuntos*. CLE - Unicamp, Campinas, SP, 1998.

[dCC88]   Newton C. A. da Costa and Rolando Chuaqui. On suppes' set theoretical predicates. *Erkenntnis*, 29:95–112, 1988.

[dCD97]   Newton C. A. da Costa and Francisco A. Doria. The metamathematics of physics. *Coleção Documentos, IEA/USP*, 32, 1997.

[dCD22]   Newton C. A. da Costa and Francisco A. Doria. *On Hilbert's Sixth Problem*. Synthese Library, v.441. Springer, 2022.

[DCte]   Itala M.L. D'Ottaviano and T. F. Carvalho. Da costa's paraconsistent differential calculus and transference theorem. CLE-Unicamp, No date.

[dCKB97]   Newton C. A. da Costa, J. Kounehier, and A. P. Balan. Continu et infinis: l'analyse pré- et antéréelle. *Boletim da Sociedade Paranaense de Matemática*, 17:51–64, 1997.

[dCKB07]   Newton C. A. da Costa, Décio Krause, and Otávio Bueno. Paraconsistent logics and paraconsistency. In Dale Jacquette, editor, *Handbook of the Philosophy of Science, Vol.5: Philosophy of Logic*, pages 791–912. Elsevier, 2007.

[DCTdF93] Maria Luisa Dalla Chiara and Giuliano Toraldo di Francia. Individuals, kinds and names in physics. In Giovanna Corsi, Maria Luisa Dalla Chiara, and Gian Carlo Ghirardi, editors, *Bridging the Gap: Philosophy, Mathematics, and Physics*, Boston Studies in the Philosophy of Science, 140, pages 261–284. Kluwer Ac. Pu., 1993.

[Det92]   Michael Detlefsen. Poincaré against the logicians. *Synthese*, 90:349–378, 1992.

[Dev93]   Keith Devlin. *The Joy of Sets: Fundamentals of Contemporary Set Theory*. Undergraduate Texts in Mathematics. Springer-Verlag, New York, 2nd. edition, 1993.

[DGZ95]   Detlef Durr, Sheldon Goldstein, and Nino Zanghi. Quantum physics without quantum philosophy. *Studies in History and Philosophy of Modern Physics*, 26(2):137–149, 1995.

[DGZ13]   Detlef Durr, Sheldon Goldstein, and Nino Zanghi. *Quantum Physics Without Quantum Philosophy*. Springer-Verlag, Berlin and Heidelberg, 2013.

[DH81]   Philip J Davis and Reuben Hersh. *The Mathemaical Experience*. Birkhauser, Boston, 1981.

[DH07]   Graciela Domenech and Federico Holik. A discussion on particle number and quantum indistinguishability. *Foundations of Physics*, 37(6):855–878, 2007.

[DHK08]   Graziela Domenech, Federico Holik, and Décio Krause. Q-spaces and the foundations of quantum mechanics. *Foundations of Physics*, 38(11):969–994, 2008.

[DHKK10]   Graciela Domenech, Federico Holik, L Kniznik, and Décio Krause. No labeling quantum mechanics of indiscernible particles. *International J. Theoretical Physics*, 49:3085–3091, 2010.

[Die]   Jean Dieudonné. *A Formação da Matemática Contemporânea*. Dom Quixote, Lisboa.

[Die70]   Jean Dieudonné. The workof nicholas bourbaki. *The American Mathematical Montly*, 77(2):134–145, 1970.

[DM13]   Mario Dorato and M. Morganti. Grades of individuality: a pluralistic view of identity in quantum mechanics and in the sciences. *Philosophical Studies*, 163(3):591–610, 2013.

[dS89]   Jairo J. da Silva. *Sobre o Predicativismo de Hermann Weyl*, volume 6. CLE-Unicamp, Campinas, SP, 1989.

[Ein50]   Albert Einstein. *Out of My Later Years*. Philosophical Library, New York, 1950.

[Ein05]   Albert Einstein. *Relativity: The Special and General Theory*. Pi Press, New York, 2005.

[End77]   Herbert B. Enderton. *Elements of Set Theory*. Academic Press, New York, San Francisco, London, 1977.

[Euc09]   Euclides. *Os Elementos*. Ed.UNESP, São Paulo, 2009.

[Fal07]   Brigitte Falkenburg. *Particle Metaphysics: A Critical Account of Subatomic Reality*. Springer, Berlin, Heidelberg, New York, 2007.

[Far94]   Edison Farah. *Algumas Proposições Equivalentes ao Axioma da Escolha*. Editora da UFPR, Curitiba, 1994.

[FBH58]   Abraham A. Fraenkel and Yohoshua Bar-Hillel. *Foundations of Set Theory*. North-Holland, Dordrecht, 1958.

[FBHL73]   Abraham A. Fraenkel, Yohoshua Bar-Hillel, and Azriel Levy. *Foundations of Set Theory*. Studies in Logic and the Foundations of Mathematics, 67. Elsevier, Amsterdam, 2nd.revised edition, 1973.

[FdO81]   Augusto J. Franco de Oliveira. *Teoria de Conjuntos: Intuitiva e Axiomática*. Escolar Ed., Lisboa, 1981.

[FdO90]   Augusto J. Franco de Oliveira. O advento da matemática não-standard. *Monografias da Sociedade Paranaense de Matemática*, 8:1–73, Abril 1990.

[FdO96]   Augusto J. Franco de Oliveira. *Lógica e Aritmética*. Ed. Universidade de Brasília, Brasília, 1996.

[Fef85]   Solomon Feferman. Intensionality in mathematics. *J. Philosophical Logic*, 14(1):41–55., 1985.

[FJ22]   Olival Freire Jr., editor. *The Oxford Handbook of the History of Quantum Interpretations*. Oxford University Press, Oxford, 2022.

[FK69]   Solomon Feferman and G. Kreisel. Set-theoretical foundations of category theory. In *Reports of the Midwest Category Seminar III*, pages 201–247, Berlin, Heidelberg, 1969. Springer Berlin Heidelberg.

[FK06]   Steven French and Décio Krause. *Identity in Physics: A Historical, Philosophical, and Formal Analysis*. Oxford Un. Press, Oxford, 2006.

[Fra66]   Abraham A. Fraenkel. *Abstract Set Theory*. North-Holland, Amsterdam, 1966.

[Fra67]   Abraham A. Fraenkel. The notion of 'definite' and the independence of the axiom of choice. In Jean van Heijenoort, editor, *From Frege to Gödel: A Source Book in Mathematical Logic 1879-1931*, pages 284–289. Harvard Un. Press, 1967.

[Fra05]   Torkel Franzén. *Gödel's Theorem: An Incomplete Guide to its Use and Abuse*. A. K. Peters LTD, Wellesley, MA, 2005.

[Fre48]   Gottlob Frege. Sense and reference. *The Philosophical Review*, 57(3):209–230, 1948.

[Fre88]   R. M. French. The banach-tarski theorem. *The Mathematical Intelligencer*, 10(4):21–28, 1988.

[Fre09]   Gottlob Frege. *Lógica e Filosofia da Linguagem*. Ed.USP, São Paulo, 2009.

[Ger85]   Robert Geroch. *Mathematical Physics*. The University of Chicago Press, Chicago and London, 1985.

[Gla00]   Sheldon L. Glashow. *El Encanto de la Física*. Tusquets. Ed. S.A., Barcelona, 2a.ed. edition, 2000.

[Gle66]   Andrew M. Gleason. *Fundamentals of Abstract Analysis*. Addison Wesley, 1966.

[Göd79]   Kurt Gödel. *O Teorema de Gödel e a Hipótese do Contínuo*. Fundação Calouste Gulbenkian, Lisboa, 1979.

[Göd90]   Kurt Gödel. *Collected Works*. Oxford Un. Press, Oxford, 1990.

[Gol84]   Robert Goldblat. *Topoi: A Categorical Analysis of Logic*. Studies in Logic and the Foundations of Mathematics, v.98. North-Holland, Amstercam, London and New York, revised ed. edition, 1984.

[HA50]   David Hilbert and Wilhelm Ackermann. *Principles of Mathematical Logic*. Chelsea Pu. Co., New York, 1950.

[hal74]   *Naïve Set Theory*. Springer-Verlag, New York, original from 1960 edition, 1974.

[Hat82]   William S. Hatcher. *The Logical Foundations of Mathematics*. Pergamon Press, Toronto, 1982.

[Hea09]   Richard Healey. Holism in quantum mechanics. In Hentschel K Greenberg, D. and F. Weinert, editors, *Compendium of Quantum Physics*, pages 295–298. Springer, Berlin and Heidelberg, 2009.

[Hen79]   Leon Henkin. Verdade e demonstrabilidade. In Sydney Morgen-
            besser, editor, *Fiilosofia da Ciência*, pages 53–64. Cultrix, São Paulo,
            1979.

[Her70]   I. N. Herstein. *Tópicos de Álgebra*. Ed. Polígono, São Paulo, 1970.

[hil50]   *The Foundations of Geometry*. The Open Court Pu. Co., La Salle,
            Illinois, 1950.

[Hil64]   David Hilbert. On the infinite. In Paul Benacerraf and Hilary
            Putnam, editors, *Philosophy of Mathematics: Selected Readings*, pa-
            ges 183–201. Cambridge University Press, 2nd.ed. edition, 1964.

[hil68]   *Grundlagen der Mathematik I*. Springer-Verlag, Berlin, Heidelberg,
            New York, 1968.

[Hil76]   David Hilbert. Mathematical problems. In Felix E. Browder, edi-
            tor, *Proceedings of Symposia in Pure Mathematics: Mathematics Ari-
            sing from Hilbert Problems*, volume 28, part 1. American Mathema-
            tical Society, Rhode Island, 1976.

[Hum85]   David Hume. *Treatise on Human Understanding*. Oxford University
            Press, l.a. selby-bigge edition, 1985.

[Ign96]   Yu. I. Ignatieff. *The Mathematical World of Walter Noll*. Springer,
            Berlin and Heidelberg, 1996.

[Jam66]   Max Jammer. *The Conceptual Development of Quantum Mechanics*.
            International Series in Pure and Applied Physics. McGraw-Hill
            Book Co., 1966.

[Jan11]   Benjamin C. Jantzen. No two entities without identity. *Synthese*,
            181:433–450, 2011.

[Jan17]   Benjamin C. Jantzen. Entities without identity: a semantical dil-
            lema. *Erkenntnis*, 8:283–308, 2017.

[Jau68]   Joseph M. Jauch. *Foundations of Quantum Mechanics*. Addison
            Wesley, Boston, 1968.

[Jec77]   Thomas J. Jech. About the axiom of choice. In Jon Barwise, editor,
            Handbook of Mathematical Logic, Studies in Logic and the Founda-
            tions of Mathematics, 90, page 345370. North Holland, 1977.

[Jec03]   Thomas J. Jech. *Set Theory: The Third Millennium Edition, Revised
            and Expanded*. Springer Monographs in Mathematics. Springer-
            Verlag, Berlin and Heidelberg, 2003.

[Jec08]   Thomas J. Jech. *The Axiom of Choice*. Dover Pu., Mineola, New
            York, 2008.

[JM69]   Luiz H. Jacy Monteiro. *Elementos de Álgebra*. Ao Livro Técnico S.A., Rio de Janeiro, 1969.

[KA17]   Décio Krause and Jonas R. B. Arenhart. *The Logical Foundations of Scientific Structures: Languages, Structures, and Models*. Routledge Studies in Philosophy of Mathematics and Physics. Routledge, New York and London, 2017.

[KAB22]   Décio Krause, Jonas R. B. Arenhart, and Otávio Bueno. The non-individuals interpretation of quantum mechanics. In Olival Freire Jr., editor, *The Oxford Handbook of the History of Quantum Interpretation*, chapter 46, pages 1135–1154. Oxford University Press, Oxford, 2022.

[Kan03]   Akihiro Kanamori. *The Higher Infinite : Large Cardinals in Set Theory from Their Beginnings*. Springer Monographs in Mathematics. Springer, 2n.ed. edition, 2003.

[Kan10]   Akihiro Kanamori. Introduction. In Matthew Foreman and Akihiro Kanamori, editors, *Handbook of Set Theory*, pages 1–93. Springer, 2010.

[Kel55]   John L. Kelley. *General Topology*. Van Nostrand, New York, 1955.

[Kle52]   Stephen C. Kleene. *Introduction to Metamathematics*. Bibliotheca Mathematica, vol.1. North-Holland, Amsterdam and New York, 1952.

[Kra02]   Décio Krause. *Introdução aos Fundamentos Axiomáticos da Ciência*. EPU - Editora Pedagógica e Universitária, São Paulo, 2002.

[Kra05]   Décio Krause. Structures and structural realism. *Logic Journal of the IGPL*, 13(1):113–126, 2005.

[Kra12]   Décio Krause. On a calculus of non-individuals: ideas for a quantum mereology. In Luis Henrique de A. Dutra and Alexandre M. Luz, editors, *Linguagem, Ontologia e Ação*, volume 10 of *Coleção Rumos da Epistemologia*, pages 92–106. NEL/UFSC, 2012.

[Kra16]   Décio Krause. *Álgebra Linear com um pouco de Mecânica Quântica*. Coleção Rumos da Epistemologia n.15. NEL/UFSC, Florianópolis, 2016.

[Kra17a]   Décio Krause. Quantum mereology. In H. Burkhard, J. Seibt, G. Imaguire, and S. Georgiogakis, editors, *Handbook of Mereology*, pages 469–472. Springer-Verlag, Munchen, 2017.

[Kra17b]   Décio Krause. *Tópicos em Ontologia Analítica*. Ed. UNESP, São Paulo, 2017.

[Kri71]   Jean-Louis Krivine. *Introduction to Axiomaric Set Theory*. Synthese Library v.34. D. Reidel Pu. Co., Dordrecht, 1971.

[Lad98]   J. Ladyman. What is structural realism? *Studies in History and Philosophy of Science*, 29(3):409–424, 1998.

[Lak78]   Imre Lakatos. *A Lógica da Descoberta Matemática: Provas e Refutações*. Zahar Ed., Rio de Janeiro, 1978.

[Lan66]   Edmund Landau. *Foundations of Analysis*. Chelsea Pu. Co., New York, 3rd.ed. edition, 1966.

[Lan02]   Serge Lang. *Algebra*. Graduate Texts in Mathematics, v. 211. Springer-Verlag New York, 3rd.ed. edition, 2002.

[Lan17]   Elaine Landry, editor. *Categories for the Working Philosopher*. Oxford University Press, Oxford, 2017.

[Lei80]   Gottfried W. Leibniz. *Discurso da Metafísica*. Col. Os Pensadores. Abril, São Paulo, 1980.

[Lei95]   Gottfried W. Leibniz. *Philosophical Writings*. Everyman, 1995.

[Lem98]   Edward J. Lemmon. *Beginning Logic*. Chapman and Hall/CRC, 1998.

[Lév59]   Azriel Lévy. On ackermann's set theory. *J. Symbolic Logic*, 24(2):154–166, 1959.

[LL59]   Edmund Landau and E.M. Lifshitz. *Quantum Mechanics: Non-Relativistiic Theory*. Pergamon Press, 1959.

[Lou06]   Michael J. Loux. *Metaphysics: A Contemporary Introduction*. Routledge, New York and London, third ed. edition, 2006.

[Mah75]   Bruce H. Mahan. *University Chemistry*. Addison Wesley, 3rd.ed. edition, 1975.

[Man76]   Yuri I. Manin. Problems of present day mathematics, i: foundations. In Felix E. Browder, editor, *Proceedings of Symposia in Pure Mathematics: Mathematics Arising from Hilbert Problems*, volume 28, page 36, Rhode Island, 1976. American Mathematical Society.

[Mas06]   Maurice Mashaal. *Bourbaki: A Secret Society of Mathematicians*. American Mathematical Society, 2006.

[Mat76]   R. D. Mattuck. *A guide to Feynman diagrams in the many-body A Guide to Feynman Diagrams and the Many-Body Problem*. Dover Pu., New York, 2a. ed. edition, 1976.

[Mat92]   A. R. D. Mathias. The ignorance of bourbaki. *The Mathematical Intelligencer*, 14(3):4–13, 1992.

[Men97]   Elliot Mendelson. *Introduction to Mathematical Logic*. Chapman and Hall, London, 4th edition, 1997.

[Mer79]   Eugen Merzbacher. *Quantum Mechanics*. John Wiley and Sons, New York, 2nd. edition, 1979.

[MK00]   João Carlos M. Magalhães and Décio Krause. Suppes predicate for genetics and natural selection. *J. Theoretical Biology*, 209:141–153, 2000.

[MK06]   João Carlos M. Magalhães and Décio Krause. Teorias e modelos em genética de populações: un exemplo do uso do método axiomático em biologia. *Episteme*, 11(24):269–291, 2006.

[ML71]   Saunders Mac Lane. *Cateories for the Working Mathematician*. Springer, New York, 1971.

[ML96]   Saunders Mac Lane. Structure in mathematics. *Philosofia Mathematica*, 3(4):174–183, 1996.

[Moo80]   Gregory H. Moore. Beyond first-order logic: the historical interplay between mathematical logic and axiomatic set theory. *History and Philosophy of Logic*, 1:95–137, 1980.

[Moo82]   Gregory H. Moore. *Zermelo's Axiom of Choice: Its Origins, Development, and Influence*. Studies in the History of Mathematics and Physical Sciences, 8. Springer-Verlag, New York, Heidelberg, Berlin, 1982.

[Mor94]   Chris Mortensen. *Inconsistent Mathematics*. Kluwer Ac. Pu., Dordrecht, 1994.

[Mos87]   Jesus Mosterín. *Conceptos y Teorías en la Ciencia*. Alianza Ed., Madrid, 1987.

[Mos18]   Lawrence   S.   Moss.   Non-wellfounded   set theory. *Stanford Encyclopedia of Philosophy*, https://plato.stanford.edu/archives/sum2018/entries/nonwellfounded-set-theory, 2018.

[Muk96]   M. Mukerjee. Explaining everything. *Scientific American*, January:88–94, 1996.

[Mul98]   F.A. Muller. *Structures for Everyone: Contemplations and Proofs in the Foundations and Philosophy of Physics and Mathematics*. A. Gerits and Son, Amsterdam, 1998.

[Mul01]   F.A. Muller. Sets, classes, and categories. *British Journal for the Philosophy of Science*, 52(3):539–573, 2001.

[MW73]   J. D. Maitland-Wright. All operators on a Hilbert space are bounded. *Bull. Am. Math. Society*, 79(6):1247–1251, 1973.

[Nag44]   J. Nagel, E. y Newman. *Matemáticas y Imaginación*. Hachette Pu. Co., Buenos Aires, 2a.ed. edition, 1944.

[NG14]   Daniel J. Nicholson and Richard Grawne. Rethinking woodger's legady in the philosophy of biology. *Journal of the History of Biology*, 47(2):243–292, 2014.

[Nol59]   Walter Noll. The foundations of classical mechanics in the light of recent advances in continuum mechanics. In Leon Henkin, Patrick Suppes, and Alfred Tarski, editors, *Proceedings of the Berkeley Symposium on the Axiomatic Method*, Studies in Logic and the Foundations of Mathematics, pages 266–281, Amsterdam, 1959.

[Nol21]   John Nolt. Free logic. *The Stanford Encyclopedia of Philosophy (Fall 2021 Edition)*, https://plato.stanford.edu/archives/fall2021/entries/logic-free, 2021.

[Pil00]   Anand Pillay. Model theory. *Notices of the American Mathematical Society*, pages 1373–1381, December 2000.

[Pin24]   Henri Pincaré. *Últimos Pensamentos*. Garnier, Rio de Janeiro, 1924.

[PK02]   Volker Peckhaus and Reinhard Kahle. Hilbert's paradox. *Historia Mathematica*, 29:157–175, 2002.

[Poi17]   Henri Poincaré. *Dernierères Pensées*. Flammarion, Paris, 1917.

[Poi95]   Henri Poincaré. *O Valor da Ciência*. Contraponto, Rio de Janeiro, (original from 1905) edition, 1995.

[Pop78]   R. Popper, Karl. Three worlds. Tanner Lecture, University of Michigan, April 1978.

[Pos73]   Heinz Post. Individuality and physics. *Vedanta for East and West*, 132:14–22, 1973.

[Qui63]   Willard V. Quine. *Set Theory and its Logic*. Harvard Un. Press, Cambridge, MA and London, 1963.

[Qui73]   Anthony Quinton. *The Nature of Things*. Routledge and Kegan Paul, London, Boston and Henley, 1973.

[Qui82]   Willard V. Quine. *Mathematical Logic*. Revised Edition. Harvard Un. Press, 1982.

[Qui86]   W. V. Quine. *Philosophy of Logic*. Harvard Un. Press, Harvard, MA and London, 2nd.ed. edition, 1986.

[Red87]   Michael Redhead. *Incompleteness, Nonlocality, and Realism: A Prolegomenon to the Philosophy of Quantum Mechanics*. Clarendon Press, Oxford, 1987.

[Red88]   Michael Redhead. A philosopher looks at quantum field theory. In Harvey R. Brown and R. Harré, editors, *Philosophical Foundations of Quantum Field Theory*, pages 9–23. Oxford Clarendon Press, 1988.

[Rei70]   Constance Reid. *Hilbert*. Springer-Verlag, 1970.

[Rog71]   Robert Rogers. *Mathematical Logic and Formailized Theories*. North-Holland and American Elsevier: A Survey of Basic Concepts and Results, Amstercam, London and New York, 1971.

[Roi13]   Judith Roitman. *Introduction to Modern Set Theory*. Orthogonal Pu., Ann Arbor, Michigan, third ed. edition, 2013.

[Ros39]   J. Barkley Rosser. On the consistency of quine's 'new foundations for mathematical logic'. *J. Symbolic Logic*, 4(1):15–24, 1939.

[Ros53]   J. Barkley Rosser. *Logic for Mathematicians*. McGraw-Hill, New York, Toronto and London, 1953.

[Rov21]   Carlo Rovelli. *General Relativity: The Essentials*. Cambridge Un. Press, Cambridge, 2021.

[RR70]   Herman Rubin and Jean E. Rubin. *Equivalents of the Axiom of Choice*. Studies in Logic and the Foundations of Mathematics. North Holland, Amsterdam and London, 2nd. printing edition, 1970.

[RT91]   Michael Redhead and Paul Teller. Particles, particle labels, and quanta: the tool of unacknowledged metaphysics. *Philosophy of Physics*, 21:43–62, 1991.

[RT92]   Michael Redhead and Paul Teller. Particle labels and the theory of indistinguishable particles in quantum mechanics. *British Journal for the Philosophy of Science*, 43:201–218, 1992.

[Rub67]   Jean E. Rubin. *Set Theory for the Mathematician*. Holden-Day, San Francisco, Cambridge, London, Amsterdam, 1967.

[Rud71]   Walter Rudin. *Princípios de Análise Matemática*. Ao Livro Técnico S.A., Rio de Janeiro, 1971.

[Rud91]   Walter Rudin. *Functional Analysis*. McGraw-Hill, 2nd. ed. edition, 1991.

[Rus56]   Bertrand Russell. *Logic and Knowledge*. Routledge, London and New York, 1956.

[Rus67]   Bertrand Russell. Mathematical logic as based on the theory of types. In Jean van Heijenoort, editor, *From Frege to Gödel: A Source Book in Mathematical Logic 1879-1931*, pages 150–182. Harvard Un. Press, Cambridge MA, 1967.

[Rus80]   Bertrand Russell. *Meu Desenvolvimento Filosófico*. Zahar Ed., São Paulo, 1980.

[Rus93]   Bertrand Russell. *Introduction to Mathematical Philosophy*. Dover Pu., New York, 1993.

[Rus10]   Bertrand Russell. *The Principles of Mathematics*. Routledge Classics. Routledge, London and New York, 2010.

[RW50]   J. Barkley Rosser and Hao Wang. Non-standard models for formal logic. *J. Symbolic Logic*, 15(2):113–129, 1950.

[Sch57]   Erwin Schrödinger. *Science Theory and Man*. George Allen and Unwin Ltd., London, 1957.

[Sch98]   Erwin Schrödinger. What is an elementary particle? In Elena Castellani, editor, *Interpreting Bodies: Classical and Quantum Objects in Modern Physics*, chapter 12, pages 197–210. Princeton University Press, Princeton, 1998.

[SF14]   Leonard Susskind and Art Friedman. *Quantum Mechanics: The Theoretical Minimum*. The Theoretical Minimum. Basic Books, New York, 2014.

[SF17]   Leonard Susskind and Art Friedman. *Special Relativity and Classical Field Theory*. The Theoretical Minimum. Basic Books, New York, 2017.

[Sha85]   Stewart Shapiro, editor. *Intensional Mathematics*. Studies in Logic and the Foundations of Mathematics, v.113. North Holland, Amsterdam, New York, Oxford, 1985.

[Sha91]   Stewart Shapiro. *Foundations without Foundationalism: The Case for Second Order Logic*. Oxford Logic Guides, 17. Clarendon Press, Oxford, 1991.

[Sho67]   Joseph R. Shoenfield. *Mathematical Logic*. Addison Wesley, Reading, MA, 1967.

[Sim87]   Peter Simons. *Parts: A Study in Ontology*. Oxford University Press, Oxford, 1987.

[Sko67]   Thoralf Skolem. Some remarks on axiomatized set theory. In Jean van Heijenoort, editor, *From Frege to Gödel: A Source Book in Mathematical Logic 1879-1931*, pages 290–301. Harvard University Press, Cambridge, MA, 1967.

[Sok10]   Jean Sokal, Alan e Bricmont. *Imposturas Intelectuais*. Editora Record, Rio de Janeiro e São Paulo, 4a. ed. edition, 2010.

[Sol]   Robert   Solovay.   Gleason's   theorem   for   non-separable   hilbert   spaces: Extended   abstract. *https://math.berkeley.edu/ solovay/Preprints/Gleason$_a$bstract.pdf*.

[Sol07]   Dan Solomon. The heisenberg versus the schrödinger picture and the problem of gauge invariance. 2007.

[Sty02]   Daniel F. et al. Styer. Nine formulations of quantum mechanics. *American Journal of Physics*, 70(3):288–297, 2002.

[Sup57]   Patrick Suppes. *Introduction to Logic*. The University Series in Undergradute Mathematics. Van Nostrand, New York, 1957.

[Sup72]   Patrick Suppes. *Axiomatic Set Theory*. Dover Pu., New York, 1972.

[Sup79]   Patrick Suppes. *Patrick Suppes*. D. Reidel, Pu., Dordrecht, 1979.

[Sup83]   Patrick Suppes. Heuristics and the axiomatic method. In Groner M. andBischof W.F. Groner, R., editor, *Methods of Heuristics*, pages 79–88. N.J.Erbaum, 1983.

[Sup88]   Patrick Suppes. *Estudios de filosofía y metodología de la ciencia*. Alianza Ed., Madrid, 1988.

[Sup93]   Patrick Suppes. *Models and Methods in the Philosophy of Science: Selected Essays*. Synthese Library: Studies in Epistemology, Logic, Methodology, and Philosophy of Science, V.226. Springer, 1993.

[Sup98]   Patrick Suppes. Theory of measurement. In E. Craig, editor, *Routledge Encyclopedia of Philosophy*, pages 243–249. Routledge, 1998.

[Sup02]   Patrick Suppes. *Representation and Invariance of Scientific Structures*. Center for the Study of Language and Information, CSLI, Stanford, 2002.

[Sza64]   Arpad Szabó. The transformation of mathematics into deductive science and the beginnings of its foundations on definitions and axioms. *Scripta Mathematica*, 22:27–49 and 113–139, 1964.

[Sza67]   Arpad Szabó. Greek dialietics and euclid's axiomatics. In Imre Lakatos, editor, *Problems in the Philosophy of Mathematics*, volume v.1,v.2, pages 1–27. North-Holland, 1965/1967.

[Tak80]   Gaisi Takeuti. Logic and set theory. In Evandro Agazzy, editor, *Modern Logic - A Survey*, pages 167–171. D. Reidel Pu. Co., Dordrecht, 1980.

[Tak81]   Gaisi Takeuti. Quantum set theory. In Enrico G. Beltrametti and Bas C. van Fraassen, editors, *Current Issues in Quantum Logic*, Ettore Majorana International Science Series: Physical Sciences, v. 8, pages 303–322. Plenum Press, New York and London, 1981.

[TB77]   Cliffford Truesdell and S. BhratHa. *The Concepts and Logic of Classical Thermodynamics as a Theory of Heat Engines*. Springer-Verlag, New York, 1977.

[Tel83]   Paul Teller. Quantum physics, the identity of indiscernibles, and some unanswered questions. *Philosophy of Science*, 50:309–319, 1983.

[Tel95]   Paul Teller. *An Interpretive Introduction to Quantum Field Theory*. Princeton Un. Press, Princeton, New Jersey, 1995.

[Tru66]   Cliford Truesdell. *Six Lectures on Modern Natural Philosophy*. Springer-Verlag, 1966.

[Tru77]   Clifford Truesdell. *A First Course in Rational Mechanics*. Academic Press, 1977.

[Tru84]   Clifford Truesdell. *An Idiot's Fugitive Essay on Science: Methods, Criticism, Training, Circumstances*. Springer-Verlag, New York, 1984.

[Var19]   Achile   Varzi.   Mereology.   *The   Stanford Encyclopedia   of   Philosophy   (Fall   2019   Edition)*, https://plato.stanford.edu/archives/spr2019/entries/mereology/, 2019.

[vdW49]   Bartel L. van der Waerden. *Modern Algebra*. Frederick Ungar Publishing Co, New York, german original in two volumes 1930/1931 edition, 1949.

[vF80]   Bas van Fraassen. *The Scientific Image*. Oxford Un. Press, 1980.

[vF91]   Bas van Fraassen. *Quantum Mechanicsv: An Empiricist View*. Oxford Un. Press, Oxford, 1991.

[vH67]   Jean van Heijenoort, editor. *From Frege to Gödel: A Source Book in Mathematical Logic 1879-1931*. Harvard Un. Press, Cambridge, MA, 1967.

[Waj23]   Eliza Wajch. Troublesome quasi-cardinals and the axiom of choice. In Jonas R. B Arenhart and Raony W. Arroyo, editors, *Non-Reflexive Logics, Non-Individuals, and the Philosophy of Quantum Mechanics: Essays in Honor of the Philosophy of Décio Krause*, Synthese Library, 476, pages 203–222. Springer, 2023.

[Wan22]   Yan et al. 2022 Wang. Remote entanglement distribution in a quantum network via multinode indistinguishability of photons. *Physical Review A*, 26(032609), https://doi.org/10.1103/PhysRevA.106.032609 2022.

[Wed13]   Anders Wedberg. *A History of Philosophy*. Clarendon Press, Oxford, 1982 (vol.1), 1982 9vol.2), 1986 (vol.3).

[Wei81]   August J. Weidner. Fuzzy sets and boolean-valued universes. *Fuzzy Sets and Systems*, 6:61–72, 1981.

[Wey49]   Hermann Weyl. *Philosophy of Mathematics and Natural Science*. Princeton University Press, Princeton, 1949.

[Wey94]   Hermann Weyl. *The Continuum: A Critical Examnination of the Foundations of Analysis*. Dover Pu., New York, 1994.

[Wig76]   Arthur S. Wightman. Hilbert's sixth problem: Mathematical treatment of the axioms of physics. In *Mathematical Developments Arising from Hilbert's Problems*, volume 1 of *Proceedings of Symposia in Pure Mathematics, v. XXVIII*, pages 147–240, 1976.

[Wil70]   Mary B. Williams. Deducing the consequences of evolution: a mathematical model. *J. Theoretical Biology*, 29:343–385, 1970.

[WR97]   Alfred N. Whitehead and Bertrand Russell. *Principia Mathematica to *56*. Cambridge Mathematical Library. Cambridge Un. Press, 1997.

[Yan01]   Benjamin H. Yandell. *The Honors Class: Hilbert's Problems and Their Solvers*. A. K. Peters LTD, New York, 2001.

[Zer67]   Ernst Zermelo. Investigations in the foundations of set theory i. In Jean van Heijenoort, editor, *From Frege to Gödel: A Source Book in Mathematical Logic 1879-1931*, pages 199–215. Harvard Un. Press, Cambridge MA, 1967.

Índice Remissivo

www.ingramcontent.com/pod-product-compliance
Lightning Source LLC
Chambersburg PA
CBHW060319200326
41519CB00011BA/1780